高等学校面向二十一世纪规划教学丛书

Advanced Mathematics

高等数学

【第四版】

邱淦俤 / 编著

U0216337

厦门大学出版社
XIAMEN UNIVERSITY PRESS
国家一级出版社
全国百佳图书出版单位

前　言

根据党的二十大报告、教育部全国大中小学教材建设规划(2019—2022 年)等文件精神,结合科教兴国、人才强国和创新驱动战略,贯彻为党育人、为国育才,全面提高人才自主培养质量的思想,实现培养德智体美劳全面发展的社会主义建设者和接班人的教育目标,特对教材进行适当修订:

1. 根据高等数学课程特点,兼顾知识体系的完整性,删除一些非必要的推理论证,以降低教与学上的难度。

2. 增加部分知识(如定积分、微分方程等)的应用实例和习题以突出数学知识的应用性,进一步提高学生应用数学知识解决实际问题的应用能力和创新能力。

3. 再次对全书进行详尽勘校,尽力减少教与学上不必要的烦扰。

本书虽经不懈努力、多次修订,仍恐尚有不尽完美之处,敬望读者指教、鉴谅!

编　者

2023 年 6 月

目　　录

第1章　函数

函数是高等数学研究的主要对象,本章将介绍函数的概念、基本初等函数及经济生活中常见的一些函数,这些内容是学习本课程必须掌握好的基本知识.

1.1　预备知识

1. 集合

一般地说,所谓集合(或简称集)是指具有特定性质的一些事物的总体.组成这个集合的事物称为该集合的元素.

例1　全体实数.

例2　全体自然数.

例3　某校全体学生.

通常以大写字母 A、B、$C\cdots$ 表示集合,以小写字母 a、b、$c\cdots$ 表示集合的元素. a 是集合 A 的元素,记作 $a \in A$(读作 a 属于 A);a 不是集合 A 的元素,记作 $a \notin A$(读作 a 不属于 A).

由有限多个元素组成的集合称为有限集.例如,由元素 a_1、a_2、$a_3 \cdots a_n$ 组成的集合 A,可记作 $A = \{a_1, a_2, a_3 \cdots a_n\}$.

由无穷多个元素组成的集合称为无限集.无限集通常用如下的记号表示:
$$M = \{x \mid x \text{ 所具有的特性}\}$$

高等数学中用到的集合主要是数集,即元素都是数的集合.我们将全体自然数的集合记作 $\mathbf{N}$,全体整数的集合记作 $\mathbf{Z}$,全体有理数的集合记作 $\mathbf{Q}$,全体实数的集合记作 $\mathbf{R}$.

如果集合 A 的元素都是集合 B 的元素,即若 $x \in A$,则必 $x \in B$,就称 A 是 B 的子集,记作 $A \subset B$(读作 A 包含于 B 或读作 B 包含 A).

例如　$\mathbf{N} \subset \mathbf{Z} \subset \mathbf{Q} \subset \mathbf{R}$.

如果 $A \subset B$ 且 $B \subset A$，就称集合 A 与 B 相等，记作 $A = B$.

不含任何元素的集合称为空集. 例如 $\{x \mid x \in R, x^2 + 1 = 0\}$ 是空集，因为满足条件 $x^2 + 1 = 0$ 的实数是不存在的. 空集记作 $\varnothing$，并规定空集为任何集合的子集.

2. 区间

设 a, b 为实数，且 $a < b$，数集 $\{x \mid a < x < b\}$ 称为开区间，记作 (a, b)，即 $(a, b) = \{x \mid a < x < b\}$，见图 1-1.

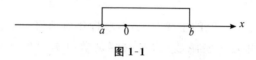

图 1-1

数集 $\{x \mid a \leqslant x \leqslant b\}$ 称为闭区间，记作 $[a, b]$，即 $[a, b] = \{x \mid a \leqslant x \leqslant b\}$，见图 1-2.

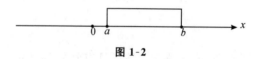

图 1-2

类似地 $[a, b), (a, b]$ 称为半开区间，即 $[a, b) = \{x \mid a \leqslant x < b\}$，见图 1-3.

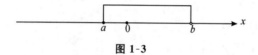

图 1-3

$(a, b] = \{x \mid a < x \leqslant b\}$，见图 1-4.

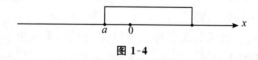

图 1-4

以上这些区间都称为有限区间，数 $b - a$ 称为这些区间的长度.

此外还有无限区间，引进 $+\infty$（读作正无穷大）及 $-\infty$（读作负无穷大），则可类似地表示 $[a, \infty) = \{x \mid a \leqslant x\}$，见图 1-5；$(-\infty, b) = \{x \mid x < b\}$ 见图 1-6.

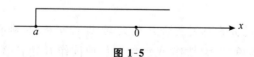

图 1-5

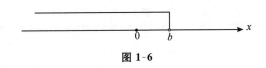

图 1-6

$\{-\infty, +\infty\} = \{x \mid -\infty < x < +\infty\}$，见图 1-7．

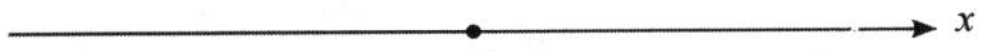

图 1-7

为了避免重复，今后用"区间 I"代表各种类型的区间．

3. 邻域

设 p_0 为 R^n 中的点，$\delta > 0$ 为一实数，集合 $\{X \mid |p_0 - X| < \delta\}$ 称为 p_0 的 δ 邻域，记作 $U(p_0, \delta)$，其中 p_0 称为这个邻域的中心，δ 称为这邻域的半径．

有时用到的邻域需要把邻域中心去掉．在点 p_0 的邻域去掉中心后，称为点 p_0 的去心邻域，记作 $\overset{\circ}{U}(p_0, \delta)$．特别地，当 $p_0 \in R$ 时，p_0 的 δ 邻域

$$U(p_0, \delta) = \{x \mid |p_0 - x| < \delta\} = (p_0 - \delta, p_0 + \delta)$$

为数轴上的一个开区间．

当 $p_0 \in R^2$ 时，$p_0(x_0, y_0)$ 的 δ 邻域

$$U(p_0, \delta) = \{p(x, y) \mid |p_0 - p| < \delta\}$$
$$= \sqrt{(x - x_0)^2 + (y - y_0)^2} < \delta$$

为平面上的以 p_0 为心，以 δ 为半径的开圆内部．

1.2　函数

1.2.1　函数的概念

在研究某个自然现象或实际问题时，往往会发现问题中的变量并不是彼此独立地变化的，而是相互联系并遵循着一定的变化规律．考虑以下几个例子：

例 1　在自由落体运动中，物体下落的距离 S 与下落时间 t 的关系为：

$$S = \frac{1}{2}gt^2 \quad (g \text{ 为加速度})$$

对于每一个时间 $t \in [0, T]$，由上式就可唯一确定 S 的一个值．

例 2　表 1-1 给出某市人均收入 P 与某些年份 t 之间的关系．

表 1-1

年份	人均收入,元 / 年
1970	420
1980	530
1990	3600
2000	6800
2009	8200

对于每一个年份 t,从表格中就可唯一地确定人均收入 P 的值.

例 3　图 1-8 是气温自动记录仪描出的某一天的气温变化曲线,它给出了时间 t 与气温 T 之间的关系.

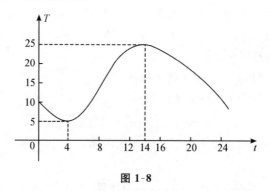

图 1-8

当时间 t 在区间 $[0,24]$ 中任取一个值时,从图上可以唯一地确定 T 的值,如 $t = 14$ 时,$T = 25$ ℃.

从以上的例子看到,虽然它们所描述的问题各不相同,但却有共同的特征:

(1) 每个问题中都有两个变量,它们之间不是彼此独立的,而是相互联系,相互制约的;

(2) 当一个变量在某个变化范围内任意取定一值时,另一个变量按一定法则就有一个确定的值与之相对应.

具有这两个特征的变量之间的依存关系,称为函数关系.下面给出函数的一般性定义.

定义 1　设 A 是 R^n 中的一个点集,如果存在一个对应关系 f,使得对 A 中

任一点 $p(\forall p \in A)$，通过 f 都对应唯一一个 $y \in R$，则称 f 是确定在 A 上的一个函数. 记作

$$f: A \rightarrow \mathbf{R}.$$

集合 A 称为函数的定义域，p 称为自变量，y 称为因变量，p 所对应的 y 称为 f 在 p 的函数值，记为 $y = f(p)$. 全体函数值的集合

$$f(A) = \{y \mid y = f(p), p \in A\}$$

称为函数的值域.

当 $A \subset R$ 时，就是我们所熟悉的一元函数 $y = f(x)$；当 $A \subset R^2$ 时，若 $p \in A$，则 p 为平面上的点 (x, y)，$z = f(x, y)$ 称为二元函数.

在数学中，对于抽象的函数表达式，我们约定：函数的定义域就是使函数表达式有意义的自变量的取值范围.

例 4　函数 $y = \sqrt{1 - x^2}$ 的定义域为 $[-1, 1]$.

例 5　函数 $y = \lg(5x - 4)$ 的定义域应满足 $5x - 4 > 0$，故定义域为 $\left(\dfrac{4}{5}, +\infty\right)$.

例 6　函数 $y = \dfrac{1}{\sqrt{x^2 - x - 2}}$ 的定义域应满足 $x^2 - x - 2 > 0$，即 $(x - 2)(x + 1) > 0$，故定义域为 $(-\infty, -1) \bigcup (2, +\infty)$.

例 7　函数 $y = \arcsin\dfrac{x - 1}{5}$ 的定义域应满足 $\left|\dfrac{x - 1}{5}\right| \leqslant 1$，即为 $-5 \leqslant x - 1 \leqslant 5$，故定义域为 $[-4, 6]$.

在函数关系中，定义域、对应规则和值域是确定函数关系的三个要素，如果两个函数的对应规则和定义域、值域相同，则认为这两个函数是相同的，至于自变量和因变量用什么字母表示则无关紧要.

例 8　下列各对函数是否相同？

$(1) f(x) = x + 1, g(x) = \dfrac{x^2 - 1}{x - 1}$；　　　$(2) f(x) = |x|, g(x) = \sqrt{x^2}$.

解：(1) 不相同. $f(x) = x + 1$ 的定义域为 $(-\infty, +\infty)$，$g(x) = \dfrac{x^2 - 1}{x - 1}$ 的定义域为 $(-\infty, 1) \bigcup (1, +\infty)$，因此 $f(x)$ 和 $g(x)$ 的定义域不相同，故不是相同的函数.

(2) 相同. 因 $f(x)$ 和 $g(x)$ 的定义域相同，均为 $(-\infty, +\infty)$，而且对应规则、值域也相同，所以是相同的函数.

例 9　求函数 $f(x, y) = \ln(x^2 + y^2 - 2) + \sqrt{3 - x^2 - y^2}$ 的定义域.

解：函数 $\ln(x^2 + y^2 - 2)$ 的定义域是 $x^2 + y^2 - 2 > 0$ 或 $2 < x^2 + y^2$，

函数 $\sqrt{3 - x^2 - y^2}$ 的定义域是 $3 - x^2 - y^2 \geqslant 0$ 或 $x^2 + y^2 \leqslant 3$，

它们的公共部分是 $2 < x^2 + y^2 \leqslant 3$. 因此函数 $f(x, y)$ 的定义域是以原点为心，半径分别是 $\sqrt{2}$ 与 $\sqrt{3}$ 的圆环区域 G. 圆周 $x^2 + y^2 = 2 \notin G$，圆周 $x^2 + y^2 = 3 \in G$.

例 10　求函数 $f(x, y, z) = \dfrac{1}{\sqrt{1 - x^2 - y^2 - z^2}}$ 的定义域.

解：因为函数值是实数，且分母不能为 0，因此 $f(x, y, z)$ 的定义域为

$$1 - x^2 - y^2 - z^2 > 0 \text{ 或 } x^2 + y^2 + z^2 < 1,$$

即函数的定义域是以原点为心的单位球内的所有点.

1.2.2　函数的表示法

由于函数的对应法则是多种多样的，所以表示一个函数要采取适当的方法. 从上面所举的三个例子可见，在例 1 中，函数的对应法则用一个公式或叫做解析式来表示，所以称为**解析法**；在例 2 中，函数的对应法则用一张表格来表示，称为**表格法**；在例 3 中，函数的对应法则用一条曲线来表示，称为**图示法**. 一般说来，函数的常用表示法就是上述三种. 这三种表示法各有优缺点：

解析法的优点是形式简明，便于作理论研究与数值计算；缺点是不如图示法来得直观.

表格法的优点是表中有对应数据，可以直接查用；缺点是不便于作理论研究，也不直观.

图示法的优点是直观，并可从图形看出函数的变化情况；缺点是不便于作理论研究. 尽管如此，今后在研究函数时仍常常借助于它的图形，从直观上去了解它的变化情况.

还有一些函数当它的自变量在某一个区间上取值时，用一个解析式表示，而在另一个区间上取值时，用另一个解析式表示. 这种在不同区间上用不同解析式来表示的函数称为**分段函数**. 例如符号函数：

$$\text{Sgn} x = \begin{cases} -1, & x < 0 \\ 0, & x = 0 \\ 1, & x > 0 \end{cases}$$

它的定义域为 $(-\infty, +\infty)$，图形如图 1-9 所示.

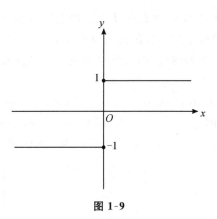

图 1-9

1.2.3 函数的性质

1. 函数的有界性

设函数 $f(x)$ 的定义域为 D,数集 $A \subset D$,如果存在一个常数 $M > 0$,使得对于一切 $x \in A$,都有

$$| f(x) | \leqslant M$$

就称函数 $f(x)$ 在 A 上有界. 否则称函数 $f(x)$ 在 A 上无界,也就是说,对无论多大的 M,总可以找到 A 中的点 x_1,使 $| f(x_1) | > M$.

函数 $y = \sin x$ 无论 x 取任何实数,总有 $| \sin x | \leqslant 1$ 成立,所以 $y = \sin x$ 在 $(-\infty, +\infty)$ 内是有界的. 又如函数 $f(x) = \dfrac{1}{x}$ 在半开区间 $[1, +\infty)$ 上是有界的,因为对一切 $x \in [1, +\infty)$,总有 $| f(x) | = \left| \dfrac{1}{x} \right| \leqslant 1$. 但 $f(x) = \dfrac{1}{x}$ 在开区间 $(0,1)$ 内是无界的,因为对于任意取定的正数 M,不妨设 $M > 1$,则 $\dfrac{1}{2M} \in (0,1)$,当取 $x_1 = \dfrac{1}{2M}$ 时,$| f(x_1) | = \left| \dfrac{1}{x_1} \right| = 2M > M$. 因此,可以进一步看到,同一个函数在不同的区间上有界性可能不同.

当一个函数是有界函数时,它的图形是介于两条水平直线 $y = M$ 及 $y = -M (M > 0)$ 之间的曲线.

2. 函数的单调性

设函数 $f(x)$ 的定义域为 D,区间 $I \subset D$,若对任意两点 $x_1, x_2 \in I$,当 $x_1 < x_2$ 时,总有 $f(x_1) \leqslant f(x_2)$(或 $f(x_1) \geqslant f(x_2)$)成立,则称函数 $f(x)$ 在区间 I 上是单调增加(或单调减少). 如果总有 $f(x_1) < f(x_2)$(或 $f(x_1) >$

$f(x_2))$ 成立,则称函数 $f(x)$ 在区间 I 上是严格单调增加(或严格单调减少).

单调增加和单调减少的函数统称为单调函数.当函数单调增加时,它的图形是随 x 的增加而上升的曲线;而函数单调减少时,它的图形是随着 x 的增大而下降的曲线.

例如,函数 $y = x^2$ 在区间 $[0, +\infty)$ 上单调增加,在区间 $(-\infty, 0]$ 上是单调减少的,所以在区间 $(-\infty, +\infty)$ 内,函数 $y = x^2$ 不是单调函数,见图 1-10.又例如,函数 $y = x^3$ 在 $(-\infty, +\infty)$ 内是单调增加的函数,见图 1-11.

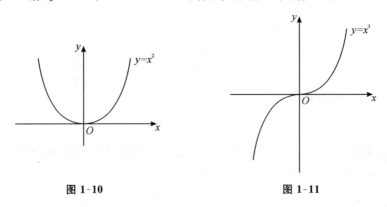

图 1-10　　　　　　　　　　图 1-11

3. 函数的奇偶性

设函数 $f(x)$ 的定义域 D 关于原点对称,如果对于任一个 $x \in D$,总有 $f(-x) = f(x)$,则称 $f(x)$ 为偶函数;如果对于任一个 $x \in D$,总有 $f(-x) = -f(x)$,则称 $f(x)$ 为奇函数.

偶函数的图形关于 y 轴是对称的,如图 1-12(a) 所示.奇函数的图形关于原点是对称的,如图 1-12(b).

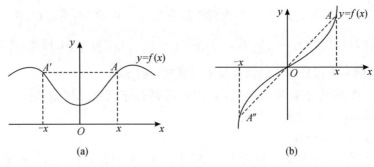

(a)　　　　　　　　　　　(b)

图 1-12

函数 $y = x^2, y = \cos x, y = \dfrac{e^x + e^{-x}}{2}$ 等皆为偶函数；而函数 $y = x^2 \sin x,$

$y = \dfrac{e^x - e^{-x}}{2}$ 等皆为奇函数. 函数 $y = \sin x + \cos x$ 及 $y = x + x^2$ 既非奇函数，

也非偶函数.

4. 函数的周期性

设函数 $f(x)$ 的定义域为 D，如果存在一个正数 l，使得对于任一个 $x \in D$，有 $(x \pm l) \in D$，且 $f(x + l) = f(x)$ 成立，则称 $f(x)$ 为周期函数，l 称为 $f(x)$ 的一个周期. 通常，我们所说的周期函数的周期是指最小正周期.

例如，函数 $y = \sin x, y = \cos x$ 都是以 2π 为周期的周期函数；函数 $y = \sin \omega t$ 是以 $\dfrac{2\pi}{\omega}$ 为周期的函数.

一个周期为 l 的周期函数，在每个长度为 l 的区间上函数图形有相同的形状.

并不是每个周期函数都有最小正周期，狄利克雷函数就属于这种情形.

$$D(x) = \begin{cases} 1, & \text{当 } x \text{ 为有理数} \\ 0, & \text{当 } x \text{ 为无理数} \end{cases}$$

若 x 为有理数，对任一有理数 $\gamma, x + \gamma$ 也是有理数，因而 $D(x + \gamma) = D(x) = 1$；若 x 为无理数，对上述有理数 $\gamma, x + \gamma$ 也是无理数，所以 $D(x + \gamma) = D(x) = 0$. 这样，任何有理数 γ 均是 $D(x)$ 的周期，但在有理数集中没有最小的正有理数，也就是说，函数 $D(x)$ 没有最小正周期.

1.2.4　复合函数和反函数

1. 复合函数

设函数 $y = f(u)$ 的定义域为 D_1，函数 $u = g(x)$ 的定义域为 D_2，值域为 W_2，并且 $W_2 \subset D_1$，那么对每个 $x \in D_2$，有确定的函数值 $u \in W_2$ 与之对应，由于 $W_2 \subset D_1$，因此这个值 u 也属于函数 $y = f(u)$ 的定义域 D_1，故又有确定的值 y 与值 u 对应. 这样，对每个数值 $x \in D_2$，通过 u 有确定的数值 y 与之对应，从而得到一个以 x 为自变量，y 为因变量的函数，这个函数称为由函数 $y = f(u)$ 及 $u = g(x)$ 复合而成的复合函数，记作 $y = f[g(x)]$，而 u 称为中间变量.

必须注意，不是任何两个函数都可以复合成一个复合函数的. 例如 $y = \arcsin u$ 及 $u = 2 + x^2$，因为对于 $u = 2 + x^2$，无论 x 取什么实数，总有 $u \geq 2$，因而不能使 $y = \arcsin u$ 有意义，所以这两个函数不能复合成一个复合函数.

又如 $y = \sqrt{u}$ 与 $y = \sqrt{1-x^2}$，由于 $y = \sqrt{u}$ 的定义域 D_1 为 $[0,+\infty)$，$u = 1-x^2$ 的定义域为 $[-\infty,+\infty]$，值域 W_2 为 $(-\infty,1]$，$W_2 \subset D_1$ 不成立。但由于 $W_2 \cap D_1 \neq \varnothing$，所以适当限制 x 的取值范围后，函数 $y = \sqrt{u}$ 与 $u = 1-x^2$ 才能复合成一个复合函数 $y = \sqrt{1-x^2}$，即在 $u = 1-x^2$ 中，x 的取值范围必须限制为 $[0,1]$。

2. 反函数

在同一个变化过程中存在着函数关系的两个变量之间，究竟哪一个是自变量，哪一个是因变量，并不是绝对的，这要视问题的具体要求而定。例如，在某商品销售工作中，已知其价格为 a，若想从商品的销量 x 来确定销售总收入 y，那么 x 是自变量，y 是因变量，其函数关系为 $y = ax$；反过来，如果想由商品销售总收入 y 确定其销量 x，则又有 $x = \dfrac{y}{a}$。我们称后一函数是前一函数的反函数，或者说它们互为反函数。$y = f(x)$ 的反函数通常记为 $y = f^{-1}(x)$。

从几何上看，$y = f^{-1}(x)$ 的图形与 $y = f(x)$ 的图形关于直线 $y = x$ 是对称的，见图 1-13。

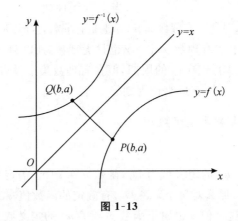

图 1-13

1.2.5　基本初等函数

基本初等函数是指下列五类函数：

(1) 幂函数 $y = x^a$（a 为常数）。

(2) 指数函数 $y = a^x$（$a > 0, a \neq 1$）。

(3) 对数函数 $y = \log_a x$（$a > 0, a \neq 1$）。

(4) 三角函数 $y = \sin x, y = \cos x, y = \tan x, y = \cot x, y = \sec x,$

$y = \csc x.$

（5）反三角函数 $y = \arcsin x, y = \arccos x, y = \arctan x, y = \text{arccot} x.$

1. 幂函数 $y = x^a$（a 为常数）

幂函数的定义域要看 a 的取值而定,例如当 $a = 2$ 时,$y = x^2$ 的定义域为 $(-\infty, +\infty)$；而当 $a = \dfrac{1}{2}$ 时,$y = x^{\frac{1}{2}}$ 即 $y = \sqrt{x}$ 的定义域为 $[0, +\infty)$；又当 $a = -\dfrac{1}{2}$ 时,$y = x^{-\frac{1}{2}}$ 即 $y = \dfrac{1}{\sqrt{x}}$ 的定义域为 $(0, +\infty)$. 但不论 a 取什么值,幂函数 $y = x^a$ 在 $(0, +\infty)$ 内总有意义.

常见幂函数 $y = x^2, y = x^{\frac{2}{3}}, y = x^3, y = \sqrt[3]{x}$ 及 $y = \dfrac{1}{x}$ 的图形见图 1-14(a)、(b)、(c).

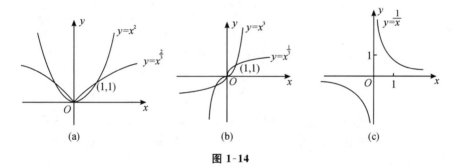

图 1-14

2. 指数函数 $y = a^x$（$a > 0, a \neq 1$）

定义域为 $(-\infty, +\infty)$,值域为 $(0, +\infty)$,不论 a 取何值,总有 $a^0 = 1$,所以函数曲线总在 x 轴上方且经过点 $(0, 1)$.

当 $a > 1$ 时,a^x 单调增加；当 $0 < a < 1$ 时,a^x 单调减少.

由 $y = \left(\dfrac{1}{a}\right)^x = a^{-x}$,所以 $y = a^x$ 的图形与 $y = \left(\dfrac{1}{a}\right)^x$ 的图形是关于 y 轴对称的,见图 1-15.

在科技工作中,常用无理数 e $= 2.7182818\cdots$ 为底的指数函数 $y = \mathrm{e}^x$.

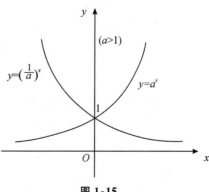

图 1-15

3. 对数函数 $y = \log_a x (a > 0, a \neq 1)$

对数函数 $y = \log_a x$ 是指数函数 $y = a^x$ 的反函数,其定义域为 $(0, +\infty)$,值域为 $(-\infty, +\infty)$,所以 $y = \log_a x$ 的图形总在 y 轴的右方且经过点 $(1, 0)$. 对数函数的图形可以从它所对应的指数函数的图形按反函数作图的一般规则作出,关于直线 $y = x$ 作对称于曲线 $y = a^x$ 的图形就得函数 $y = \log_a x$ 的图形,见图 1-16.

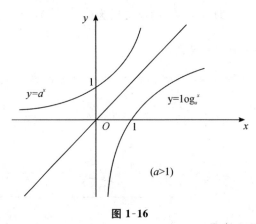

图 1-16

当 $a > 1$ 时,$y = \log_a x$ 单调增加;当 $0 < a < 1$ 时,$y = \log_a x$ 单调减少.

在工程问题中常常使用以常数 e 为底的对数函数 $y = \log_e x$,叫做自然对数函数,简记为 $y = \ln x$.

4. 三角函数

常用三角函数有 $y = \sin x, y = \cos x, y = \tan x, y = \cot x$.

正弦函数 $y = \sin x$ 与余弦函数 $y = \cos x$ 定义域均为 $(-\infty, +\infty)$,均以 2π 为周期,值域都是闭区间 $[-1, 1]$,所以它们都是有界函数. 正弦函数是奇函数,余弦函数是偶函数,见图 1-17 及图 1-18.

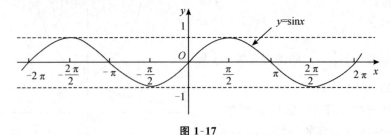

图 1-17

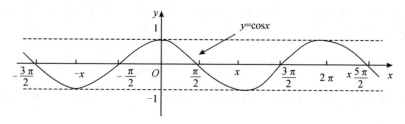

图 1-18

正切函数 $y = \tan x$ 的定义域为 $\{x \mid x \in R, x \neq (2n+1)\dfrac{\pi}{2}, n \in Z\}$，值域为 $(-\infty, +\infty)$，周期为 π 且为奇函数，见图 1-19.

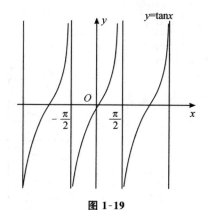

图 1-19

余切函数 $y = \cot x$ 的定义域为 $\{x \mid x \in R, x \neq n\pi, n \in Z\}$，值域为 $(-\infty, +\infty)$，周期为 π 且为奇函数，见图 1-20.

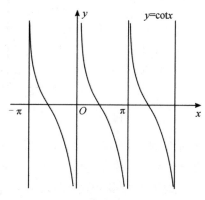

图 1-20

此外,正割函数 $y = \sec x$ 及余割函数 $y = \csc x$ 分别为余弦函数和正弦函数的倒函数,即

$$\sec x = \frac{1}{\cos x},\ \csc x = \frac{1}{\sin x}$$

所以它们都是以 2π 为周期的函数,并且在开区间 $\left(0, \dfrac{\pi}{2}\right)$ 内都是无界函数,总有 $\sec x \geqslant 1$ 及 $\csc x \geqslant 1$.

5. 反三角函数

反三角函数是三角函数的反函数,常用的反三角函数有

反正弦函数　　　$y = \arcsin x$

反余弦函数　　　$y = \arccos x$

反正切函数　　　$y = \arctan x$

反余切函数　　　$y = \operatorname{arccot} x$

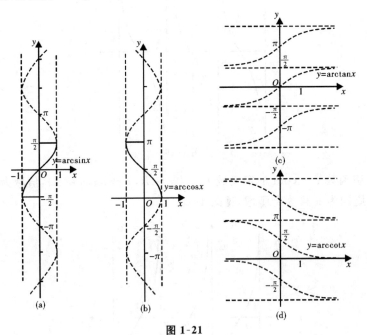

图 1-21

以上函数的图形见图 1-21(a)、(b)、(c)、(d). 反三角函数的图形分别与其对应的三角函数的图形对称于直线 $y = x$. 由于三角函数是周期函数,对于值域内的每个值 y,定义域总有无穷多个值 x 与之对应,所以反三角函数都是多值函数,我们可以取这些函数的一个单值分支,称为主值,记作

$$y = \arcsin x, y \in \left[-\frac{\pi}{2}, \frac{\pi}{2}\right]$$

$$y = \arccos x, y \in [0, \pi]$$

$$y = \arctan x, y \in \left(-\frac{\pi}{2}, \frac{\pi}{2}\right)$$

$$y = \operatorname{arccot} x, y \in (0, \pi)$$

在图 1-21 各图中实线部分即为主值的图形.

单值函数 $y = \arcsin x$ 及 $y = \arccos x$ 定义域都是闭区间 $[-1, 1]$,值域分别是闭区间 $\left[-\frac{\pi}{2}, \frac{\pi}{2}\right]$ 及 $[0, \pi]$. 在 $[-1, 1]$ 上,$y = \arcsin x$ 是单调增加的,$y = \arccos x$ 是单调减少的.

$y = \arctan x$ 及 $y = \operatorname{arccot} x$ 的定义域都是区间 $(-\infty, +\infty)$,值域分别是开区间 $\left(-\frac{\pi}{2}, \frac{\pi}{2}\right)$ 及 $(0, \pi)$. 在 $(-\infty, +\infty)$ 内,$y = \arctan x$ 是单调增加的,$y = \operatorname{arccot} x$ 是单调减少的.

最后我们给出初等函数的定义:由以上五种基本初等函数和常数经过有限次四则运算和有限次的函数复合而构成的可以用一个式子表示的函数称为初等函数.

例如,$y = \sqrt{1 - x^2}, y = \sin^2 x, y = \sqrt{\cot \frac{x}{2}}$ 都是初等函数,而诸如

$$f(x) = \begin{cases} x^2, & x > 0 \\ \sin x, & x \leqslant 0 \end{cases}$$

这种分段函数往往不是初等函数.

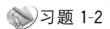 习题 1-2

1.指出下列各函数的定义域:

(1) $y = \sqrt{5 - 2x} + \dfrac{1}{x}$;　　　　(2) $y = \sqrt{1 - |x|}$;

(3) $y = \dfrac{1}{|x| - x}$;　　　　(4) $y = \lg x + \dfrac{1}{\tan x}$;

(5) $y = \arcsin(x - 1)$;　　　　(6) $y = \dfrac{1}{e^x - e^{-x}}$;

(7) $y = \arctan \dfrac{1}{x} + \sqrt{2 - x}$;　　(8) $y = \ln(\ln x)$;

$(9)y = 2^{-x^2}$;

$(10)z = \dfrac{1}{\sqrt{2-x^2-y^2}}$;

$(11)z = x + \arccos y$;

$(12)z = \sqrt{\sin(x^2+y^2)}$;

$(13)z = \ln(4-xy)$;

$(14)z = \dfrac{1}{\sqrt{y-\sqrt{x}}}$.

2.验证下列各函数是单调函数:

$(1)x^3(-\infty,+\infty)$;

$(2)\cos x(0,\pi)$;

$(3)\sqrt{x}(0,+\infty)$.

3.举例说明,单调增函数是否一定无界?

4.下列函数中哪些是偶函数?哪些是奇函数?哪些既不是偶函数也不是奇函数?

$(1)y = \operatorname{tg}x\left(-\dfrac{\pi}{2},\dfrac{\pi}{2}\right)$;

$(2)y = \dfrac{1}{1+x^2}(-3,4)$;

$(3)y = |x-1|$;

$(4)f(x) = \sqrt[3]{(1+x)^2} + \sqrt[3]{(1-x)^2}$;

$(5)f(x) = \lg(x+\sqrt{x^2+1})$;

$(6)f(x) = (x^2-x)/(x-1)$.

5.$\sin^2 x$ 是不是周期函数?如果是,求它的周期.

6.设 $f(x) = \dfrac{2x+3}{4x-2}$,求 $f^{-1}(x)$.

7.设 $f(x) = x^2-x, \varphi(x) = \sin 2x$,写出 $f[f(x)], f[\varphi(x)], \varphi[f(x)]$ 的表达式.

8.函数 $y = [f(x)]^2$ 与 $y = f(x^2)$ 是由怎样的两个函数复合而成?又如何复合而成?

9.下列函数中哪些是初等函数?哪些不是初等函数?

$(1)y = e^{-x^2}$;

$(2)y = |x|$;

$(3)y = \sqrt{x} + \ln\left(1+\dfrac{1}{2}\sin x\right)$;

$(4)y = \begin{cases} 1, x>0 \\ -1, x\leqslant 0 \end{cases}$.

10.用不等式表示下列各平面区域:

(1) 一个顶点在原点,边长为 a,而且一边在 x 轴上($x>0$)的正三角形区域;

(2) 以 $O(0,0), A(1,0), B(1,2), C(0,1)$ 为顶点的梯形闭域.

11.求下列函数在指定点的函数值:

(1) 若 $f(x,y) = xy + \dfrac{x}{y}$,求 $f\left(\dfrac{1}{2},3\right)$ 与 $f(1,-1)$.

(2) 若 $f(x,y) = \dfrac{x^2 - y^2}{2xy}$，求 $f(y,x), f(-x, -y), f\left(\dfrac{1}{x}, \dfrac{1}{y}\right), \dfrac{f(x+h, y) - f(x,y)}{h}$.

12. 若 $f\left(x + y, \dfrac{y}{x}\right) = x^2 - y^2$，求 $f(x,y)$.

13. 设 $f(x) = \dfrac{x}{\sqrt{1 + x^2}}$，求 $\underbrace{f\{f[\cdots f(x)]\}}_{n}$.

14. 已知函数 $y = f(x)$ 在区间 $[a,b]$ 的图像(在区间 $[a,b]$ 上可随意画一条曲线,有的点函数值为正,有的点函数值为负),描绘下列函数的图像：

(1) $y_1 = |f(x)|$；　　　　　　　　(2) $y_2 = \dfrac{1}{2}\{f(x) + |f(x)|\}$；

(3) $y_3 = \dfrac{1}{2}\{f(x) - |f(x)|\}$.

15. 已知函数 $y_1 = f(x), y_2 = g(x)$ 在区间 $[a,b]$ 的图像(在区间 $[a,b]$ 上可随意画两条曲线,使其相交),描绘下列函数的图像：

(1) $y = \dfrac{1}{2}\{f(x) + g(x) + |f(x) - g(x)|\}$；

(2) $y = \dfrac{1}{2}\{f(x) + g(x) - |f(x) - g(x)|\}$.

16. 将下列复合函数"分解"为基本初等函数：

(1) $y = \sqrt[3]{\arcsin a^x}$；　　　　　　(2) $y = \sin^3 \ln(x + 1)$；

(3) $y = \ln\cos\sqrt[3]{\arccos x}$；　　　　(4) $y = a^{\sin(3x-1)}$；

(5) $y = \ln[\ln^2(\ln^3 x)]$.

1.3　经济活动中的几个常用函数

1.3.1　需求函数

需求是指消费者在一定的价格水平上对某种商品有支付能力的需要. 因此,需求是以消费者货币购买力为前提的,它是对应商品的某一价格水平而言的. 人们对某一商品的需求受许多因素的影响,如价格、收入、偏好等. 一般来说中,需求主要是价格的函数,记为 $Q = Q(p)$,其中 p 表示价格,Q 表示需求量. 依实际意义,需求函数 $Q = Q(p)$ 总是单调下降的.

例 1　市场上小麦的需求量(每月)如表 1-2 所示.

表 1-2

价格 p/(元/kg)	1	2	3	4	5	6	7	8
需求量 Q/Mkg	30	25	20	15	12	10	9	8

画出需求函数的曲线,如图 1-22
所示.

这条曲线说明,小麦的需求量是价格
的减函数,即当 p 增加时,Q 下降,这一性质
在经济学上称为需求下倾斜规律,这一规
律适合许多商品.

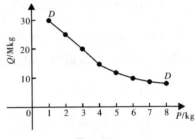

图 1-22

1.3.2　供给函数

供给函数是生产者或销售者在一定价格水平提供给市场的商品量.

供给量受诸多因素的影响. 一般而言,它主要是价格的函数,记为 $S = S(p)$. 依实际意义,供给函数 $S = S(p)$ 总是单调上升的.

例2　生产者愿意提供的小麦数量(每月)如表 1-3 所示,如图 1-23 所示.

表 1-3

价格 p/(元/kg)	1	2	3	4	5	6	7	8
供给量 S/Mkg	0	2	4	5	7	10	16	25

这条供给曲线向上倾斜,说明当小麦的价格较高时,农民愿意并有能力
增加小麦的产量. 这一性质在经济学上称为**供给向上倾斜规律**.

现把例1与例2所给需求曲线与供给曲线结合起来分析,如图 1-24 所示.

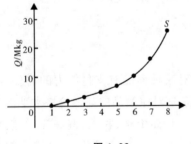

图 1-23

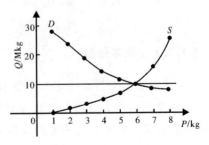

图 1-24

需求曲线 $Q = Q(p)$ 与供给曲线 $S = S(p)$ 相交处的价格 $p = 6$(元). 在这个价格上, 消费者愿意购买的小麦量为 10(Mkg), 生产者愿意提供小麦的数量为 10(Mkg), 两者处于平衡状态. 这时 $p = 6$(元) 称为它们的均衡价格.

一般地, 需求曲线 $Q = Q(p)$ 与供给曲线 $S = S(p)$ 相交处的价格 p_0 称为均衡价格(如图 1-25 所示).

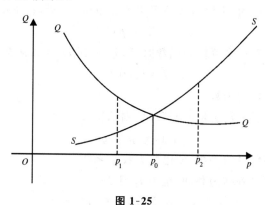

图 1-25

在 p_1 处, 商品供不应求, 商品的价格将提高. 在 p_2 处, 供过于求, 商品价格有下降的趋势. 在 p_0 处, 供给量等于需求量, 价格平衡.

这里需要说明的是, 在需求函数和供给函数中, 作为自变量的价格 p 并不一定是按实数值连续变化的. 如例 1 和例 2 中 p 限制在某个范围且仅取正整数值. 在研究时为方便, 将其连续化, 并给出相应的近似拟合的解析表达式, 由此所得的结果是实际情形的近似. 在经济与商务分析中所应用的大部分函数都有类似情况.

1.3.3　成本函数

成本是指生产制造产品所投入的原材料、劳动力与技术等生产资料的货币表现. 它是产量的函数, 记为 $C(x)$, 其中 x 为产量.

在经济和商务分析中, 把一定时期内的成本划分为固定成本和变动成本. 固定成本是指在一定时期和一定业务量范围内, 不受产量增减变动影响的成本, 如厂房、机器、管理等费用, 记为 F. 变动成本是指在一定范围内随产量变化而变化的成本, 如原材料、燃料等费用, 记为 $V(x)$, 其中 x 为产量.

一定时期的总成本函数为

$$C(x) = F + V(x)$$

单位成本函数(也称为平均成本函数)为

$$\overline{C}(x) = \frac{C(x)}{x} = \frac{F}{x} + \frac{V(x)}{x}$$

1.3.4　收益函数与利润函数

销售收益是生产者出售一定量的产品所得到的全部收入,记为 R. 假设在销售过程中价格不动,则销售收益等于产品单价 p 与销售量 q 的乘积,即

$$R = pq$$

当把销售量看成是价格的函数时,即 $q = q(p)$(需求函数),则有

$$R = pq(p)$$

即收益函数是价格的函数.

当把价格看成是销售量的函数时,则销售收益为

$$R = p(q)q$$

即销售收益是销售量的函数,R 也称为收益函数.

收益与成本之差称为利润,记为 L,于是

$$L = R(x) - C(x)$$

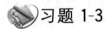 习题 1-3

1. 已知某产品的总成本函数为 $C(Q) = 1000 + \dfrac{Q^2}{10}$,求生产 100 个该种产品时的总成本和平均成本.

2. 设生产与销售某产品的总收益 R 为产量 x 的二次函数,经统计得知当 $x = 0, 2, 4$ 时,$R = 0, 6, 8$,试确定总收益 R 与产量 x 的函数式.

3. 某制造厂以每件 5 元的价格出售其产品,问:(1) 销售 5000 件产品时,总收益是多少?(2) 固定成本为 3000 元,估计可变成本为总收益的 40%,销售 5000 件产品后总成本是多少?(3) 该厂的保本产量是多少?

4. 某商品供给量 Q 对价格 P 的函数关系为

$$Q = Q(P) = a + bc^P$$

已知当 $P = 2$ 时,$Q = 30$;$P = 3$ 时,$Q = 50$;$P = 4$ 时,$Q = 90$. 求供给量 Q 对价格 P 的函数关系.

5. 某化肥厂生产某产品 1000 t,每吨定价为 130 元,销售量在 700 t 以内时按原价出售;超过 700 t 时,超过部分需打 9 折出售,试将销售总收益与总销售量的函数关系用数学表达式表示.

第1章　　总复习题

1.求下列函数的定义域：

(1) $y = \arcsin(\ln x)$；
(2) $y = \dfrac{1}{\sqrt{x+2}} + \sqrt{x-1}$；

(3) $y = \sqrt{\sin x}$；
(4) $y = \arctan x + \sqrt{1 - |x|}$；

(5) $y = \dfrac{1}{x^2 - 1} + \arccos x + \sqrt{x}$.

2.设 $f(x) = \arcsin(\lg x)$，求 $f(10^{-1}), f(1), f(10)$.

3.设 $\varphi(x) = \begin{cases} x^2 - x, & x \geqslant 0 \\ 1 - x, & x < 0 \end{cases}$，求 $\varphi(1), \varphi(-2), \varphi(0)$.

4.设 $f(x) = \begin{cases} x, & x < 0 \\ x + 1, & x \geqslant 0 \end{cases}$，求 $f(x+1), f(x-1)$.

5.下列函数是由哪些简单函数复合而成的？

(1) $y = \sqrt{2 - x^2}$；
(2) $y = \tan e^{5x}$；

(3) $y = \sin^2(1 + 2x)$；
(4) $y = [\arcsin(1 - x^2)]^3$；

(5) $y = \sqrt{\ln \tan x^2}$；
(6) $y = \cos \dfrac{1}{x-1}$.

6.甲船以每小时 2 nmile(注：nmile 为长度单位，称为海里，1 海里约等于 1.852 km) 的速度均匀向东行驶，同一时间乙船在甲船正北 80 nmile 处以每小时 15 nmile 的速度均匀向南行驶，试将两船间的距离表示成时间的函数.

7.设函数 $f(x) = \begin{cases} x^2 + 1, & x < 0 \\ x, & x > 0 \end{cases}$，作出 $f(x)$ 的图形.

8.若 $f(x) = 10^x, g(x) = \ln x$，求：

(A) $f[g(100)]$；　(B) $g[f(3)]$；　(C) $f[g(x)]$；　(D) $g[f(x)]$.

9.作一个容积为 V 的圆柱形无盖小桶，试将圆桶的全面积 S 表示成圆桶底半径 r 的函数.

10.设销售某种商品的总收入 R 是销售量 x 的二次函数，经统计得知当销售量分别为 $0, 2, 4$ 时，总收入 R 为 $0, 4, 16$，试确定 R 关于 x 的函数式.

11.设生产某种产品 x 件时的总成本为 $C(x) = 100 + 2x + x^2$（万元），若销售价格为 $P = 250 - 5x$（x 为需求量），试写出总利润函数.

12.某厂生产一种元件,设计能力为日产 120 件.每日的固定成本为 200 元,每件的平均可变成本为 10 元.问:

(1)试求该厂此元件的日总成本函数及平均成本函数;

(2)若每件售价 15 元,试写出总收入函数.

第 2 章 　 向量代数与空间解析几何

解析几何的主要方法是通过建立直角坐标系,使点与有序数组,曲线、曲面与方程或方程组建立对应关系,从而可用代数的方法来研究几何问题.向量代数不仅在许多自然科学领域有着重要的作用,同时它也是简化空间解析几何运算与证明的一个有力工具.本章首先介绍向量的概念及运算的有关知识,然后介绍常见的空间曲线与曲面的方程.

2.1 　 向量代数

2.1.1 　 空间直角坐标系与点的坐标

在平面直角坐标系的基础上,过原点 O 再引一条数轴 —— z 轴与 x 轴、y 轴都垂直,并使三条坐标轴的正向满足右手法则,即当右手的四指从 x 轴正向作 $90°$ 的旋转,转向 y 轴正向时,大拇指的指向恰是 z 轴的正向.不加特别说明,一般三条坐标轴的长度单位都相同.这样,我们得到空间直角坐标系.

由两条坐标轴确定的平面称为坐标平面,如坐标面 xOy 等,三个坐标平面把空间分成八个部分,每一部分叫卦限.含有三个坐标轴正向的卦限.标为第 Ⅰ 卦限,在 xOy 平面上部(即含 z 轴正向)由第一卦限依逆时针方向依次得 Ⅱ、Ⅲ、Ⅳ 卦限.在 xOy 平面下部与第 Ⅰ 卦限相对的为第 Ⅴ 卦限,依次得 Ⅵ、Ⅶ、Ⅷ 几个卦限(图 2-1).

给定空间任一点 M,过 M 分别作 x 轴、y 轴、z 轴的垂面交 x、y、z 轴于点 P、Q、R,设 P、Q、R 三点在三条坐标轴上的坐标依次为 x、y、z,则 (x,y,z) 称为点 M 在这个坐标系中的坐标.显然空间任一确定的点,都有确定的唯一三个实数的有序数组与之对应,反之,任给有序数组 (x,y,z) 也有唯一确定的以其为坐标的点与之对应.这样,在空间建立了坐标系之后,空间点集与三个实数的有序数组集合之间建立了一一对应关系(图 2-2),表示为 $M \leftrightarrow (x,y,z)$.

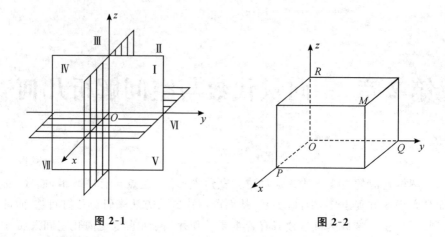

图 2-1   图 2-2

2.1.2 向量的概念

许多物理量,如力、位移、速度和力矩等都有量值(大小)和方向两个因素,这样的量称为向量(或矢量). 向量一般可用有向线段 $\overrightarrow{PQ}$ 表示,P 叫做始点,Q 叫做它的终点. 有向线段的长度表示向量的量值大小,称为向量的模,记作 $|\overrightarrow{OP}|$. 从始点指向终点的方向表示向量的方向.

与始点无关,只关注其大小与方向,可以平移的向量叫自由向量. 本章如无特别说明,所指向量皆为自由向量. 这样,我们可以把空间所有向量的始点认为都在原点,每一点 P 都决定了一个向量 $\overrightarrow{OP}$,称为点 P 的位置矢量(简称位矢). 反之,每一个位矢,也都有它的终点与之对应. 这样就有如下的一一对应关系.

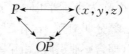

如上所述,我们就可以用有序数组或坐标来表示向量,如 $\overrightarrow{OP} = (x,y,z)$.

若向量 $\boldsymbol{\alpha}$、$\boldsymbol{\beta}$ 的模相等,方向相同,则称 $\boldsymbol{\alpha}$ 与 $\boldsymbol{\beta}$ 相等,记作 $\boldsymbol{\alpha} = \boldsymbol{\beta}$. 显然,两个相等的向量,一定具有完全相同的坐标.

长度为零的向量称为零向量,用 $\boldsymbol{O}$ 来表示,其方向可以看作是任意的,显然 $\boldsymbol{O} = (0,0,0)$.

长度为 1 的向量称为单位向量,如 $(1,0,0)$,$(0,1,0)$ 等都是单位向量.

与向量 $\boldsymbol{\alpha}$(向量在不关注其始点与终点时,也常用希腊字母 $\alpha\beta\gamma\cdots$ 表示)的大小相等,而方向相反的向量,叫做 $\boldsymbol{\alpha}$ 的负向量,记为 $-\boldsymbol{\alpha}$,若 $\boldsymbol{\alpha} = (x,y,z)$,则

$$-\boldsymbol{\alpha} = (-x, -y, -z).$$

2.1.3　向量的运算

1. 向量的加法

定义 1　若 $\boldsymbol{\alpha} = (x_1, y_1, z_1), \boldsymbol{\beta} = (x_2, y_2, z_2)$，它们的和 $\boldsymbol{\alpha} + \boldsymbol{\beta}$ 是这样的向量：$\boldsymbol{\alpha} + \boldsymbol{\beta} = (x_1 + x_2, y_1 + y_2, z_1 + z_2)$.

我们知道，在物理学中，两个力的合力(即两个向量的和)满足平行四边形法则，同样我们可以证明(证略)以上定义的向量的加法也是满足平行四边形法则的，即若 $\boldsymbol{\alpha} = \overrightarrow{OA} = (x_1, y_1, z_1), \boldsymbol{\beta} = \overrightarrow{OB} = (x_2, y_2, z_2)$，那么以 $\overrightarrow{OA}, \overrightarrow{OB}$ 为一组邻边的平行四边形的对角线 $\overrightarrow{OC} = (x_1 + x_2, y_1 + y_2, z_1 + z_2)$. (图 2-3)由于向量可以平移，根据向量加法的三角形法则可以推出，若第一个向量的终点与第二个向量的始点重合，则这两向量的和为从第一向量始点引向第二向量终点的向量即 $\overrightarrow{AB} + \overrightarrow{BC} = \overrightarrow{AC}$ (图 2-4). 三角形法则可推广到若干个向量的和. 从向量加法的三角形法则，可以得到向量模长的三角不等式：

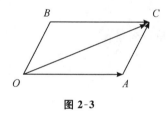

图 2-3　　　　　　　　　　　　图 2-4

$$|\boldsymbol{\alpha} + \boldsymbol{\beta}| \leqslant |\boldsymbol{\alpha}| + |\boldsymbol{\beta}|$$

当且仅当 $\boldsymbol{\alpha}, \boldsymbol{\beta}$ 同向时等号成立.

向量加法满足下列运算律：

1° 交换律：$\boldsymbol{\alpha} + \boldsymbol{\beta} = \boldsymbol{\beta} + \boldsymbol{\alpha}$；

2° 结合律：$(\boldsymbol{\alpha} + \boldsymbol{\beta}) + \boldsymbol{\gamma} = \boldsymbol{\alpha} + (\boldsymbol{\beta} + \boldsymbol{\gamma})$；

3° 对任一向量 $\boldsymbol{\alpha}$，有 $\boldsymbol{\alpha} + 0 = \boldsymbol{\alpha}$ 及 $\boldsymbol{\alpha} + (-\boldsymbol{\alpha}) = 0$.

向量的减法可以通过加法来定义，即 $\boldsymbol{\alpha}$ 减去 $\boldsymbol{\beta}$，就是 $\boldsymbol{\alpha}$ 加上 $\boldsymbol{\beta}$ 的负向量，也就是 $\boldsymbol{\alpha} - \boldsymbol{\beta} = \boldsymbol{\alpha} + (-\boldsymbol{\beta})$.

下面我们通过向量的加法运算来推导空间两点间的距离公式.

由勾股定理易证若 $\overrightarrow{OP} = (x, y, z)$ 则

$$|\overrightarrow{OP}| = \sqrt{x^2 + y^2 + z^2}.$$

现设 $M_1(x_1, y_1, z_1), M_2(x_2, y_2, z_2)$，则

$$\overrightarrow{OM_1} = (x_1, y_1, z_1), \overrightarrow{OM_2} = (x_2, y_2, z_2)$$

所以 $\overrightarrow{M_1M_2} = \overrightarrow{OM_2} - \overrightarrow{OM_1} = (x_2 - x_1, y_2 - y_1, z_2 - z_1)$，即

$$|M_1M_2| = \sqrt{(x_2 - x_1)^2 + (y_2 - y_1)^2 + (z_2 - z_1)^2}.$$

2. 数与向量的乘法

定义 2　实数 k 与向量 $\boldsymbol{\alpha} = (x, y, z)$ 的乘积规定为 $k\boldsymbol{\alpha} = (kx, ky, kz)$.

例如　$-2(0, -1, 3) = (0, 2, -6)$.

数乘的几何意义：实数 k 与向量 $\boldsymbol{\alpha}$ 的乘积是这样的向量 $k\boldsymbol{\alpha}$，它的长度为 $|\boldsymbol{\alpha}|$ 的 $|k|$ 倍，即 $|k\boldsymbol{\alpha}| = |k||\boldsymbol{\alpha}|$；当 k 为正数时，它的方向与 $\boldsymbol{\alpha}$ 相同，当 k 为负数时，它的方向与 $\boldsymbol{\alpha}$ 相反，当 $k = 0$ 时，它就是零向量.

数乘满足的运算律：

1° $(k + l)\boldsymbol{\alpha} = k\boldsymbol{\alpha} + l\boldsymbol{\alpha}$；

2° $k(\boldsymbol{\alpha} + \boldsymbol{\beta}) = k\boldsymbol{\alpha} + k\boldsymbol{\beta}$；

3° $(kl)\boldsymbol{\alpha} = k(l\boldsymbol{\alpha})$；

4° $1 \cdot \boldsymbol{\alpha} = \boldsymbol{\alpha}$；

其中 k、l 为实数，$\boldsymbol{\alpha}$、$\boldsymbol{\beta}$ 为向量.

例，若 $\boldsymbol{\alpha} = (-1, 4, 3)$，求与 $\boldsymbol{\alpha}$ 同向的单位向量 $\boldsymbol{\alpha}^\circ$.

由于

$$|\boldsymbol{\alpha}| = \sqrt{(-1)^2 + 4^2 + 3^2} = \sqrt{26}$$

所以

$$\boldsymbol{\alpha}^\circ = \frac{1}{|\boldsymbol{\alpha}|}\boldsymbol{\alpha} = \frac{1}{\sqrt{26}}(-1, 4, 3) = \left(\frac{-1}{\sqrt{26}}, \frac{4}{\sqrt{26}}, \frac{3}{\sqrt{26}}\right).$$

下面我们再利用向量的加法来推导定比分点的坐标公式.

设 $M_1(x_1, y_1, z_1)$、$M_2(x_2, y_2, z_2)$，直线 M_1M_2 上点 M 分线段 M_1M_2 的定比为 λ，即 $\overrightarrow{M_1M} = \lambda\overrightarrow{MM_2}$（如图 2-5）.

根据给定条件有

$$\overrightarrow{M_1M} = \lambda\overrightarrow{MM_2},$$

$$\overrightarrow{M_1M} = \overrightarrow{OM} - \overrightarrow{OM_1},$$

$$\overrightarrow{MM_2} = \overrightarrow{OM_2} - \overrightarrow{OM},$$

于是有 $\overrightarrow{OM} - \overrightarrow{OM_1} = \lambda\overrightarrow{OM_2} - \lambda\overrightarrow{OM}$，

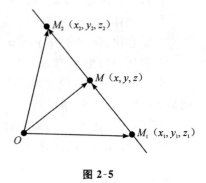

图 2-5

解得 $\overrightarrow{OM} = \dfrac{\overrightarrow{OM_1} + \lambda \overrightarrow{OM_2}}{1+\lambda}$，即

$$(x,y,z) = \frac{1}{1+\lambda}(x_1 + \lambda x_2, y_1 + \lambda y_2, z_1 + \lambda z_2).$$

根据相等的向量有完全相同的坐标，求得分点 M 的坐标为

$$x = \frac{x_1 + \lambda x_2}{1+\lambda}, y = \frac{y_1 + \lambda y_2}{1+\lambda}, z = \frac{z_1 + \lambda z_2}{1+\lambda}.$$

3. 向量的方向角与方向余弦

在空间解析几何中，通常利用向量的方向与点的位置来确定平面或直线的位置，那么用什么量来描述向量的方向呢?这就是下面讨论的方向角和方向余弦.

为叙述方便，记 $\boldsymbol{i}, \boldsymbol{j}, \boldsymbol{k}$ 为与三个坐标轴 x 轴，y 轴，z 轴正向同向的单位向量，那么任一向量 $\boldsymbol{\alpha} = \overrightarrow{OP} = (x,y,z) = x\boldsymbol{i} + y\boldsymbol{j} + z\boldsymbol{k}$，也就是空间中每一个向量 $\boldsymbol{\alpha}$ 都可以分解为 $\boldsymbol{\alpha}$ 的坐标分解式，其中 x,y,z 即为 $\boldsymbol{\alpha}$ 的坐标.

通常用 $(\boldsymbol{\alpha}, \boldsymbol{\beta})$ 表示向量 $\boldsymbol{\alpha}$、$\boldsymbol{\beta}$ 的夹角.

定义 3　$(\boldsymbol{\alpha}, \boldsymbol{i})$、$(\boldsymbol{\alpha}, \boldsymbol{j})$、$(\boldsymbol{\alpha}, \boldsymbol{k})$ 称为向量 $\boldsymbol{\alpha}$ 的方向角，它们的余弦值称为 $\boldsymbol{\alpha}$ 的方向余弦.

设 $\boldsymbol{\alpha} = x\boldsymbol{i} + y\boldsymbol{j} + z\boldsymbol{k}$，则有

$$\cos(\boldsymbol{\alpha}, \boldsymbol{i}) = \frac{x}{|\boldsymbol{\alpha}|} = \frac{x}{\sqrt{x^2 + y^2 + z^2}},$$

$$\cos(\boldsymbol{\alpha}, \boldsymbol{j}) = \frac{y}{|\boldsymbol{\alpha}|} = \frac{y}{\sqrt{x^2 + y^2 + z^2}},$$

$$\cos(\boldsymbol{\alpha}, \boldsymbol{k}) = \frac{z}{|\boldsymbol{\alpha}|} = \frac{z}{\sqrt{x^2 + y^2 + z^2}}.$$

从而有 $\cos^2(\boldsymbol{\alpha}, \boldsymbol{i}) + \cos^2(\boldsymbol{\alpha}, \boldsymbol{j}) + \cos^2(\boldsymbol{\alpha}, \boldsymbol{k}) = 1$.

即任一向量的三个方向余弦的平方和恒等于 1.

4. 向量的乘法

在物理学中两个向量的乘积可能是一个数量（如功），也可能是一个向量（如力矩），因此，我们相应的定义向量的两种乘法 —— 数量积（也叫内积或点积）与向量积（也叫外积或叉积）.

（1）向量的数量积

定义 4　两个向量 $\boldsymbol{\alpha}$ 与 $\boldsymbol{\beta}$ 的数量积 $\boldsymbol{\alpha} \cdot \boldsymbol{\beta}$ 规定为一个实数

$$\boldsymbol{\alpha} \cdot \boldsymbol{\beta} = |\boldsymbol{\alpha}| \cdot |\boldsymbol{\beta}| \cos(\boldsymbol{\alpha}, \boldsymbol{\beta}).$$

例如，$\boldsymbol{\alpha} = x\boldsymbol{i} + y\boldsymbol{j} + z\boldsymbol{k}$，则

$$\boldsymbol{\alpha} \cdot \boldsymbol{i} = |\boldsymbol{\alpha}| \cdot |\boldsymbol{i}| \cos(\boldsymbol{\alpha}, \boldsymbol{i}) = \sqrt{x^2 + y^2 + z^2} \cdot 1 \cdot \frac{x}{\sqrt{x^2 + y^2 + z^2}} = x.$$

同理有 $\boldsymbol{\alpha} \cdot \boldsymbol{j} = y, \boldsymbol{\alpha} \cdot \boldsymbol{k} = z$,也就是任一向量与基本单位向量 $\boldsymbol{i}, \boldsymbol{j}, \boldsymbol{k}$ 的数量积等于该向量相应的坐标.

我们经常利用下面两个内积的性质来求向量的长度与两向量的夹角.

(i) 由于 $\boldsymbol{\alpha} \cdot \boldsymbol{\alpha} = |\boldsymbol{\alpha}| \cdot |\boldsymbol{\alpha}| \cos(\boldsymbol{\alpha}, \boldsymbol{\alpha}) = |\boldsymbol{\alpha}|^2$,故 $|\boldsymbol{\alpha}| = \sqrt{\boldsymbol{\alpha} \cdot \boldsymbol{\alpha}} = \sqrt{\boldsymbol{\alpha}^2}$(记 $\boldsymbol{\alpha} \cdot \boldsymbol{\alpha} = \boldsymbol{\alpha}^2$).

(ii) 由数量积的定义,易知两非零向量 $\boldsymbol{\alpha}$ 与 $\boldsymbol{\beta}$ 的夹角可由下式求得:

$$\cos(\boldsymbol{\alpha}, \boldsymbol{\beta}) = \frac{\boldsymbol{\alpha} \cdot \boldsymbol{\beta}}{|\boldsymbol{\alpha}||\boldsymbol{\beta}|}$$

且当 $(\boldsymbol{\alpha}, \boldsymbol{\beta}) = 90°$ 时,称 $\boldsymbol{\alpha}$ 与 $\boldsymbol{\beta}$ 正交,记为 $\boldsymbol{\alpha} \perp \boldsymbol{\beta}$,这时 $\boldsymbol{\alpha} \cdot \boldsymbol{\beta} = 0$,反之,若 $\boldsymbol{\alpha} \cdot \boldsymbol{\beta} = 0$,此时如果 $\boldsymbol{\alpha}, \boldsymbol{\beta}$ 有一为零向量,显然可认为 $(\boldsymbol{\alpha}, \boldsymbol{\beta}) = 90°$,如果 $\boldsymbol{\alpha}, \boldsymbol{\beta}$ 都不为零,则 $\cos(\boldsymbol{\alpha}, \boldsymbol{\beta}) = 0$,从而 $(\boldsymbol{\alpha}, \boldsymbol{\beta}) = 90°$. 故 $\boldsymbol{\alpha} \perp \boldsymbol{\beta} \Leftrightarrow \boldsymbol{a} \cdot \boldsymbol{\beta} = 0$.

数量积满足下列运算律:

1° 交换律:$\boldsymbol{\alpha} \cdot \boldsymbol{\beta} = \boldsymbol{\beta} \cdot \boldsymbol{\alpha}$;

2° 数因子结合律:$k(\boldsymbol{\alpha} \cdot \boldsymbol{\beta}) = (k\boldsymbol{\alpha}) \cdot \boldsymbol{\beta} = \boldsymbol{\alpha} \cdot (k\boldsymbol{\beta})$;

3° 内积与加法满足分配律:$(\boldsymbol{\alpha} + \boldsymbol{\beta}) \cdot \boldsymbol{\gamma} = \boldsymbol{\alpha} \cdot \boldsymbol{\gamma} + \boldsymbol{\beta} \cdot \boldsymbol{\gamma}$.

下面给出在直角坐标系下,数量积的坐标表示式.

若 $\boldsymbol{\alpha} = x_1\boldsymbol{i} + y_1\boldsymbol{j} + z_1\boldsymbol{k}, \boldsymbol{\beta} = x_2\boldsymbol{i} + y_2\boldsymbol{j} + z_2\boldsymbol{k}$. 根据上述性质 $1° - 3°$ 并注意到 $\boldsymbol{i}^2 = \boldsymbol{j}^2 = \boldsymbol{k}^2 = 1$ 与 $\boldsymbol{ij} = \boldsymbol{jk} = \boldsymbol{ki} = 0$,有

$$\boldsymbol{\alpha} \cdot \boldsymbol{\beta} = x_1x_2 + y_1y_2 + z_1z_2$$

即两向量的内积等于它们对应分量乘积的和.

由内积的坐标表达式,有

$$\boldsymbol{\alpha} \cdot \boldsymbol{\alpha} = x_1^2 + y_1^2 + z_1^2$$

$$|\boldsymbol{\alpha}| = \sqrt{\boldsymbol{\alpha} \cdot \boldsymbol{\alpha}} = \sqrt{x_1^2 + y_1^2 + z_1^2} \text{(实质为点到原点的距离公式)}$$

$$\cos(\boldsymbol{\alpha}, \boldsymbol{\beta}) = \frac{\boldsymbol{\alpha} \cdot \boldsymbol{\beta}}{|\boldsymbol{\alpha}||\boldsymbol{\beta}|} = \frac{|x_1x_2 + y_1y_2 + z_1z_2|}{\sqrt{x_1^2 + y_1^2 + z_1^2}\sqrt{x_2^2 + y_2^2 + z_2^2}}.$$

例 1   已知 $A(3,2,6), B(5,-1,4), C(4,0,1)$,求 $\triangle ABC$ 的面积.

解:$\overrightarrow{AB} = (2,-3,-2), \overrightarrow{AC} = (1,-2,-5)$,

$$|\overrightarrow{AB}| = \sqrt{2^2 + (-3)^2 + (-2)^2} = \sqrt{17}, |\overrightarrow{AC}|$$

$$= \sqrt{1^2 + (-2)^2 + (-5)^2} = \sqrt{30},$$

$$\cos(\overrightarrow{AB}, \overrightarrow{AC}) = \frac{2 \times 1 + (-3) \times (-2) + (-2) \times (-5)}{\sqrt{17}\sqrt{30}} = \frac{18}{\sqrt{510}},$$

$$\sin(\overrightarrow{AB},\overrightarrow{AC}) = \sqrt{1 - \frac{18^2}{510}} = \sqrt{\frac{186}{510}},$$

于是　　$S_{\triangle ABC} = \frac{1}{2}|\overrightarrow{AB}| \cdot |\overrightarrow{AC}|\sin(\overrightarrow{AB},\overrightarrow{AC}) = \frac{1}{2}\sqrt{186}.$

例 2　设有大小为 500 牛顿的力,其方向角顺次为 $60°,60°,135°$,使质点从 $A(3,-1,5\sqrt{2})$ 位移到 $B(-1,4,0)$.求力所做的功(坐标长度单位为米).

解:力　$F = 500(\cos 60°i + \cos 60°j + \cos 135°k) = 250i + 250j - 250\sqrt{2}k,$

位移　$\overrightarrow{AB} = (-1-3)i + (4+1)j + (0-5\sqrt{2})k,$

功　$W = F \cdot \overrightarrow{AB} = [250 \times (-4) + 250 \times 5 + 250\sqrt{2} \times 5\sqrt{2}]$
　　$= 2750(焦耳).$

(2)向量的向量积

定义 5　两个向量 $\boldsymbol{\alpha}$ 与 $\boldsymbol{\beta}$ 的向量积 $\boldsymbol{\alpha} \times \boldsymbol{\beta}$ 是一个向量,它的模规定为 $|\boldsymbol{\alpha} \times \boldsymbol{\beta}| = |\boldsymbol{\alpha}| \cdot |\boldsymbol{\beta}| \cdot \sin(\boldsymbol{\alpha},\boldsymbol{\beta})$,它的方向与 $\boldsymbol{\alpha}$ 和 $\boldsymbol{\beta}$ 都垂直,并且 $\boldsymbol{\alpha},\boldsymbol{\beta},\boldsymbol{\alpha} \times \boldsymbol{\beta}$ 是一个右手系(如图 2-6).

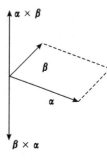

向量积满足下列运算律:

1°　反交换律:$\boldsymbol{\alpha} \times \boldsymbol{\beta} = -\boldsymbol{\beta} \times \boldsymbol{\alpha},$

2°　数因子结合律:$(k\boldsymbol{\alpha}) \times \boldsymbol{\beta} = \boldsymbol{\alpha} \times (k\boldsymbol{\beta}) = k(\boldsymbol{\alpha} \times \boldsymbol{\beta}),$

3°　对加法的分配律:$\boldsymbol{\alpha} \times (\boldsymbol{\beta} + \boldsymbol{\gamma}) = \boldsymbol{\alpha} \times \boldsymbol{\beta} + \boldsymbol{\alpha} \times \boldsymbol{\gamma},$
　　　　　　　　$(\boldsymbol{\alpha} + \boldsymbol{\beta}) \times \boldsymbol{\gamma} = \boldsymbol{\alpha} \times \boldsymbol{\gamma} + \boldsymbol{\beta} \times \boldsymbol{\gamma}.$

图 2-6

下面推导向量积的坐标表达式:

若 $\boldsymbol{\alpha} = x_1 i + y_1 j + z_1 k, \boldsymbol{\beta} = x_2 i + y_2 j + z_2 k.$ 利用运算律 $1° - 3°$ 并注意到 $i \times j = k, j \times k = i, k \times i = j$ 与 $i \times i = j \times j = k \times k = 0.$

于是　$\boldsymbol{\alpha} \times \boldsymbol{\beta} = (x_1 i + y_1 j + z_1 k) \times (x_2 i + y_2 j + z_2 k)$

$$= \begin{vmatrix} i & j & k \\ x_1 & y_1 & z_1 \\ x_2 & y_2 & z_2 \end{vmatrix} (展开,整理,并借用行列式表示).$$

例 3　已知 $A(1,2,3),B(2,-1,5),C(3,2,-5)$ 求 $\triangle ABC$ 的面积 $S_{\triangle ABC}.$

解:由向量积的定义知

$$S_{\triangle ABC} = \frac{1}{2}|\overrightarrow{AB}| \cdot |\overrightarrow{AC}| \cdot \sin(\overrightarrow{AB},\overrightarrow{AC}) = \frac{1}{2}|\overrightarrow{AB} \times \overrightarrow{AC}|,$$

$\because$　$\overrightarrow{AB} = (1,-3,2),\overrightarrow{AC} = (2,0,-8),$

$$\therefore \quad \overrightarrow{AB} \times \overrightarrow{AC} = \begin{vmatrix} \boldsymbol{i} & \boldsymbol{j} & \boldsymbol{k} \\ 1 & -3 & 2 \\ 2 & 0 & -8 \end{vmatrix} = 24\boldsymbol{i} + 12\boldsymbol{j} + 6\boldsymbol{k},$$

故 $\quad |\overrightarrow{AB} \times \overrightarrow{AC}| = \sqrt{24^2 + 12^2 + 6^2} = 6\sqrt{21}.$

因此 $\quad S_{\triangle ABC} = 3\sqrt{21}.$

习题 2-1

1. 利用向量线性运算化简下列各式:

(1) $\boldsymbol{\alpha} + 2\boldsymbol{\beta} - (\boldsymbol{\alpha} - 2\boldsymbol{\beta})$;

(2) $(m - 2n)(\boldsymbol{\alpha} + \boldsymbol{\beta}) - (m + n)(\boldsymbol{\alpha} - \boldsymbol{\beta})$,其中 m 与 n 为实数.

2. 试把八个卦限内的点的坐标的正负填入下表:

卦限	一	二	三	四	五	六	七	八
坐标的正负	$(+,+,+)$							

3. 已知点 $(0,0,0)$,$(2,0,0)$,$(0,-4,0)$,$(0,0,4)$ 在同一球面上,试求该球的半径.

4. 设有向量 $\boldsymbol{\alpha} = 7i - 4j + 4k$,已知它的终点为 $(1,2,3)$,求起点的坐标;并求出 $\boldsymbol{\alpha}$ 的模与它的方向余弦.

5. 设 $\boldsymbol{\alpha} = 2i - 3j + 5k$ 与 $\boldsymbol{\beta} = 3i + j - 2k$,计算:

(1) $\boldsymbol{\alpha} \cdot \boldsymbol{\beta}$;　　　　　　　(2) $\boldsymbol{\beta}^2$($\boldsymbol{\beta} \cdot \boldsymbol{\beta}$ 的简写);

(3) $(\boldsymbol{\alpha} + \boldsymbol{\beta})^2$;　　　　　　　(4) $(\boldsymbol{\alpha} + \boldsymbol{\beta}) \cdot (\boldsymbol{\alpha} - \boldsymbol{\beta})$;

(5) $(3\boldsymbol{\alpha} + \boldsymbol{\beta}) \cdot (\boldsymbol{\beta} - 2\boldsymbol{\alpha})$.

6. 求 m 的值,使 $2i - 3j + 5k$ 与 $3i + mj - 2k$ 互相垂直.

7. 如果 $\boldsymbol{\alpha} = 2i - j + k$,$\boldsymbol{\beta} = i + 2j - 3k$,求 $|(2\boldsymbol{\alpha} + \boldsymbol{\beta}) \times (\boldsymbol{\alpha} - 2\boldsymbol{\beta})|$ 的值.

8. 已知四边形 $ABCD$ 中,$\overrightarrow{AB} = a - 2c$,$\overrightarrow{CD} = 3a + 6b - 8c$,对角线 AC,BD 的中点分别为 E,F,求 $\overrightarrow{EF}$.

9. 已知矢量 $\vec{a}$,$\vec{b}$ 互相垂直,矢量 $\vec{c}$ 与 $\vec{a}$,$\vec{b}$ 的夹角都是 $60°$,且 $|\vec{a}| = 1$,$|\vec{b}| = 2$,$|\vec{c}| = 3$ 计算:

(1) $(\vec{a} + \vec{b})^2$;　　　　　　　(2) $(\vec{a} + \vec{b})(\vec{a} - \vec{b})$;

(3) $(3\vec{a} - 2\vec{b}) \cdot (\vec{b} - 3\vec{c})$;　　　　(4) $(\vec{a} + 2\vec{b} - \vec{c})^2$.

10.已知 $\vec{a},\vec{b},\vec{c}$ 两两垂直,且 $|\vec{a}|=1,|\vec{b}|=2,|\vec{c}|=3$,求 $\vec{r}=\vec{a}+\vec{b}+\vec{c}$ 的长和它与 $\vec{a},\vec{b},\vec{c}$ 的夹角.

2.2　空间中的平面和直线

空间中的曲面与曲线(当然包括其特殊情形平面与直线),都可看成具有某种特征性质的点集,这种特征性质在建立直角坐标系后,体现在点集中的点 P 的坐标 x,y,z 所应满足的相互制约条件,一般可用方程 $F(x,y,z)=0$ 或方程组 $\begin{cases}F_1(x,y,z)=0\\F_2(x,y,z)=0\end{cases}$ 来表达,该方程也就称为相应的曲面或曲线方程.本节主要通过确定平面和直线的条件来建立几种常见的平面和直线的方程.

2.2.1　平面及其方程

1.平面的点法式方程

假设一平面 π 经过点 $M_0(x_0,y_0,z_0)$ 且与向量 $\boldsymbol{n}=(A,B,C)$ 垂直(如图 2-7).又设 $M(x,y,z)$ 为平面上任一点,显然,$\overrightarrow{M_0M}\perp\boldsymbol{n}$ 故 $\overrightarrow{M_0M}\cdot\boldsymbol{n}=0$.又 $\overrightarrow{M_0M}=(x-x_0,y-y_0,z-z_0)$,所以有
$$A(x-x_0)+B(y-y_0)+C(z-z_0)=0 \tag{1}$$
即平面 π 上任意点 M 的坐标满足方程(1).

反之,满足方程(1)的点 (x,y,z) 也都在 π 上,故称(1)为平面的点法式方程,向量 $\boldsymbol{n}$ 称为平面 π 的法向量.

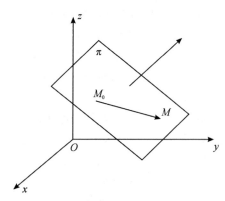

图 2-7

例1 已知两点 $P(1,-1,2),Q(2,0,-1)$ 求过 P 且与 PQ 垂直的平面方程.

解：平面的法向量 $\overrightarrow{PQ}=(1,1,-3)$，应用点法式公式，所求平面方程为
$$1 \cdot (x-1)+1 \cdot (y+1)-3 \cdot (z-2)=0$$
即 $x+y-3z+6=0$.

例2 求过三点 $A(1,0,-1),B(-2,1,3),C(0,1,-2)$ 的平面方程.

解：法向量 $\boldsymbol{n}=\overrightarrow{AB}\times\overrightarrow{AC}=(-3,1,4)\times(-1,1,-1)$

$$=\begin{vmatrix} i & j & k \\ -3 & 1 & 4 \\ -1 & 1 & -1 \end{vmatrix}=-5i-7j-2k=(-5,-7,-2)$$

故所求平面方程为 $-5(x-1)-7(y-0)-2(z+1)=0$，即
$$5x+7y+2z-3=0.$$

2. 平面的一般式方程

将平面的点法式方程(1)展开并令 $-Ax_0-By_0-Cz_0=D$，则得
$$Ax+By+Cz+D=0,\text{（其中 }A\text{、}B\text{、}C\text{ 不全为 }0) \tag{2}$$
亦即任一平面都可以用关于 x,y,z 的三元一次方程(2)表示. 反之，方程(2)一定表示一个平面. 事实上，设 (x_0,y_0,z_0) 是满足方程(2)的任意一个点，即
$$Ax_0+By_0+Cz_0+D=0. \tag{3}$$
(2)-(3)有
$$A(x-x_0)+B(y-y_0)+C(z-z_0)=0. \tag{4}$$
方程(4)恰是表示过点 (x_0,y_0,z_0) 且以 (A,B,C) 为法向量的平面.

我们称(2)为平面的一般式方程.

方程(2)中的参数 A、B、C、D 不全为零，但若 A、B、C、D 中有某些为零时，则方程将表示某些特殊的平面. 我们将其叙述如下：

(i) $D=0,Ax+By+Cz=0$ 表示过原点的平面.

(ii) $A=0,By+Cz+D=0$ 表示平行于 x 轴的平面，

$\quad B=0,Ax+Cz+D=0$ 表示平行于 y 轴的平面，

$\quad C=0,Ax+By+D=0$ 表示平行于 z 轴的平面.

(iii) $A=D=0,By+Cz=0$ 表示过 x 轴的平面，

$\quad B=D=0,Ax+Cz=0$ 表示过 y 轴的平面，

$\quad C=D=0,Ax+By=0$ 表示过 z 轴的平面.

(iv) $A=B=0,Cz+D=0$ 表示垂直 z 轴的平面，

$\quad A=C=0,By+D=0$ 表示垂直 y 轴的平面，

$\quad B=C=0,Ax+D=0$ 表示垂直 x 轴的平面.

（ⅴ）$A = B = D = 0, z = 0$ 表示 xy 坐标平面，

　　$A = C = D = 0, y = 0$ 表示 zx 坐标平面，

　　$B = C = D = 0, x = 0$ 表示 yz 坐标平面.

例 3　求经过 y 轴和点 $P(1,1,2)$ 的平面方程.

解: 平面过 y 轴，因此可设平面方程为

$$Ax + Cz = 0.$$

将点 P 的坐标代入上式得 $A = -2C.$ 取 $C = -1$，则 $A = 2.$ 故所求平面方程为 $2x - z = 0.$

3. 两平面的夹角与点到平面的距离公式

两平面法向量的夹角称为两平面的夹角（图 2-8）.

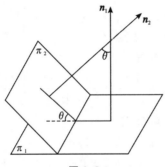

图 2-8

设: $\pi_1: A_1 x + B_1 y + C_1 z + D_1 = 0, \pi_2: A_2 x + B_2 y + C_2 z + D_2 = 0$，则

$$\cos(\boldsymbol{n}_1, \boldsymbol{n}_2) = \frac{\boldsymbol{n}_1 \boldsymbol{n}_2}{|\boldsymbol{n}_1| \cdot |\boldsymbol{n}_2|} = \frac{A_1 A_2 + B_1 B_2 + C_1 C_2}{\sqrt{A_1^2 + B_1^2 + C_1^2} \; \sqrt{A_2^2 + B_2^2 + C_2^2}} \quad (5)$$

由（5）可知 $\pi_1 \perp \pi_2 \Leftrightarrow A_1 A_2 + B_1 B_2 + C_1 C_2 = 0,$

$\pi_1 \text{ // } \pi_2 \Leftrightarrow \dfrac{A_1}{A_2} = \dfrac{B_1}{B_2} = \dfrac{C_1}{C_2} \neq \dfrac{D_1}{D_2}$（若分子为 0，规定分母也为 0）.

点面距离公式

如图 2-9，$P_1(x_1, y_1, z_1)$ 为平面 $\pi: Ax + By + Cz + D = 0$ 外一点，$P_0(x_0, y_0, z_0)$ 为 π 上任一点，则

$$Ax_0 + By_0 + Cz_0 + D = 0 \qquad (*)$$

且 $d = |\overrightarrow{P_0 P_1}| \, |\cos\theta| = \dfrac{|\overrightarrow{P_0 P_1} \cdot \boldsymbol{n}|}{|\boldsymbol{n}|}$

$$= \frac{|(x_1 - x_0, y_1 - y_0, z_1 - z_0)(A, B, C)|}{\sqrt{A^2 + B^2 + C^2}}$$

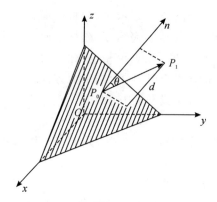

图 2-9

$$= \frac{|A(x_1 - x_0) + B(y_1 - y_0) + C(z_1 - z_0)|}{\sqrt{A^2 + B^2 + C^2}}.$$

把($*$)式代入上式,则有

$$d = \frac{|Ax_1 + By_1 + Cz_1 + D|}{\sqrt{A^2 + B^2 + C^2}} \tag{6}$$

(6)式就是点到平面的距离公式.

例如,点$(1,0,0)$到平面$-2x + 2y - z + 3 = 0$的距离为

$$d = \frac{|-2 \times 1 + 2 \times 0 - 1 \times 0 + 3|}{\sqrt{(-2)^2 + 2^2 + (-1)^2}} = \frac{1}{3}.$$

2.2.2 直线及其方程

1. 一般式方程

空间直线 L 可以看作两个平面

$$\pi_1 : A_1 x + B_1 y + C_1 z + D_1 = 0$$
$$\pi_2 : A_2 x + B_2 y + C_2 z + D_2 = 0$$

(其中 A_1, B_1, C_1 与 A_2, B_2, C_2 不成比例)
的交线(如图 2-10).

因此方程组

$$\begin{cases} A_1 x + B_1 y + C_1 z + D_1 = 0 \\ A_2 x + B_2 y + C_2 z + D_2 = 0 \end{cases} \tag{7}$$

就表示直线 L 的方程. 方程组(7)称为直
线的一般式方程.

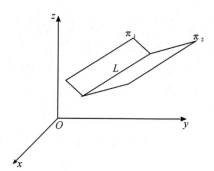

图 2-10

应当注意的是,空间直线的一般式方程不是唯一的.

例如,直线方程 $\begin{cases} 2x+y=0 \\ x+y=0 \end{cases}$ 与 $\begin{cases} 4x-y=0 \\ 3x+2y=0 \end{cases}$ 都表示 z 轴.

例 4　求过直线 $L:\begin{cases} 2x-3y-z+1=0, \\ x+y+z=0, \end{cases}$ 且过定点 $(0,1,2)$ 的平面方程.

解:设过直线 L 的平面方程为:
$$(2x-3y-z+1)+\lambda(x+y+z)=0.$$

平面过点 $(0,1,2)$,从而有 $(2\times0-3\times1-2+1)+\lambda(0+1+2)=0$,于是 $\lambda=\dfrac{4}{3}$.

所求平面的方程为:$(2x-3y-z+1)+\dfrac{4}{3}(x+y+z)=0$,

化简得:$10x-5y+z+3=0$.

2.对称式方程

我们知道,过空间一定点有且仅有一条直线与已知直线平行.因此,如果已知直线 L 上的一点 $M_0(x_0,y_0,z_0)$ 以及与 L 平行的非零向量 $\boldsymbol{n}=(a,b,c)$ 时,则直线 L 就被完全确定了.

设 $M(x,y,z)$ 为 L 上任一点,则 $\overrightarrow{M_0M}\;/\!/\;\boldsymbol{n}$,因此,向量 $\overrightarrow{M_0M}=(x-x_0,y-y_0,z-z_0)$,$\boldsymbol{n}=(a,b,c)$ 的坐标对应成比例.即
$$\frac{x-x_0}{a}=\frac{y-y_0}{b}=\frac{z-z_0}{c}. \tag{\#}$$

于是 L 上的点 $M(x,y,z)$ 满足(♯).反之,满足(♯)的点 (x,y,z) 一定在 L 上,故(♯)是直线 L 的方程.方程组(♯)称为直线的对称式方程.

注:1° 在 $(*)$ 中,当 a,b,c 中至少有一个为零时,规定相应的分子也为零,如 $\dfrac{x-1}{0}=\dfrac{y-2}{2}=\dfrac{z+1}{1}$ 表示 $\begin{cases} x-1=0 \\ \dfrac{y-2}{2}=\dfrac{z+1}{1}. \end{cases}$

2° 方程组(♯)可以看成是两个独立的一次方程组成的方程组,因此,对称式稍作改变即为一般式方程.

3° 确定空间平面与直线的位置关系,一般是关注其通过的定点及方向,而直线的对称式方程的优点正在于此.从(♯)中易知直线过点 $M_0(x_0,y_0,z_0)$,且方向向量为 $\boldsymbol{n}=(a,b,c)$.因此,我们常将直线的一般式方程改写为对称式方程.

例5 求过点 $M(1,0,-2)$ 且与平面 $x-2y+3z=0$ 垂直的直线方程.

解：平面的法向量 $n=(1,-2,3)$ 即为直线的方向向量,故所述直线方程为

$$\frac{x-1}{1}=\frac{y}{-2}=\frac{z+2}{3}.$$

例6 将直线方程 $\begin{cases} x+y+z+2=0 \\ 2x-y+3z+4=0 \end{cases}$ 化为对称式方程.

解：令 $z=0$ 代入方程组得 $x=-2,y=0$,即点 $(-2,0,0)$ 在直线上. 再求直线的方向向量 n,由于 n 分别与两平面的法向量 $n_1=(1,1,1)$ 及 $n_2=(2,-1,3)$ 都垂直. 所以

$$n=n_1\times n_2=\begin{vmatrix} i & j & k \\ 1 & 1 & 1 \\ 2 & -1 & 3 \end{vmatrix}=4i-j-3k=(4,-1,-3)$$

故化为对称式方程为

$$\frac{x+2}{4}=\frac{y}{-1}=\frac{z}{-3}.$$

3. 直线的参数方程

在(♯)中令 $\quad \dfrac{x-x_0}{a}=\dfrac{y-y_0}{b}=\dfrac{z-z_0}{c}=t(t\text{ 为参数})$

则有
$$\begin{cases} x=x_0+at, \\ y=y_0+bt, \\ z=z_0+ct, \end{cases} \tag{8}$$

(8)式称为直线的参数方程.

例7 求点 $P(1,1,4)$ 到直线 $L:\dfrac{x-2}{1}=\dfrac{y-3}{1}=\dfrac{z-4}{2}$ 的距离.

分析：如图(2-11),求点到直线 L 的距离 d 就是过点 P 且与 L 垂直的平面 π 与 L 的交点 P_1 与 P 的两点间的距离.

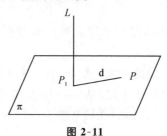

图 2-11

解:分三个步骤求解.

(1) 求平面 π 的方程,π 的法向量 $n = (1,1,2)$,且过点 $P(1,1,4)$,由点法式有

$$(x - 1) + (y - 1) + 2(z - 4) = 0$$

即
$$x + y + z - 10 = 0. \qquad (*)$$

(2) 求交点 P_1,将 L 化为参数方程 $\begin{cases} x = 2 + t \\ y = 3 + t \\ z = 4 + 2t \end{cases}$ 代入 $(*)$ 式,解得 $t = -\dfrac{1}{2}$,故 P_1 的坐标为 $\left(\dfrac{3}{2}, \dfrac{5}{2}, 3 \right)$.

(3) 由两点间距离公式

$$d = |PP_1| = \sqrt{\left(1 - \frac{3}{2}\right)^2 + \left(1 - \frac{5}{2}\right)^2 + (4 - 3)^2} = \frac{\sqrt{14}}{2}.$$

4. 两直线的夹角

两直线的方向向量的夹角叫做两直线的夹角.

设两直线的方程为

$$L_1 : \frac{x - x_1}{a_1} = \frac{y - y_1}{b_1} = \frac{z - z_1}{c_1},$$

$$L_2 : \frac{x - x_2}{a_2} = \frac{y - y_2}{b_2} = \frac{z - z_2}{c_2}.$$

方向向量分别为 $\boldsymbol{n}_1 = (a_1, b_1, c_1), \boldsymbol{n}_2 = (a_2, b_2, c_2)$.

所以 L_1 与 L_2 夹角的余弦为

$$\cos(\boldsymbol{n}_1, \boldsymbol{n}_2) = \frac{\boldsymbol{n}_1 \boldsymbol{n}_2}{|\boldsymbol{n}_1 \cdot |\boldsymbol{n}_2|} = \frac{a_1 a_2 + b_1 b_2 + c_1 c_2}{\sqrt{a_1^2 + b_1^2 + c_1^2}\,\sqrt{a_2^2 + b_2^2 + c_2^2}}.$$

由此可得:$L_1 /\!/ L_2 \Leftrightarrow \dfrac{a_1}{a_2} = \dfrac{b_1}{b_2} = \dfrac{c_1}{c_2}$,

$$L_1 \perp L_2 \Leftrightarrow a_1 a_2 + b_1 b_2 + c_1 c_2 = 0.$$

例 8 求直线 $L_1 : \dfrac{x - 3}{-3} = \dfrac{y + 2}{-3} = \dfrac{z - 1}{0}$,与 $L_2 : \dfrac{x}{4} = \dfrac{y - 1}{0} = \dfrac{z + 1}{-4}$ 的夹角.

解:$\boldsymbol{n}_1 = (-3, -3, 0), \boldsymbol{n}_2 = (4, 0, -4)$.所以夹角 θ 的余弦为

$$\cos\theta = \frac{-3 \times 4 - 3 \times 0 + 0 \times (-4)}{\sqrt{(-3)^2 + (-3)^2 + 0^2}\,\sqrt{4^2 + 0^2 + (-4)^2}} = -\frac{1}{2}.$$

所以夹角 $\theta = \dfrac{2}{3}\pi$.

5. 直线与平面的夹角

直线与它在平面上的投影直线的夹角称为直线与平面的夹角.

设直线方程为 $L: \dfrac{x-x_0}{a} = \dfrac{y-y_0}{b} = \dfrac{z-z_0}{c}$,

平面方程为 $\pi: Ax + By + Cz + D = 0$.

再设 φ 是 L 与 π 的夹角(如图 2-12),则

$$\sin\varphi = |\cos\theta|$$
$$= \frac{|n_1 n_2|}{\sqrt{a^2+b^2+c^2}\,\sqrt{A^2+B^2+C^2}}.$$

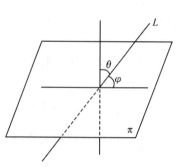

利用两向量平行及垂直的条件可得如下结论:

(1) $L /\!/ \pi \Leftrightarrow aA + bB + cC = 0$ 且 $Ax_0 + By_0 + Cz_0 + D \neq 0$.

图 2-12

(2) $L \subset \pi \Leftrightarrow aA + bB + cC = 0$ 且 $Ax_0 + By_0 + Cz_0 + D = 0$.

(3) $L \perp \pi \Leftrightarrow \dfrac{A}{a} = \dfrac{B}{b} = \dfrac{C}{c}$.

例 9　求直线 $\dfrac{x+1}{2} = \dfrac{y}{3} = \dfrac{z-3}{6}$ 与平面 $10x + 2y - 11z - 3 = 0$ 的夹角.

解: 直线的方向向量 $\boldsymbol{n}_1 = (2,3,6)$,平面的法向量 $\boldsymbol{n}_2 = (10,2,-11)$,

$\sin\varphi = |\cos(\boldsymbol{n}_1, \boldsymbol{n}_2)| = \dfrac{8}{21}$,所以夹角 $\varphi = \arcsin\dfrac{8}{21}$.

例 10　求经过点 $(1,2,1)$ 且与平面 $\pi: 2x + 3y + 2z = 4$ 垂直的直线方程.

解: 设直线方程为 $\dfrac{x-1}{A} = \dfrac{y-2}{B} = \dfrac{z-1}{C}$,由直线与平面 π 垂直,于是可认为 $(A,B,C) = (a,b,c)$,故所求直线方程为

$$\frac{x-1}{2} = \frac{y-2}{3} = \frac{z-1}{2}.$$

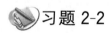

习题 2-2

1. 指出下列各平面的位置的特点:

(1) $2x - 3y + 2 = 0$;　　　　　　(2) $3x - 2 = 0$;

(3) $4y - 7z = 0$.

2. 化一般式平面方程: $3x - 4y + z - 5 = 0$ 为点法式.

3. 求过点 $P_0(1,4,-1)$ 且与 P_0 和原点连线相垂直的平面方程.

4. 求两平行平面 $x+y-z+1=0$ 与 $2x+2y-2z-3=0$ 之间的距离.

5. 求下列各对平面的夹角:

(1) $4x-3y+5z-8=0,2x+3y-z-4=0$;

(2) $x+y-11=0,3x+8=0$.

6. 求满足下列各条件的直线方程:

(1) 过原点且方向数为 $1,-1,1$;

(2) 过点 $(2,-8,3)$ 且垂直于平面 $x+2y-3z-2=0$.

7. 已知连接两点 $A(3,10,-5),B(0,12,z)$ 的线段平行于平面 $7x+4y-z-1=0$,求 B 点的坐标 z.

8. 分别在下列条件下确定 l,m,n 的值:

(1) 使 $(l-3)x+(m+1)y+(n-3)z+8=0$ 和 $(m+3)x+(n-9)y+(l-3)z-16=0$ 表示同一平面;

(2) 使 $2x+my+3z-5=0$ 与 $lx-6y-6z+2=0$ 表示二平行平面;

(3) 使 $lx+y-3z+1=0$ 与 $7x+2y-z=0$ 表示二互相垂直的平面.

9. 求下列各平面的方程:

(1) 通过直线 $\dfrac{x-2}{1}=\dfrac{y+3}{-5}=\dfrac{z+1}{-1}$ 且与直线 $\begin{cases}2x-y-z-3=0\\x+2y-z-5=0\end{cases}$ 平行的平面;

(2) 通过直线 $\dfrac{x-1}{2}=\dfrac{y+2}{-3}=\dfrac{z-2}{2}$ 且与平面 $3x+2y-z-5=0$ 垂直的平面.

10. 求通过点 $M(1,0,-2)$ 且与两直线 $\dfrac{x-1}{1}=\dfrac{y}{1}=\dfrac{z+1}{-1}$ 和 $\dfrac{x}{1}=\dfrac{y-1}{-1}=\dfrac{z+1}{0}$ 垂直的直线.

11. 化下列直线的一般方程为标准方程:

(1) $\begin{cases}2x+y-z+1=0\\3x-y-2z-3=0\end{cases}$;　　　　(2) $\begin{cases}x+z-6=0\\2x-4y-z+6=0\end{cases}$.

2.3　空间的曲面

本节主要讨论两类空间曲面,一类具有明显的几何特征,(如球面、柱面、锥面及旋转曲面),我们将由几何特征推导其方程.另一类在方程上表现出特殊的简单形式,(如椭球面、双曲面及抛物面),将由它的方程直接给出它的图形.

2.3.1　球面、柱面、锥面、旋转曲面

1. 球面

空间中与一定点距离相等的点集称为球面,定点称为球心,定距离称为球的半径(图 2-13).

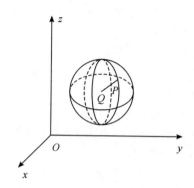

图 2-13

设 $M(x,y,z)$ 是球心为 $Q(a,b,c)$,半径为 R 的球面上的任一点,则有 $|QM|=R$,由两点间距离公式有 $\sqrt{(x-a)^2+(y-b)^2+(z-c)^2}=R$,即

$$(x-a)^2+(y-b)^2+(z-c)^2=R^2 \tag{9}$$

(9) 式就是以 Q 为心,R 为半径的球面方程.

例 1　下列方程是否表示球面?

$(1)2x^2+2y^2+2z^2+4x-8y-1=0$;

$(2)x^2+y^2+z^2-2x+4z+6=0$.

解:(1) 将方程两边除以 2 后配方得

$$(x+1)^2+(y-2)^2+z^2=\frac{11}{2}$$

故方程表示以$(-1,2,0)$ 为球心,$\sqrt{\dfrac{11}{2}}$ 为半径的球面.

(2) 将方程配方得

$$(x-1)^2+y^2+(z+2)^2=-1$$

故方程不表示球面.

2. 柱面

直线 L 沿定曲线 C 平行移动所形成的曲面,称为柱面. 动直线 L 称为柱面的母线,定曲线 C 称为柱面的准线(如图 2-14).

我们只建立准线在坐标平面上,母线平行于坐标轴的柱面方程.

设准线 $C:\begin{cases} f(x,y) = 0 \\ z = 0 \end{cases}$,母线 L 平行于 z 轴. 再设 $M(x,y,z)$ 为柱面上任一点(如图 2-15),过 M 作平行于 z 轴的直线交 xOy 坐标平面于点 $M'(x,y,0)$,由柱面定义知 M' 必在准线 C 上,故 M' 的坐标满足方程 $f(x,y) = 0$,即柱面上任一点的坐标满足 $f(x,y) = 0$. 反之,易知不在柱面上的点的坐标都不满足方程 $f(x,y) = 0$,也就是满足方程的点都在柱面上. 因此以 $C:\begin{cases} f(x,y) = 0 \\ z = 0 \end{cases}$ 为准线,母线 L 平行于 z 轴的柱面方程就是

$$f(x,y) = 0. \tag{10}$$

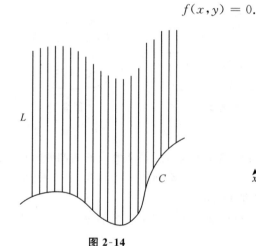

图 2-14

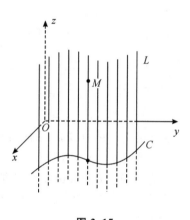

图 2-15

类似地,不含变量 x 的方程 $f(y,z) = 0$ 在空间中表示以 zOy 坐标面上的曲线 $\begin{cases} f(y,z) = 0 \\ x = 0 \end{cases}$ 为准线,以平行于 x 轴的直线为母线的柱面.

同理,$f(x,z) = 0$ 表示以 xOz 坐标面上的曲线 $\begin{cases} f(x,z) = 0 \\ y = 0 \end{cases}$ 为准线,以平行于 y 轴的直线为母线的柱面.

例 2 下列方程表示怎样的曲线,并画出它的大致图形?

(1)$y = x^2$; (2)$x^2 + z^2 = R^2$; (3)$x^2 + \dfrac{y^2}{4} = 1$.

解:(1)$y = x^2$ 表示以 xOy 坐标平面上的抛物线为准线,以平行于 z 轴的直线为母线的柱面,称为抛物柱面(图 2-16).

(2)$x^2 + z^2 = R^2$ 表示以 xOz 坐标平面上的圆为准线,以平行于 y 轴的直

线为母线的柱面,称为圆柱面(图 2-17).

(3)$x^2 + \dfrac{y^2}{4} = 1$ 表示以 xOy 坐标平面上的椭圆为准线,以平行于 z 轴的直线为母线的柱面,称为椭圆柱面(图 2-18).

说明:准线为圆、椭圆、双曲线、抛物线的柱面,分别称为圆柱面、椭圆柱面、双曲柱面与抛物柱面,统称为二次柱面.

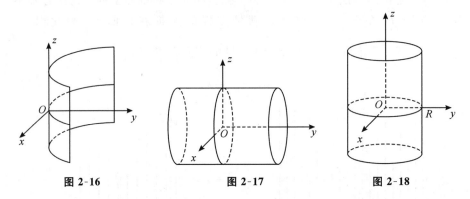

图 2-16   图 2-17   图 2-18

3. 锥面

通过定点 A 的直线 L,沿曲线 Q(A 不在 Q 上)移动所成的曲面叫锥面.定点 A 称为锥面的顶点,直线 L 的每一位置称为锥面的一条母线,曲线 Q 称为锥面的准线.显然,锥面可由顶点与准线确定.

下面我们只给出顶点在坐标原点,准线在平行于坐标平面上的锥面方程.(证明从略)

(1) 顶点为 $O(0,0,0)$,准线为 Q:$\begin{cases} z = c \\ f(x,y) = 0 \end{cases}$ 的锥面方程为:

$$f\left(\frac{cx}{z}, \frac{cy}{z}\right) = 0. \tag{11}$$

例如顶点为 $O(0,0,0)$,准线 Q:$\begin{cases} z = 2 \\ \dfrac{x^2}{4} + \dfrac{y^2}{9} = 1 \end{cases}$ 的锥面方程为:

$$\frac{\left(\dfrac{2x}{z}\right)^2}{4} + \frac{\left(\dfrac{2y}{z}\right)^2}{9} = 1,\ 化简为:\frac{x^2}{4} + \frac{y^2}{9} - \frac{z^2}{4} = 0.$$

(2) 顶点为原点,准线为 $\begin{cases} x = a \\ f(y,z) = 0 \end{cases}$ 与 $\begin{cases} y = b \\ f(x,z) = 0 \end{cases}$ 的锥面方程分别为:

$$f\left(\frac{ay}{x}, \frac{az}{x}\right) = 0, \text{与} f\left(\frac{bx}{y}, \frac{bz}{y}\right) = 0.$$

4. 旋转曲面

平面曲线 C 绕其平面上一定直线 L 旋转所成的曲面, 叫做旋转曲面. L 称为它的旋转轴, C 的每一位置称为它的母线.

把一条直线绕与之平行的直线旋转则成正圆柱面; 绕与之相交的直线旋转则成正圆锥面; 把一个圆绕它的一条直径旋转, 则成一个球面.

下面我们直接给出坐标平面上的曲线绕坐标轴旋转所成的旋转曲面的方程.

yOz 平面上的曲线 $C: \begin{cases} x = 0 \\ f(y, z) = 0 \end{cases}$ 绕 z 轴旋

转所成的旋转曲面方程为: $f(\pm\sqrt{x^2 + y^2}, z) = 0$. (如图 2-19) 绕 y 轴旋转所成的旋转曲面方程为: $f(y, \pm\sqrt{x^2 + z^2}) = 0$.

一般地, 求坐标平面上的曲线 C 绕坐标平面的一个坐标轴旋转而成的旋转曲面的方程, 只要将曲线 C 在坐标面里的方程保留和旋转轴同名的坐标, 而以其他两个坐标平方和的平方根来代替方程中的另一个坐标.

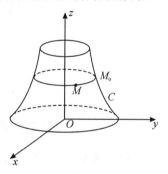

图 2-19

例 3 将椭圆 $C: \begin{cases} \dfrac{x^2}{4} + \dfrac{y^2}{9} = 1 \\ z = 0 \end{cases}$ 分别绕 x 轴与 y 轴旋转, 求所得旋转曲面

的方程.

解: 绕 x 轴旋转所得曲面的方程为: $\dfrac{x^2}{4} + \dfrac{(\pm\sqrt{y^2 + z^2})^2}{9} = 1$, 即

$$\frac{x^2}{4} + \frac{y^2}{9} + \frac{z^2}{9} = 1.$$

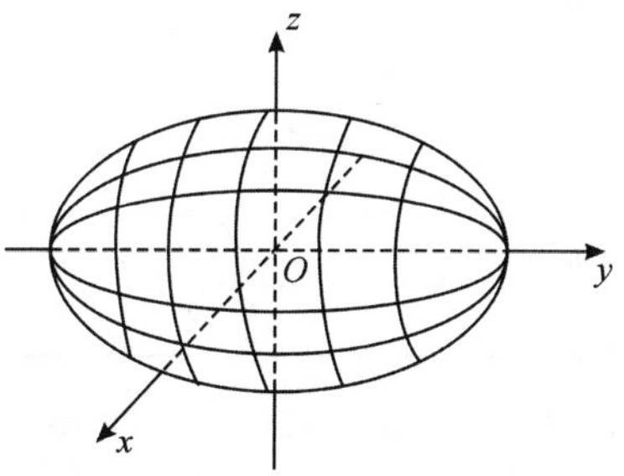

图 2-20

绕 y 轴旋转曲面所成方程为：$\dfrac{(\pm\sqrt{x^2+z^2})^2}{4}+\dfrac{y^2}{9}=1$，即

$$\frac{x^2}{4}+\frac{y^2}{9}+\frac{z^2}{4}=1.$$

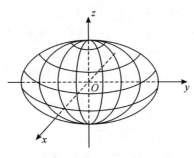

图 2-21

2.3.2　标准二次曲面

前面我们说过，某些曲面的方程具有特殊的简单形式，可通过方程来研究曲面的几何特征，一般方法为截痕法，即用坐标平面与平行于坐标平面的平面去截曲面，考虑截痕（即截线）情形，从而掌握曲面的几何特征.

下面直接给出常见二次曲面的方程及大致几何图形.

曲面名称		曲面方程	曲面图形
椭球面		$\dfrac{x^2}{a^2}+\dfrac{y^2}{b^2}+\dfrac{z^2}{c^2}=1$	图 2-22
双曲面	单叶双曲面	$\dfrac{x^2}{a^2}+\dfrac{y^2}{b^2}-\dfrac{z^2}{c^2}=1$	图 2-23
	双叶双曲面	$\dfrac{x^2}{a^2}+\dfrac{y^2}{b^2}-\dfrac{z^2}{c^2}=-1$	图 2-24
抛物面	椭圆抛物面	$\dfrac{x^2}{a^2}+\dfrac{y^2}{b^2}=z$	图 2-25
	双曲抛物面（又称马鞍面）	$\dfrac{x^2}{a^2}-\dfrac{y^2}{b^2}=z$	图 2-26

说明：在上述曲面方程中将 x,y,z 进行对换或轮换所得方程仍是同类曲面的方程. 例如 $\dfrac{y^2}{a^2}+\dfrac{z^2}{b^2}=x$ 也是椭圆抛物面.

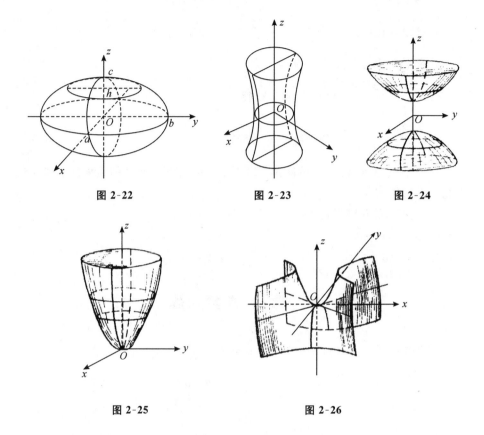

图 2-22　　　　　　　图 2-23　　　　　　　图 2-24

图 2-25　　　　　　　图 2-26

 习题 2-3

1. 写出球心在点 $(6,2,3)$ 且通过原点的球面的方程.

2. 下列各方程的图形是什么？

(1) $x^2 + y^2 = 36$；　　　　　　　　(2) $x^2 - z^2 = 16$；

(3) $y^2 + 4z^2 = 0$.

3. 说出下列各方程所表示的曲面的名称，并作出他们的图形：

(1) $x^2 + y^2 + 4z^2 = 4$；　　　　　　(2) $x^2 + y^2 - 2z^2 = 2$；

(3) $x^2 + y^2 = 8z$.

4. 设柱面的准线为 $\begin{cases} 1 = y^2 + z^2 \\ x = 0 \end{cases}$，母线垂直于准线所在的平面，求这柱面的方程.

5. 求顶点在原点,准线为 $\begin{cases} 1 = 2y + z^2 \\ x = 5 \end{cases}$ 的锥面方程.

6. 求下列旋转曲面的方程:

(1) $\begin{cases} y^2 + x^2 = 1 \\ z = 0 \end{cases}$ 分别绕 x,y 轴旋转;

(2) $\begin{cases} 2y^2 - z^2 = 1 \\ x = 0 \end{cases}$ 分别绕 z,y 轴旋转.

7. 设动点与点 $(1,0,0)$ 的距离等于从这点到平面 $x = 4$ 的距离的一半,试求此动点的轨迹.

8. 指出下列方程所表示的曲面的名称:

(1) $x^2 = y^2 + z^2$； (2) $2y^2 - 3z^2 = 1$；

(3) $z = 2x^2 + 3y^2$； (4) $2x^2 + 2y^2 + z^2 - x = 0$.

第 2 章　　总复习题

1. 已知向量 $\vec{a} = (3, -1, -2), \vec{b} = (1,2,-1)$,求:

(1) $\vec{a} + 2\vec{b}$; (2) $\vec{a} \cdot \vec{b}$;

(3) $\vec{a} \times \vec{b}$; (4) $(2\vec{a} + \vec{b}) \times \vec{b}$.

2. 已知 $\vec{a} = (2,4,-1), \vec{b} = (0,-2,2)$,求同时垂直与 $\vec{a}$ 与 $\vec{b}$ 的单位向量.

3. 已知点 $A(1,2,3), B(3,2,1), C(1,4,5)$,求:

(1) $\triangle ABC$ 的面积; (2) $\angle BAC$;

(3) ABC 所在的平面方程.

4. 一平面经过直线 $l: \dfrac{x+5}{3} = \dfrac{y-2}{1} = \dfrac{z}{1}$ 且与平面 $x+y-z-12=0$ 垂直,求此平面的方程.

5. 求下列个组平面成的角:

(1) $x + y - 11 = 0, 3x + 8 = 0$;

(2) $2x - 3y + 6z - 12 = 0, x + 2y + 2z - 7 = 0$.

6. 求过点 $M_1(3, -2, 1)$ 和 $M_2(-1, 0, 2)$ 的直线方程.

7. 求过点 $(0,2,4)$ 且与两个平面 $x + 2z = 1$ 和 $y - 3z = 2$ 平行的直线方程.

8. 求过点 $P(1,-2,1)$ 且与直线 $\begin{cases} 3x-y+z=1 \\ x-2z=0 \end{cases}$ 平行的直线方程.

9. 求直线 $\dfrac{x-1}{2}=\dfrac{y-8}{1}=\dfrac{z-8}{3}$ 上与原点相距 25 个单位的点的坐标.

10. 直线方程 $\begin{cases} A_1x+B_1y+C_1z+D_1=0 \\ A_2x+B_2y+C_2z+D_2=0 \end{cases}$ 的系数满足什么条件才能使:

(1) 直线与 x 轴相交;(2) 直线与 x 轴平行;(3) 直线与 x 轴重合.

11. 指出下列方程所表示的曲面的名称:

(1)$x^2=y^2+z^2$; (2)$2y^2-3z^2=1$;

(3)$z=2x^2+3y^2$; (4)$2x^2+2y^2+z^2-x=0.$

第3章　　极限与连续

极限的概念是微积分学的理论基础,本章介绍数列与函数极限的概念、运算性质,以及函数连续性的概念与简单性质.

3.1　极限

3.1.1　数列极限

一般地,我们把按一定顺序排列的无穷多个数称为一个数列.例如

$$1,2,3,\cdots,n,\cdots \tag{1}$$

$$1,\frac{1}{2},\frac{1}{3},\cdots,\frac{1}{n},\cdots \tag{2}$$

$$1,-1,1,-1,\cdots,(-1)^{n+1},\cdots \tag{3}$$

$$a,a,a,\cdots,a,\cdots \tag{4}$$

都是数列.通常也把数列写成

$$x_1,x_2,\cdots,x_n,\cdots$$

数列中第 n 项 x_n 叫做数列的通项或一般项.因此,数列可用通项简记为 $\{x_n\}$.

上述数列(1)—(4)的通项分别为 $x_n = n, \frac{1}{n}, (-1)^n, a$.

对于数列,我们主要关注的是当它的项数 n 无限增大时它的变化趋势.例如,当 n 无限增大时,数列(1)中的数也随着无限增大;数列(2)却变得越来越小而接近于 0;数列(3)在 1 与 −1 之间交替取值;数列(4)不随 n 变化而恒为 a.为此,我们引入数列收敛的定义.

定义 1　如果当 $n \to \infty$ 时,数列 $\{x_n\}$ 无限接近于一个常数 A,则称数列 $\{x_n\}$ 为收敛数列,A 称为 $n \to \infty$ 时 x_n 的极限,记为 $\lim\limits_{n \to \infty} x_n = A$.不收敛的数列

称为发散数列.

显然,这个定义是十分粗糙的,因为没有说明 $n \to \infty$ 时 x_n 与常数 A 无限接近的精确含义是什么.通俗地讲,所谓"$n \to \infty$ 时 x_n 与常数 A 无限接近"指的是当项数 n 充分大时,x_n 与常数 A 的距离无限小,也就是 $|x_n - A|$ 的值可以小于任何指定的正数.

例如,对于数列 $\left\{\dfrac{1}{n}\right\}$,如果我们指定它与 0 的距离小于 $\dfrac{1}{10}$,则只要 $n > 10$ 时就有

$$|x_n - 0| = \frac{1}{n} < \frac{1}{10}.$$

如果指定它与 0 的距离小于 $\dfrac{1}{100}$,则只要 $n > 100$ 就有 $|x_n - 0| < \dfrac{1}{100}$.

同理,若指定它与 0 的距离小于 $\dfrac{1}{10^k}$,则只要 $n > 10^k$,就有 $|x_n - 0| < \dfrac{1}{10^k}$.

因此,$n \to \infty$ 时"x_n 与常数 A 无限接近"的精确含义就是:对于无论多么小的正数 $\varepsilon > 0$,可以选择一个充分大的自然数 N,使得从 N 以后数列的所有项,都满足

$$|x_n - A| < \varepsilon.$$

于是我们重新给出数列收敛的精确定义.

定义 2　$\lim\limits_{n \to \infty} x_n = A \Leftrightarrow \forall \varepsilon > 0, \exists N \in N^+,$ 当 $n > N$ 时,有

$$|x_n - A| < \varepsilon.$$

例 1　证明 $\lim\limits_{n \to \infty} \dfrac{n+1}{n} = 1.$

分析:对于 $\forall \varepsilon > 0$,要使得 $\left|\dfrac{n+1}{n} - 1\right| = \dfrac{1}{n} < \varepsilon$,只需 $n > \dfrac{1}{\varepsilon}$ 即可满足要求.

证:$\forall \varepsilon > 0, \exists N = \left[\dfrac{1}{\varepsilon}\right],$ 当 $n > N$ 时,有

$$\left|\frac{n+1}{n} - 1\right| = \frac{1}{n} < \varepsilon,$$

故

$$\lim_{n \to \infty} \frac{n+1}{n} = 1.$$

例 2　证明:当 $|q| < 1$ 时,有 $\lim\limits_{n \to \infty} q^n = 0.$

分析:$\forall \varepsilon > 0$,要使得 $|q^n - 0| = |q|^n < \varepsilon$,只需 $n > \dfrac{\ln \varepsilon}{\ln |q|}(|q| < 1)$ 即

可满足要求.

证：$\forall \varepsilon > 0, \exists N = \left[\dfrac{\ln\varepsilon}{\ln|q|}\right]$，当 $n > N$ 时，有

$$|q^n - 0| = |q|^n < \varepsilon$$

故当 $|q| < 1$ 时有 $\lim\limits_{n \to \infty} q^n = 0$.

收敛数列 $\{x_n\}$ 有如下简单性质：

(i) $\{x_n\}$ 的极限是唯一的.

(ii) $\{x_n\}$ 为有界数列，即 $\exists M > 0$，对于一切 n 均有 $|x_n| \leqslant M$.

推论： 无界数列一定发散.

注： 数列收敛一定有界，但反之有界数列不一定收敛. 例如 $\{(-1)^n\}$ 是有界数列，可它却是发散的. 即数列有界是收敛的必要条件而非充分条件.

3.1.2　函数极限

1. 自变量趋于无穷大时的极限

由于数列可看作是定义在自然数集上的特殊函数 $f(n) = x_n$，从而可仿照数列极限定义给出函数 $f(x)$ 当 $x \to \infty$ 时的极限定义.

定义 3　如果对于 $\forall \varepsilon > 0, \exists M > 0$，当 $|x| > M$ 时有 $|f(x) - A| < \varepsilon$，则称 A 为 $x \to \infty$ 时 $f(x)$ 的极限，记为

$$\lim_{x \to \infty} f(x) = A. \,(\text{或 } f(x) \to A, x \to \infty)$$

在上述定义中，如果只当 $x > M$ (或 $x < -M$) 时，有 $|f(x) - A| < \varepsilon$，则称 A 为 $x \to +\infty$ (或 $x \to -\infty$) 时的极限.

例 3　证明 $\lim\limits_{x \to \infty} \dfrac{2x+1}{3x} = \dfrac{2}{3}$.

分析： $\forall \varepsilon > 0$，要使 $\left|\dfrac{2x+1}{3x} - \dfrac{2}{3}\right| = \left|\dfrac{1}{3x}\right| = \dfrac{1}{3|x|} < \varepsilon$. 只需 $|x| > \dfrac{1}{3\varepsilon}$ 即可.

证：$\forall \varepsilon > 0, \exists M = \dfrac{1}{3\varepsilon}$，当 $|x| > M$ 时有

$$\left|\dfrac{2x+1}{3x} - \dfrac{2}{3}\right| = \dfrac{1}{3|x|} < \varepsilon$$

故 $\lim\limits_{x \to \infty} \dfrac{2x+1}{3x} = \dfrac{2}{3}$.

2. 自变量趋于有限值时的极限

先考察一个例子：从函数 $f(x) = 2x + 1$ 的图形 (图 3-1)

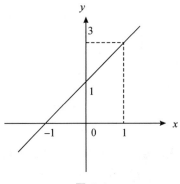

图 3-1

可以看出，当 x 趋于 1 时，函数值应该无限接近于 3.

我们将 x 趋向于 1 时函数值的变化趋势列表如下：

x	0	0.1	0.4	0.7	0.9	0.99	0.999	1
$f(x)$	1	1.2	1.8	2.4	2.8	2.98	2.998	3

很明显地，当 x 越来越接近于 1 时，$f(x)$ 与 3 的差的绝对值越来越接近于 0.据此，我们引进自变量趋向有限值时函数的极限概念.

定义 4　如果对于 $\forall \varepsilon > 0$，$\exists \delta > 0$，当 $0 < |x - x_0| < \delta$ 时有 $|f(x) - A| < \varepsilon$，则称 A 为 $x \to x_0$ 时 $f(x)$ 的极限，记为

$$\lim_{x \to x_0} f(x) = A. \text{（或 } x \to x_0, f(x) \to A\text{）}$$

注：(1) 定义中 $0 < |x - x_0| < \delta$ 说明 $x \to x_0$ 时 $f(x)$ 的极限与 $f(x)$ 在 x_0 有无定义及 $f(x_0)$ 为何值无关.

(2) δ 是随 ε 而确定的正数，通常情况是 ε 越小，则 δ 也越小.

3.左(右)极限

当自变量 x 只从 x_0 的左(右)侧单边趋向于 x_0 时的极限称为 $x \to x_0$ 时的左(右)极限.

定义 5　若 $\forall \varepsilon > 0$，$\exists \delta > 0$，当 $-\delta < x - x_0 < 0$(或 $0 < x - x_0 < \delta$) 时有 $|f(x) - A| < \varepsilon$，则称 A 为 $x \to x_0$ 时 $f(x)$ 的左(右)极限，记为

$$\lim_{x \to x_0^-} f(x) = A. \text{（或 } \lim_{x \to x_0^+} f(x) = A\text{）}$$

根据定义容易证明：

$$\lim_{x \to x_0} f(x) = A \Leftrightarrow \lim_{x \to x_0^-} f(x) = \lim_{x \to x_0^+} f(x) = A.$$

例 4　讨论 $f(x) = \begin{cases} x+1, x < 1 \\ x^2, x \geqslant 1 \end{cases}$,当 $x \to 1$ 时的极限.

解:当 $x < 1$ 时,$\lim\limits_{x \to 1^-} f(x) = \lim\limits_{x \to 1^-}(x+1) = 2$,

当 $x \geqslant 1$ 时,$\lim\limits_{x \to 1^+} f(x) = \lim\limits_{x \to 1^+} x^2 = 1$,

因而 $\lim\limits_{x \to 1^-} f(x) \neq \lim\limits_{x \to 1^+} f(x)$,故 $\lim\limits_{x \to 1} f(x)$ 不存在.

4.二元函数的极限

类似于一元函数极限的定义 4 我们可得二元函数极限的如下定义:

定义 4*　设函数 $z = f(p)$(或 $z = f(x,y)$)在点 $p_0(x_0,y_0)$ 的某个领域内有定义,如果对于 $\forall \varepsilon > 0, \exists \delta > 0$,当 $0 < |p - p_0| < \delta$ 时有 $|f(p) - A| < \varepsilon$,则称 A 为 $f(p)$ 当 $p \to p_0$ 时的极限,记为

$$\lim_{p \to p_0} f(p) = A. (\text{或} \lim_{(x,y) \to (x_0,y_0)} f(x,y) = A)$$

注意:对一元函数的极限 $\lim\limits_{x \to x_0} f(x) = A$,我们知道,它等价于 x 沿着 x_0 的左边和右边两个方向趋于 x_0 的极限均等于 A.但对二元函数的极限 $\lim\limits_{p \to p_0} f(p) = A$,则要求 p 沿着任何方向趋于 p_0 的极限都等于 A.因此,若 p 沿着两个不同方向趋于 p_0 时的极限不相等,或 p 沿着某个特殊方向的极限不存在,则可断定 $\lim\limits_{p \to p_0} f(p)$ 不存在.

例 5　设 $f(x,y) = \dfrac{2x}{x + 2y}$,讨论 $\lim\limits_{(x,y) \to (0,0)} f(x,y)$ 的存在性.

解:由于当 (x,y) 沿直线 $y = kx$ 的方向趋于 $(0,0)$ 时,

$$\lim_{\substack{x \to 0 \\ y = kx}} f(x,y) = \lim_{x \to 0} \frac{2x}{x + 2kx} = \frac{2}{1 + 2k}$$

上述极限与 k 有关,因此当 (x,y) 沿着两条不同直线 $y = k_1 x$ 与 $y = k_2 x$ 的方向趋于 $(0,0)$ 时将得到两个不同的极限.故 $\lim\limits_{(x,y) \to (0,0)} f(x,y)$ 不存在.

3.1.3　极限的运算法则

以下我们以 $x \to x_0$ 时 $f(x)$ 的极限为例引入极限的四则运算法则(它同样适用于其他类型的极限和二元函数的极限):

假定 $\lim\limits_{x \to x_0} f(x) = A, \lim\limits_{x \to x_0} g(x) = B$,则

(1) $\lim\limits_{x \to x_0} c \cdot f(x) = c \lim\limits_{x \to x_0} f(x) = cA$;

(2) $\lim\limits_{x \to x_0} [f(x) \pm g(x)] = \lim\limits_{x \to x_0} f(x) \pm \lim\limits_{x \to x_0} g(x) = A \pm B$;

(3) $\lim\limits_{x \to x_0}[f(x) \cdot g(x)] = \lim\limits_{x \to x_0}f(x) \cdot \lim\limits_{x \to x_0}g(x) = AB$;

(4) $\lim\limits_{x \to x_0}\dfrac{f(x)}{g(x)} = \dfrac{\lim\limits_{x \to x_0}f(x)}{\lim\limits_{x \to x_0}g(x)} = \dfrac{A}{B}(B \neq 0)$.

利用极限的运算法则可以大大地简化极限的计算过程.

例 5   求 $\lim\limits_{n \to \infty}\dfrac{n^2 + 3n + 1}{2n^2 + 3}$.

解: $\lim\limits_{n \to \infty}\dfrac{n^2 + 3n + 1}{2n^2 + 3} = \lim\limits_{n \to \infty}\dfrac{1 + \dfrac{3}{n} + \dfrac{1}{n^2}}{2 + \dfrac{3}{n^2}} = \dfrac{\lim\limits_{n \to \infty}\left(1 + \dfrac{3}{n} + \dfrac{1}{n^2}\right)}{\lim\limits_{n \to \infty}\left(2 + \dfrac{3}{n^2}\right)}$

$$= \dfrac{1 + \lim\limits_{n \to \infty}\dfrac{3}{n} + \lim\limits_{n \to \infty}\dfrac{1}{n^2}}{2 + \lim\limits_{n \to \infty}\dfrac{3}{n^2}} = \dfrac{1}{2}.$$

例 6   求 $\lim\limits_{x \to \infty}\dfrac{x^2 - 2x - 3}{x^2 + 3x + 2}$.

解: $\lim\limits_{x \to \infty}\dfrac{x^2 - 2x - 3}{x^2 + 3x + 2} = \lim\limits_{x \to \infty}\dfrac{(x - 3)(x + 1)}{(x + 2)(x + 1)}$

$$= \lim\limits_{x \to \infty}\dfrac{(x - 3)}{(x + 2)} = 1.$$

注意: 原式分母的极限为 0, 因而不能直接应用商的极限法则.

例 7   求 $\lim\limits_{x \to \infty}\dfrac{5x^2 + 3x + 1}{2x^2 + 3x + 2}$.

解: 原式 $= \lim\limits_{x \to \infty}\dfrac{5 + \dfrac{3}{x} + \dfrac{1}{x^2}}{2 + \dfrac{7}{x} + \dfrac{2}{x^2}} = \dfrac{5}{2}$.

一般地, 对于有理函数有

$$\lim_{x \to \infty}\frac{a_m x^m + a_{m-1}x^{m-1} + \cdots + a_1 x + a_0}{b_n x^n + b_{n-1}x^{n-1} + \cdots + b_1 x + b_0} = \begin{cases} 0, & m < n \\ \dfrac{a_m}{b_n}, & m = n \\ \infty, & m > n \end{cases}$$

其中 m, n 为非负整数, $a_m b_n \neq 0$.

因此, 计算 $x \to \infty$ 时有理函数的极限, 只要依据其分子、分母的最高次数直接得出结果.

例 8　求 $\lim\limits_{x \to 3}(2x^3 + 3x + 5)$.

解：原式 $= 2\lim\limits_{x \to 3}x^3 + 3\lim\limits_{x \to 3}x + 5 = 54 + 9 + 5 = 68$.

例 9　求 $\lim\limits_{x \to 2}\left(\dfrac{2}{x-2} - \dfrac{6}{x^2 - x - 2}\right)$.

解：原式 $= \lim\limits_{x \to 2}\dfrac{2(x-2)}{(x-2)(x+1)} = \lim\limits_{x \to 2}\dfrac{2}{x+1} = \dfrac{2}{3}$.

例 10　求 $\lim\limits_{n \to \infty}\left(\dfrac{1}{n^2} + \dfrac{2}{n^2} + \cdots + \dfrac{n}{n^2}\right)$

解：原式 $= \lim\limits_{n \to \infty}\left(\dfrac{1 + 2 + \cdots + n}{n^2}\right) = \lim\limits_{n \to \infty}\dfrac{\frac{n}{2}(n+1)}{n^2} = \dfrac{1}{2}$.

3.1.4　极限存在准则及两个重要极限

1. 极限存在准则

准则 Ⅰ：单调有界数列必有极限.

如果数列 x_n，对一切 n 均有 $x_n \leqslant x_{n+1}(x_n \geqslant x_{n+1})$，则称数列 x_n 为单调增加（减少）数列. 单调增加与单调减少数列统称为单调数列.

准则 Ⅱ：如果数列 $x_n, y_n, z_n(n = 1, 2, \cdots)$ 满足：

(1) $x_n \leqslant y_n \leqslant z_n$，

(2) $\lim\limits_{n \to \infty}x_n = \lim\limits_{n \to \infty}z_n = a$，

则 $\lim\limits_{n \to \infty}y_n = a$.

准则 Ⅱ′：如果函数 $f(x), g(x), h(x)$，在点 x_0 的某个去心邻域内满足

(1) $f(x) \leqslant g(x) \leqslant h(x)$，

(2) $\lim\limits_{x \to x_0}f(x) = \lim\limits_{x \to x_0}h(x) = A$，

则　　$\lim\limits_{x \to x_0}g(x) = A$.

准则 Ⅱ、Ⅱ′ 统称为夹逼准则.

利用这两个准则我们可以推得出两个重要的极限.

2. 两个重要极限

(2.1) $\lim\limits_{n \to \infty}\left(1 + \dfrac{1}{n}\right)^n = \mathrm{e}$.

这个极限还有相关的另外两种形式：

(i) $\lim\limits_{x \to \infty}\left(1 + \dfrac{1}{x}\right)^x = \mathrm{e}$,

(ii) $\lim\limits_{x \to 0} (1 + x)^{\frac{1}{x}} = \mathrm{e}.$

(2.2) $\lim\limits_{x \to 0} \dfrac{\sin x}{x} = 1.$

例 11　求 $\lim\limits_{n \to \infty} \left(1 + \dfrac{2}{n}\right)^n.$

解：$\lim\limits_{n \to \infty} \left(1 + \dfrac{2}{n}\right)^n = \lim\limits_{n \to \infty} \left[1 + \dfrac{1}{\frac{n}{2}}\right]^{\frac{n}{2} \cdot 2} = \mathrm{e}^2.$

例 12　求 $\lim\limits_{x \to \infty} \left(\dfrac{x+2}{x+1}\right)^{x+1}.$

解：$\lim\limits_{x \to \infty} \left(\dfrac{x+2}{x+1}\right)^{x+1} = \lim\limits_{x \to \infty} \left(1 + \dfrac{1}{x+1}\right)^{x+1} = \mathrm{e}.$

再如计算复利息问题，设本金为 A_0，利率为 r，期数为 t. 若每期结算一次，则本利和为

$$A = A_0 (1 + r)^t.$$

若每期结算 m 次，则 t 期本利和为

$$A_m = A_0 \left(1 + \dfrac{r}{m}\right)^{mt}.$$

如果是立即产生立即结算，则可理解为 $m \to \infty$，从而有

$$\lim_{m \to \infty} A_m = \lim_{m \to \infty} A_0 \left(1 + \dfrac{r}{m}\right)^{mt} = A_0 \mathrm{e}^{rt}.$$

这种极限反映了现实生活中许多事物的生长或消失的数量规律（如细胞繁殖、树木生长等），是一个实际应用中十分有用的极限.

例 13　求 $\lim\limits_{n \to \infty} \left(\dfrac{1}{\sqrt{n^2 + 1}} + \dfrac{1}{\sqrt{n^2 + 2}} + \cdots + \dfrac{1}{\sqrt{n^2 + n}}\right).$

解：令 $x_n = \dfrac{1}{\sqrt{n^2 + 1}} + \dfrac{1}{\sqrt{n^2 + 2}} + \cdots + \dfrac{1}{\sqrt{n^2 + n}}$，则

$$\dfrac{n}{\sqrt{n^2 + n}} < x_n < \dfrac{n}{\sqrt{n^2 + 1}},$$

而 $\lim\limits_{n \to \infty} \dfrac{n}{\sqrt{n^2 + n}} = \lim\limits_{n \to \infty} \dfrac{1}{\sqrt{1 + \frac{1}{n}}} = 1$，$\lim\limits_{n \to \infty} \dfrac{n}{\sqrt{n^2 + 1}} = \lim\limits_{n \to \infty} \dfrac{1}{\sqrt{1 + \frac{1}{n^2}}} = 1.$

于是根据夹逼准则知

$$\lim_{n \to \infty} \left(\dfrac{1}{\sqrt{n^2 + 1}} + \dfrac{1}{\sqrt{n^2 + 2}} + \cdots + \dfrac{1}{\sqrt{n^2 + n}}\right) = 1.$$

例 14   求 $\lim\limits_{x\to 0}\dfrac{\sin kx}{x}(k\neq 0)$.

解：$\lim\limits_{x\to 0}\dfrac{\sin kx}{x}=\lim\limits_{x\to 0}\dfrac{k\sin kx}{kx}=k\lim\limits_{x\to 0}\dfrac{\sin kx}{kx}=k$.

例 15   求 $\lim\limits_{x\to 0}\dfrac{1-\cos 2x}{x^2}$.

解：$\lim\limits_{x\to 0}\dfrac{1-\cos 2x}{x^2}=\lim\limits_{x\to 0}\dfrac{2\sin^2 x}{x^2}=2\lim\limits_{x\to 0}\left(\dfrac{\sin x}{x}\right)^2=2$.

3.1.5   无穷小与无穷大

1. 无穷小量

定义 6   以零为极限的变量称为无穷小量,简称无穷小.

注意:在上述定义中,我们并没有指出具体的极限过程,而实际上无穷小量是针对极限过程而言的. 例如,$\lim\limits_{n\to\infty}\dfrac{1}{n}=0$,则 $\dfrac{1}{n}$ 称为 $n\to\infty$ 时的无穷小量. $\lim\limits_{x\to 1}(x-1)=0$,$x-1$ 称为 $x\to 1$ 时的无穷小量,而 $\lim\limits_{x\to 2}(x-1)=1$,故 $x-1$ 不是 $x\to 2$ 时的无穷小量. 特别地,$\lim 0=0$,因此 0 是任何极限过程的无穷小量.

为了叙述方便,以下如无特别声明均用 $\lim u$ 表示数列极限或各种类型的函数极限.

2. 无穷小量的运算性质

性质 1   两个无穷小量之和(差)仍为无穷小量.

性质 2   两个无穷小量之积仍为无穷小量.

这两个性质由极限运算法则即可得到,且可推广到有限个无穷小量的性质.

性质 3   有界量与无穷小量之积仍为无穷小量.

例 16   求极限 $\lim\limits_{x\to 0}x\sin\dfrac{1}{x}$.

解：$\because\left|\sin\dfrac{1}{x}\right|\leqslant 1\ (x\neq 0)$,$\therefore\sin\dfrac{1}{x}$ 在 $x=0$ 的某一去心邻域内有界,而 $\lim\limits_{x\to 0}x=0$,故

$$\lim\limits_{x\to 0}x\sin\dfrac{1}{x}=0.$$

此外,由极限的运算性质可知,若 $\lim u=a$,则 $\lim u-a=0$,即 $u-a$ 为同

一极限过程的无穷小量. 于是就得到下面这个极限与无穷小量之间的关系.

定理 1 $\lim u = a \Leftrightarrow u = a + \alpha$(其中 $\lim \alpha = 0$,且极限过程与 u 相同).

3.无穷小量的比较

由无穷小量的性质可以知道,两个无穷小量的和、差、积还是无穷小量.

但两个无穷小量的商却会出现不同的情况. 例如,当 $n \to \infty$ 时,$\dfrac{1}{n}$,$\dfrac{1}{n^2}$,

$\dfrac{1}{n^2+1}$ 都是无穷小量,但 $\lim\limits_{n \to \infty}\left(\dfrac{\frac{1}{n}}{\frac{1}{n^2}}\right) = \lim\limits_{n \to \infty} n = \infty$,$\lim\limits_{n \to \infty}\left(\dfrac{\frac{1}{n^2}}{\frac{1}{n}}\right) = \lim\limits_{n \to \infty}\dfrac{1}{n} = 0$,

而 $\lim\limits_{n \to \infty}\left(\dfrac{\frac{1}{n^2}}{\frac{1}{n^2+1}}\right) = 1$. 也就是说,对于相同的 n,$\dfrac{1}{n^2}$ 要比 $\dfrac{1}{n}$ 趋于零的速度要"快"

一些,$\dfrac{1}{n^2}$ 与 $\dfrac{1}{n^2+1}$ 的"快、慢"速度差不多.

为了比较无穷小量之间趋于零的快、慢程度. 我们引进下面无穷小量的阶的概念.

定义 7   设 α, β 是无穷小量,

如果 $\lim \dfrac{\beta}{\alpha} = 0$,就说 β 是比 α 高阶的无穷小,记作 $\beta = o(\alpha)$;

如果 $\lim \dfrac{\beta}{\alpha} = \infty$,就说 β 是比 α 低阶的无穷小;

如果 $\lim \dfrac{\beta}{\alpha} = C \neq 0$,就说 β 与 α 是同阶无穷小.

特别地,如果 $\lim \dfrac{\beta}{\alpha} = 1$,就说 β 与 α 是等价的,记作 $\alpha \sim \beta$.

显然,等价无穷小是同阶无穷小的特殊情况,即 $C = 1$ 的情形.

例如,因为 $\lim\limits_{x \to 0}\dfrac{x^2}{2x} = 0$,所以 $x^2 = o(2x)(x \to 0)$;

因为 $\lim\limits_{x \to 0}\dfrac{\sin x}{x} = 1$,所以 $\sin x \sim x(x \to 0)$.

关于等价无穷小,我们有下面两个等价代换法则.

定理 2   设 α, β, γ 是同一极限过程的无穷小量,且 $\alpha \sim \beta$. 则

(1)$\lim \alpha \gamma = \lim \beta \gamma$,

(2)$\lim \dfrac{\gamma}{\alpha} = \lim \dfrac{\gamma}{\beta}$.

定理 3　设 $\alpha \sim \alpha', \beta \sim \beta'$ 且 $\lim \dfrac{\beta'}{\alpha'}$ 存在, 则 $\lim \dfrac{\beta}{\alpha} = \lim \dfrac{\beta'}{\alpha'}$.

可以证明, 当 $x \to 0$, 有以下常见的等价无穷小量:

$$\sin x \sim x, \tan x \sim x, 1 - \cos x \sim \frac{x^2}{2}, \mathrm{e}^x - 1 \sim x, \ln(1+x) \sim x, \sqrt[n]{1+x}$$

$$-1 \sim \frac{1}{n}x.$$

利用等价代换法则可以简化极限的计算.

例 17　$\displaystyle \lim_{x \to 0} \frac{\sin 2x}{\tan 3x} = \lim_{x \to 0} \frac{2x}{3x} = \frac{2}{3}$.

例 18　$\displaystyle \lim_{x \to 0} \frac{1 - \cos x}{x^2 + x} = \lim_{x \to 0} \frac{\frac{1}{2}x^2}{x^2 + x} = \lim_{x \to 0} \frac{\frac{x}{2}}{x + 1} = 0$.

例 19　$\displaystyle \lim_{x \to 0} \frac{\ln(1+x)}{\sin x} = \lim_{x \to 0} \frac{x}{x} = 1$.

必须注意的是, 等价代换法则一般情况下只适用于积或商的形式, 而不适用于和或差的情形, 否则就很容易产生错误的结论.

例如, 求 $\displaystyle \lim_{x \to 0} \frac{\tan x - \sin x}{x^3}$. 若盲目用代换法则, 就会得出

$$\lim_{x \to 0} \frac{\tan x - \sin x}{x^3} = \lim_{x \to 0} \frac{x - x}{x^3} = 0.$$

但实际上, 正确的答案应该是

$$\lim_{x \to 0} \frac{\tan x - \sin x}{x^3} = \lim_{x \to 0} \frac{\sin x (1 - \cos x)}{x^3 \cos x} = \lim_{x \to 0} \frac{\sin x}{x} \cdot \frac{1}{\cos x} \cdot \frac{1 - \cos x}{x^2} = \frac{1}{2}.$$

4. 无穷大量

定义 8　若 $\lim \dfrac{1}{u} = 0$, 则称 u 为此极限过程的无穷大量(简称无穷大).

例如　$\displaystyle \lim_{n \to \infty} \frac{1}{n} = 0$, 则 n 称为 $n \to \infty$ 时的无穷大量.

$\displaystyle \lim_{x \to 1}(x - 1) = 0$, 则 $\dfrac{1}{x - 1}$ 称为 $x \to 1$ 时的无穷大量.

由定义很容易看出, 在同一极限过程中, 无穷大量的倒数是无穷小量, 无穷小量(不为零)的倒数是无穷大量.

类似于无穷小量的讨论, 我们可以得出无穷大量的运算性质以及无穷大量的比较与相应的等价代换法则. 但必须注意以下两点:

1. 无穷大量的和(差)未必是无穷大量.

例如 $n \to \infty$ 时, n 和 $-n$ 均为无穷大量. 但 $n + (-n) = 0$ 不是无穷大量.

2. 无界量不一定是无穷大量.

例如 $\dfrac{1}{\sin\dfrac{1}{x}}$ 在 $(0,1)$ 是无界量. 但 $\dfrac{1}{\sin\dfrac{1}{x}}$ 却不是无穷大量.

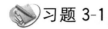习题 3-1

1. 求下列数列的极限:

(1) $\lim\limits_{n\to\infty}\dfrac{3n^5+5n^2+9}{6n^5+10n^3+7}$;

(2) $\lim\limits_{n\to\infty}\left(\dfrac{2n+3}{2n+2}\right)^n$;

(3) $\lim\limits_{n\to\infty}\dfrac{2^n+3^{n+1}}{3^n}$;

(4) $\lim\limits_{n\to\infty}\dfrac{n\sin\dfrac{1}{n}}{2n+1}$.

2. 求下列函数的极限:

(1) $\lim\limits_{x\to2}\dfrac{x^2+5}{x-3}$;

(2) $\lim\limits_{x\to3}\dfrac{x^2-9}{x^2+1}$;

(3) $\lim\limits_{x\to1}\dfrac{x^2-2x+1}{x^2-1}$;

(4) $\lim\limits_{x\to\infty}\left(1+\dfrac{1}{x}\right)\left(2-\dfrac{1}{x^2}\right)$;

(5) $\lim\limits_{x\to\infty}\dfrac{x^2-1}{2x^2-x-1}$;

(6) $\lim\limits_{x\to\infty}\dfrac{x^2+x}{2x^4-3x-1}$;

(7) $\lim\limits_{x\to1}\left(\dfrac{1}{1-x}-\dfrac{3}{1-x^3}\right)$;

(8) $\lim\limits_{n\to\infty}\left(1+\dfrac{1}{2}+\dfrac{1}{4}+\cdots+\dfrac{1}{2^n}\right)$;

(9) $\lim\limits_{x\to2}\dfrac{x^2+1}{(x-2)^2}$.

3. 求下列函数的极限:

(1) $\lim\limits_{x\to0}(1-x)^{\frac{1}{x}}$;

(2) $\lim\limits_{x\to0}(1+2x)^{\frac{1}{x}}$;

(3) $\lim\limits_{x\to\infty}\left(\dfrac{1+x}{x}\right)^{2x}$;

(4) $\lim\limits_{x\to\infty}\left(1-\dfrac{1}{2x}\right)^{x+1}$;

(5) $\lim\limits_{x\to0}\dfrac{\sin3x}{\sin5x}$;

(6) $\lim\limits_{x\to0}x^2\sin\dfrac{1}{x}$;

(7) $\lim\limits_{x\to0}\dfrac{\tan x-\sin x}{\sin^3 x}$.

4. 求下列函数的极限:

(1) $\lim\limits_{(x,y)\to(0,1)}\dfrac{1-xy}{x^2+y^2}$;

(2) $\lim\limits_{(x,y)\to(1,0)}\dfrac{\ln(x+\mathrm{e}^y)}{\sqrt{x^2+y^2}}$.

5. 当 $x\to0$ 时,下列函数哪些是 x 的高阶无穷小?哪些是同阶无穷小?哪些是等价无穷小?

(1) $x^4 + \sin 2x$;   (2) $1 - \cos 2x$;

(3) $\tan^3 x$;   (4) $x e^{2x}$;

(5) $\dfrac{2}{\pi} \cos \dfrac{\pi}{2} (1 - x)$;   (6) $\csc x - \cot x$.

6. 利用等价无穷小求下列极限:

(1) $\lim\limits_{x \to 0} \dfrac{\sqrt{1+x} - 1}{x}$;   (2) $\lim\limits_{x \to 0} \dfrac{1 - \cos 2x}{\sin^2 3x}$;

(3) $\lim\limits_{x \to 0} \dfrac{\sin(x^n)}{(\sin x)^m}$ (n, m 为正整数).

7. 求下列函数的极限:

(1) $\lim\limits_{x \to 0} \dfrac{1 + \sin x - \cos x}{1 + \sin 2x - \cos 2x}$;   (2) $\lim\limits_{x \to 1} (1 - x) \tan \dfrac{\pi x}{2}$;

(3) $\lim\limits_{x \to 0} \dfrac{\sin(a + x) - \sin a}{x}$ (a 为常数);

(4) $\lim\limits_{h \to 0} \dfrac{(x + h)^2 - x^2}{h}$;

(5) $\lim\limits_{n \to \infty} n \left(\dfrac{1}{n^2 + \pi} + \dfrac{1}{n^2 + 2\pi} + \cdots + \dfrac{1}{n^2 + n\pi} \right)$;

(6) $\lim\limits_{x \to \infty} \dfrac{\arctan x}{x}$;   (7) $\lim\limits_{x \to \infty} \left(\dfrac{x + a}{x - a} \right)^x$ (a 为常数);

(8) $\lim\limits_{x \to 1} \dfrac{\sqrt{5x - 4} - \sqrt{x}}{x - 1}$;

(9) $\lim\limits_{x \to 0} \dfrac{\sin x - \tan x}{(\sqrt[3]{1 + x^2} - 1)(\sqrt{1 + \sin x} - 1)}$.

8. 求下列函数的极限:

(1) $\lim\limits_{(x,y) \to (0,0)} \dfrac{2 - \sqrt{xy + 4}}{xy}$;   (2) $\lim\limits_{(x,y) \to (0,0)} \dfrac{xy}{\sqrt{xy + 1} - 1}$;

(3) $\lim\limits_{(x,y) \to (0,0)} \dfrac{1 - \cos(x^2 + y^2)}{(x^2 + y^2) e^{x^2 y^2}}$.

3.2   函数的连续性

3.2.1   函数连续的定义

定义 9   设函数 $y = f(x)$ 在 x_0 的某邻域内有定义,若

$$\lim_{x \to x_0} f(x) = f(x_0), \tag{1}$$

则称函数 $f(x)$ 在点 x_0 连续.

定义 10　设函数 $y = f(x)$ 在 x_0 的邻域 $(x_0 - \delta, x_0]$（或 $[x_0, x_0 + \delta)$）内有定义 $(\delta > 0)$，若

$$\lim_{x \to x_0^-} f(x) = f(x_0), \text{（或} \lim_{x \to x_0^+} f(x) = f(x_0)\text{）} \tag{2}$$

则称函数 $f(x)$ 在点 x_0 左（右）连续.

由函数的连续定义可知，$f(x)$ 在点 x_0 连续的充要条件是 $f(x)$ 在点 x_0 左连续且右连续.

定义 11　设函数 $y = f(x)$，当自变量 x 从初值 x_1 变到终值 x_2 时，称 $\Delta x = x_2 - x_1$ 为 x 的改变量（或增量），$\Delta y = y_2 - y_1$ 为函数的改变量.

按照定义 11，可设 $\Delta x = x - x_0$，则 $\Delta y = f(x) - f(x_0) = f(x_0 + \Delta x) - f(x_0)$.

于是(1)式可改写为

$$\lim_{\Delta x \to 0} f(x_0 + \Delta x) = f(x_0), \tag{3}$$

或

$$\lim_{\Delta x \to 0} \Delta y = \lim_{\Delta x \to 0} [f(x_0 + \Delta x) - f(x_0)] = 0. \tag{4}$$

如果函数 $f(x)$ 在区间 I 上每一点都连续，我们就称 $f(x)$ 在 I 上连续或称 $f(x)$ 为 I 上的连续函数.

从几何上看，在 $[a, b]$ 上连续的函数的图形是一条无间断的曲线，即是从点 $A(a, f(a))$ 到点 $B(b, f(b))$ 的一笔画成的曲线（见图 3-2）.

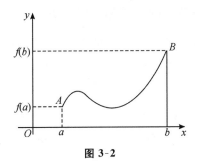

图 3-2

类似地可得出二元函数连续的定义：

定义 9*　设函数 $z = f(p)$（或 $z = f(x, y)$）在点 $p_0(x_0, y_0)$ 的某邻域内有定义，若

$$\lim_{p \to p_0} f(p) = f(p_0) \text{(或} \lim_{(x,y) \to (x_0,y_0)} f(x,y) = f(x_0,y_0))$$

则称函数 $f(p)$(或 $f(x,y)$)在点 p_0(或(x_0,y_0))连续. 其等价定义为:

$$\lim_{(\Delta x, \Delta y) \to (0,0)} \Delta f = \lim_{(\Delta x, \Delta y) \to (0,0)} [f(x_0 + \Delta x, y_0 + \Delta y) - f(x_0, y_0)] = 0.$$

3.2.2   函数的间断点

根据函数 $f(x)$ 在 x_0 处连续的定义,如果函数 $y = f(x)$ 在点 x_0 处是连续的,则 $f(x)$ 必须同时满足下面三个条件:

(1) 函数 $f(x)$ 在点 x_0 有定义;

(2) $\lim\limits_{x \to x_0} f(x)$ 存在;

(3) $\lim\limits_{x \to x_0} f(x) = f(x_0)$.

只要这三个条件中有一个不成立,函数 $f(x)$ 在 x_0 处就不连续,此时点 x_0 叫做函数 $f(x)$ 的间断点或不连续点.

因此,我们通常把函数的间断点分成以下三类:

1. 可去间断点

$\lim\limits_{x \to x_0} f(x) = A \neq f(x_0)$,此时不论 $f(x)$ 在点 x_0 有无定义,只要补充定义 $f(x_0) = A$,就可使 $f(x)$ 在点 x_0 连续,"可去"的意义就在于此.

2. 第一类间断点

$\lim\limits_{x \to x_0^-} f(x)$ 与 $\lim\limits_{x \to x_0^+} f(x)$ 均存在但不相等.

3. 第二类间断点

$\lim\limits_{x \to x_0^-} f(x)$ 与 $\lim\limits_{x \to x_0^+} f(x)$ 两者至少有一个不存在.

例 1   图 3-3 显示了一个函数 f 的图形,在哪些点 f 是间断的?为什么?

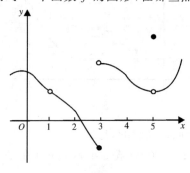

图 3-3

　　解　从图上可看出在 $x = 1$ 处有一个间断点,因为图形在那里有一个中断. f 在 1 不连续的真正原因是 $f(1)$ 没有定义,但 $\lim\limits_{x \to 1} f(x)$ 存在,因此只要补充定义 $\lim\limits_{x \to 1} f(x) = f(1)$ 则函数在 $x = 1$ 处连续了,故 $x = 1$ 是 $f(x)$ 的可去间断点.

　　在 $x = 3$,图形也有一个中断,但是间断的原因是不同的.在这里,$f(3)$ 有定义,但是 $\lim\limits_{x \to 3} f(x)$ 不存在(因为左右极限不同).因此 f 在 $x = 3$ 不连续且为第一类间断点.

　　那么 $x = 5$ 如何?在这里,$f(5)$ 有定义并且 $\lim\limits_{x \to 5} f(x)$ 存在(因为左右极限相同),但是 $\lim\limits_{x \to 5} f(x) \neq f(5)$ 因此 f 在 $x = 5$ 不连续且也是可去间断点.

　　例 2　指出下列函数的间断点并判别其类型

　　$(1) f(x) = \dfrac{x^2 - x - 2}{x - 2}$;

　　$(2) f(x) = \begin{cases} \dfrac{1}{x^2} & x \neq 0 \\ 1 & x = 0 \end{cases}$;

　　$(3) f(x) = [x]$.

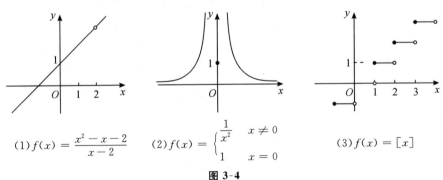

$$(1) f(x) = \frac{x^2 - x - 2}{x - 2} \qquad (2) f(x) = \begin{cases} \dfrac{1}{x^2} & x \neq 0 \\ 1 & x = 0 \end{cases} \qquad (3) f(x) = [x]$$

图 3-4

　　解:(1) 注意到 $f(2)$ 没有意义,因此 $x = 2$ 为 $f(x)$ 的间断点,而 $\lim\limits_{x \to 2} f(x) = 3$,故 $x = 2$ 为 $f(x)$ 的可去间断点.

　　(2) 这里虽然 $f(0) = 1$ 有定义,但是 $\lim\limits_{x \to 0^+} f(x)$ 与 $\lim\limits_{x \to 0^-} f(x)$ 均不存在,故 $x = 0$ 为 $f(x)$ 的第二类间断点.

　　(3) 对于任意的整数 n,$\lim\limits_{x \to n^+} f(x) = n$,$\lim\limits_{x \to n^-} f(x) = n - 1$,因此任意整数 n 均为 $f(x)$ 的第一类间断点.

3.2.3　函数连续的性质

根据函数连续的定义及函数的极限的运算性质可推出如下性质.

定理 3　（四则运算的连续性）设 $f(x)$ 与 $g(x)$ 在点 x_0 处连续,则 $f(x) \pm g(x), f(x)g(x), \dfrac{f(x)}{g(x)}(g(x_0) \neq 0)$ 在 x_0 处也连续.

定理 4（复合函数的连续性）　设 $g(f(x))$ 在 x_0 的某邻域上有定义, $f(x)$ 在 x_0 处连续, $g(y)$ 在 $y_0 = f(x_0)$ 处连续,则 $g(f(x))$ 在 x_0 处连续.

定理 5（反函数的连续性）　设 $y = f(x)$ 是区间 I 上严格单调的连续函数,则 $f(x)$ 的反函数 $x = f^{-1}(y)$ 也是严格单调（单调性与 f 相同）的连续函数.

下面利用这些定理来讨论初等函数的连续性.先考虑基本初等函数的连续性.

1.指数函数 $y = a^x(a > 0, a \neq 1)$ 在它的定义域 $(-\infty, +\infty)$ 上是严格单调且连续,这点从图上看是十分明显的.

2.对数函数 $y = \log_a x$,在它的定义域 $(0, +\infty)$ 上是指数函数的反函数.因而根据定理 5,它在 $(0, +\infty)$ 在也是单调连续的.

3.幂函数 $y = x^a(x > 0, a$ 为任意实数) 作为指数函数与对数函数的复合函数: $y = x^a = e^{a\ln x}$,根据定理 4,它在定义域 $(0, +\infty)$ 上也是连续的.

4.三角函数 $y = \sin x, \forall x_0 \in (-\infty, +\infty)$,因为

$$0 \leqslant |\sin x - \sin x_0| = 2\left|\sin \frac{x - x_0}{2} \cos \frac{x + x_0}{2}\right| \leqslant 2\left|\sin \frac{x - x_0}{2}\right|$$

$$\leqslant 2\frac{|x - x_0|}{2} = |x - x_0|,$$

令 $x \to x_0$,得 $|\sin x - \sin x_0| \to 0$,此即 $\lim\limits_{x \to x_0} \sin x = \sin x_0$,这说明 $\sin x$ 在 x_0 处连续,由 x_0 的任意性知 $f(x)$ 在 $(-\infty, +\infty)$ 上连续.而 $\cos x = \sin\left(\frac{\pi}{2} - x\right)$,由定理 4 即知它也是连续函数.再根据定理 3,所有其他的三角函数在它们的定义域上都是连续的.

5.反三角函数.如果把各三角函数的自变量取值限制在它的反三角函数主值范围内.由定理 5 即可知它们在定义域上也都是连续的.

综上所述,基本初等函数在其定义域上连续,于是由定理 3 及定理 4,由基本初等函数作有限次四则运算及有限次复合所得到的函数也连续,因此有:

定理 6　初等函数在其定义域上连续.

利用初等函数的连续性求极限,往往较方便. 若 x_0 是函数 $f(x)$ 的连续点,则

$$\lim_{x \to x_0} f(x) = f(x_0) = f(\lim_{x \to x_0} x).$$

例 3　求下列极限

(1) $\lim\limits_{x \to 0} \dfrac{\ln(1+x)}{x}$;

(2) $\lim\limits_{x \to 0} \dfrac{e^x - 1}{x}$.

解:(1) 因 $\dfrac{\ln(1+x)}{x} = \ln(1+x)^{\frac{1}{x}}$,而对数函数是连续的,故有

$$原式 = \lim_{x \to 0} \ln(1+x)^{\frac{1}{x}} = \ln \lim_{x \to 0} (1+x)^{\frac{1}{x}} = \ln e = 1.$$

(2) 令 $e^x - 1 = t$,则 $x = \ln(1+t)$,当 $x \to 0$ 时 $t \to 0$. 利用(1)的结果,有

$$\lim_{x \to 0} \frac{e^x - 1}{x} = \lim_{t \to 0} \frac{t}{\ln(1+t)} = 1.$$

3.2.4　闭区间上连续函数的性质

闭区间上连续函数有以下几个重要的性质. 这些性质从几何图形上看是十分明显的,故将其证明略去.

先介绍函数 $f(x)$ 的最大值与最小值概念.

定义 12　设 $f(x)$ 的定义域是 $D, x \in D$,若对每个 $x \in D$ 都有 $f(x) \leqslant f(x_0)$(或 $f(x) \geqslant f(x_0)$),则称 $f(x_0)$ 为 $f(x)$ 在 D 上的最大(小)值;最大值与最小值统称为最值,分别记作 $\max\limits_{x \in D} f(x)$ 及 $\min\limits_{x \in D} f(x)$ 或简记作 $f_{\max}$ 及 $f_{\min}$.

最大值与最小值是函数 $f(x)$ 的十分重要的值,讨论最值的存在性和计算函数最值简称为最值问题.

关于函数 $f(x)$ 的最值存在性有以下定理.

定理 7　设 $f(x)$ 是闭区间 $[a,b]$ 上的连续函数,则 $f(x)$ 在 $[a,b]$ 上有最大值和最小值,从而 $f(x)$ 是 $[a,b]$ 上的有界函数.

注意的是,如果 $f(x)$ 只在开区间上连续,则定理 7 的结论就不一定成立. 例如,$f(x) = x$ 在 $(0,1)$ 连续,但 $f(x)$ 在 $(0,1)$ 既无最大值也无最小值.

一般地,我们用 M 与 m 分别表示 $f(x)$ 在 $[a,b]$ 上的最大值与最小值,则有:

定理 8(介值定理)   设 $f(x)$ 在 $[a,b]$ 连续,则对于任一实数 $C, m \leqslant C \leqslant M$,必存在 $x_0 \in [a,b]$ 使 $f(x_0) = C$(图 3-5).

推论 1(零点存在定理)   设 $f(x)$ 在 $[a,b]$ 上连续,且 $f(a)f(b) < 0$,则存在 $x_0 \in (a,b)$,使 $f(x_0) = 0$(图 3-6).

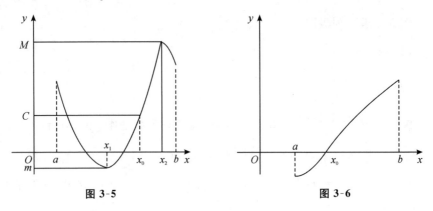

图 3-5   图 3-6

例 4   证明方程 $x^5 - 3x - 1 = 0$ 在区间 $(1,2)$ 内至少有一个根.

证:设 $f(x) = x^5 - 3x - 1$,则 $f(x)$ 在闭区间 $[1,2]$ 连续,$f(1) = -3$,$f(1) = -3$,$f(2) = 25$,$f(1) \cdot f(2) < 0$,故根据零点存在定理,存在 $x_0 \in (1,2)$ 使得 $f(x_0) = 0$,即 $x_0^5 - 3x_0 = 1$,因而方程在 $(1,2)$ 内至少有一个根.

习题 3-2

1.研究下列函数的连续性:

$(1) f(x) = \begin{cases} x^2, 0 \leqslant x \leqslant 1 \\ 2 - x, 1 < x \leqslant 2 \end{cases}$; $(2) f(x) = \begin{cases} x, -1 \leqslant x \leqslant 1 \\ 1, |x| > 1 \end{cases}$.

2.问 a 取何值时,$f(x) = \begin{cases} a + x, x \leqslant 0 \\ \cos x, x > 0 \end{cases}$ 在 $x = 0$ 连续?

3.下列函数在指定点间断,讨论这些间断点的类型:

$(1) f(x) = \dfrac{x - 1}{x^2 - 1}, x = 1$; $(2) f(x) = \dfrac{|x|}{x}, x = 0$.

4.设 $f(x)$ 在闭区间 $[a,b]$ 连续,如果 $f(a)$ 与 $f(b)$ 同号,$f(x) = 0$ 是否在 (a,b) 必无实根.

5.求函数 $f(x) = \dfrac{x^3 + 3x^2 - x - 3}{x^2 + x - 6}$ 的连续区间,并求极限 $\lim\limits_{x \to 0} f(x)$,

$$\lim_{x \to -3} f(x) \text{ 及} \lim_{x \to 2} f(x).$$

6.下列函数在指定点间断,讨论这些间断点的类型,若是可去间断点,请补充或改变函数的定义使之连续:

(1)$f(x) = \dfrac{x^2 - 1}{x^2 - 3x + 2}$,$x = 1$,$x = 2$;

(2)$f(x) = \dfrac{x}{\tan x}$,$x = k\pi$,$x = k\pi + \dfrac{\pi}{2}(k = 0, \pm 1, \pm 2, \cdots)$.

第 3 章　　总复习题

1.求下列函数的极限:

(1)$\lim\limits_{x \to 0} (1 - \sin x)^{\frac{2}{x}}$;

(2)$\lim\limits_{x \to \infty} \left(\dfrac{x^3}{2x^2 - 1} - \dfrac{x^2}{2x + 1} \right)$;

(3)$\lim\limits_{x \to 0} \dfrac{x^2 \sin \dfrac{1}{x}}{\sin 2x}$;

(4)$\lim\limits_{x \to 0} \left(x^2 \sin \dfrac{1}{x^2} + \dfrac{\sin 3x}{x} \right)$;

(5)$\lim\limits_{x \to 0} \dfrac{\ln(1 + \sin x)}{\sin 5x}$;

(6)$\lim\limits_{x \to 0} \dfrac{\ln(1 + 2x)}{\tan 5x}$;

(7)$\lim\limits_{x \to +\infty} \left(\dfrac{x^2 - 1}{x^2 + 1} \right)^{x^2}$;

(8)$\lim\limits_{x \to 0} (1 + x^2)^{\cot^2 x}$;

(9)$\lim\limits_{x \to \infty} \left(\dfrac{2x + 3}{2x + 1} \right)^{x+2}$;

(10)$\lim\limits_{x \to a} \dfrac{\sin x - \sin a}{x - a}$;

(11)$\lim\limits_{x \to 1} \dfrac{\sin \pi x}{4(x - 1)}$.

2.已知当 $x \to 0$ 时,$(1 + ax^2)^{\frac{1}{3}} - 1$ 与 $1 - \cos x$ 是等价无穷小,求 a.

3.当 $x \to 1$ 时,无穷小 $1 - x$ 和(1)$1 - x^3$,(2)$\dfrac{1}{2}(1 - x^2)$ 是否同阶?是否等价?

4.设 $f(x) = \begin{cases} \dfrac{\ln(1 - x)}{x}, & x > 0 \\ -1, & x = 0 \\ \dfrac{|\sin x|}{x}, & x < 0 \end{cases}$,讨论 $f(x)$ 在 $x = 0$ 处的连续性.

5.求 $f(x) = \dfrac{1}{1 - e^{\frac{x}{1-x}}}$ 的间断点,并对间断点分类.

第4章　　导数与微分

导数与微分是微分学的两个重要概念.本章我们主要讨论导数概念、求导法则及初等函数的求导问题.同时还讨论了微分概念及其几何意义、求法等.

4.1　切线、速度及其变化率

4.1.1　切线

设曲线 C 的方程为 $y = f(x)$,欲求曲线 C 在点 $P(a, f(a))$ 处的切线,我们先在 C 上 P 点的附近任取一点 $Q(x, f(x))$,其中 $x \neq a$,则割线 PQ 的斜率为:

$$m_{PQ} = \frac{f(x) - f(a)}{x - a}.$$

然后我们让 Q 点沿曲线 C 趋近于 P(此时有 $x \to a$).如果 m_{PQ} 趋近于一个数 k,那么我们定义切线 T 为过 P 点且斜率为 k 的直线.也就是说切线是割线 PQ 当 Q 沿曲线 C 趋近于 P 时的极限位置(图 4-1).

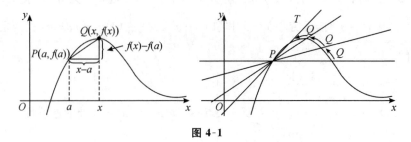

图 4-1

也就是说,曲线 $y = f(x)$ 在点 $P(a, f(a))$ 处的切线是一条过点 P 且斜率为

$$k = \lim_{x \to a} \frac{f(x) - f(a)}{x - a} \qquad (1)$$

的直线(如果上式极限存在).

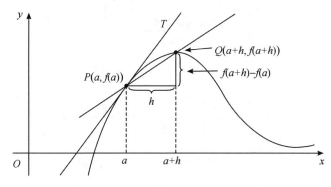

图 4-2

切线的斜率还有另一种表达方式,有时更方便实用.令

$$h = x - a,$$

则

$$x = a + h.$$

于是割线 PQ 的斜率为

$$m_{PQ} = \frac{f(a + h) - f(a)}{h}.$$

(见图 4-2,其中 $h > 0$,Q 从右边趋近于 P;如果 $h < 0$,则 Q 从左边趋近于 P.)

注意到,当 x 趋于 a 时,h 趋于 0.因此,切线斜率公式(1)就变成

$$k = \lim_{h \to 0} \frac{f(a + h) - f(a)}{h}. \qquad (2)$$

4.1.2　瞬时速度

假设沿直线运动的物体的运动方程为 $S = f(t)$,其中 S 是 t 时刻物体相对于原点的位移(有向距离).在从 $t = a$ 到 $t = a + h$ 时间段内的平均速度为

$$平均速度 = \frac{位移}{时间} = \frac{f(a + h) - f(a)}{h}$$

我们定义 $t = a$ 时刻的速度(或瞬时速度)$V(a)$ 为平均速度的极限:

$$V(a) = \lim_{h \to 0} \frac{f(a + h) - f(a)}{h}.$$

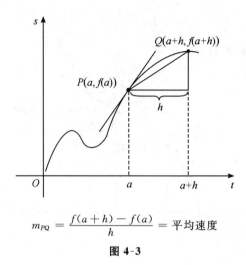

$$m_{PQ} = \frac{f(a+h) - f(a)}{h} = 平均速度$$

图 4-3

4.1.3　函数的变化率

假设变量 y 是 x 的函数,写作 $y = f(x)$. 如果 x 从 x_1 变化到 x_2,则 x 的改变量(或称为 x 的增量)为

$$\Delta x = x_2 - x_1,$$

y 的改变量为

$$\Delta y = f(x_2) - f(x_1).$$

两者的商为

$$\frac{\Delta y}{\Delta x} = \frac{f(x_2) - f(x_1)}{x_2 - x_1},$$

称为 y 在区间 $[x_1, x_2]$ 上关于 x 的平均变化率,可解释为图 4-4 中割线 PQ 的斜率.

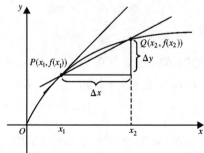

图 4-4

类似于速度问题,通过让 x_2 趋近 x_1,即 Δx 趋于 0,我们把这一平均变化率的极限称为在 $x = x_1$ 处 y 关于 x 的(瞬时)变化率,解释为曲线 $y = f(x)$ 在点 $P(x_1, f(x_1))$ 处切线的斜率:

$$\text{变化率} = \lim_{\Delta x \to 0} \frac{\Delta y}{\Delta x} = \lim_{x_2 \to x_1} \frac{f(x_2) - f(x_1)}{x_2 - x_1}.$$

所有的变化率都可以解释为切线的斜率,因此切线问题是一个非常重要的问题. 它不仅是一个几何问题,也是科学与工程上各种涉及变化率的问题.

4.2　导数概念

在许多实际计算变化率的问题中,我们经常会遇到下述的极限形式.

$$\lim_{h \to 0} \frac{f(a + h) - f(a)}{h}$$

例如前面的切线斜率,瞬时速度以及化学上的反应速度,经济学上的边际成本等. 由于这种极限形式的普遍性,因而我们给予如下定义:

定义 1　设函数 $y = f(x)$ 在 x_0 附近有定义,自变量 x 的改变量为 Δx,相应的函数改变量为 $\Delta y = f(x_0 + \Delta x) - f(x_0)$. 若

$$\lim_{\Delta x \to 0} \frac{\Delta y}{\Delta x} = \lim_{\Delta x \to 0} \frac{f(x_0 + \Delta x) - f(x_0)}{\Delta x} \tag{3}$$

存在,则称函数 $f(x)$ 在 x_0 可导(或存在导数),此极限称为 $f(x)$ 在 x_0 的导数,记为 $f'(x_0)$ 或 $\left. \dfrac{\mathrm{d}y}{\mathrm{d}x} \right|_{x=x_0}$,即

$$f'(x_0) = \lim_{\Delta x \to 0} \frac{f(x_0 + \Delta x) - f(x_0)}{\Delta x}.$$

若(3)式极限不存在,称 $f(x)$ 在 x_0 不可导.

有时为了方便,也经常把极限(3)改写为如下形式:

$$f'(x_0) = \lim_{h \to 0} \frac{f(x_0 + h) - f(x_0)}{h}, (\Delta x = h) \tag{4}$$

或

$$f'(x_0) = \lim_{x \to x_0} \frac{f(x) - f(x_0)}{x - x_0}. (\Delta x = x - x_0) \tag{5}$$

由上述的讨论可知,导数的几何意义是: $f(x)$ 在 x_0 的导数即为曲线 $f(x)$ 在点 x_0 的切线的斜率.

类似于极限的定义,我们有

定义 2

$$f'_+(x_0) = \lim_{\Delta x \to 0^+} \frac{f(x_0 + \Delta x) - f(x_0)}{\Delta x}, \qquad (6)$$

及

$$f'_-(x_0) = \lim_{\Delta x \to 0^-} \frac{f(x_0 + \Delta x) - f(x_0)}{\Delta x}, \qquad (7)$$

分别称为 $f(x)$ 在 x_0 的右导数与左导数. 此时也称 $f(x)$ 在 x_0 右可导与左可导.

由极限性质即得

定理 1 函数 $f(x)$ 在 x_0 可导 $\Leftrightarrow$ 函数 $f(x)$ 在 x_0 左、右可导且相等.

定理 2 若函数 $y = f(x)$ 在 x_0 可导,则函数 $y = f(x)$ 在 x_0 连续.

但定理的逆命题不成立,即函数 $f(x)$ 在 x_0 连续,$f(x)$ 在 x_0 不一定可导.

例 1 函数 $f(x) = |x|$ 在 $x = 0$ 连续,但 $f(x)$ 在 $x = 0$ 连续却不可导.

这是由于

$$\lim_{\Delta x \to 0^+} \frac{f(0 + \Delta x) - f(0)}{\Delta x} = \lim_{\Delta x \to 0^+} \frac{|\Delta x|}{\Delta x} = 1,$$

$$\lim_{\Delta x \to 0^-} \frac{f(0 + \Delta x) - f(0)}{\Delta x} = \lim_{\Delta x \to 0^-} \frac{|\Delta x|}{\Delta x} = -1,$$

因此根据定理 1 知 $f(x)$ 在 $x = 0$ 不可导(图 4-5).

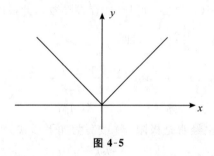

图 4-5

定义 3 若函数 $f(x)$ 在区间 I 的每一点都可导(当 I 的左(右)端点属于 I 时,$f(x)$ 在左(右)端点右(左)可导),则称 $f(x)$ 在区间 I 可导,或称 $f(x)$ 为区间 I 上的可导函数,此时 $f'(x)$ 称为 $f(x)$ 在 I 上的导函数,简称导数,记为 $f'(x)$,y' 或 $\dfrac{\mathrm{d}y}{\mathrm{d}x}$.

习题 4-2

1. 平均变化率 $\dfrac{\Delta y}{\Delta x} = \dfrac{f(x+\Delta x)-f(x)}{\Delta x}$ 是否与 x 和 Δx 有关?瞬时变化率

$\lim\limits_{\Delta x \to 0} \dfrac{f(x+\Delta x)-f(x)}{\Delta x}$ 是否与 x 和 Δx 有关?在对平均变化率取极限的过程

中,Δx 是常量还是变量?x 是常量还是变量?

2. 一质点以初速度 v_0 向上作抛物运动,其运动方程为 $S = S(t) = v_0 t -$

$\dfrac{1}{2} g t^2 (v_0 > 0$ 为常数$)$

(1) 求质点在 t 时刻的瞬时速度;

(2) 何时质点的速度为 0;

(3) 求质点回到出发点时的速度.

3. (1) 求圆的面积变量 S 相对于半径变量 r 的变化率;

(2) 求圆的面积为 1 时,周长变量 l 相对于半径变量 r 的变化率;

(3) 求圆的面积为 1 时,圆的面积变量 S 相对于周长变量 l 的变化率;

4. 设 $y = f(x)$ 是在区间 I 的可导函数,x 与 x_0 都是属于 I 的点,$f'(x_0)$,$[f(x_0)]'$,$f'(x)$,$f'(x)|_{x=x_0}$ 所表示的意义各是什么?有何差异?

5. 求下列曲线在指定点的切线方程和法线方程:

(1) $y = \dfrac{1}{x}$,在点 $(1,1)$;　　(2) $y = x^3$,在点 $(2,8)$.

6. 用定义求 $y = \sqrt[3]{x^2}$ 的导函数在 $x=1$ 处的导数和在 $x=0$ 处的右导数.

7. 如果函数 $f(x)$ 在 x_0 处可导,那么下列各极限

(1) $\lim\limits_{x \to x_0} \dfrac{f(x)-f(x_0)}{x-x_0}$;　　(2) $\lim\limits_{h \to 0} \dfrac{f(x_0)-f(x_0-h)}{h}$;

(3) $\lim\limits_{\Delta x \to 0} \dfrac{f(x_0+2\Delta x)-f(x_0)}{\Delta x}$ 是否存在?等于什么?

8. 设函数 $f(x) = \begin{cases} \sin x, & -\infty < x < 0 \\ x, & 0 \leqslant x < +\infty \end{cases}$ 在 $x=0$ 是否连续?是否可导?

9. 设 $f(x) = \begin{cases} x^2, & x \leqslant 1 \\ ax+b, & x > 1 \end{cases}$ 试确定 a,b 的值,使 $f(x)$ 在 $x=1$ 既连续又可导.

10. 设 $g(x)$ 在点 $x=0$ 连续,求 $f(x) = g(x)\sin 2x$ 在点 $x=0$ 的导数.

4.3　求导法则及基本初等函数导数公式

本节将介绍导数的几个基本法则及常用求导方法与基本初等函数导数公式,借助于这些法则和公式,就能比较方便地求出初等函数的导数.

4.3.1　导数的四则运算

利用导数的定义容易证明如下的求导法则

1. 函数和、差求导法则

两个可导函数之和(差)的导数等于这两个函数导数之和(差),即

$$(u+v)' = u'+v',(u-v)' = u'-v'.$$

这个法则可推广到有限个代数和情形,如

$$[f_1(x) \pm f_2(x) \pm \cdots \pm f_n(x)]' = f_1'(x) \pm f_2'(x) \pm \cdots \pm f_n'(x).$$

2. 函数积的求导法则

两个可导函数乘积的导数等于第一个因子的导数与第二因子的乘积加上第一个因子与第二个因子的导数的乘积,即

$$(u \cdot v)' = u' \cdot v + u \cdot v'.$$

积的求导法则也可推广到任意有限个函数之积的情形. 例如

$$(uvw)' = [(uv)w]' = (uv)'w + (uv)w' = (u'v+uv')w + uvw',即$$
$$(uvw)' = u'vw + uv'w + uvw'.$$

3. 函数商的求导法则

两个可导函数商的导数等于分子的导数与分母的乘积减去分母的导数与分子的乘积,再除以分母的平方,即

$$\left(\frac{u}{v}\right)' = \frac{u'v - uv'}{v^2}. \quad (v \neq 0)$$

4.3.2　反函数求导法则

设函数 $y = f(x)$ 在 x 处有不等于零的导数,对应反函数记作 $x = f^{-1}(y)$,它在相应处可导,则

$$[f^{-1}(y)]' = \frac{1}{f'(x)} \text{ 或 } \frac{\mathrm{d}x}{\mathrm{d}y} = \frac{1}{\dfrac{\mathrm{d}y}{\mathrm{d}x}}.$$

即反函数的导数等于直接函数的导数的倒数.

4.3.3 复合函数求导法则

设函数 $y = f(u), u = g(x)$，则 y 是 x 的复合函数 $y = f[g(x)]$，若 $u = g(x)$ 在 x 可导，$y = f(u)$ 在 u 可导，则 $y = f[g(x)]$ 在 x 也可导且

$$\{f[g(x)]\}' = f'(u)g'(x) \text{ 或 } \frac{\mathrm{d}y}{\mathrm{d}x} = \frac{\mathrm{d}y}{\mathrm{d}u} \cdot \frac{\mathrm{d}u}{\mathrm{d}x}.$$

也就是，复合函数的导数等于函数对中间变量的导数乘以中间变量对自变量的导数.

4.3.4 基本初等函数的导数

（1）常数的导数

设 $y = c$，则 $c' = \lim\limits_{\Delta x \to 0} \dfrac{f(x + \Delta x) - f(x)}{\Delta x} = \lim\limits_{\Delta x \to 0} \dfrac{c - c}{\Delta x} = 0$，即常数的导数等于零.

（2）指数函数的导数

设 $y = a^x (a > 0, a \neq 1)$，则

$$(a^x)' = \lim_{\Delta x \to 0} \frac{f(x + \Delta x) - f(x)}{\Delta x} = \lim_{\Delta x \to 0} \frac{a^{x + \Delta x} - a^x}{\Delta x}$$

$$= \lim_{\Delta x \to 0} \frac{a^x(a^{\Delta x} - 1)}{\Delta x} = a^x \lim_{\Delta x \to 0} \frac{a^{\Delta x} - 1}{\Delta x}.$$

令 $a^{\Delta x} - 1 = u$，则 $\Delta x = \dfrac{\ln(u + 1)}{\ln a}$，且当 $\Delta x \to 0$ 时 $u \to 0$，于是

$$(a^x)' = a^x \cdot \lim_{u \to 0} \frac{u \cdot \ln a}{\ln(u + 1)} = a^x \ln a \cdot \lim_{u \to 0} \frac{1}{\ln(u + 1)^{\frac{1}{u}}} = a^x \ln a.$$

特别地，$(\mathrm{e}^x)' = \mathrm{e}^x$.

（3）对数函数的导数

设 $y = \log_a x (a > 0, a \neq 1)$，则 $x = a^y$，根据反函数求导法则，

$$(\log_a x)' = \frac{1}{(a^y)'} = \frac{1}{a^y \ln a} = \frac{1}{x \ln a}.$$

特别地，$(\ln x)' = \dfrac{1}{x}$.

（4）幂函数的导数

设 $y = x^a$（a 为任意实数，$x > 0$），则 $y = \mathrm{e}^{a \ln x}$，因此 $(x^a)' = (\mathrm{e}^{a \ln x})'$.

令 $u = a \ln x$，$(x^a)' = (\mathrm{e}^u)' u'(x) = \mathrm{e}^u \cdot (a \ln x)' = \mathrm{e}^u \cdot \dfrac{a}{x} = ax^{a-1}$.

特别地,$(x^n)' = nx^{n-1}.$(n 为自然数)

（5）三角函数的导数

$$(\sin x)' = \cos x, \quad (\cos x)' = -\sin x,$$

$$(\tan x)' = \frac{1}{\cos^2 x}, \quad (\cot x)' = -\frac{1}{\sin^2 x}.$$

（6）反三角函数的导数

设 $y = \arcsin x$,则 $x = \sin y$,从而根据反函数求导法则 $y' = (\arcsin x)' = \frac{1}{(\sin y)'} = \frac{1}{\cos y} = \frac{1}{\sqrt{1-x^2}}.$

同理可得

$$(\arccos x)' = -\frac{1}{\sqrt{1-x^2}}, (\arctan x)' = \frac{1}{1+x^2}, (\operatorname{arccot} x)' = -\frac{1}{1+x^2}.$$

利用基本初等函数的导数公式及求导法则我们就可简便地进行求导运算.

例 2　求 $y = x^2 + \sin x - \dfrac{\ln x}{x}$ 的导数.

解：$y' = 2x + \cos x - \dfrac{\dfrac{1}{x} \cdot x - \ln x}{x^2}$

$$= 2x + \cos x - \frac{1 - \ln x}{x^2}.$$

例 3　求 $y = x^3 \mathrm{e}^x + \sqrt{x} - 2$ 的导数.

解：$y' = 3x^2 \mathrm{e}^x + x^3 \mathrm{e}^x + \dfrac{1}{2\sqrt{x}} = x^2 \mathrm{e}^x (3 + x) + \dfrac{1}{2\sqrt{x}}.$

例 4　求 $y = 2^x \arctan x + \dfrac{x^2 \ln x}{\sin x}$ 的导数.

解：$y' = (2^x \ln 2)\arctan x + 2^x \dfrac{1}{1+x^2} + \dfrac{(2x\ln x + x)\sin x - \cos x(x^2 \ln x)}{\sin^2 x}$

$$= 2^x \left(\ln 2 \cdot \arctan x + \frac{1}{1+x^2} \right) + \frac{x}{\sin x}(2\ln x + 1) - \frac{(x^2 \ln x)\cos x}{\sin^2 x}.$$

例 5　求 $y = x^2 \sin x + 3^x + 1$ 在点 $(0,2)$ 处的切线方程.

解：$y' = 2x\sin x + x^2 \cos x + 3^x \ln 3, y'(0) = \ln 3$

因此函数在点 $(0,2)$ 处的切线方程为

$$(y-2) = \ln 3 \cdot (x-0),\text{即 } y = (\ln 3)x + 2.$$

4.3.5　隐函数求导法则

有许多函数,变量 x 与 y 之间的关系是由方程 $F(x,y)=0$ 所确定的,这样的函数称为隐函数.隐函数求导的基本思想是:方程两端同时对 x 求导,并在求导过程中将 y 看成是 x 的函数而应用复合函数的求导法则.

例 6　设 $x^2+y^2=4$,求 y'.

解:方程两边对 x 求导得

$$2x+2y \cdot y'=0,$$

从而 $y'=-\dfrac{x}{y}$.

例 7　设 $xy^2+\sin x=\mathrm{e}^{xy}$,求 y'.

解:$y^2+2xyy'+\cos x=\mathrm{e}^{xy}(y+xy')$,

故　$y'=\dfrac{y(\mathrm{e}^{xy}-y)-\cos x}{x(2y-\mathrm{e}^{xy})}$.

利用隐函数求导法则,对于函数的积、商、乘方、开方等的导数问题,我们介绍一种简便的对数求导方法.

例 8　求 $y=\dfrac{(x+1)^3\sqrt{x+2}}{(x+3)^5}$ 的导数.

解:对原式两边取对数得:

$$\ln y=3\ln(x+1)+\frac{1}{2}\ln(x+2)-5\ln(x+3),$$

于是　$\dfrac{y'}{y}=\dfrac{3}{x+1}+\dfrac{1}{2}\cdot\dfrac{1}{x+2}-\dfrac{5}{x+3}$,故

$$y'=\frac{(x+1)^3\sqrt{x+2}}{(x+3)^5}\left[\frac{3}{x+1}+\frac{1}{2}\cdot\frac{1}{x+2}-\frac{5}{x+3}\right].$$

例 9　求 $y=\dfrac{x\mathrm{e}^{x^2}}{(x-1)^6}$ 的导数.

解:$\ln y=\ln x+x^2-6\ln(x-1)$,

于是　$\dfrac{y'}{y}=\dfrac{1}{x}+2x-\dfrac{6}{x-1}$,故

$$y'=\frac{x\mathrm{e}^{x^2}}{(x-1)^6}\left[\frac{1}{x}+2x-\frac{6}{x-1}\right].$$

从上述两例可以看出用对数求导方法比直接应用求导法则明显简单得多.

4.3.6　参数方程求导法则

设参数方程 $\begin{cases} x = x(t) \\ y = y(t) \end{cases}, \alpha \leqslant t \leqslant \beta$

如果由参数方程确定的函数关系为 $y = f(x)$，则 $y(t) = y = f(x) = f[x(t)]$，从而

$y'(t) = f'[x(t)] \cdot x'(t) = f'(x) \cdot x'(t)$，当 $x'(t) \neq 0$ 时就有

$$f'(x) = \frac{y'(t)}{x'(t)}.$$

例 10　求由方程 $\begin{cases} x = a\cos t \\ y = b\sin t \end{cases}$　确定的导数 y'_x.

解： $y'_x = \dfrac{y'(t)}{x'(t)} = \dfrac{b\cos t}{-a\sin t} = -\dfrac{b^2}{a^2} \cdot \dfrac{x}{y}$.

4.3.7　偏导数的概念

根据一元函数导数的定义我们给出二元函数偏导数的概念.

定义 4　设函数 $z = f(x,y)$ 在点 $p_0(x_0,y_0)$ 的某邻域内有定义，如果

$$\lim_{\Delta x \to 0} \frac{f(x_0 + \Delta x, y_0) - f(x_0, y_0)}{\Delta x} \tag{8}$$

存在，则此极限值称为函数 $z = f(x,y)$ 在 $p_0(x_0,y_0)$ 处对 x 的偏导数，记作

$$f'_x(x_0,y_0), \left(\frac{\partial z}{\partial x}\right)\big|_{(x_0,y_0)} \text{或} \left(\frac{\partial f}{\partial x}\right)\big|_{(x_0,y_0)}.$$

同样的，如果

$$\lim_{\Delta y \to 0} \frac{f(x_0, y_0 + \Delta y) - f(x_0, y_0)}{\Delta y} \tag{9}$$

存在，则此极限值称为 $z = f(x,y)$ 在 $p_0(x_0,y_0)$ 处对 y 的偏导数，记作

$$f'_y(x_0,y_0), \left(\frac{\partial z}{\partial y}\right)\big|_{(x_0,y_0)}, \text{或} \left(\frac{\partial f}{\partial y}\right)\big|_{(x_0,y_0)}.$$

偏导数的概念可类似地推广到多元函数.

容易看出，(8)、(9) 两式的极限值实际上就是两个自变量 x 与 y 分别固定在 x_0 与 y_0 时一元函数 $f(x,y_0)$ 与 $f(x_0,y)$ 在 x_0 与 y_0 的导数，因而求二元函数的偏导数就是将二元函数 $f(x,y)$ 中的一个自变量看成常数而对另一个自变量的一元函数求导数. 于是，一元函数的求导方法完全适用于求偏导数.

例 11　求 $z = x^2 + 3y^2$ 在 $(1,3)$ 处对 x 与 y 的偏导数.

解法 1：$z_x(1,3) = \lim\limits_{\Delta x \to 0} \dfrac{f(1+\Delta x,3) - f(1,3)}{\Delta x}$

$$= \lim\limits_{\Delta x \to 0} \dfrac{(1+\Delta x)^2 + 27 - 28}{\Delta x} = 2.$$

$$z_y(1,3) = \lim\limits_{\Delta y \to 0} \dfrac{f(1,3+\Delta y) - f(1,3)}{\Delta y}$$

$$= \lim\limits_{\Delta y \to 0} \dfrac{1 + 3(3+\Delta y)^2 - 28}{\Delta y} = 18.$$

解法 2：$\because z_x = 2x, z_y = 6y,$

$\qquad \therefore z_x(1,3) = 2, z_y(1,3) = 18.$

例 12　求 $z = x^y$ 的偏导数 $\dfrac{\partial z}{\partial x}, \dfrac{\partial z}{\partial y}$.

解：$\dfrac{\partial z}{\partial x} = yx^{y-1}, \dfrac{\partial z}{\partial y} = x^y \cdot \ln x.$

例 13　求 $w = x^2 \sin y + z \ln x$ 的偏导数.

解：$w_x = 2x \sin y + \dfrac{z}{x}, w_y = x^2 \cos y, w_z = \ln x.$

例 14　设

$$f(x,y) = \begin{cases} \dfrac{x^2 y^2}{x^4 + y^4}, & x^2 + y^2 \neq 0 \\ 0, & x^2 + y^2 = 0 \end{cases}$$

由于

$$\lim\limits_{\Delta x \to 0} \dfrac{f(0+\Delta x,0) - f(0,0)}{\Delta x} = 0, \lim\limits_{\Delta y \to 0} \dfrac{f(0,0+\Delta y) - f(0,0)}{\Delta y} = 0.$$

所以

$$f'_x(0,0) = f'_y(0,0) = 0.$$

即 $f(x,y)$ 在 $p_0(0,0)$ 处的两个偏导数均存在.

但 $\lim\limits_{(x,y) \to (0,0)} f(x,y)$ 不存在,因而 $f(x,y)$ 在 $p_0(0,0)$ 处不连续,故一元函数中"可导必连续"这一结论在多元函数中不再成立.

4.3.8　偏导数的几何意义

二元函数的偏导数也有简单的几何意义.我们知道二元函数 $z = f(x,y)$ 表示空间的一个曲面,它与平面 $y = y_0$ 相截,得截线 c_x.在平面 $y = y_0$ 上 c_x 的方程为 $z = f(x,y_0)$,而 $f'_x(x_0,y_0)$ 是一元函数 $z = f(x,y_0)$ 在 x_0 的导数.根据导数的几何意义,可知 $f'_x(x_0,y_0)$ 就是在曲线 c_x 上点 $p(x_0,y_0,f(x_0,y_0))$ 的

切线 T_x 的斜率(图 4-6),即

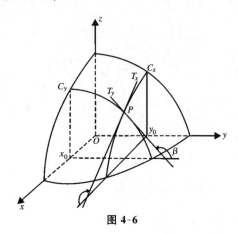

图 4-6

$$f'_x(x_0, y_0) = \tan\alpha.$$

同理,可知 $f'_y(x_0, y_0)$ 是曲面与平面 $x = x_0$ 的截线 c_y,上在 P 点处的切线 T_y 的斜率,即

$$f'_y(x_0, y_0) = \tan\beta.$$

4.3.9   多元复合函数的求导法则

在一元函数中,我们已经知道,复合函数的求导法(链导法)是微分法中一个关键性的方法,对于多元函数也是如此. 下面仅就二元函数的复合函数进行讨论.

(1) 二元函数与一元函数的复合函数的求导法则

定理3(全导数公式)   设 $z = f(u, v)$ 存在连续的偏导数,$u = u(t), v = v(t)$ 可导,则复合函数 $z = f(u(t), v(t))$ 可导,且

$$\frac{\mathrm{d}z}{\mathrm{d}t} = \frac{\partial z}{\partial u}\frac{\mathrm{d}u}{\mathrm{d}t} + \frac{\partial z}{\partial v}\frac{\mathrm{d}v}{\mathrm{d}t}.$$

例 19   设 $z = u^v$,若 $u = \sin t, v = t^2$,求 $\dfrac{\mathrm{d}z}{\mathrm{d}t}$.

解:由于 $\dfrac{\partial z}{\partial u} = vu^{v-1}, \dfrac{\partial z}{\partial v} = u^v \ln u$,而 $u = \sin t, v = t^2$,从而

$$\frac{\mathrm{d}u}{\mathrm{d}t} = \cos t, \frac{\mathrm{d}v}{\mathrm{d}t} = 2t,$$

因此由上述定理 4 得

$$\frac{\mathrm{d}z}{\mathrm{d}t} = \frac{\partial z}{\partial u}\frac{\mathrm{d}u}{\mathrm{d}t} + \frac{\partial z}{\partial v}\frac{\mathrm{d}v}{\mathrm{d}t}$$

$$= vu^{v-1}\cos t + 2t(u^v \ln u)$$

$$= t^2 (\sin t)^{t^2-1}\cos t + 2t (\sin t)^{t^2}\ln\sin t.$$

（2）二元函数与二元函数的复合函数的求导法则

定理 4　设 $z = f(u,v), u = u(x,y), v = v(x,y)$ 存在偏导数，则复合函数 $z = f(u(x,y),v(x,y))$ 存在偏导数，且

$$\frac{\partial z}{\partial x} = \frac{\partial z}{\partial u}\frac{\partial u}{\partial x} + \frac{\partial z}{\partial v}\frac{\partial v}{\partial x}, \tag{10}$$

$$\frac{\partial z}{\partial y} = \frac{\partial z}{\partial u}\frac{\partial u}{\partial y} + \frac{\partial z}{\partial v}\frac{\partial v}{\partial y}. \tag{11}$$

例 20　设 $z = u\ln v, u = x^2 + y^2, v = xy$，求 $\dfrac{\partial z}{\partial x}, \dfrac{\partial z}{\partial y}$.

解： 由（10）与（11）分别可得

$$\frac{\partial z}{\partial x} = \frac{\partial z}{\partial u}\frac{\partial u}{\partial x} + \frac{\partial z}{\partial v}\frac{\partial v}{\partial x} = \ln v \cdot (2x) + \frac{u}{v}y = 2x\ln xy + \frac{x^2 + y^2}{x},$$

$$\frac{\partial z}{\partial y} = \frac{\partial z}{\partial u}\frac{\partial u}{\partial y} + \frac{\partial z}{\partial v}\frac{\partial v}{\partial y} = \ln v \cdot (2y) + \frac{u}{v}x = 2y\ln xy + \frac{x^2 + y^2}{y}.$$

4.3.10　二元函数的隐函数求导法则

定理 5　设函数 $F(x,y)$ 在 (x_0,y_0) 的某邻域内具有连续偏导数，且 $F(x_0,y_0) = 0, F_y'(x_0,y_0) \neq 0$，则方程 $F(x,y) = 0$ 在 (x_0,y_0) 的邻域内可唯一地确定一个具有连续导数的函数 $y = y(x)$，它满足 $y(x_0) = y_0$，且有

$$\frac{\mathrm{d}y}{\mathrm{d}x} = -\frac{F_x'}{F_y'}. \tag{12}$$

例 21　设 $xy + 2^x + \sin y = 0$，求 $\dfrac{\mathrm{d}y}{\mathrm{d}x}$.

解： 设 $F(x,y) = xy + 2^x + \sin y.$ 则
$$F_x' = y + 2^x \ln 2, \quad F_y' = x + \cos y,$$
所以由（12）得

$$\frac{\mathrm{d}y}{\mathrm{d}x} = -\frac{y + 2^x \ln 2}{x + \cos y}.$$

4.3.11　偏导数在几何上的应用

（1）空间曲线的切线与法平面

定义 5　设 P 为空间曲线 L 上的一点,在 L 上任取一点 P_1,作割线 P_1P. 当 P_1 沿 L 趋近于 P 时,割线 P_1P 的极线位置 TP 就是曲线 L 在 P 点的切线 (如图 4-7).

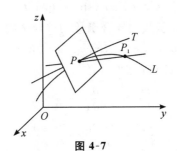

图 4-7

根据这一定义,我们来求空间曲线

$$x = x(t), y = y(t), z = z(t) \tag{13}$$

在点 $P(x_0, y_0, z_0)$ 的切线,其中 $x_0 = x(t_0), y_0 = y(t_0), z_0 = z(t_0)$. 假定式 (13) 的三个函数都可导且不全为零. 设点 P_1 对应的参数为 $t_0 + \Delta t$,则点 P_1 的坐标为

$$(x_0 + \Delta x, y_0 + \Delta y, z_0 + \Delta z).$$

应用直线方程的对称式,知割线 P_1P 的方程是

$$\frac{x - x_0}{\Delta x} = \frac{y - y_0}{\Delta y} = \frac{z - z_0}{\Delta z}$$

上式的各分母除以 Δt,得

$$\frac{x - x_0}{\dfrac{\Delta x}{\Delta t}} = \frac{y - y_0}{\dfrac{\Delta y}{\Delta t}} = \frac{z - z_0}{\dfrac{\Delta z}{\Delta t}}.$$

当 $P_1 \rightarrow P$ 时,$\Delta t \rightarrow 0$,而 $\dfrac{\Delta x}{\Delta t} \rightarrow x'(t_0)$,$\dfrac{\Delta y}{\Delta t} \rightarrow y'(t_0)$,$\dfrac{\Delta z}{\Delta t} \rightarrow z'(t_0)$,故得切线的方程为

$$\frac{x - x_0}{x'(t_0)} = \frac{y - y_0}{y'(t_0)} = \frac{z - z_0}{z'(t_0)}, \tag{14}$$

其中 $x'(t_0), y'(t_0), z'(t_0)$ 是切线的方向数.

过 $P(x_0, y_0, z_0)$ 点作垂直于该点处切线的平面,这个平面称为 P 点处的法平面. 所以切线的方向数 $x'(t_0), y'(t_0), z'(t_0)$ 就是 P 点处法平面的法向量的方向数. 因此,法平面方程为

$$x'(t_0)(x - x_0) + y'(t_0)(y - y_0) + z'(t_0)(z - z_0) = 0. \tag{15}$$

例 22　求螺线 $x=a\cos t,y=a\sin t,z=bt$ 在 $t_0=\dfrac{\pi}{4}$ 处的切线与法平面方程.

解：　$x'\left(\dfrac{\pi}{4}\right)=-a\sin\dfrac{\pi}{4}=-\dfrac{\sqrt{2}}{2}a,y'\left(\dfrac{\pi}{4}\right)=a\cos\dfrac{\pi}{4}=\dfrac{\sqrt{2}}{2}a,z'\left(\dfrac{\pi}{4}\right)=b.$

所以切线方程为

$$\frac{x-\dfrac{\sqrt{2}}{2}a}{-\dfrac{\sqrt{2}}{2}a}=\frac{y-\dfrac{\sqrt{2}}{2}a}{\dfrac{\sqrt{2}}{2}a}=\frac{z-\dfrac{\pi}{4}b}{b}.$$

法平面方程为

$$-\frac{\sqrt{2}}{2}a\left(x-\frac{\sqrt{2}}{2}a\right)+\frac{\sqrt{2}}{2}a\left(y-\frac{\sqrt{2}}{2}a\right)+b\left(z-\frac{\pi}{4}b\right)=0.$$

（2）曲面的切平面与法线

设曲面 S 的方程为 $z=f(x,y)$，其中函数 $f(x,y)$ 具有连续的一阶偏导数，$P(x_0,y_0,z_0)$ 为 S 上任意一点，C 为 S 上过点 P 的任意一条曲线，其方程为

$$x=x(t),y=y(t),z=z(t)$$

其中 $x_0=x(t_0),y_0=y(t_0),z_0=z(t_0)$，且 $x(t),y(t),z(t)$ 都在 t_0 可导并不全为零. 由于曲线 C 在 S 上，所以恒有等式 $f[x(t),y(t)]-z(t)=0$ 成立.

根据复合函数求导法，得

$$\frac{\partial f}{\partial x}x'(t)+\frac{\partial f}{\partial y}y'(t)-z'(t)=0 \tag{16}$$

于是 $x'(t_0),y'(t_0),z'(t_0)$ 就是 P 点处曲线 C 的切线的方向数；而 $\dfrac{\partial f}{\partial x},\dfrac{\partial f}{\partial y},-1$ 只与 P 点有关，与曲线 C 无关. 因此，式(16)表明：凡曲面 S 上过 P 点的任意一条曲线 C 在 P 点处的切线都与通过 P 点且方向数为 $\dfrac{\partial f}{\partial x}\Big|_P,\dfrac{\partial f}{\partial y}\Big|_P,$ -1 的直线 PN 垂直（如图4-8）. 这条直线 PN 称为曲面 S 在 P 点处的法线，它的方程为

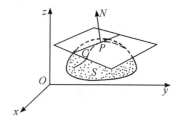

图 4-8

$$\frac{x-x_0}{\dfrac{\partial f}{\partial x}\Big|_P}=\frac{y-y_0}{\dfrac{\partial f}{\partial y}\Big|_P}=\frac{z-z_0}{-1}, \tag{17}$$

由此可见，凡曲面 S 上过 P 点的切线都与法线(26)垂直，从而都在同一平面

内.这个平面称为曲面 S 在点 P 处的切平面,它的方程为

$$\frac{\partial f}{\partial x}\bigg|_{P}(x-x_{0})+\frac{\partial f}{\partial y}\bigg|_{P}(y-y_{0})-(z-z_{0})=0,$$

或

$$z-z_{0}=\frac{\partial f}{\partial x}\bigg|_{P}(x-x_{0})+\frac{\partial f}{\partial y}\bigg|_{P}(y-y_{0}). \tag{18}$$

如果曲面的方程为 $F(x,y,z)=0$,$F(x,y,z)$ 在 $P(x_{0},y_{0},z_{0})$ 的邻域内有连续的一阶偏导数,且有 $[F'_{x}|_{P}]^{2}+[F'_{y}|_{P}]^{2}+[F'_{z}|_{P}]^{2}\neq 0$.不妨设 $F'_{z}|_{P}\neq 0$,那么根据隐函数求导公式,有

$$\frac{\partial z}{\partial x}\bigg|_{P}=-\frac{F'_{x}|_{P}}{F'_{z}|_{P}},\frac{\partial z}{\partial y}\bigg|_{P}=-\frac{F'_{y}|_{P}}{F'_{z}|_{P}}.$$

故在 P 点处的法线方程为:

$$\frac{x-x_{0}}{F'_{x}|_{P}}=\frac{y-y_{0}}{F'_{y}|_{P}}=\frac{z-z_{0}}{F'_{z}|_{P}}, \tag{19}$$

切平面方程为

$$F'_{x}|_{P}(x-x_{0})+F'_{y}|_{P}(y-y_{0})+F'_{z}|_{P}(z-z_{0})=0. \tag{20}$$

例 23 求抛物面 $z=3x^{2}+2y^{2}$ 在点 $P(2,-1,14)$ 处的切平面与法线的方程.

解:$\dfrac{\partial z}{\partial x}\bigg|_{P}=6x|_{P},\dfrac{\partial z}{\partial y}\bigg|_{P}=4y|_{P}=-4$,所以根据式(19)得切平面的方程为

$$z-14y=12(x-2)-4(y+1),$$

即

$$12x-4y-z-14=0,$$

法线的方程为

$$\frac{x-2}{12}=\frac{y+1}{-4}=\frac{z-14}{-1}.$$

例 24 求椭球面 $\dfrac{x^{2}}{a^{2}}+\dfrac{y^{2}}{b^{2}}+\dfrac{z^{2}}{c^{2}}=1$ 在点 $P(x_{0},y_{0},z_{0})$ 处的切平面方程.

解:令 $F(x,y,z)=\dfrac{x^{2}}{a^{2}}+\dfrac{y^{2}}{b^{2}}+\dfrac{z^{2}}{c^{2}}-1=0$,那么

$$\frac{\partial F}{\partial x}\bigg|_{P}=\frac{2x_{0}}{a^{2}},\frac{\partial F}{\partial y}\bigg|_{P}=\frac{2y_{0}}{b^{2}},\frac{\partial F}{\partial z}\bigg|_{P}=\frac{2z_{0}}{c^{2}}.$$

所以由式(19),得所求切平面的方程为

$$\frac{2x_{0}}{a^{2}}(x-x_{0})+\frac{2y_{0}}{b^{2}}(y-y_{0})+\frac{2z_{0}}{c^{2}}(z-z_{0})=0,$$

简化得

$$\frac{x_0 x}{a^2} + \frac{y_0 y}{b^2} + \frac{z_0 z}{c^2} = 1.$$

习题 4-3

1. 求下列函数的导数：

(1) $y = 2x^2 - \dfrac{1}{x^3} + 5x - 1$；

(2) $y = x^2 \sin x$；

(3) $y = \dfrac{1}{x + \cos x}$；

(4) $y = x\ln x + \dfrac{\ln x}{x}$；

(5) $y = 2^x + x^8 + e^2$；

(6) $y = e^x(\sin x - \cos x)$；

(7) $y = x\sin(-x)\ln x$；

(8) $y = \arcsin\sqrt{x}$；

(9) $y = \dfrac{1}{2}\operatorname{arccot}\dfrac{2x}{1-x^2}$；

(10) $y = \left(\dfrac{1+x^3}{1-x^3}\right)^{\frac{1}{3}}$；

(11) $y = \dfrac{1}{\sqrt{1+x^2}\,(x + \sqrt{1+x^2})}$；

(12) $y = x^a + a^x \,(a > 0)$；

(13) $y = \sin^n x \cos nx$；

(14) $\omega = \sin[\sin(\sin u)]$；

(15) $s = \tan\dfrac{t}{2} - \cot\dfrac{t}{2}$；

(16) $y = \sec^2 x + \csc^2 x$；

(17) $y = \dfrac{x}{2}\sqrt{a^2 - x^2} + \dfrac{a^2}{2}\arcsin\dfrac{x}{a}\,(a > 0)$；

(18) $r = \arctan 2^\theta + \operatorname{arccot}\theta^2$；

(19) $s = \ln\arccos 2x$；

(20) $y = e^{-x}\left(\arccos\dfrac{1}{x}\right)$；

(21) $y = e^{\cos x}\sin x^2$.

2. 求下列各函数在指定点处的导数：

(1) $s = \dfrac{t^2}{(1+t)(1-t)}, t = 2$；

(2) $\rho = \cos 2\varphi, \varphi = \dfrac{\pi}{4}$；

(3) $y = \dfrac{\cos x}{2x^2 + 3}, x = \dfrac{\pi}{2}$.

3. 求由下列方程所确定的隐函数 y 的导数 y'：

(1) $3x^2 + 4y^2 - 1 = 0$；

(2) $e^y = \sin(x + y)$；

(3) $y = 1 + x\sin y$；

(4) $x\cot y = \cos(xy)$；

(5) $y = 1 + xe^y$.

4. 设 $\sin(ts) + \ln(s-t) = t$，求 $\dfrac{\mathrm{d}s}{\mathrm{d}t}\Big|_{t=0}$ 的值.

5. 用对数求导法求下列各函数的导数：

$(1) y = \sqrt{\dfrac{3x-2}{(5-2x)(x-1)}}$；　　　　　$(2) y = \mathrm{e}^x \sin x \sqrt[3]{\dfrac{x(x^2-1)}{(x^2-4)^2}}$；

$(3) y = (\sin x)^{\cos x}$.

6. 求下列参数方程的导数：

$(1) \begin{cases} x = \dfrac{1}{t+1}, \\ y = \left(\dfrac{t}{t+1}\right)^2; \end{cases}$　　　　　$(2) \begin{cases} x = a\cos^2 t \\ y = b\sin^2 t \end{cases}$.

7. 求下列各曲线在指定点处的切线方程：

$(1) x = \dfrac{2t}{1+t^2}, y = \dfrac{1-t^2}{1+t^2}$，在 $t=2$ 处；

$(2) x = \ln|\sin t|, y = \cos t$，在 $t = \dfrac{\pi}{2}$ 处.

8. 求下列各函数的偏导数：

$(1) z = xy + \dfrac{x}{y}$；　　　　　$(2) z = \ln\left(x + \dfrac{y}{2x}\right)$；

$(3) z = \dfrac{x}{\sqrt{x^2+y^2}}$；　　　　　$(4) \theta = ax\mathrm{e}^{-t} + bt$（$a, b$ 都是常数）；

$(5) z = x\sqrt{y} + \dfrac{y}{\sqrt[3]{x}}$；　　　　　$(6) z = \mathrm{arctg}(x - y^2)$；

$(7) u = \sin(x^2 + y^2 + z^2)$；　　　　　$(8) z = (1-x)^y + \arcsin(xy)$.

9. 设 $f(x,y) = x + (y-1)\arcsin\sqrt{\dfrac{x}{y}}$，求 $f_x(x,1)$.

10. 设 $u = f(x,y,t), x = x(t), y = y(t)$，写出 $\dfrac{\mathrm{d}u}{\mathrm{d}t}$ 的公式.

11. 设 $u = f(x,y,t), x = x(s,t), y = y(s,t)$，写出 $\dfrac{\partial u}{\partial s}$ 和 $\dfrac{\partial u}{\partial t}$ 的公式.

12. 求下例各函数的一阶偏导数

$(1) z = (x^2 + y^2)\mathrm{e}^{\frac{x^2+y^2}{xy}}$；　　　　　$(2) z = \dfrac{xy\,\mathrm{arctg}(x+y+xy)}{x+y}$.

13. 求下例各函数的一阶偏导数：

$(1) z = u^2v - uv^2$，而 $u = x\cos y, v = x\sin y$；

$(2)z = x^2 \ln y$, 而 $x = \dfrac{v}{u}, y = 3v - 2u$;

$(3)z = u^2 \ln v, u = \dfrac{y}{x}, v = x^2 + y^2$;

$(4)z = \mathrm{e}^{uv}, u = \ln \sqrt{x^2 + y^2}, v = \arctan \dfrac{y}{x}$.

14. 求由方程 $x^2 + 2xy - y^2 = a^3$ 所确定的隐函数 y 的一阶导数.

15. 设方程 $x\mathrm{e}^{2y} - y\mathrm{e}^{2x} = 1$ 确定隐函数 $y = f(x)$, 求 $\dfrac{\mathrm{d}y}{\mathrm{d}x}$.

16. 求下列曲线在给定点处的切线方程与法平面方程:

$(1)x = t, y = 2t^2, z = t^2$, 在 $t = 1$ 处;

$(2)x = 3\cos\theta, y = 3\sin\theta, z = 4\theta$, 在点 $\left(\dfrac{3}{\sqrt{2}}, \dfrac{3}{\sqrt{2}}, \pi\right)$ 处;

$(3)x^2 + y^2 = 1, y^2 + z^2 = 1$, 在点 $(1, 0, 1)$ 处.

17. 在曲线 $x = t, y = t^2, z = t^3$ 上求出其切线平行于平面 $x + 2y + z = 4$ 的切点坐标.

18. 求下列曲面在给定点处的切平面方程与法线方程:

$(1)z^2 = x^2 + y^2$, 在点 $(3, 4, 5)$ 处;

$(2)x^3 + y^3 + z^3 + xyz - 6 = 0$, 在点 $(1, 2, -1)$ 处.

19. 求椭球面 $x^2 + 2y^2 + z^2 = 1$ 上平行于平面 $x - y + 2z = 0$ 的切平面.

20. 求曲线 $x = 2t, y = t^2 - 2, z = 1 - t^2$ 在对应于 $t = 2$ 的点处的切线方程和法平面方程.

21. 求下列函数的导数:

$(1)y = (1 + x^2)^{\sin x}$; $\qquad\qquad (2)y = x^{\frac{1}{\cos x}}$;

$(3)\rho = \theta^2 + \ln[\cos^2(\mathrm{tg}3\theta)]$;

$(4)y = \dfrac{1}{2} x \sqrt{x^2 + a^2} + \dfrac{a^2}{2}\ln\left| x + \sqrt{x^2 + a^2} \right|$;

$(5)y = \dfrac{x}{2}(\sin\ln|x| - \cos\ln|x|)$;

$(6)y = \dfrac{1}{2abc}\ln\left| \dfrac{c(\mathrm{tg}ax) + b}{c(\mathrm{tg}ax) - b} \right|$ (a, b, c 为常数).

22. 如果 $f(x) = (ax + b)\sin x + (cx + d)\cos x$, 试确定 a, b, c, d 的值使 $f'(x) = x\cos x$.

23. 设 $f(0) = 1, f'(0) = -1$, 求极限 $\lim\limits_{x \to 1} \dfrac{f(\ln x) - 1}{1 - x}$.

24. 设 $f(0) = 1, f'(0) = -1$,求

(1) $\lim\limits_{x \to 0} \dfrac{\cos x - f(x)}{x}$;

(2) $\lim\limits_{x \to 0} \dfrac{2^x f(x) - 1}{x}$.

4.4   高阶导数

4.4.1   一元函数的高阶导数

如果函数 $y = f(x)$ 在区间 I 内可导,则其导数 $y' = f'(x)$ 仍是 x 的函数. 如果这个函数 $y' = f'(x)$ 在点 $x_0 \in I$ 仍然是可导的,则其导数称为函数 $y = f(x)$ 在点 x_0 处的二阶导数,记作

$$y''|_{x=x_0}, f''(x_0) \text{ 或 } \frac{d^2 y}{dx^2}\bigg|_{x=x_0} = \lim_{x \to x_0} \frac{f'(x) - f'(x_0)}{x - x_0}.$$

若函数 $y' = f'(x)$ 在区间 I 内都是可导的,则其导数称为函数 $y = f(x)$ 的二阶导数(简称二阶导数),记作 y'', $f''(x)$ 或 $\dfrac{d^2 y}{dx^2}$.

类似地,可以定义 $y = f(x)$ 三阶导数,记作 y''', $f'''(x)$ 或 $\dfrac{d^3 y}{dx^3}$;

一般地,$y = f(x)$ 的 $n-1$ 阶导数的导数,叫做 $y = f(x)$ 的 n 阶导数,记作 $y^{(n)}$, $f^{(n)}$ 或 $\dfrac{d^n y}{dx^n}$. 二阶及二阶以上的导数统称为高阶导数.

由上述定义可见,求高阶导数就是多次接连地求一阶导数,所以只需应用前面学过的求导方法就能计算高阶导数.

例 1   设 $f(x) = x^3$,求 $f^{(n)}(x), n = 1, 2, \cdots$.

解:$f'(x) = 3x^2, f''(x) = 3(x^2)' = 6x$.

$f'''(x) = 6(x)' = 6, f^{(4)}(x) = (6)' = 0, f^{(n)}(x) = 0 (n > 4)$.

一般地,对于 n 次多项式 $P(x) = a_0 x^n + a_1 x^{n-1} + \cdots + a_{n-1} x + a_n$, 我们有

$$P^{(n)}(x) = a_0 n!, P^{(k)}(x) = 0 (k > n).$$

例 2   求幂函数 $y = x^\mu$ 的 n 阶导数.

解:$y' = (x^\mu)' = \mu x^{\mu-1}$,

$y'' = (x^\mu)'' = \mu(\mu-1)x^{\mu-2}$,

一般的有 $y^{(n)} = (x^\mu)^{(n)} = \mu(\mu-1)\cdots(\mu-n+1)x^{\mu-n}$.

例 3   求函数 $y = e^x$ 的 n 阶导数.

解:因为 $y' = e^x$,因此

$$(\mathrm{e}^x)^{(n)} = \mathrm{e}^x.$$

例 4　求 $y = \sin x$ 的 n 阶导数.

解：因为 $y' = \cos x = \sin\left(x + \dfrac{\pi}{2}\right)$,

$$y'' = -\sin x = \sin(x + \pi) = \sin\left(x + 2 \cdot \frac{\pi}{2}\right),$$

$$y''' = -\cos x = \sin\left(x + \frac{3\pi}{2}\right) = \sin\left(x + 3 \cdot \frac{\pi}{2}\right),$$

$$y^{(4)} = \sin x = y,$$

所以可推得 $(\sin x)^{(n)} = \sin\left(x + n \cdot \dfrac{\pi}{2}\right)$.

例 5　求 $y = \ln(1 + x)$ 的 n 阶导数.

解：$y' = \dfrac{1}{1 + x} = (1 + x)^{-1}$；

$y'' = [(1 + x)^{-1}] = (-1)(1 + x)^{-2}$；

$y''' = [(-1)(1 + x)^{-2}] = (-1)(-2)(1 + x)^{-3}$；

……

$$y^{(n)} = (-1)^{n-1}(n-1)!(1 + x)^{-n} = \frac{(-1)^n(n-1)!}{(1 + x)^n}.$$

4.4.2　二元函数的高阶偏导数

如果二元函数 $z = f(x, y)$ 的偏导数

$$\frac{\partial z}{\partial x} = f'_x(x, y),\quad \frac{\partial z}{\partial y} = f'_y(x, y),$$

对 x 与 y 的偏导数还存在，则称其为函数 $z = f(x, y)$ 的二阶偏导数. 因此二元函数有四个二阶偏导数，记作

$$\frac{\partial}{\partial x}\left(\frac{\partial z}{\partial x}\right) = \frac{\partial^2 z}{\partial x^2} = z''_{xx} = f''_{xx},\quad \frac{\partial}{\partial y}\left(\frac{\partial z}{\partial x}\right) = \frac{\partial^2 z}{\partial x \partial y} = z''_{xy} = f''_{xy},$$

$$\frac{\partial}{\partial x}\left(\frac{\partial z}{\partial y}\right) = \frac{\partial^2 z}{\partial y \partial x} = z''_{yx} = f''_{yx},\quad \frac{\partial}{\partial y}\left(\frac{\partial z}{\partial y}\right) = \frac{\partial^2 z}{\partial y^2} = z''_{yy} = f''_{yy}.$$

这里 f''_{xy} 与 f''_{yx} 的区别在于前一个是先对 x，后对 y 求导；而后一个是先对 y，后对 x 求导. 一般说来，这样两个二阶偏导数是有区别的. 但是我们可以证明当 f''_{xy} 与 f''_{yx} 都连续时，求导的结果与先后次序无关，即 $f''_{xy} = f''_{yx}$.

例 6　求函数 $z = x^3 y - 3x^2 y^3$ 的二阶偏导数.

解：$\dfrac{\partial z}{\partial x} = 3x^2 y - 6xy^3,\quad \dfrac{\partial z}{\partial y} = x^3 - 9x^2 y^2,$

$$\frac{\partial^2 z}{\partial x^2} = 6xy - 6y^3, \frac{\partial^2 z}{\partial y^2} = -18x^2 y,$$

$$\frac{\partial^2 z}{\partial x \partial y} = \frac{\partial^2 z}{\partial y \partial x} = 3x^2 - 18xy^2.$$

一般地，$n-1$ 阶偏导数的偏导数称为 n 阶偏导数.

当所求各阶偏导数都连续时，求导的结果与先后次序无关.例如

$$\frac{\partial^3 z}{\partial x \partial y^2} = \frac{\partial^3 z}{\partial y \partial x \partial y}.$$

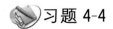 习题 4-4

1.设 $y = (1-3x)^{100} + 3\log_2 x + \sin 2x$，求 y''.

2.$y = (x^2 - 2x + 5)^{10}$，求 y''.

3.求下列函数的二阶导数：

(1)$y = \sin ax + \cos bx$；   (2)$y = e^{\sqrt{x}} + e^{-\sqrt{x}}$；

(3)$y = x e^{-x^2}$；   (4)$y = x \arctan x$.

4.求下列函数的 n 阶导数：

(1)$y = \sin 2x$；   (2)$y = x e^x$；

(3)$y = (1+x)^\alpha$；   (4)$y = \ln(1+x)$.

5.求下列函数的二阶偏导数：

(1)$z = \sin^2(ax + by)$；   (2)$z = \arctan \dfrac{x+y}{1-xy}$；

(3)$z = \dfrac{y^2 - x^2}{y^2 + x^2}$；   (4)$z = x^2 \operatorname{arccot} \dfrac{y}{x} - y^2 \operatorname{arccot} \dfrac{x}{y}$.

6.设 $u = e^{xyz}$，求 $\dfrac{\partial^3 u}{\partial x^2 \partial y}, \dfrac{\partial^3 u}{\partial x \partial y \partial z}$.

7.若 $x + 2y - \cos y = 0$，求 $\dfrac{dy}{dx}, \dfrac{d^2 y}{dx^2}$.

8.求下列各函数 $y = y(x)$ 的二阶导数：

(1)$\begin{cases} x = 2e^t \\ y = e^{-t} \end{cases}$，   (2)$\begin{cases} x = a(t - \sin t) \\ y = a(1 - \cos t) \end{cases}$（$a$ 为常数，且 $a \neq 0$）.

9.求下列隐函数的二阶导数.

(1)$y = 1 + x e^y$，   (2)$y = \cos(x + y)$.

10. 设 $z = f(u,x,y), u = x\mathrm{e}^y$，其中 f 具有连续的二阶偏导数，求 $\dfrac{\partial^2 z}{\partial x \partial y}$.

11. 求下列复合函数的二阶偏导数.

(1) $u = f(x,y), x = s + t, y = st$；

(2) $u = f(x,y), x = st, y = \dfrac{s}{t}$.

12. 求函数 $f(x,y) = \begin{cases} \mathrm{e}^{-\frac{1}{x^2+y^2}}, & x^2 + y^2 \neq 0, \\ 0, & x^2 + y^2 = 0. \end{cases}$ 的二阶偏导数 $f''_{xx}(0,0)$，$f''_{xy}(0,0)$.

4.5　微分

4.5.1　一元函数的微分

定义 6　如果函数 $y = f(x)$ 在 x_0 处的改变量 Δy 可以表示为
$$\Delta y = A\Delta x + o(\Delta x),$$
其中 A 是与 Δx 无关的常数，则称函数 $y = f(x)$ 在 x_0 可微，$A\Delta x$ 称为函数 $f(x)$ 在 x_0 处的微分，记作 $\mathrm{d}y \big|_{x=x_0} = A\Delta x$.

由定义知，函数的微分 $A\Delta x$ 是 Δx 的线性函数，它与 Δy 只相差一个比 Δx 高阶的无穷小. 因此，当 $|\Delta x|$ 很小时，经常用微分 $\mathrm{d}y$ 来近似代替 Δy.

结合导数与微分的定义我们可得

定理 6　$y = f(x)$ 在 x_0 可导 $\Leftrightarrow y = f(x)$ 在 x_0 可微.

证：若 $y = f(x)$ 在 x_0 可导，则 $f'(x) = \lim\limits_{\Delta x \to 0} \dfrac{\Delta y}{\Delta x}$，

从而有　$\dfrac{\Delta y}{\Delta x} = f'(x_0) + \alpha, (\Delta x \to 0, \alpha \to 0)$

于是　$\Delta y = f'(x_0)\Delta x + \alpha\Delta x.$

由于　$\lim\limits_{\Delta x \to 0} \dfrac{\alpha\Delta x}{\Delta x} = \lim\limits_{\Delta x \to 0}\alpha = 0.$

因此 $\alpha\Delta x = o(\Delta x)$，故 $y = f(x)$ 在 x_0 可微.

反之，若 $y = f(x)$ 在 x_0 可微，则
$$\Delta y = A\Delta x + o(\Delta x),$$
从而
$$\dfrac{\Delta y}{\Delta x} = A + \dfrac{o(\Delta x)}{\Delta x},$$

$$\lim_{\Delta x \to 0} \frac{\Delta y}{\Delta x} = A + \lim_{\Delta x \to 0} \frac{o(\Delta x)}{\Delta x} = A,$$

即 $y = f(x)$ 在 x_0 可导.

从定理的证明过程可以得到 $f'(x_0) = A$.

其次,由于自变量 x 的微分为 $dx = (x)'\Delta x = \Delta x$. 因此,若 $y = f(x)$ 在区间 I 每一点 x 都可微,则 $dy = f'(x)dx$. 由此可得 $f'(x) = \dfrac{dy}{dx}$,也就是导数 $\dfrac{dy}{dx}$ 可以看成函数的微分与自变量微分的商,故导数也称为微商.

例 1 设 $y = 2x^2 + x + 1$,当 $x = 2, \Delta x = 0.1$ 时,求 Δy 与 dy.

解:$dy = (2x^2 + x + 1)'dx = (4x + 1)dx$,

$dy\big|_{x=2} = 9dx = 9 \times 0.1 = 0.9$.

$\Delta y = [2(2 + 0.1)^2 + (2 + 0.1) + 1] - (2 \cdot 2^2 + 2 + 1) = 0.92$.

例 2 求 $\sin 60°40'$ 的近似值.

解:设 $y = \sin x, x_0 = 60°, \Delta x = 40' = \dfrac{2}{3} \cdot \dfrac{\pi}{180} = \dfrac{\pi}{270}$.

$$\Delta y = \sin(60° + \frac{\pi}{270}) - \sin 60°$$

$$\approx (\sin x)'_{x=60°} \cdot \Delta x = \cos 60° \cdot \frac{\pi}{270} = \frac{\pi}{540} \approx 0.0058.$$

故 $\sin(60°40') \approx \sin 60° + 0.0058 = \dfrac{\sqrt{3}}{2} + 0.0058 \approx 0.8718$.

4.5.2 二元函数的全微分

对于二元函数 $z = f(x, y)$,当 y 不变,x 有增量 Δx 时,

$$\Delta z = f(x + \Delta x, y) - f(x, y), \tag{13}$$

当 x 不变,y 有增量 Δy 时,

$$\Delta z = f(x, y + \Delta y) - f(x, y), \tag{14}$$

当 x 与 y 分别有增量 Δx 与 Δy 时,

$$\Delta z = f(x + \Delta x, y + \Delta y) - f(x, y). \tag{15}$$

(13)、(14) 两式分别称为二元函数关于 x, y 的偏增量,(15) 式称为全增量.

和一元函数一样,也可用 $\Delta x, \Delta y$ 的线性函数来近似全增量.

定义 7 设函数 $z = f(x, y)$ 在点 (x, y) 的某邻域内有定义,如果存在与 $\Delta x, \Delta y$ 无关而仅与 x, y 有关的常数 A, B,使得

$$\Delta z = f(x+\Delta x, y+\Delta y) - f(x,y)$$
$$= A\Delta x + B\Delta y + o(\rho), \left(\rho = \sqrt{\Delta x^2 + \Delta y^2}\right)$$

则称函数 $z = f(x,y)$ 在点 (x,y) 可微分,简称可微,并称 $A\Delta x + B\Delta y$ 为函数 $z = f(x,y)$ 在点 (x,y) 处的全微分,记作 $\mathrm{d}z$ 或 $\mathrm{d}f$,即 $\mathrm{d}z = A\Delta x + B\Delta y$. 当 $z = f(x,y)$ 在区域 D 内处处可微时,称函数 $f(x,y)$ 在 D 内可微.

由定义可知,若 $z = f(x,y)$ 在点 (x,y) 可微,则有

$$\lim_{(\Delta x, \Delta y) \to (0,0)} \Delta z = 0,$$

即

$$\lim_{(\Delta x, \Delta y) \to (0,0)} f(x+\Delta x, y+\Delta y) = f(x,y),$$

从而 $z = f(x,y)$ 在点 (x,y) 连续.

定理 7(可微的必要条件)　若函数 $z = f(x,y)$ 在点 (x,y) 可微,则 f 在点 (x,y) 的两个偏导数都存在,且

$$\mathrm{d}z = f'_x \Delta x + f'_y \Delta y. \tag{16}$$

证:因为 $z = f(x,y)$ 在点 (x,y) 可微,所以存在与 $\Delta x, \Delta y$ 无关的常数 A, B,使得

$$f(x+\Delta x, y+\Delta y) - f(x,y) = A\Delta x + B\Delta y + o(\rho).$$

令 $\Delta y = 0$,则

$$f(x+\Delta x, y) - f(x,y) = A\Delta x + o(|\Delta x|),$$

$$\lim_{\Delta x \to 0} \frac{f(x+\Delta x, y) - f(x,y)}{\Delta x} = \lim_{\Delta x \to 0}\left(A + \frac{o(|\Delta x|)}{\Delta x}\right) = A,$$

即 $f'_x(x,y) = A$. 同理 $f'_y(x,y) = B$.

在一元函数中,函数可导与可微是等价的,但对于二元函数,这两者的关系就较为复杂.

例 3　求自变量 x, y 的微分 $\mathrm{d}x, \mathrm{d}y$.

解:设 $f(x,y) = x$,则 $f'_x = 1, f'_y = 0$.

于是 $\mathrm{d}x = \Delta x$,同理 $\mathrm{d}y = \Delta y$.

因此 $f(x,y)$ 的全微分公式(16)通常写为

$$\mathrm{d}f = f'_x \mathrm{d}x + f'_y \mathrm{d}y. \tag{17}$$

例 4　设 $f(x,y) = x^2 y$,求 $\mathrm{d}f(x,y)$.

解:$f'_x = 2xy, f'_y = x^2$ 故

$$\mathrm{d}f(x,y) = 2xy\mathrm{d}x + x^2\mathrm{d}y$$

例 5　求 $f(x,y) = x^2 + y^2$ 在点 $(2,3)$ 处当 $\Delta x = 0.01, \Delta y = 0.02$ 时的

全增量 Δf 与全微分 $\mathrm{d}f$.

解：$\Delta f = (2+0.01)^2 + (3+0.02)^2 - 2^2 - 3^2 = 0.1605$

$f'_x(2,3) = 2x\mid_{(2,3)} = 4, f'_y(2,3) = 6.$

$\mathrm{d}f = 4 \times 0.01 + 6 \times 0.02 = 0.16.$

4.5.3　求导数与微分的主要公式与法则

一、导数公式及运算法则

1. 基本初等函数的导数公式

(1) $(c)' = 0$；

(2) $(x^\mu)' = \mu x^{\mu-1}$；

(3) $(a^x)' = a^x \ln a$；

(4) $(\mathrm{e}^x)' = \mathrm{e}^x$；

(5) $(\log_a x)' = \dfrac{1}{x \ln a}$；

(6) $(\ln x)' = \dfrac{1}{x}$；

(7) $(\sin x)' = \cos x$；

(8) $(\cos x)' = -\sin x$；

(9) $(\tan x)' = \sec^2 x$；

(10) $(\cot x)' = -\csc^2 x$；

(11) $(\sec x)' = \sec x \tan x$；

(12) $(\csc x)' = -\csc x \cot x$；

(13) $(\arcsin x)' = \dfrac{1}{\sqrt{1-x^2}}$；

(14) $(\arccos x)' = -\dfrac{1}{\sqrt{1-x^2}}$；

(15) $(\arctan x)' = \dfrac{1}{1+x^2}$；

(16) $(\operatorname{arccot} x)' = -\dfrac{1}{1+x^2}$；

(17) $(\operatorname{sh} x)' = \operatorname{ch} x$；

(18) $(\operatorname{ch} x)' = \operatorname{sh} x.$

2. 函数的和、差、积、商的求导法则

设 $u = u(x), v = v(x)$ 都可导，则

(1) $(Cu)' = Cu'$（其中 C 是常数）；

(2) $(u \pm v)' = u' \pm v'$；

(3) $(uv)' = u'v + uv'$；

(4) $\left(\dfrac{u}{v}\right)' = \dfrac{u'v - uv'}{v^2}.$

3. 复合函数的求导法则

(1) 一元函数的复合函数求导法则

设 $y = f(u), u = \varphi(x)$，且 $f(u)$ 和 $\varphi(x)$ 都可导，则复合函数 $y = f(\varphi(x))$ 的导数为

$$\frac{\mathrm{d}y}{\mathrm{d}x} = \frac{\mathrm{d}y}{\mathrm{d}u} \cdot \frac{\mathrm{d}u}{\mathrm{d}x} \quad \text{或} \quad y' = f'(u) \cdot \varphi'(x).$$

(2) 二元函数与一元函数的复合函数的求导法则

设 $z = f(u,v)$ 可微，$u = u(t), v = v(t)$ 可导，则复合函数 $z = f(u(t), v(t))$ 可导，且

$$\frac{\mathrm{d}z}{\mathrm{d}t} = \frac{\partial z}{\partial u}\frac{\mathrm{d}u}{\mathrm{d}t} + \frac{\partial z}{\partial v}\frac{\mathrm{d}v}{\mathrm{d}t}.$$

（3）二元函数与二元函数的复合函数的求导法则

设 $z = f(u,v)$ 可微，$u = u(x,y)$，$v = v(x,y)$ 存在偏导数，则复合函数 $z = f(u(x,y),v(x,y))$ 存在偏导数，且

$$\frac{\partial z}{\partial x} = \frac{\partial z}{\partial u}\frac{\partial u}{\partial x} + \frac{\partial z}{\partial v}\frac{\partial v}{\partial x},$$

$$\frac{\partial z}{\partial y} = \frac{\partial z}{\partial u}\frac{\partial u}{\partial y} + \frac{\partial z}{\partial v}\frac{\partial v}{\partial y}$$

4.由参数方程表示的函数的导数

$$\begin{cases} x = \varphi(t) \\ y = \psi(t) \end{cases} (\alpha < t < \beta),$$

当 $\varphi'(t) \neq 0$ 时，$f'(t) = \dfrac{\psi'(t)}{\varphi'(t)}.$

二、微分的运算法则

借助求导数的公式，可得求微分的公式：

1.基本初等函数的微分公式

(1)$\mathrm{d}(c) = 0$;　　　　　　　　　　(2)$(\mathrm{d}x^{\mu}) = \mu x^{\mu-1}\mathrm{d}x$;

(3)$\mathrm{d}(a^x) = a^x\ln a\mathrm{d}x$;　　　　　(4)$(\mathrm{d}e^x) = e^x\mathrm{d}x$;

(5)$\mathrm{d}(\log_a x) = \dfrac{1}{x\ln a}\mathrm{d}x$;　　　(6)$\mathrm{d}(\ln x) = \dfrac{1}{x}\mathrm{d}x$;

(7)$\mathrm{d}(\sin x) = \cos x\mathrm{d}x$;　　　(8)$\mathrm{d}(\cos x) = -\sin x\mathrm{d}x$;

(9)$\mathrm{d}(\tan x) = \sec^2 x\mathrm{d}x$;　　(10)$\mathrm{d}(\cot x) = -\csc^2 x\mathrm{d}x$;

(11)$\mathrm{d}(\sec x) = \sec x\tan x\mathrm{d}x$;　(12)$\mathrm{d}(\csc)x = -\csc x\cot x\mathrm{d}x$;

(13)$\mathrm{d}(\arcsin x) = \dfrac{1}{\sqrt{1-x^2}}\mathrm{d}x$;　(14)$\mathrm{d}(\arccos x) = -\dfrac{1}{\sqrt{1-x^2}}\mathrm{d}x$;

(15)$\mathrm{d}(\arctan x) = \dfrac{1}{1+x^2}\mathrm{d}x$;　(16)$\mathrm{d}(\operatorname{arccot} x) = -\dfrac{1}{1+x^2}\mathrm{d}x$;

(17)$\mathrm{d}(sh x) = ch x\mathrm{d}x$;　　　　(18)$\mathrm{d}(ch x) = sh x\mathrm{d}x.$

2.函数的和、差、积、商的微分法则

设 $u = u(x)$，$v = v(x)$ 都可微，则

(1)$\mathrm{d}(Cu) = C\mathrm{d}u$（其中 C 是常数）;　(2)$\mathrm{d}(u \pm v) = \mathrm{d}u \pm \mathrm{d}v$;

(3)$\mathrm{d}(uv) = v\mathrm{d}u + u\mathrm{d}v$;　　　(4)$\mathrm{d}\left(\dfrac{u}{v}\right) = \dfrac{v\mathrm{d}u - u\mathrm{d}v}{v^2}.$

3.复合函数的微分法则

设 $y = f(u), u = \varphi(x)$，且 $f(u)$ 和 $\varphi(x)$ 都可微，则复合函数 $y = f(\varphi(x))$ 的微分为

$$\mathrm{d}y = f'(u) \cdot \varphi'(x)\mathrm{d}x.$$

由于 $u = \varphi(x), \mathrm{d}u = \varphi'(x)\mathrm{d}x$，所以，复合函数 $y = f(\varphi(x))$ 的微分公式也可以写成

$$\mathrm{d}y = f'(u)\mathrm{d}u.$$

由此可见，无论 u 是自变量还是中间量，$y = f(u)$ 的微分 $\mathrm{d}y$ 总可以用 $f'(u)\mathrm{d}u$ 来表示，这一性质称为微分形式不变性.

习题 4-5

1.求下列函数的微分：

(1)$y = x^5 + 2x^3 - 7x - 3$;　　　　(2)$y = \ln(1 - x^2)$;

(3)$y = (\arccos x)^2 - 1$;　　　　(4)$y = \dfrac{\ln x}{\sqrt{x}}$;

(5)$\rho = a^2 \sin^2 ax + b^2 \cos^2 bx$.

2.用适当的函数填入括号内，使下列各等式成立：

(1)$3x^2 \mathrm{d}x = \mathrm{d}(\qquad)$;　　　　(2)$\dfrac{1}{1 + x^2}\mathrm{d}x = \mathrm{d}(\qquad)$;

(3)$2\cos 2x\mathrm{d}x = \mathrm{d}(\qquad)$;　　　　(4)$\sec x\mathrm{tg}x\mathrm{d}x = \mathrm{d}(\qquad)$;

(5)$\sqrt{a + x}\mathrm{d}x = \mathrm{d}(\qquad)$;　　　　(6)$\dfrac{\ln x}{x}\mathrm{d}x = \mathrm{d}(\qquad)$;

(7)$\mathrm{tg}x\mathrm{d}x = \mathrm{d}(\qquad)$;　　　　(8)$3xe^{-2x^2}\mathrm{d}x = \mathrm{d}(\qquad)$;

(9)$\dfrac{1}{x - 1}\mathrm{d}x = \mathrm{d}(\qquad)$.

3.求 $\sqrt[5]{0.99}$ 的近似值.

4.设 $y = x^2$，求 $\mathrm{d}y, \mathrm{d}y\big|_{x=1}, \mathrm{d}y\big|_{x=0}$.

5.求下列函数在指定点的 Δy 与 $\mathrm{d}y$.

(1)$y = x^2 - x$，在 $x = 1$;　　　　(2)$y = \sqrt{x + 1}, x = 0$.

6.求下列各函数的全微分：

(1)$z = \sqrt{x^2 + y^2}$;　　　　(2)$z = e^x \cos y$;

(3)$u = \arcsin \dfrac{s}{t}$;　　　　(4)$u = \ln(x^2 + y^2 + z^2)$;

$(5)u = (xy)^z;$　　　　　　　　　　　$(6)z = \operatorname{arccot} \dfrac{y}{x} - 2\operatorname{arccot} \dfrac{x}{y};$

$(7)z = \dfrac{x + y}{x - y}.$

7. 求函数 $z = \dfrac{y}{x}$ 在点 $(2,1)$ 处当 $\Delta x = 0.1, \Delta y = -0.2$ 时的全增量与全微分.

8. 设 $y = f(u)$ 可微,求下列函数的微分:

$(1)y = f(2x + 1);$　　　　　　　　　$(2)y = f(x^2 - 1);$

$(3)y = f(\sin x);$　　　　　　　　　　$(4)y = f(\mathrm{e}^x).$

9. 求下列方程所确定的隐函数 $z = z(x,y)$ 的全微分:

$(1)yz + x^2 + z = 0;$　　　　　　　　$(2)yz = \arctan(xz);$

$(3)xyz = \mathrm{e}^x;$　　　　　　　　　　$(4)x + y + z - \mathrm{e}^{-(x+y+z)}.$

10. 求下列函数的全微分:

$(1)u = f(r), r = \sqrt{x^2 + y^2};$ [提示: $\mathrm{d}u = f'(r)\mathrm{d}r = f'(r)(r_x'\mathrm{d}x + r_y'\mathrm{d}y)$]

$(2)u = \varphi(xy) + \psi\left(\dfrac{x}{y}\right).$

11. 设圆锥的底半径 r 由 30 厘米增加到 30.1 厘米,高 h 由 60 厘米减少到 59.5 厘米,试求体积变化的近似值.

第 4 章　　总复习题

1. 求下列函数的导数

$(1)y = (2x + 3)^4;$　　　　　　　　　$(2)y = \mathrm{e}^{-2x};$

$(3)y = \cos^3 x;$　　　　　　　　　　$(4)y = \ln[\sin(1 - x)];$

(5) 设 $f(x) = \pi^x + x^\pi + x^x,$ 求 $f'(x).$

2. 求下列函数在指定点处的导数:

(1) 设 $f(x) = \ln 2x + 2\mathrm{e}^{\frac{1}{2}x},$ 求 $f'(2);$

(2) 设 $f(x) = \ln\cot x,$ 求 $f'\left(\dfrac{\pi}{4}\right);$

(3) 设 $y = x\sin x,$ 求 $f'\left(\dfrac{\pi}{2}\right);$

(4) 设 $f(x) = \sqrt{x + \ln^2 x},$ 求 $f'(1).$

3. 求下列函数的微分:

(1) 设 $y = \mathrm{e}^x \ln x$, 求 $\mathrm{d}y$;

(2) 设 $f(x) = \arctan \sqrt{x^2 - 1} - \dfrac{\ln x}{\sqrt{x^2 - 1}}$, 求 $\mathrm{d}f(x)$.

4. 求曲线 $y = \ln x + \mathrm{e}^x$ 在 $x = 1$ 处的切线方程.

5. 设由 $x^2 y - \mathrm{e}^{2y} = \sin y$ 确定 y 是 x 的函数, 求 $\dfrac{\mathrm{d}y}{\mathrm{d}x}$.

6. 求由参数方程 $x = \dfrac{1 + \ln t}{t^2}, y = \dfrac{3 + 2\ln t}{t}$ 确定的函数 $y = y(x)$ 的 $\dfrac{\mathrm{d}y}{\mathrm{d}x}, \dfrac{\mathrm{d}^2 y}{\mathrm{d}x^2}$.

7. 设函数 $f(x) = \begin{cases} x^m \sin \dfrac{1}{x}, & x \neq 0 \\ 0, & x = 0 \end{cases}$ 其中 m 为自然数, 试讨论:

(1) m 为何值时, $f(x)$ 在 $x = 0$ 连续;

(2) m 为何值时, $f(x)$ 在 $x = 0$ 可导.

8. 求下列高阶导数:

(1) 设 $y = \mathrm{e}^{\cos x}$, 求 y'';

(2) $y = x^3 + \ln \sin x$, 求 y'';

(3) $f(x) = x^2 \varphi(x)$ 且 $\varphi(x)$ 有二阶连续导数, 求 $f''(0)$.

9. 计算下列各题:

(1) 设 $z = 2x^2 + 3xy - y^2$, 求 $\dfrac{\partial^2 z}{\partial x \partial y}$;

(2) 设 $z = \arctan \sqrt{x^y}$, 求 $\dfrac{\partial z}{\partial x}, \dfrac{\partial z}{\partial y}$;

(3) 设 $z = u^2 \ln v, u = \dfrac{y}{x}, v = 3x - 2y$, 求 $\dfrac{\partial z}{\partial x}, \dfrac{\partial z}{\partial y}$;

(4) 设 $z = f(\mathrm{e}^x \sin y, \ln(x + y))$, 其中 $f(u, v)$ 为可微函数, 求 $\dfrac{\partial z}{\partial x}, \dfrac{\partial z}{\partial y}$;

(5) 设 $z = \sqrt{u^2 + v^2}, u = \sin x, v = \mathrm{e}^x$, 求 $\dfrac{\mathrm{d}z}{\mathrm{d}x}$.

10. 求下列全微分:

(1) $z = \arctan \dfrac{x + y}{x - y}$; 　　　　　(2) $z = x^{\ln y}$;

(3) $z = x^2 + xy^2 + \sin(xy)$; 　　　　　(4) $z = \sqrt{x} \cos y$.

11. 求曲线 $\begin{cases} x = 2 + z \\ y = z^2 \end{cases}$ 在点 $(1, 1, -1)$ 处的切线方程和法平面方程.

12. 在曲面 $z = xy$ 上求一点，使该点处的法线垂直于平面 $x + 3y + z + 9 = 0$，并写出这法线的方程.

13. 求曲面 $e^x - z + xy = 3$ 在点 $(2,1,0)$ 处的切平面方程和法线方程.

14. 设函数 $f(x) = \begin{cases} \sin x + a, & x \leqslant 0 \\ bx + 2, & x > 0 \end{cases}$ 在 x 处可导，求常数 a 与 b 的值.

15. $f'(3) = 2$，求 $\lim\limits_{h \to 0} \dfrac{f(3-h) - f(3)}{2h}$.

16. 当 $h \to 0$ 时，$f(2+h) - f(2) - 2h$ 是 h 的高阶无穷小，求 $f'(2)$.

17. 设 $f(x) = \begin{cases} x, & x \geqslant 0 \\ \tan x, & x < 0 \end{cases}$，求 $f(x)$ 在 $x = 0$ 处的导数.

18. 计算下列各题：

(1) 设 $y = f\left(\dfrac{1}{x}\right)$，其中 $f(u)$ 为二阶可导函数，求 $\dfrac{d^2 y}{dx^2}$；

(2) 设 $z = xe^y$，$y = \varphi(x)$，其中 $\varphi(x)$ 可导，求 $\dfrac{dz}{dx}$；

(3) 设 $z = \dfrac{1}{x} f(xy) + y\varphi(x+y)$，$f, \varphi$ 具有连续导数，求 $\dfrac{\partial z}{\partial x}, \dfrac{\partial z}{\partial y}$.

19. 设 $z = z(x,y)$ 由方程 $yz + x^2 + z = 0$ 所确定，求 dz.

20. 求曲线 $x = \cos t + \sin^2 t$，$y = \sin t(1 - \cos t)$，$z = \cos t$ 上对应于 $t = \dfrac{\pi}{2}$ 的点处的切线方程.

第5章   微分中值定理及导数的应用

导数是研究函数性态的重要工具,仅从导数概念出发并不能充分体现这种工具的作用,它需要建立在微分学的基本定理的基础上,这些基本定理统称为"中值定理".

5.1   中值定理

首先给出极值的概念.

定义 1   设函数 $f(x)$ 在区间 I 上有定义.若 $x_0 \in I$,且存在 x_0 的某邻域 $U(x_0) \subset I, \forall x \in U(x_0)$,有

$$f(x) \leqslant f(x_0) \quad (f(x) \geqslant f(x_0)),$$

则称 x_0 是函数 $f(x)$ 的极大点(极小点),$f(x_0)$ 是函数 $f(x)$ 的极大值(极小值).

极大点与极小点统称为极值点,极大值与极小值统称为极值.

极值点 x_0 必在区间 I 的内部(即不能是区间的端点),$f(x_0)$ 是函数 $f(x)$ 的极值是与函数 $f(x)$ 在 x_0 的某个邻域 $U(x_0)$ 上函数值 $f(x)$ 比较而言的,因此极值是一个局部概念.函数 $f(x)$ 在区间 I 上可能有很多的极大值(或极小值),但只能有一个最大值(如果存在最大值)和一个最小值(如果存在最小值).若函数 $f(x)$ 在区间 I 的内部某点 x_0 取最大值(最小值),则 x_0 必是函数 $f(x)$ 的极大点(极小点).

1. 费马(Fermat)定理

设函数 $f(x)$ 在区间 I 上有定义.若函数 $f(x)$ 在 x_0 可导且 x_0 是 $f(x)$ 的极值点,则 $f'(x_0) = 0$.

几何意义   若曲线 $y = f(x)$ 上一点 $(x_0, f(x_0))$ 存在切线,且 x_0 是它的极值点,则曲线 $y = f(x)$ 在点 $(x_0, f(x_0))$ 的切线平行 x 轴.如图 5-1,x_1 是极大点,x_2 是极小点,曲线 $y = f(x)$ 上的点 $M_1(x_1, f(x_1))$ 与点 $M_2(x_2, f(x_2))$

的切线都平行 x 轴.

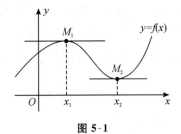

图 5-1

2. 罗尔(Rolle) 定理

如果函数 $f(x)$ 满足:

(1) 在闭区间 $[a,b]$ 上连续,

(2) 在开区间 (a,b) 内可导,

(3) $f(a) = f(b)$,

则在 (a,b) 内至少存在一点 c,使得 $f'(c) = 0$.

几何意义:在闭区间 $[a,b]$ 上有连续曲线 $y = f(x)$,曲线上每一点都存在切线,在闭区间 $[a,b]$ 的两个端点 a 与 b 的函数值相等,即 $f(a) = f(b)$,则曲线上至少有一点,过该点的切线平行 x 轴,如图 5-2

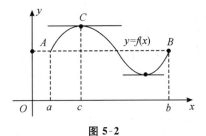

图 5-2

分析:应用费马定理,只需证函数 $f(x)$ 在 (a,b) 内至少存在一个极值点 c.

证:由于函数 $f(x)$ 在 $[a,b]$ 连续,因而函数 $f(x)$ 在 $[a,b]$ 取到最小值 m 与最大值 M.下面分两种情况讨论:

(1) 如果 $m = M$,则 $f(x) \equiv m(x \in [a,b])$,$\forall x \in (a,b)$,有 $f'(x) = 0$,即 (a,b) 内任意一点都可取作 c,使 $f'(c) = 0$.

(2) 如果 $m < M$,由 $f(a) = f(b)$ 知 $f(a)$ 与 $f(b)$ 不可能同时一个是最大值一个是最小值,因此函数在开区间 (a,b) 内至少存在一个极值点 c(如图 5-2)根据费马定理,有 $f'(c) = 0$.

3. 拉格朗日(Lagrange)中值定理

在罗尔定理中,由于 $f(a) = f(b)$,使得弦 AB 平行于 x 轴,因此点 C 处的切线实际上平行于弦 AB(图 5-2).现在如果取消 $f(a) = f(b)$ 这个条件,那么弦 AB 不一定平行于 x 轴,此时,曲线弧 $\overparen{AB}$ 上是否存在一个点 C,使曲线在 C 处的切线平行于弦 AB 呢?以下介绍的拉格朗日中值定理回答了这个问题.

拉格朗日中值定理　如果函数 $f(x)$ 满足:

(1) 在闭区间 $[a,b]$ 上连续;

(2) 在开区间 (a,b) 内可导;

则在区间 (a,b) 内至少存在一点 c,使

$$\frac{f(b) - f(a)}{b - a} = f'(c). \tag{1}$$

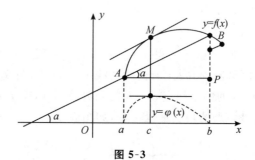

图 5-3

拉格朗日定理的几何意义是:若闭区间 $[a,b]$ 上有一条连续曲线,曲线上每一点都存在切线,则曲线上至少存在一点 $M(c, f(c))$,过点 M 的切线平行于割线 AB.

注:不难看到,罗尔定理是拉格朗日定理当 $f(a) = f(b)$ 的特殊情况.

(1) 式也称为拉格朗日中值公式,当 $b < a$ 时,它同样成立.

设 $x \in (a,b)$,$x + \Delta x \in (a,b)$,则公式(1)在区间 $[x, x + \Delta x](\Delta x > 0)$ 或 $[x + \Delta x, x](\Delta x < 0)$ 上就成为

$$f(x + \Delta x) - f(x) = f'(c) \cdot \Delta x (c \text{ 介于 } x \text{ 与 } x + \Delta x \text{ 之间})$$
$$= f'(x + \theta \Delta x) \cdot \Delta x (0 < \theta < 1). \tag{2}$$

若记 $f(x)$ 为 y,(2) 又可写为

$$\Delta y = f'(x + \theta \Delta x) \cdot \Delta x (0 < \theta < 1). \tag{3}$$

拉格朗日中值定理是微分学中最重要的定理之一,它精确地表达了函数在一个区间上的增量与函数在这区间内某点处的导数之间的关系,是应用导数的局部性去研究函数的整体性的重要数学工具.

由拉格朗日中值定理我们可以容易得到：

推论 1　如果 $f(x)$ 在区间 (a,b) 内的导数恒等于零，那么 $f(x)$ 在 (a,b) 内恒等于一个常数.

推论 2　若 $\forall x \in (a,b)$ 有 $f'(x) = g'(x)$，则 $\forall x \in (a,b)$ 有 $f(x) = g(x) + c$.

例 1　证明当 $x > 0$ 时，$\ln(1+x) < x$.

证：设 $f(x) = \ln(1+x)$，显然 $f(x)$ 在区间 $[0,x]$ 上满足拉格朗日中值定理条件，所以有

$$f(x) - f(0) = f'(c)(x-0) \quad (0 < c < x),$$

而 $f(0) = 0$，$f'(c) = \dfrac{1}{1+c}$，因此

$$\ln(1+x) = \frac{x}{1+c} < x \quad (0 < c < x),$$

即

$$\ln(1+x) < x \quad (x > 0).$$

4. 柯西(Cauchy) 中值定理

这里只给出柯西中值定理的内容，证明从略.

柯西中值定理　如果函数 $f(x)$ 和 $g(x)$ 在闭区间 $[a,b]$ 上连续，在开区间 (a,b) 内可导，$g'(x)$ 在 (a,b) 内每一点均不为零，则在 (a,b) 内至少存在一点 c，使

$$\frac{f(b) - f(a)}{g(b) - g(a)} = \frac{f'(c)}{g'(c)}. \tag{4}$$

在柯西中值定理中，若取 $g(x) = x$，那么 $g(b) - g(a) = b - a$，$g'(x) = 1$，此时，(4) 式可化为

$$f(b) - f(a) = f'(c)(b-a),$$

即拉格朗日中值定理是柯西中值定理的特殊情况.

习题 5-1

1. 设 $f(x) = (x-1)(x-2)(x-3)(x-4)$，不求导数 $f'(x)$，试说明 $f'(x) = 0$ 有几个实根和它们所在的区间. [提示：用罗尔定理]

2. 举例说明：(1) 在罗尔定理中，三个条件有一个不成立，定理结论就可能不成立. (2) 在罗尔定理中，使导数不为零的点不是唯一的.

3. 证明：不论 b 为何值，方程 $x^3 - 3x + b = 0$ 在 $[-1,1]$ 内最多只有一个实根.

4. 利用拉格朗日定理,证明下列各不等式:

(1)$e^x \geqslant 1+x$;　　　　　　　　(2)$|\text{arctg}b - \text{arctg}a| \leqslant |b-a|$;

(3)$py^{p-1}(x-y) \leqslant x^p - y^p \leqslant px^{p-1}(x-y)$,$(0 < y < x, p \geqslant 1)$.

5. 证明:

(1)$\arcsin x + \arccos x = \dfrac{\pi}{2}$,$x \in [-1,1]$;

(2)$\arcsin x - \arcsin \sqrt{1-x^2} = -\dfrac{\pi}{2}$,$x \in [-1,0]$;

(3)$\arctan x + \text{arccot}x = \dfrac{\pi}{2}$,$x \in (-\infty, +\infty)$.

6. 设 $a_0 + \dfrac{a_1}{2} + \cdots + \dfrac{a_n}{n+1} = 0$,证明方程 $a_0 + a_1 x + \cdots + a_n x^n = 0$ 在 $(0,1)$ 内必有实根.

(提示:考虑函数 $f(x) = a_0 x + \dfrac{a_1}{2}x^2 + \cdots + \dfrac{a_n}{n+1}x^{n+1}$.)

7. 设 $f(x)$ 在 $[0,\delta](\delta > 0)$ 上连续,在 $(0,\delta)$ 内可导,若 $\lim\limits_{x \to 0^+} f'(x) = a$,证明 $f(x)$ 在 $x = 0$ 点右可导.

5.2　洛必塔(L′Hosptial) 法则

首先,我们约定用"0"表示无穷小,用"∞"表示无穷大. 已知两个无穷小之比 $\dfrac{0}{0}$ 或两个无穷大之比 $\dfrac{\infty}{\infty}$ 的极限可能有各种不同的情况. 因此,求 $\dfrac{0}{0}$ 或 $\dfrac{\infty}{\infty}$ 形式的极限都要根据函数的不同类型选用相应的方法,洛必塔法则是求此类形式极限的简便方法.

$\dfrac{0}{0}$ 与 $\dfrac{\infty}{\infty}$ 都称为未定式,未定式还有以下五种:

$$0 \cdot \infty, 1^{\infty}, \infty^0, 0^0, \infty - \infty.$$

这五种未定式都可化为 $\dfrac{0}{0}$ 或 $\dfrac{\infty}{\infty}$ 的未定式. 例如:

$$0 \cdot \infty = \dfrac{0}{\dfrac{1}{\infty}} = \dfrac{0}{0} \text{ 或 } 0 \cdot \infty = \dfrac{\infty}{\dfrac{1}{0}} = \dfrac{\infty}{\infty}.$$

$1^{\infty} = e^{\infty \ln 1} = e^{\infty \cdot 0}.$　　　(其中 1 表示极限为 1)

$0^0 = e^{0 \cdot \ln 0} = e^{0 \cdot \infty}.$

$$\infty^0 = e^{0 \cdot \ln\infty} = e^{0 \cdot \infty}.$$

$$\infty - \infty = \frac{1}{\frac{1}{\infty}} - \frac{1}{\frac{1}{\infty}} = \frac{\frac{1}{\infty} - \frac{1}{\infty}}{\frac{1}{\infty} \cdot \frac{1}{\infty}} = \frac{0}{0}.$$

因此我们着重讨论 $\dfrac{0}{0}$ 与 $\dfrac{\infty}{\infty}$ 未定式的极限问题.

5.2.1 $\dfrac{0}{0}$ 和 $\dfrac{\infty}{\infty}$ 未定式的极限

定理 1 设函数 $f(x)$ 和 $g(x)$ 在 x_0 点的某一去心邻域内有定义,且满足下列条件:

(1) $\lim\limits_{x \to x_0} f(x) = 0$,$\lim\limits_{x \to x_0} g(x) = 0$;

(2) $f'(x)$ 和 $g'(x)$ 都存在,且 $g'(x) \neq 0$;

(3) $\lim\limits_{x \to x_0} \dfrac{f'(x)}{g'(x)} = A$(或为无穷大).

则有

$$\lim_{x \to x_0} \frac{f(x)}{g(x)} = \lim_{x \to x_0} \frac{f'(x)}{g'(x)} = A. (或无穷大)$$

该定理也称为洛必塔法则,对于 $x \to \infty$ 时的 $\dfrac{0}{0}$ 未定式同样适用.

其次,在应用洛必塔法则时,如果极限 $\lim\limits_{\substack{x \to x_0 \\ (x \to \infty)}} \dfrac{f'(x)}{\varphi'(x)}$ 仍是 $\dfrac{0}{0}$ 的未定式,这时

只要导数 $f'(x)$ 与 $\varphi'(x)$ 仍满足洛必塔法则的条件,特别是极限 $\lim\limits_{\substack{x \to x_0 \\ (x \to \infty)}} \dfrac{f''(x)}{\varphi''(x)}$ 存

在,则有

$$\lim_{\substack{x \to x_0 \\ (x \to \infty)}} \frac{f(x)}{\varphi(x)} = \lim_{\substack{x \to x_0 \\ (x \to \infty)}} \frac{f'(x)}{\varphi'(x)} = \lim_{\substack{x \to x_0 \\ (x \to \infty)}} \frac{f''(x)}{\varphi''(x)}.$$

一般情况,若

$$\lim_{\substack{x \to x_0 \\ (x \to \infty)}} \frac{f'(x)}{\varphi'(x)}, \lim_{\substack{x \to x_0 \\ (x \to \infty)}} \frac{f''(x)}{\varphi''(x)}, \cdots, \lim_{\substack{x \to x_0 \\ (x \to \infty)}} \frac{f^{(n-1)}(x)}{\varphi^{(n-1)}(x)},$$

都是 $\dfrac{0}{0}$ 型未定式,而导数 $f^{(n-1)}(x)$ 与 $\varphi^{(n-1)}(x)$ 满足洛必塔法则的条件,特别

是极限 $\lim\limits_{\substack{x \to x_0 \\ (x \to \infty)}} \dfrac{f^{(n)}(x)}{\varphi^{(n)}(x)}$ 存在,则有

$$\lim_{\substack{x \to x_0 \\ (x \to \infty)}} \frac{f(x)}{\varphi(x)} = \lim_{\substack{x \to x_0 \\ (x \to \infty)}} \frac{f'(x)}{\varphi'(x)} = \cdots = \lim_{\substack{x \to x_0 \\ (x \to \infty)}} \frac{f^{(n)}(x)}{\varphi^{(n)}(x)}.$$

例 1 求极限 $\lim\limits_{x \to 0} \dfrac{a^x - b^x}{x}(a > 0, b > 0).$ $\left(\dfrac{0}{0}\right)$

解：由洛必塔法则，有

$$\lim_{x \to 0} \frac{a^x - b^x}{x} = \lim_{x \to 0} \frac{(a^x - b^x)'}{(x)'} = \lim_{x \to 0} \frac{a^x \ln a - b^x \ln b}{1}$$

$$= \ln a - \ln b = \ln \frac{a}{b}.$$

例 2 $\lim\limits_{x \to 0} \dfrac{e^x + e^{-x} - 2}{1 - \cos x}.$ $\left(\dfrac{0}{0}\right)$

解：应用洛必塔法则，得

$$\lim_{x \to 0} \frac{e^x + e^{-x} - 2}{1 - \cos x} = \lim_{x \to 0} \frac{e^x - e^{-x}}{\sin x} = \lim_{x \to 0} \frac{e^x + e^{-x}}{\cos x} = 2.$$

其中 $\lim\limits_{x \to 0} \dfrac{e^x - e^{-x}}{\sin x}$ 还是 $\dfrac{0}{0}$ 型，于是对它再次应用洛必塔法则，而 $\lim\limits_{x \to 0}$ $\dfrac{e^x + e^{-x}}{\cos x}$ 不是 $\dfrac{0}{0}$ 型，不能再用洛必塔法则. 因此，在应用洛必塔法则之前，要先判定是否为未定式，若不是，就不能应用法则.

例 3 求 $\lim\limits_{x \to 0} \dfrac{x - \sin x}{x^3}.$

解：$\lim\limits_{x \to 0} \dfrac{x - \sin x}{x^3} = \lim\limits_{x \to 0} \dfrac{1 - \cos x}{3x^2} = \lim\limits_{x \to 0} \dfrac{\sin x}{6x} = \lim\limits_{x \to 0} \dfrac{\cos x}{6} = \dfrac{1}{6}.$

对 $x \to x_0 (x \to \infty)$ 时的 $\dfrac{\infty}{\infty}$ 未定式，也有相应的洛必塔法则.

定理 2 设函数 $f(x)$ 和 $g(x)$ 在点 x_0 的某一去心邻域内有定义，且满足下列条件：

(1) $\lim\limits_{x \to x_0} f(x) = \infty, \lim\limits_{x \to x_0} g(x) = \infty$；

(2) $f'(x)$ 和 $g'(x)$ 都存在，且 $g'(x) \neq 0$；

(3) $\lim\limits_{x \to x_0} \dfrac{f'(x)}{g'(x)} = A$(或 ∞).

则

$$\lim_{x \to x_0} \frac{f(x)}{g(x)} = \lim_{x \to x_0} \frac{f'(x)}{g'(x)} = A.$$

例 4 求极限 $\lim\limits_{x \to +\infty} \dfrac{\ln x}{x^a}(a > 0).$ $\left(\dfrac{\infty}{\infty}\right)$

解：$\lim\limits_{x \to +\infty} \dfrac{\ln x}{x^a} = \lim\limits_{x \to +\infty} \dfrac{\frac{1}{x}}{a x^{a-1}} = \lim\limits_{x \to +\infty} \dfrac{1}{a x^a} = 0.$

例 5　求极限 $\lim\limits_{x \to +\infty} \dfrac{x^a}{a^x} (a > 1, \alpha > 0).\ \left(\dfrac{\infty}{\infty} \right)$

解：$\lim\limits_{x \to +\infty} \dfrac{x^a}{a^x} = \lim\limits_{x \to +\infty} \dfrac{a x^{a-1}}{a^x \ln a} = \begin{cases} 0 & 0 < \alpha < 1, \\ \dfrac{\infty}{\infty} & \alpha > 1. \end{cases}$

对常数 $\alpha > 1, \exists\, n \in N^+$，使 $n - 1 < \alpha \leqslant n (\alpha - n \leqslant 0)$，逐次应用洛必达法则，直到第 n 次，有

$$\lim\limits_{x \to +\infty} \dfrac{x^a}{a^x} = \lim\limits_{x \to +\infty} \dfrac{a x^{a-1}}{a^x \ln a} = \cdots = \lim\limits_{x \to +\infty} \dfrac{\alpha(\alpha - 1) \cdots (\alpha - n + 1) x^{\alpha - n}}{a^x (\ln a)^n} = 0.$$

上述两例说明，$\forall\, \alpha > 0, a > 1$，当 $x \to +\infty$ 时，对数函数 $\ln x$，幂函数 x^a，指数函数 a^x，都是正无穷大. 这三个函数比较，指数函数增长最快，幂函数次之，对数函数增长最慢.

例 6　求 $\lim\limits_{x \to \infty} \dfrac{x + \sin x}{x - \sin x}.$

解：$\lim\limits_{x \to \infty} \dfrac{x + \sin x}{x - \sin x} = \lim\limits_{x \to \infty} \dfrac{1 + \dfrac{\sin x}{x}}{1 - \dfrac{\sin x}{x}} = 1.$

本例虽属 $\dfrac{\infty}{\infty}$ 型，且满足洛必塔法则的条件(1)、(2)，但是

$$\lim\limits_{x \to \infty} \dfrac{(x + \sin x)'}{(x - \sin x)'} = \lim\limits_{x \to \infty} \dfrac{1 + \cos x}{1 - \cos x}$$

是不存在的，所以不能使用洛必塔法则.

5.2.2　其他未定式的极限

1. $0 \cdot \infty$ 型

例 7　求极限 $\lim\limits_{x \to 0^+} x \ln x.\ (0 \cdot \infty)$

解：$\lim\limits_{x \to 0^+} x \ln x = \lim\limits_{x \to 0^+} \dfrac{\ln x}{\frac{1}{x}} = \lim\limits_{x \to 0^+} \dfrac{\frac{1}{x}}{-\frac{1}{x^2}} = \lim\limits_{x \to 0^+} (-x) = 0.$

例 8　求极限 $\lim\limits_{x \to \infty} x \cdot e^{-x}.\ (\infty \cdot 0)$

解：$\lim\limits_{x \to \infty} x \cdot e^{-x} = \lim\limits_{x \to \infty} \dfrac{x}{e^x} \left(\dfrac{\infty}{\infty} \right) = \lim\limits_{x \to \infty} \dfrac{1}{e^x} = 0.$

2. 1^∞ 型

例 9 求极限 $\lim\limits_{x\to\infty}\left(1+\dfrac{m}{x}\right)^x$（m 是常数）. (1^∞)

解: $\lim\limits_{x\to\infty}\left(1+\dfrac{m}{x}\right)^x=\lim\limits_{x\to\infty}e^{x\ln\left(1+\frac{m}{x}\right)}$

其中 $\lim\limits_{x\to\infty}x\ln\left(1+\dfrac{m}{x}\right)=\lim\limits_{x\to\infty}\dfrac{\ln\left(1+\dfrac{m}{x}\right)}{\dfrac{1}{x}}\left(\dfrac{0}{0}\right)$

$$=\lim\limits_{x\to\infty}\dfrac{\dfrac{\left(-\dfrac{m}{x^2}\right)}{1+\dfrac{m}{x}}}{-\dfrac{1}{x^2}}=\lim\limits_{x\to\infty}\dfrac{m}{1+\dfrac{m}{x}}=m,$$

所以, $\lim\limits_{x\to\infty}\left(1+\dfrac{m}{x}\right)^x=\lim\limits_{x\to\infty}e^{x\ln(1+\frac{m}{x})}=e^m.$

3. ∞^0 型

例 10 求极限 $\lim\limits_{x\to\infty}x^{\frac{1}{x}}$. (∞^0)

解: $\lim\limits_{x\to+\infty}x^{\frac{1}{x}}=\lim\limits_{x\to+\infty}e^{\frac{1}{x}\ln x}.$

其中 $\lim\limits_{x\to+\infty}\dfrac{1}{x}\ln x=\lim\limits_{x\to+\infty}\left(\dfrac{\infty}{\infty}\right)=\lim\limits_{x\to+\infty}\dfrac{\dfrac{1}{x}}{1}=0,$

故 $\lim\limits_{x\to+\infty}x^{\frac{1}{x}}=e^0=1.$

4. 0^0 型

例 11 求极限 $\lim\limits_{x\to0+}(\tan x)^{\sin x}$. (0^0)

解: $\lim\limits_{x\to0+}(\tan x)^{\sin x}=\lim\limits_{x\to0+}e^{\sin x\ln\tan x},$

其中 $\lim\limits_{x\to0+}\sin x\ln\tan x=\lim\limits_{x\to0+}\dfrac{\ln\tan x}{\dfrac{1}{\sin x}}\left(\dfrac{\infty}{\infty}\right)$

$$=\lim\limits_{x\to0^+}\dfrac{\dfrac{1}{\tan x\cos^2 x}}{-\dfrac{\cos x}{\sin^2 x}}=\lim\limits_{x\to0^+}\dfrac{-\sin x}{\cos^2 x}=0,$$

故 $\lim\limits_{x\to0+}(\tan x)^{\sin x}=e^0=1.$

5. $\infty - \infty$ 型

例 12   求极限$\lim\limits_{x\to 1}\left(\dfrac{1}{\ln x}-\dfrac{1}{x-1}\right).$ $(\infty-\infty)$

解：$\lim\limits_{x\to 1}\left(\dfrac{1}{\ln x}-\dfrac{1}{x-1}\right)=\lim\limits_{x\to 1}\dfrac{x-1-\ln x}{(x-1)\ln x}$ $\left(\dfrac{0}{0}\right)$

$$=\lim\limits_{x\to 1}\dfrac{1-\dfrac{1}{x}}{\ln x+\dfrac{x-1}{x}}=\lim\limits_{x\to 1}\dfrac{x-1}{x\ln x+x-1}\quad\left(\dfrac{0}{0}\right)$$

$$=\lim\limits_{x\to 1}\dfrac{1}{\ln x+1+1}=\dfrac{1}{2}.$$

综合上述各例可以看出，洛必塔法则是求未定式极限的有力工具. 值得注意的是，洛必塔法则的条件 3) 仅是充分条件. 即当极限 $\lim\limits_{\substack{x\to x_0\\(x\to\infty)}}\dfrac{f'(x)}{g'(x)}$ 不存在时，

而 $\lim\limits_{\substack{x\to x_0\\(x\to\infty)}}\dfrac{f(x)}{g(x)}$ 仍可能存在. 例如，求极限

$$\lim\limits_{x\to+\infty}\dfrac{x+\sin x}{x}.$$

虽然极限 $\lim\limits_{x\to+\infty}\dfrac{(x+\sin x)'}{(x)'}=\lim\limits_{x\to+\infty}\dfrac{1+\cos x}{1}$ 不存在，但极限

$$\lim\limits_{x\to+\infty}\dfrac{x+\sin x}{x}=\lim\limits_{x\to+\infty}\left(1+\dfrac{\sin x}{x}\right)=1,$$

却存在.

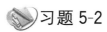 习题 5-2

1. 用洛必达法则求下列各极限：

(1) $\lim\limits_{x\to 0}\dfrac{e^x-\cos x}{\sin x}$;

(2) $\lim\limits_{x\to 0}\dfrac{x-\tan x}{x^3}$;

(3) $\lim\limits_{x\to+\infty}\dfrac{(1.1)^x}{x^{100}}$;

(4) $\lim\limits_{x\to 0}\dfrac{x-\arcsin x}{\sin^3 x}$;

(5) $\lim\limits_{x\to 1^+}\left[\dfrac{x}{x-1}-\dfrac{1}{\ln x}\right]$;

(6) $\lim\limits_{x\to\frac{\pi}{2}^-}(\cos x)^{\frac{\pi}{2}-x}$;

(7) $\lim\limits_{x\to\frac{\pi}{2}^-}(\tan x)^{\cos x}$;

(8) $\lim\limits_{x\to 0^+}\left(\dfrac{\sin x}{x}\right)^{\frac{1}{x^2}}$;

(9) $\lim\limits_{x\to 0}\dfrac{(1+x)^{\frac{1}{x}}-e}{x}$;

(10) $\lim\limits_{x\to 0^+}\left[\dfrac{\ln x}{(x+1)^2}-\ln\left(\dfrac{x}{1+x}\right)\right]$.

2. 问 a 与 b 取何值,有极限 $\lim\limits_{x\to 0}\left(\dfrac{\sin 3x}{x^3}+\dfrac{a}{x^2}+b\right)=0$.

3. 问 c 取何值,有极限 $\lim\limits_{x\to\infty}\left(\dfrac{x+c}{x-c}\right)^x=4$.

5.3 导数在研究函数性态上的应用

中学数学用代数方法讨论了函数的一些性态:如单调性、极值性、奇偶性、周期性等. 由于受方法的限制,讨论得既不深刻也不全面,且计算繁琐,也不易掌握其规律. 导数和微分学基本定理为我们深刻、全面地研究函数的性态提供了有力的数学工具.

5.3.1 函数的单调性判定法

如果函数 $y=f(x)$ 在 $[a,b]$ 上单调增加,那么它的图形是一条沿 x 轴正向上升的曲线,这时曲线上各点处的切线斜率是非负的,亦即 $f'(x)\geqslant 0$(图5-4(a));反之,如果函数 $y=f(x)$ 在 $[a,b]$ 上单调减少,那么它的图形是一条沿 x 轴正向下降的曲线,其上各点处的切线斜率是非正的,亦即 $f'(x)\leqslant 0$(图5-4(b)).

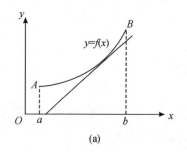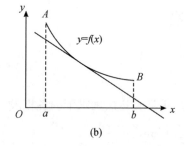

图 5-4

由此可见,可导函数的单调性与导数的符号有着密切的联系,因而可用导数的符号来判定函数的单调性.

定理 3 设函数 $f(x)$ 在 $[a,b]$ 上连续,在 (a,b) 内可导,

(1) 如果在 (a,b) 内 $f'(x)\geqslant 0$,那么函数 $y=f(x)$ 在 $[a,b]$ 上单调增加;

(2) 如果在 (a,b) 内 $f'(x)\leqslant 0$,那么函数 $y=f(x)$ 在 $[a,b]$ 上单调减少.

如定理中的区间换成其他各种区间(包括无穷区间),则结论依然成立.

定理 4(严格单调的充分条件) 若函数 $f(x)$ 在区间 I 可导,$\forall x \in I$,有 $f'(x) > 0 (f'(x) < 0)$,则函数 $f(x)$ 在区间 I 严格增加(严格减少).

定理 4 只是函数严格单调的充分条件而不是必要条件.例如,设函数 $f(x) = x^3$,由图 5-5 可以知道函数 $f(x) = x^3$ 在 R 严格增加,但在 R 上 $f'(x) = 3x^2$,当 $x = 0$ 时有 $f'(0) = 0$.

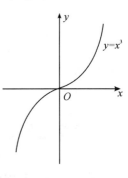

图 5-5

如果函数在定义区间上连续,而且除了有限个导数不存在的点外导数存在且连续,那么我们只要用 $f'(x) = 0$ 的点及 $f'(x)$ 不存在的点来划分函数的定义域,就能使 $f'(x)$ 在各个分区间内保持一致符号,即 $f'(x) > 0$ 或 $f'(x) < 0$,由此可得 $f(x)$ 在每个分区间内的单调性.整个单调性的讨论过程可采用列表的方式进行.

例 1 讨论函数 $f(x) = 2x^3 - 9x^2 + 12x - 3$ 的单调性并求其单调区间.

解:该函数的定义域为 $(-\infty, +\infty)$
$$f'(x) = 6x^2 - 18x + 12 = 6(x-1)(x-2).$$

令 $f'(x) = 0$,即 $6(x-1)(x-2) = 0$,解之得 $x_1 = 1, x_2 = 2$. 函数 $f(x)$ 在 $(-\infty, +\infty)$ 内无不可导点.从而 $f(x)$ 的定义域 $(-\infty, +\infty)$ 可分成三个分区间 $(-\infty, 1), (1, 2)$ 及 $(2, +\infty)$. 函数 $f(x)$ 的单调性可列表讨论如下:

x	$(-\infty, 1)$	1	$(1, 2)$	2	$(2, +\infty)$
$f'(x)$	$+$	0	$-$	0	$+$
$f(x)$	↗		↘		↗

其中符号"↗"表示严格增加,"↘"表示严格减少.

由表可知,函数 $f(x)$ 在区间 $(-\infty, 1)$ 和 $(2, +\infty)$ 上单调增加,在区间 $(1, 2)$ 上单调减少.

利用单调性的判别法还可以证明不等式.

例 2 证明:$\forall x > 0$,有不等式
$$\frac{x}{1+x} < \ln(1+x) < x.$$

证:由 4.1 的例 1 可知 $\ln(1+x) < x$. 下面只证左端的不等式. 设

$$f(x) = \ln(1+x) - \frac{x}{1+x},$$

$$f'(x) = \frac{x}{(1+x)^2}.$$

$\forall x > 0$, 有 $f'(x) > 0$, 从而, 函数 $f(x)$ 在 $(0, +\infty)$ 严格增加, 且在 $[0, +\infty)$ 连续, 又 $f(0) = 0$. 于是, $\forall x > 0$, 有

$$f(x) = \ln(1+x) - \frac{x}{1+x} > 0,$$

即 $\forall x > 0$, 有

$$\frac{x}{1+x} < \ln(1+x)$$

5.3.2 函数的极值

4.1 给出了函数极值的概念. 怎样求可导函数的极值或极值点呢? 费马定理指出:

若函数 $f(x)$ 在 x_0 可导, 且 x_0 是函数 $f(x)$ 的极值点, 则 $f'(x_0) = 0$, 即可导函数 $f(x)$ 的极值点 x_0 必是方程 $f'(x) = 0$ 的根.

定义 2   函数方程 $f'(x) = 0$ 的根 $x_0(f'(x_0) = 0)$, 称为函数 $f(x)$ 的驻点.

费马定理给出了寻找可导函数极值点的范围, 即函数 $f(x)$ 的极值点必在函数 $f(x)$ 的驻点集合之中. 但驻点不一定是极值点. 例如, 函数 $f(x) = x^3$, 由方程 $f'(x) = 3x^2 = 0$, 解得唯一驻点 $x = 0$. 显然, $x = 0$ 不是函数 $f(x) = x^3$ 的极值点, 见图 5-5.

那么什么样的驻点才是极值点呢? 由单调性与导数符号的关系, 可得如下极值判定定理:

定理 5(极值的第一充分条件)   设函数 $f(x)$ 在点 x_0 的一个邻域内可导且 $f'(x_0) = 0$.

(1) 若当 $x < x_0$ 时, $f'(x) > 0$; 当 $x > x_0$ 时, $f'(x_0) < 0$, 则函数 $f(x)$ 在 x_0 处取得极大值(图 5-6(a)).

(2) 若当 $x < x_0$ 时, $f'(x_0) < 0$; 当 $x > x_0$ 时, $f'(x) > 0$, 则函数 $f(x)$ 在 x_0 处取得极小值(图 5-6(b)).

(3) 若当 $x < x_0$ 与 $x > x_0$ 时, $f'(x)$ 同号, 则函数 $f(x_0)$ 在 x_0 处不取得极值(图 5-6(c)、(d)).

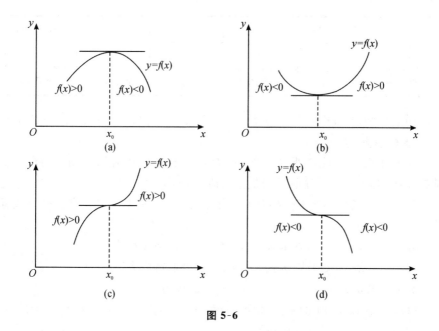

图 5-6

由定理 4 和定理 5,如果函数 $f(x)$ 在所讨论的区间内各点处都是具有导数,那么求 $f(x)$ 的极值可按下列步骤进行:

(1) 确定函数的 $f(x)$ 定义域,求出导数 $f'(x)$;

(2) 求出 $f(x)$ 的全部驻点,即求出方程 $f'(x) = 0$ 的全部实根;

(3) 根据驻点将定义域分成若干个分区间,并确定 $f'(x)$ 在每个分区间上的符号;

(4) 由定理 5,判定 $f(x)$ 在驻点处是否有极值,是极大值还是极小值.

在解题过程,一般采用列表方式进行讨论.

例 3　求函数 $f(x) = x^3 - 6x^2 + 9x$ 的极值.

解:(1) 函数 $f(x)$ 的定义域为 $(-\infty, +\infty)$,函数的导数为
$$f'(x) = 3x^2 - 12x + 9 = 3(x-1)(x-3).$$

(2) 令 $f'(x) = 0$,即 $3(x-1)(x-3) = 0$,可得驻点 $x_1 = 1, x_2 = 3$.

(3) 将定义域 $(-\infty, +\infty)$ 分成 3 个分区间:$(-\infty, 1)$、$(1, 3)$、$(3, +\infty)$. 在每一个分区间内确定 $f'(x)$ 的符号,再利用定理 5 判定 $x_1 = 1$ 和 $x_2 = 3$ 是否为极值点. 现列表讨论如下:

x	$(-\infty,1)$	1	$(1,3)$	3	$(3,+\infty)$
$f'(x)$	+	0	−	0	+
$f(x)$	↗	极大值 4	↘	极小值 0	↗

由表可知,在 $x_1 = 1$ 处,函数 $f(x)$ 有极大值 $f(1) = 4$;在 $x_2 = 3$ 函数 $f(x)$ 有极小值 $f(3) = 0$.

当函数 $f(x)$ 在驻点处的二阶导数存在且不为零时,还可以用下列定理来判定函数 $f(x)$ 在驻点处取得的是极大值还是极小值.

定理 6(极值的第二充分条件)　设函数 $f(x)$ 在点 x_0 处具有二阶导数且 $f'(x_0) = 0, f''(x_0) \neq 0$,

(1) 若 $f''(x_0) > 0$,则函数 $f(x)$ 在 x_0 处取得极小值;

(2) 若 $f''(x_0) < 0$,则函数 $f(x)$ 在 x_0 处取得极大值.

例 4　求函数 $f(x) = (x^2 - 1)^3 + 1$ 的极值.

解:(1) 函数 $f(x)$ 的定义域为 $(-\infty, +\infty)$,$f'(x) = 6x(x^2 - 1)^2$.

(2) $f''(x) = 6(x^2 - 1)(5x^2 - 1)$.

(3) 令 $f'(x) = 0$,求得驻点 $x_1 = -1, x_2 = 0, x_3 = 1$.

(4) $f''(0) = 6 > 0$,故函数 $f(x)$ 在 $x_2 = 0$ 处取得极小值 $f(0) = 0$;

(5) 在 $x_1 = -1$ 和 $x_3 = 1$ 处,$f''(-1) = f''(1) = 0$,用定理 6 无法进行判定,而要利用定理 5 来判定.

因在 $x_1 = -1$ 的某个去心邻域内,$f'(x) = 6x(x^2 - 1)^2 < 0$,故函数 $f(x)$ 在 $x = -1$ 处无极值.同理,函数 $f(x)$ 在 $x_3 = 1$ 处也无极值(图 5-7).

以上讨论函数的极值时,总是假定函数在所讨论的区间内可导.事实上,在导数不存在的点处,函数也可取得极值.因此,连续函数的极值可能产生的地方不是驻点,就是不可导点.

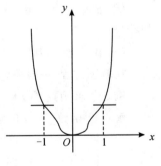

图 5-7

例 5　求函数 $f(x) = (2x - 5)\sqrt[3]{x^2}$ 的极值.

解:(1) $f(x)$ 的定义域为 $(-\infty, +\infty)$.

$$f'(x) = (2x^{\frac{5}{3}} - 5x^{\frac{2}{3}})' = \frac{10}{3}x^{\frac{2}{3}} - \frac{10}{3}x^{-\frac{1}{3}} = \frac{10(x-1)}{3\sqrt[3]{x}} \quad (x \neq 0).$$

(2) 令 $f'(x) = 0$,得驻点 $x_1 = 1$;且 $x_2 = 0$ 是不可导点.

（3）列表讨论函数 $f(x)$ 的极值如下：

x	$(-\infty,0)$	0	$(0,1)$	1	$(1,+\infty)$
$f'(x)$	+	不存在	−	0	+
$f(x)$	↗	极大值 0	↘	极小值 −3	↗

由上表可知，在 $x=1$ 处，函数 $f(x)$ 取得极小值 $f(1)=-3$；在 $x=0$ 处，取得极大值 $f(0)=0$（图 5-8）．

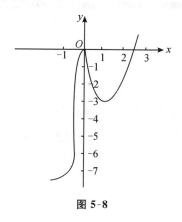

图 5-8

5.3.3　函数的最大值和最小值

在实际问题中，常遇到怎样能使"产品最多"、"用料最省"、"成本最低"、"效率高"等情况，这些问题要归结为求某函数的最大值或最小值问题．

首先，我们来讨论函数 $f(x)$ 在 $[a,b]$ 上的最大值和最小值的求法．

假设函数 $f(x)$ 在 $[a,b]$ 上连续，则 $f(x)$ 在 $[a,b]$ 上必能取得最大值和最小值．设 $f(x_0)$ 是最大值（或最小值），则 x_0 可能是极值点，即是 $f(x)$ 的驻点或不可导点；另一种可能是 x_0 为区间的端点 a 或 b．因此，对于闭区间 $[a,b]$ 上的连续函数，只要算出所有驻点和不可导点以及端点处的函数值，再比较这些值的大小，就能求出函数 $f(x)$ 的最大值与最小值．

例 6　求函数 $y=2x^3+3x^2-12x+14$ 在 $[-3,4]$ 上的最大值与最小值．

解： 设 $f(x)=2x^3+3x^2-12x+14$，则

$$f'(x)=6x^2+6x-12=6(x+2)(x-1).$$

解方程 $f'(x)=0$，得驻点 $x_1=-2,x_2=1$，$f(x)$ 无不可导点．由于 $f(-3)=23,f(-2)=34,f(1)=7,f(4)=142$．比较四个值可知，$f(x)$ 在右端点 $x=$

4 处取得在 $[-3,4]$ 上的最大值 $f(4) = 142$,在驻点 $x = 1$ 处取得在 $[-3,4]$ 上的最小值 $f(1) = 7$.

例 7 铁路线上 AB 段的距离为 100 km. 工厂 C 距 A 处 20 km,AC 垂直于 AB.为了运输需要,要在 AB 线上选定一点 D 向工厂修筑一条公路.已知铁路每公里货运的运费为 $3k$,且与公路上每公里货运的运费之比为 $3:5$.为了使货物从供应站 B 运到工厂 C 的运费最省,问 D 点应选在何处?(图 5-9).

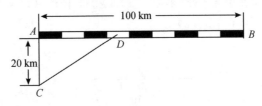

图 5-9

解: 先根据题意建立函数关系,通常称这个函数为目标函数.

设 $AD = x$(km),那么 $DB = 100 - x$,$CD = \sqrt{20^2 + x^2}$.铁路每公里货运的运费为 $3k$,公路每公里的运费为 $5k$(k 为某个正数),设从 B 点到 C 点需要的总运费为 y,则

$$y = 5k \cdot CD + 3k \cdot DB = 5k\sqrt{400 + x^2} + 3k(100 - x) \quad (0 \leqslant x \leqslant 100).$$

现在,问题归结为:x 在 $[0,100]$ 上取什么值时,目标函数 y 取得最小值.

因为
$$y' = k\left(\frac{5x}{\sqrt{400 + x^2}} - 3\right),$$

令 $y' = 0$,得 $x = 15$. 由于当 $x = 0$ 时,$y = 400k$;当 $x = 15$ 时,$y = 380k$;当 $x = 100$ 时,$y = 500k\sqrt{1 + \frac{1}{5^2}}$. 比较三个值知,$y = 380k$ 为最小值. 因此,当 $AD = x = 15$ km 时,总运费最省.

在实际问题中,往往根据问题的性质就可以判定函数 $f(x)$ 确有最大值或最小值,而且必在 $f(x)$ 的定义域区间取得,此时,如果 $f(x)$ 在定义区间内只有一个驻点 x_0,那么往往不经讨论,就能断定 $f(x_0)$ 是最大值还是最小值.

例 8 要做一个上下都有底的圆柱形容器,容积是 V_0,问底半径 r 为多大时,容器的表面积最小?并求出此最小面积.

解:设容器的高度为 h(如图 5-10),则容器的表面积 $S = 2\pi r^2 + 2\pi rh$,由于 $V_0 = \pi r^2 h$,故得目标函数

$$S = 2\pi r^2 + \frac{2V_0}{r} \quad (0 < r < +\infty).$$

函数 S 对 r 求导,得

$$S' = 4\pi r - \frac{2V_0}{r^2} = \frac{4\pi}{r^2}\left(r^3 - \frac{V_0}{2\pi}\right),$$

令 $S' = 0$,得唯一驻点 $r = \sqrt[3]{\dfrac{V_0}{2\pi}}$.

依题意,目标函数在 $(0, +\infty)$ 内最小值存在,且驻点唯一,因此当 $r = \sqrt[3]{\dfrac{V_0}{2\pi}}$ 时,表面积最小,最小表面积为 $3 \cdot \sqrt[3]{2\pi V_0^2}$.

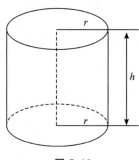

图 5-10

例 9 某厂生产电视机,固定成本为 a 元,每生产一台电视机,成本增加 b 元,已知总收益 R 是年产量 x 的函数

$$R = R(x) = 4bx - \frac{1}{2}x^2 (0 < x < 4b),$$

问每年生产多少电视机时,总利润最大?此时总利润是多少?

解:依题意,总成本 C 是年产量 x 的函数,即

$$C = C(x) = a + bx.$$

总利润 $L = L(x) = R(x) - C(x)$,因而目标函数为

$$L(x) = 3bx - \frac{1}{2}x^2 - a (0 < x < 4b).$$

因为 $L'(x) = 3b - x$,令 $L'(x) = 0$,得唯一驻点 $x = 3b$.

故得当年产量为 $3b$ 时,总利润最大,此时总利润为 $(4.5b^2 - a)$ 元.

例 10 设有一长 8 cm、宽 5 cm 的矩形铁片,(如图 5-11). 在每个角上剪去同样大小的正方形. 问剪去正方形的边长多大,才能使剩下的铁片折起来做成开口盒子的容积为最大.

解:设剪去的正方形的边长为 x cm. 于是,做成开口盒子的容积 $V(x)$ 是 x 的函数,即

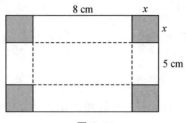

图 5-11

$$V(x) = x(5-2x)(8-2x), \left(\text{其中 } 0 \leqslant x \leqslant \frac{5}{2}\right).$$

问题归结为求可导函数 $V(x)$ 在 $\left[0, \frac{5}{2}\right]$ 的最大值.

$$V'(x) = (5-2x)(8-2x) - 2x(5-2x) - 2x(8-2x)$$
$$= 4(x-1)(3x-10).$$

令 $V'(x) = 0$. 解得驻点 1 与 $\frac{10}{3}$, 在 $\left[0, \frac{5}{2}\right]$ 之中只有一个驻点 1. 比较三个数

$$V(0) = 0, V(1) = 18, V\left(\frac{5}{2}\right) = 0.$$

$V(1) = 18$ 最大. 于是, 剪去的正方形的边长为 1 cm 时, 做成开口盒子的容积为最大, 最大容积是 18 cm³.

例 11 电灯 A 可在桌面 O 的垂直线上移动,(如图 5-12). 在桌面上有一点 B 距点 O 的距离为 a, 问电灯 A 与点 O 的距离多远, 可使点 B 处有最大的照度?

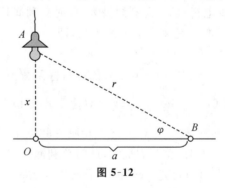

图 5-12

解: 设 $AO = x, AB = r.$ $\angle OBA = \varphi.$ 由光学知, 点 B 处的照度 J 与 $\sin\varphi$ 成正比与 r^2 成反比, 即

$$J = c\frac{\sin\varphi}{r^2},$$

其中 c 是与灯光强度有关的常数. 由图 5-12 知,

$$\sin\varphi = \frac{x}{r},\ r = \sqrt{x^2 + a^2}.$$

于是, $J(x) = c\dfrac{x}{r^3} = c\dfrac{x}{(x^2 + a^2)^{\frac{3}{2}}},\ 0 \leqslant x \leqslant +\infty.$

$$J'(x) = c\frac{a^2 - 2x^2}{(x^2 + a^2)^{\frac{5}{2}}}.$$

令 $J'(x) = 0$, 解得驻点 $-\dfrac{a}{\sqrt{2}}$ 与 $\dfrac{a}{\sqrt{2}}$, 其中驻点 $-\dfrac{a}{\sqrt{2}}$ 不在 $[0, +\infty)$ 中, 去掉. 比较三数

$$J\left(\frac{a}{\sqrt{2}}\right) = \frac{2c}{3\sqrt{3a^2}},\ J(0) = 0,\ J(x) \to 0\,(x \to +\infty).$$

知 $J\left(\dfrac{a}{\sqrt{2}}\right)$ 就是函数 $J(x)$ 在 $[0, +\infty)$ 的最大值, 即当电灯 A 与点 O 的距离为

$\dfrac{a}{\sqrt{2}}$ 时, 点 A 处有最大的照度, 最大的照度是

$$J\left(\frac{a}{\sqrt{2}}\right) = \frac{2c}{3\sqrt{3}\,a^2}.$$

例 12　从半径为 R 的圆形铁片中剪去一个扇形(如图 5-13), 将剩余部分围成一个圆锥形漏斗, 问剪去的扇形的圆心角多大时, 才能使圆锥形漏斗的容积最大?

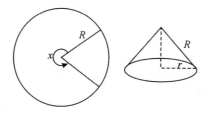

图 5-13

解: 设剪后剩余部分的圆心角是 $x(0 \leqslant x \leqslant 2\pi)$. 这时圆锥形漏斗的母线长为 R, 圆锥底的周长是 Rx(弧长等于半径乘圆心角). 设圆锥的底半径是 r, 则 $r = \dfrac{Rx}{2\pi}$. 圆锥的高是

$$\sqrt{R^2 - r^2} = \sqrt{R^2 - \frac{Rx^2}{2\pi}} = \frac{R}{2\pi}\sqrt{4\pi^2 - x^2},$$

圆锥的底面积是

$$\pi r^2 = \pi \left(\frac{Rx}{2\pi}\right)^2 = \frac{R^2 x^2}{4\pi},$$

于是,圆锥形漏斗的容积

$$V(x) = \frac{1}{3} \cdot \frac{R^2 x^2}{4\pi} \cdot \frac{R}{2\pi} \sqrt{4\pi^2 - x^2} = \frac{R^3 x^2}{24\pi^2} \sqrt{4\pi^2 - x^2}$$

设 $A = \frac{R^3}{24\pi^2}$,有

$$V(x) = A x^2 \sqrt{4\pi^2 - x^2}.$$

求函数 $V(x)$ 在 $[0, 2\pi]$ 的最大值.

$$V'(x) = 2Ax \sqrt{4\pi^2 - x^2} - \frac{Ax^3}{\sqrt{4\pi^2 - x^2}} = A \frac{8\pi^2 - 3x^3}{\sqrt{4\pi^2 - x^2}}.$$

令 $V'(x) = 0$,解得三个驻点 $0, -2\pi\sqrt{\frac{2}{3}}, 2\pi\sqrt{\frac{2}{3}}$,在 $[0, 2\pi]$ 只有一个

驻点 $2\pi\sqrt{\frac{2}{3}}$,已知 $V(x)$ 在 $[0, 2\pi]$ 必存在最大值,则 $V(x)$ 必在驻点 $2\pi\sqrt{\frac{2}{3}}$

取最大值. 于是,当剪去的扇形的圆心角是 $2\pi - 2\pi\sqrt{\frac{2}{3}} = 2\pi\left(1 - \sqrt{\frac{2}{3}}\right)$ 时,

所围成的圆锥漏斗的容积最大.

例 13 证明:$\forall x > 0$ 有不等式

$$x^a - ax + a - 1 \leqslant 0, \quad 0 < a < 1 \tag{4}$$

证明:讨论函数

$$f(x) = x^a - ax + a - 1$$

在区间 $(0, +\infty)$ 的最大值.

$$f'(x) = ax^{a-1} - a = a(x^{a-1} - 1).$$

令 $f'(x) = 0$,解得唯一驻点 1,它将区间 $(0, +\infty)$ 分成两个区间 $(0, 1)$ 与 $(1 + \infty)$ 列表

	$(0, 1)$	1	$(1 + \infty)$
$f'(x)$	$+$	0	$-$
$f(x)$	↗	极大点	↘

驻点 1 是函数 $f(x)$ 极大点,极大值 $f(1) = 0$. 由此表可见极大值 $f(1) = 0$ 就是函数 $f(x)$ 在区间 $[0, +\infty]$ 的最大值,即 $\forall x > 0$,有

微分中值定理及导数的应用

$$f(x) \leqslant f(1) \quad 或 \quad x^a - ax + a - 1 \leqslant 0.$$

由不等式(4)可得以下三个重要不等式:

例 14   杨氏不等式:

若 $a > 0. b > 0. p > 1, \dfrac{1}{p} + \dfrac{1}{q} = 1$,则

$$ab \leqslant \frac{1}{p}a^p + \frac{1}{q}b^q. \tag{5}$$

事实上,由例 13 的不等式(4),令

$$x = \frac{a^p}{b^q}, a = \frac{1}{p}\left(0 < \frac{1}{p} < 1\right),$$

有 $$\left(\frac{a^p}{b^q}\right)^{\frac{1}{p}} - \frac{1}{p} \cdot \frac{a^p}{b^q} + \frac{1}{p} - 1 \leqslant 0, \left(1 - \frac{1}{p} = \frac{1}{q}\right)$$

或 $$\frac{a}{b^{\frac{q}{p}}} \leqslant \frac{1}{p} \cdot \frac{a^p}{b^q} + \frac{1}{q}.$$

不等式两端乘 $b^q(> 0)$,有

$$ab^{q - \frac{q}{p}} \leqslant \frac{a^p}{p} + \frac{b^q}{q} \quad \left(q - \frac{q}{p} = q\left(1 - \frac{1}{p}\right) = 1\right)$$

即 $$ab \leqslant \frac{1}{p}a^p + \frac{1}{q}b^q.$$

例 15   赫尔德不等式

若 $x_i \geqslant 0, y_i \geqslant 0, i = 1, 2, \cdots, n$,且 $\dfrac{1}{p} + \dfrac{1}{q} = 1$,当 $p > 1$ 时,则

$$\sum_{i=1}^{n} x_i y_i \leqslant \left(\sum_{i=1}^{n} x_i^p\right)^{\frac{1}{p}} \left(\sum_{i=1}^{n} y_i^p\right)^{\frac{1}{q}}. \tag{6}$$

事实上,设 $X = \displaystyle\sum_{i=1}^{n} x_i^P > 0, Y = \displaystyle\sum_{i=1}^{n} y_i^q > 0$,再设

$$a = \frac{x_i}{X^{\frac{1}{p}}}, b = \frac{y_i}{Y^{\frac{1}{q}}}, 有 \ a^p = \frac{x_i^p}{X}, b^q = \frac{y_i^q}{Y}, i - 1, 2, \cdots, n.$$

由杨氏不等式(5),有

$$\frac{x_i y_i}{X^{\frac{1}{p}} Y^{\frac{1}{q}}} \leqslant \frac{1}{p} \frac{x_i^p}{X} + \frac{1}{q} \frac{y_i^q}{Y}, i = 1, 2, \cdots, n.$$

将此不等式左右两端,$i = 1, 2, \cdots, n$ 相加,得到

$$\frac{\displaystyle\sum_{i=1}^{n} x_i y_i}{X^{\frac{1}{p}} Y^{\frac{1}{q}}} \leqslant \frac{1}{p} \frac{\displaystyle\sum_{i=1}^{n} x_i^p}{X} + \frac{1}{q} \frac{\displaystyle\sum_{i=1}^{n} y_i^q}{Y} = \frac{1}{p} + \frac{1}{q} = 1,$$

即
$$\sum_{i=1}^{n} x_i y_i \leqslant X^{\frac{1}{p}} Y^{\frac{1}{q}} = \left(\sum_{i=1}^{n} x_i^p\right)^{\frac{1}{p}} \left(\sum_{i=1}^{n} y_i^q\right)^{\frac{1}{q}}.$$

例 16　闵可夫斯基不等式

若 $x_i \geqslant 0, y_i \geqslant 0, i = 1, 2, \cdots, n$,当 $p > 1$ 时,则

$$\left(\sum_{i=1}^{n} (x_i + y_i)^p\right)^{\frac{1}{p}} \leqslant \left(\sum_{i=1}^{n} x_i^p\right)^{\frac{1}{p}} + \left(\sum_{i=1}^{n} y_i^q\right)^{\frac{1}{q}}. \tag{7}$$

事实上,设 $\dfrac{1}{p} + \dfrac{1}{q} = 1, p > 1$,有

$$\sum_{i=1}^{n} (x_i + y_i)^p = \sum_{i=1}^{n} (x_i + y_i)(x_i + y_i)^{p-1}$$
$$= \sum_{i=1}^{n} x_i (x_i + y_i)^{p-1} + \sum_{i=1}^{n} y_i (x_i + y_i)^{p-1}.$$

上式等号右端两项分别由赫尔德不等式(6),有

$$\sum_{i=1}^{n} (x_i + y_i)^p \leqslant \left(\sum_{i=1}^{n} x_i^p\right)^{\frac{1}{p}} \left(\sum_{i=1}^{n} (x_i + y_i)^{q(p-1)}\right)^{\frac{1}{q}} + \left(\sum_{i=1}^{n} y_i^p\right)^{\frac{1}{p}}$$
$$\left(\sum_{i=1}^{n} (x_i + y_i)^{q(p-1)}\right)^{\frac{1}{q}}$$
$$= \left(\sum_{i=1}^{n} x_i^p\right)^{\frac{1}{p}} \left(\sum_{i=1}^{n} (x_i + y_i)^p\right)^{\frac{1}{q}} + \left(\sum_{i=1}^{n} y_i^p\right)^{\frac{1}{p}}$$
$$\left(\sum_{i=1}^{n} (x_i + y_i)^p\right)^{\frac{1}{q}}.$$

因为 $q(p-1) = p, 1 - \dfrac{1}{q} = \dfrac{1}{p}$.　上式不等式两端,同除以

$\left(\sum\limits_{i=1}^{n} (x_i + y_i)^p\right)^{\frac{1}{q}} > 0$,有

$$\left(\sum_{i=1}^{n} (x_i + y_i)^p\right)^{1-\frac{1}{q}} \leqslant \left(\sum_{i=1}^{n} x_i^p\right)^{\frac{1}{p}} + \left(\sum_{i=1}^{n} y_i^p\right)^{\frac{1}{p}},$$

即
$$\left(\sum_{i=1}^{n} (x_i + y_i)^p\right)^{\frac{1}{p}} \leqslant \left(\sum_{i=1}^{n} x_i^p\right)^{\frac{1}{p}} + \left(\sum_{i=1}^{n} y_i^p\right)^{\frac{1}{p}}.$$

5.3.4　函数的凹凸性与函数图像的描绘

1.函数的凹凸性与拐点

前面我们利用导数研究了函数的单调性,它对于了解函数的变化趋势和描绘函数的图形相当重要.但要更精确描绘函数的图形,还必须引进凹凸性的概念.先考察两个函数 $y = x^2$ 和 $y = \sqrt{x}$,当 $x \geqslant 0$ 时的图像(图 5-14).

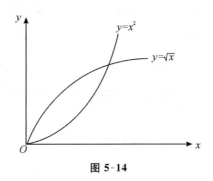

图 5-14

从图形上可以看出,两个函数虽然都是单调增加的,但它们沿着 x 轴正向上升却有着两个不同的弯曲方向,具有不同的凹凸特点.函数 $y = x^2$ 是一条向上弯曲的曲线,且 $y' = 2x$ 是单调增加函数,即曲线的斜率随着 x 的增加而增加,故而曲线上每一点处的切线位于曲线的下方.而函数 $y = \sqrt{x}$ 是一条向下弯曲的曲线,且 $y' = \dfrac{1}{2\sqrt{x}}$ 是单调减少函数,即曲线的斜率随着 x 的增加而减少,故而曲线上每一点处的切线位于曲线的上方.根据曲线的这一性质,我们引进下述曲线凹凸性的定义:

定义 3　若曲线上每一点处的切线位于曲线的下(上)方,则称此曲线是凹(凸)的.

由定义可知,曲线 $y = x^2$ 是凹的,而曲线 $y = \sqrt{x}$ 是凸的.一般地,如果曲线 $y = f(x)$ 是凹(凸)的,其上每一点处的切线的斜率是 x 的单调增加(减少)函数,这说明 $y = f'(x)$ 是 x 的单调增加(减少)函数,从而其单调性又可利用它的导数(即二阶导数 $f''(x)$)的符号来判定.于是有如下的曲线凹凸性的判定定理

定理 7　设 $f(x)$ 在 $[a,b]$ 上连续,在 (a,b) 内具有二阶导数,那么,

(1) 若在 (a,b) 内 $f''(x) > 0$,则曲线 $y = f(x)$ 在 (a,b) 内是凹的;

(2) 若在 (a,b) 内 $f''(x) < 0$,则曲线 $y = f(x)$ 在 (a,b) 内是凸的.

例 17　判定曲线 $y = \ln x$ 的凹凸性.

解:函数 $y = \ln x$ 的定义域为 $(0, +\infty)$,其导数 $y' = \dfrac{1}{x}$;在定义域为 $(0, +\infty)$ 内,二阶导数 $y'' = -\dfrac{1}{x^2} < 0$,故曲线在整个定义域内是凸的.

例 18　判定曲线 $y = x^3$ 的凹凸性.

解:函数 $y = x^3$ 的定义域为 $(-\infty, +\infty)$,$y' = 3x^2$,$y'' = 6x$.

令 $y' = 0$,得 $x = 0$,把 $(-\infty, +\infty)$ 分成两部分区间,列表讨论如下:

x	$(-\infty,0)$	0	$(0,+\infty)$
y''	$-$	0	$+$
曲线 $y=x^3$	$\downarrow$		$\uparrow$

符号"$\uparrow$"表示曲线是凹的,"$\downarrow$"表示曲线是凸的.

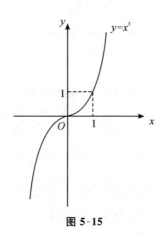

图 5-15

定义 4   若函数 $f(x)$ 在点 x_0 的一侧是凸(凹)的,在另一侧是凹(凸)的,则称点 x_0 为函数 $f(x)$ 的拐点.

由定义可知,函数的拐点实际上是函数的凹与凸的分界点.

容易验证,如果函数 $f(x)$ 在拐点 x_0 存在二阶导数,则 $f''(x)=0$. 但若 $f''(x)=0$,则 x_0 未必是 $f(x)$ 的拐点. 例如,设 $f(x)=x^4$,$f''(x)=12x^2$,$f''(0)=0$,而对 $\forall x \neq 0$,均有 $f''(x)>0$,即在 $x_0=0$ 的两侧函数 $f(x)$ 均为凹的,故 $x_0=0$ 不是函数 $f(x)$ 的拐点.

综合上述讨论,对函数 $f(x)$ 凹凸性与拐点可按下列步骤进行:

(1) 写出 $y=f(x)$ 的定义域,求出 $f'(x)$,$f''(x)$.

(2) 求 $f''(x)=0$ 的全部实根,并按实根将定义域分成若干个部分区间.

(3) 在每个部分区间根据 $f''(x)$ 的符号判定函数的凹凸性及拐点.

例 19   求函数 $y=2x^4-4x^3+2$ 的凹凸性区间及拐点.

解:$y'=8x^3-12x^2$,$y''=24x^2-24x=24x(x-1)$.

令 $y''=0$,得 $x_1=0$,$x_2=1$. 于是将定义域分为三个部分区间,列表讨论如下:

x	$(-\infty,0)$	0	$(0,1)$	1	$(1,+\infty)$
y''	$+$	0	$-$	0	$+$
$y=f(x)$	凹	拐点	凸	拐点	凹

因此,函数在$(-\infty,0)$、$(1,+\infty)$内是凹的.在$(0,1)$内是凸的,$x_1=0$、$x_2=1$是函数的两个拐点(图 5-16).

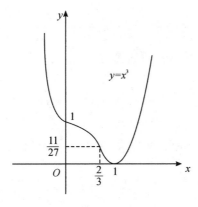

图 5-16

2. 曲线的渐近线

定义 5　当曲线 C 上动点 P 沿着曲线 C 无限延伸时,若动点 P 到某直线 l 的距离无限趋近于 0(如图 5-17),则称直线 l 是曲线 C 的渐近线.

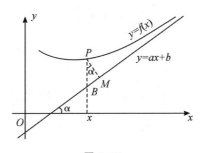

图 5-17

曲线的渐近线有两种,一种是垂直渐近线;另一种是斜渐近线(包括水平渐近线).

1.垂直渐近线

若 $\lim\limits_{x \to a^+} f(x) = \infty$ 或 $\lim\limits_{x \to a^-} f(x) = \infty$，则直线 $x = a$ 是曲线 $y = f(x)$ 的垂直渐近线（垂直于 x 轴）.

例如，曲线 $f(x) = \dfrac{1}{(x+1)(x-2)}$，有 $\lim\limits_{x \to -1^+} \dfrac{1}{(x+1)(x-2)} = -\infty$，

$\lim\limits_{x \to -1^-} \dfrac{1}{(x+1)(x-2)} = +\infty$

$\lim\limits_{x \to 2^+} \dfrac{1}{(x+1)(x-2)} = +\infty$，$\lim\limits_{x \to 2^-} \dfrac{1}{(x+1)(x-2)} = -\infty$，则两条直线 $x = -1$ 与 $x = 2$ 都是曲线的垂直渐近线.

2.斜渐近线

如图 5-17,设直线 $y = kx + b$ 是曲线 $y = f(x)$ 的斜渐近线.怎样确定常数 k 和 b 呢?

由已知的点到直线的距离公式，曲线 $y = f(x)$ 上点 $(x, f(x))$ 到直线 $y = kx + b$ 的距离

$$|PM| = \frac{|f(x) - kx - b|}{\sqrt{1 + k^2}}.$$

直线 $y = kx + b$ 是曲线 $y = f(x)$ 的渐近线 $\Leftrightarrow \lim\limits_{\substack{x \to +\infty \\ (x \to -\infty)}} \dfrac{|f(x) - kx - b|}{\sqrt{1 + k^2}} = 0$，

$$\Leftrightarrow \lim\limits_{\substack{x \to +\infty \\ (x \to -\infty)}} [f(x) - kx - b] = 0 \Leftrightarrow \lim\limits_{\substack{x \to +\infty \\ (x \to -\infty)}} [f(x) - kx] = b. \tag{1}$$

已知 $\lim\limits_{\substack{x \to +\infty \\ (x \to -\infty)}} \dfrac{1}{x} = 0$. 由(1)式与极限运算法则，有 $\lim\limits_{\substack{x \to +\infty \\ (x \to -\infty)}} \dfrac{f(x) - kx}{x} = 0$，即

$$\lim\limits_{\substack{x \to +\infty \\ (x \to -\infty)}} \left(\frac{f(x)}{x} - k\right) = 0, \quad \text{或} \quad \lim\limits_{\substack{x \to +\infty \\ (x \to -\infty)}} \frac{f(x)}{x} = k. \tag{2}$$

于是，直线 $y = kx + b$ 是曲线 $y = f(x)$ 的渐近线 $\Leftrightarrow k = \lim\limits_{\substack{x \to +\infty \\ (x \to -\infty)}} \dfrac{f(x)}{x}$ 与 $b = \lim\limits_{\substack{x \to +\infty \\ (x \to -\infty)}} [f(x) - kx]$. 特别地，当 $k = 0$ 时，则直线 $y = b$ 是曲线 $y = f(x)$ 的水平渐近线.

例 20　求曲线 $f(x) = \dfrac{(x-3)^2}{4(x-1)}$ 的渐近线.

解:已知 $\lim\limits_{x \to 1^+} \dfrac{(x-3)^2}{4(x-1)} = +\infty$，$\lim\limits_{x \to 1^-} \dfrac{(x-3)^2}{4(x-1)} = -\infty$，则 $x = 1$ 是曲线的垂

直渐近线.

此外,由于

$$k = \lim_{x \to \infty} \frac{f(x)}{x} = \lim_{x \to \infty} \frac{(x-3)^2}{4(x-1)x} = \frac{1}{4}.$$

$$b = \lim_{x \to \infty} [f(x) - kx] = \lim_{x \to \infty} \left[\frac{(x-3)^2}{4(x-1)} - \frac{x}{4} \right]$$

$$= \lim_{x \to \infty} \frac{x^2 - 6x + 9 - x^2 + x}{4(x-1)} = \lim_{x \to \infty} \frac{-5x + 9}{4(x-1)} = -\frac{5}{4},$$

故直线 $y = \frac{1}{4}x - \frac{5}{4}$ 是曲线的斜渐近线.

3. 函数图像的描绘

我们已经应用导数研究了函数的单调性、极值,凹凸性及拐点,由此可以较为精确地描绘函数的图像. 一般地,利用导数描绘函数的图像可按下列步骤进行:

(1) 确定函数 $y = f(x)$ 的定义域,考察函数有无奇偶性与周期性.

(2) 考察函数 $y = f(x)$ 有无渐近线(垂直、斜),若有,将其求出.

(3) 求 $f'(x)$ 与 $f''(x)$.

(4) 求出 $f'(x) = 0$ 的全部实根及 $f'(x)$ 不存在的点.

(5) 求出 $f''(x) = 0$ 全部实根.

(6) 由(4)、(5) 所求得的 x 值,将定义域分成若干个部分区间. 列表讨论函数的单调性、凹凸性、极值及拐点.

(7) 确定 $f(x)$ 的一些特殊点(如与坐标轴的交点等).

(8) 在直角坐标系中按曲线的性态逐段描绘.

例 21　作出函数 $f(x) = \frac{1}{\sqrt{2\pi}} e^{-\frac{x^2}{2}}$ 的图形.

解:(1) 函数 $f(x) = \frac{1}{\sqrt{2\pi}} e^{-\frac{x^2}{2}}$ 的定义域为 $(-\infty, +\infty)$. 由于

$$f(-x) = \frac{1}{\sqrt{2\pi}} e^{-\frac{(-x)^2}{2}} = \frac{1}{\sqrt{2\pi}} e^{-\frac{x^2}{2}} = f(x),$$

所以 $f(x)$ 是偶函数,其图形关于 y 轴对称,因此我们只讨论 $[0, +\infty)$ 上该函数的图像.

(2) 因为 $\lim_{x \to \infty} f(x) = \lim_{x \to \infty} \frac{1}{\sqrt{2\pi}} e^{-\frac{x^2}{2}} = 0$,所以 $y = f(x)$ 有一条水平渐近线

$y = 0$.

(3) $f'(x) = \dfrac{1}{\sqrt{2\pi}}\mathrm{e}^{-\frac{x^2}{2}}\left(-\dfrac{x^2}{2}\right)' = -\dfrac{x}{\sqrt{2\pi}}\mathrm{e}^{-\frac{x^2}{2}}$,

$$f''(x) = -\dfrac{1}{\sqrt{2\pi}}\left[\mathrm{e}^{-\frac{x^2}{2}} + x\mathrm{e}^{-\frac{x^2}{2}}\cdot\left(-\dfrac{x^2}{2}\right)'\right] = \dfrac{1}{\sqrt{2\pi}}\mathrm{e}^{-\frac{x^2}{2}}(x^2 - 1).$$

(4) 令 $f'(x) = 0$，得驻点 $x_1 = 0$；再令 $f''(x) = 0$，得 $x_2 = -1, x_3 = 1$.

(5) 列表讨论函数 $f(x)$ 的单调性、极值和曲线 $f(x)$ 的凹凸性、拐点如下：

x	0	$(0,1)$	1	$(1, +\infty)$
$f'(x)$	0	$-$	$-$	$-$
$f''(x)$	$-$	$-$	0	$+$
曲线 $y = f(x)$	极大点		拐点	

(6) 算出 $f(0) = \dfrac{1}{\sqrt{2\pi}}$，$f(1) = \dfrac{1}{\sqrt{2\pi\mathrm{e}}}$，从而得到曲线的两点 $M_1\left(0, \dfrac{1}{\sqrt{2\pi}}\right)$ 和 $M_2\left(1, \dfrac{1}{\sqrt{2\pi\mathrm{e}}}\right)$，再补充曲线上的一点 $M_3\left(2, \dfrac{1}{\sqrt{2\pi\mathrm{e}^2}}\right)$. 先画出函数在 $[0, +\infty)$ 上的图形. 再由对称性，画出函数在 $(-\infty, 0]$ 上的图形，从而得到函数 $y = \dfrac{1}{\sqrt{2\pi}}\mathrm{e}^{-\frac{x^2}{2}}$ 在 $(-\infty, +\infty)$ 内的整个图形（图 5-18）.

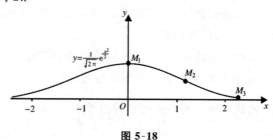

图 5-18

例 22　描绘函数 $f(x) = \dfrac{(x-3)^2}{4(x-1)}$ 的图像.

解：(1) 函数 $f(x)$ 的定义域是 $(-\infty, 1) \bigcup (1, +\infty)$.

(2) 由例 20 知有垂直渐近线 $x = 1$ 及斜渐近线 $y = \dfrac{1}{4}x - \dfrac{5}{4}$.

(3) $f'(x) = \dfrac{(x+1)(x-3)}{4(x-1)^2}$，$f''(x) = \dfrac{2}{(x-1)^3}$.

(4) 令 $f'(x)=0$,驻点 $x_1=-1,x_2=3$.

(5) 列表讨论函数的单调性、凹凸性与极值:

	$(-\infty,-1)$	-1	$(-1,1)$	$(1,3)$	3	$(3,+\infty)$
$f'(x)$	$+$	0	$-$	$-$	0	$+$
$f''(x)$	$-$	$-$	$-$	$+$	$+$	$+$
$f(x)$		极大点			极小点	

-1 是极大点,极大值是 -2;3 是极小点,极小值是 0.

$f(x)$ 在 $(-\infty,-1)\bigcup(3,+\infty)$ 单调增加,在 $(-1,1)\bigcup(1,3)$ 单调减少,且在 $(-\infty,1)$ 是凸的,在 $(1,+\infty)$ 是凹的.

根据上述讨论,连接相关点即可描绘出函数的图像(如图 5-19).

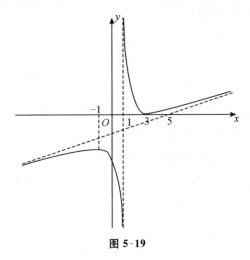

图 5-19

习题 5-3

1.确定下列函数的单调区间:

(1) $y=x^3(1-x)$;

(2) $y=\dfrac{x}{1+x^2}$;

(3) $y=\dfrac{1}{2}x^2\mathrm{e}^{-x}$;

(4) $y=\dfrac{2x}{\ln x}$.

2.求下列函数的极值：

(1)$f(x) = x^5 - 5x + 1$；　　　　　　(2)$f(x) = x\ln x$；

(3)$f(x) = 2x^2 - \ln x$；　　　　　　(4)$f(x) = x + \sqrt{1-x}$.

3.求下列函数的最大值和最小值：

(1)$y = x^4 - 4x^3 + 8, x \in [-1, 1]$；　(2)$y = 4e^x + e^{-x}, x \in [-1, 1]$；

(3)$y = xe^{-x^2}, x \in [-1, 1]$；　　　(4)$y = x + \dfrac{1}{x}, x \in \left[\dfrac{1}{2}, 2\right]$.

4.确定下列各函数的凹凸性与拐点：

(1)$y = x^3(1-x)$；　　　　　　　(2)$y = \dfrac{2x}{\ln x}$；

(3)$y = \dfrac{x}{1+x^2}$；　　　　　　(4)$y = \dfrac{1}{2}x^2 e^{-x}$.

5.求下列函数的渐近性：

(1)$y = \ln\dfrac{x^2 - 3x + 2}{x^2 + 1}$；　　　(2)$y = \dfrac{x}{2} + \arctan x$；

(3)$y = \dfrac{e^x}{1+x}$；　　　　　　(4)$y = \sqrt{x^2 - 2x}$.

6.用薄钢板做一体积为 V 的有盖圆柱形桶.问桶底直径与桶高应有怎样的比例,才能使所用的材料最省?如果要做的圆柱形桶是无盖的,那么要使所用的材料最省,桶高与桶底直径又该有怎样的比例?

7.已知球的半径为 R.试在它的内接圆柱体中,求出具有最大侧面积的圆柱体的底半径与高.

8.作出下列各函数的图形：

(1)$f(x) = \dfrac{x}{1+x^2}$；　　　　　　(2)$f(x) = \ln(x^2 - 1)$；

(3)$f(x) = e^{-x^2}$；　　　　　　　(4)$f(x) = x^3 + \dfrac{1}{4}x^4$.

9.设有由电动势 E,内阻 r 与外阻 R 所构成的闭合电路(见图 5-20).问当 E 与 r 已知时,R 等于多少才能使电功率最大?[提示:电流 $I = \dfrac{E}{R+r}$ 电功率 $P = I^2 R$].

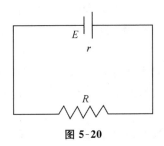

图 5-20

10. 已知 $f(x) = 2x^3 + ax^2 + bx + 9$ 有两个极值点 $x = 1, x = 2$，求 $f(x)$ 的极大值与极小值.

11. 证明 $e^x > xe$ $(x > 1)$.

12. 有一块等腰直角三角形钢板，斜边长为 a，欲从这块钢板中割下一块矩形，使其面积最大，要求以斜边为矩形的一条边，问如何截取.

13. 从一块半径为 R 的圆形铁皮上，剪下一块圆心角为 α 的圆扇形，用剪下的铁皮做一个圆锥形的漏斗，问 α 为多大时，漏斗的容积最大？

5.4   导数在经济分析中的应用

5.4.1   边际分析

在经济问题中，常常会使用变化率的概念 —— 平均变化率和瞬时变化率，平均变化率就是函数增量与自变量增量之比，而瞬时变化率就是函数对自变量的导数，即当自变量增量趋于零时平均变化率的极限. 如果函数 $y = f(x)$ 在 x_0 处可导，则在 $(x_0, x_0 + \Delta x)$ 内的平均变化率为 $\dfrac{\Delta y}{\Delta x}$，在 $x = x_0$ 处的瞬时变化率为

$$\lim_{\Delta x \to 0} \frac{f(x_0 + \Delta x) - f(x_0)}{\Delta x} = f'(x_0),$$

当 x 从 x_0 处改变 1 个"单位"，且改变的单位很小时，有 $\Delta y \approx \mathrm{d}y = f'(x_0)\Delta x$，所以在经济研究中，把函数 $y = f(x)$ 的导数 $f'(x)$ 称为 $f(x)$ 的边际函数. $f'(x)$ 在 x_0 处的值 $f'(x_0)$ 称为 $f(x)$ 在 x_0 处的边际函数值，它表示在 $x = x_0$ 处，当 x 改变 1 个单位时，y（近似地）改变 $f'(x_0)$ 个单位. 在应用问题中解释边际函数值具体意义时略去"近似"二字.

例 1   求函数 $y = 2x^3$ 在 $x = 2$ 处的边际函数值.

解：$y' = 6x^2$，$y'|_{x=2} = 24$ 即边际函数值为 24，它表示函数 y 在 $x = 2$ 处，当 x 改变 1 个单位时，y（近似地）改变 24 个单位.

（1）边际成本. 设总成本函数 $C = C(Q)$，Q 为产量，称它的导数 $C'(Q)$ 为边际成本函数，简称边际成本. $C'(Q_0)$ 称为当产量 Q_0 时的边际成本. 其经济意义为：当产量达到 Q_0 时，如果增减 1 个单位产品，则成本将相应增减 $C'(Q_0)$ 个单位.

一般情况下，总成本 $C(Q)$ 由固定成本 C_0 和可变成本 $C_1(Q)$ 组成，即 $C(Q) = C_0 + C_1(Q)$，而边际成本 $C'(Q) = [C_0 + C_1(Q)]' = C'_1(Q)$，由此可见，边际成本与固定成本无关.

例 2　设总成本函数 $C(Q) = 5000 - 60Q + \dfrac{1}{20}Q^2$，求边际成本函数和 $Q = 1000$ 单位时的边际成本，并解释后者的经济意义.

解：边际成本函数为 $C'(Q) = -60 + \dfrac{Q}{10}$.

$Q = 1000$ 单位时的边际成本为：

$$C'(Q)|_{Q=1000} = \left(-60 + \frac{Q}{10}\right)\Big|_{Q=1000} = 40.$$

这表明在生产 1000 个单位时再生产 1 个单位产品所需的成本为 40.

例 3　已知某产品的成本函数为 $C(Q) = 1100 + \dfrac{1}{1200}Q^2$，求当 $Q = 900$ 时的总成本、平均成本以及边际成本.

解：由 $C(Q) = 1100 + \dfrac{1}{1200}Q^2$，得

$$\overline{C} = \frac{C(Q)}{Q} = \frac{1100}{Q} + \frac{Q}{1200}, C'(Q) = \frac{1}{600}Q.$$

当 $Q = 900$ 时，总成本 $C(900) = 1775$，平均成本 $\overline{C}(900) = \dfrac{1775}{900} \approx 1.97$，

边际成本为 $C'(900) = \dfrac{1}{600}Q|_{Q=900} = 1.5$.

（2）边际收益. 设总收益函数 $R = R(Q)$，Q 为销售量，称它的导数 $R'(Q)$ 为边际收益函数，简称边际收益. $R'(Q_0)$ 称为当商品销售量为 Q_0 时的边际收益. 其经济意义为：当销售量达到 Q_0 时，如果多（或少）销售 1 个单位产品，则收益将相应增加（或减少）$R'(Q_0)$ 个单位.

一般情况下，销售 Q 单位产品的总收益为销售量 Q 与价格 P 之积，即 $R(Q) = QP = QP(Q)$ 中，$P = P(Q)$ 是需求函数 $Q = Q(P)$ 的反函数，也称

需求函数. 于是, 有 $R'(Q) = [QP(Q)]' = P(Q) + QP'(Q)$. 可见, 如果销售价格与销售量 Q 无关, 即价格 $P = P(Q)$ 是常数时, 则边际收益就等于价格.

例 4 设某产品的需求函数为 $P = 10 - \dfrac{Q}{5}$, 求销售量为 30 个单位时的总收益、平均收益与边际收益.

解: $R(Q) = QP(Q) = 10Q - \dfrac{Q^2}{5}$, 故销售量为 30 个单位时,

总收益 $R(30) = \left(10Q - \dfrac{Q^2}{5}\right)\Big|_{Q=30} = 120$,

平均收益 $\overline{R}(30) = P(Q)\,|_{Q=30} = \left(10 - \dfrac{Q}{5}\right)\Big|_{Q=30} = 4$,

边际收益 $R'(30) = \left(10 - \dfrac{2}{5}Q\right)\Big|_{Q=30} = -2$.

(3) 边际利润. 设产品的总利润函数 $L(Q)$, Q 为产量, 称它的导数 $L'(Q)$ 为边际利润, $L'(Q_0)$ 称为当产量为 Q_0 时的边际利润. 其经济意义为: 当产量达到 Q_0 时, 如果增减 1 个单位产品, 则利润将相应增减 $L'(Q_0)$ 个单位.

一般情况下, 总利润函数可以看成总收益函数与总成本函数之差, 即 $L(Q) = R(Q) - C(Q)$.

显然, 边际利润为 $L'(Q) = R'(Q) - C'(Q)$.

5.4.2 弹性分析

边际分析中, 讨论函数的增量与函数变化率是绝对增量与绝对变化率. 在经济学中, 有时需要研究某种变量对另外一种变量的反应程度, 而这种反应程度不是变化速度的快慢, 而是变化的幅度、灵敏度, 也就是研究函数的相对改变量与相对变化率.

例如, 函数 $y = x^2$, 当 x 由 8 增加到 10 时, y 由 64 增加到 100, 此时自变量与因变量的绝对改变量分别为 $\Delta x = 2$, $\Delta y = 36$, 而

$$\frac{\Delta x}{x} = 25\%, \frac{\Delta y}{y} = 56.25\%.$$

这表示当 $x = 8$ 增加到 $x = 10$ 时, x 增加了 25%, y 相应地增加了 56.25%, 分别称 $\dfrac{\Delta x}{x}$ 与 $\dfrac{\Delta y}{y}$ 为自变量与函数的相对改变量.

$$\frac{\Delta y / y}{\Delta x / x} = \frac{56.25\%}{25\%} = 2.25,$$

这表示在 $(8, 10)$ 内, 从 $x = 8$, x 增加 1%, y 相应增加 2.25%, 我们称它为

从 $x = 8$ 到 $x = 10$,函数 $y = x^2$ 的平均相对变化率.

定义 6　设函数 $y = f(x)$ 在 x 处可导,函数的相对变化量

$$\frac{\Delta y}{y} = \frac{f(x + \Delta x) - f(x)}{f(x)}$$

与自变量的相对改变量 $\frac{\Delta x}{x}$ 之比 $\frac{\Delta y / y}{\Delta x / x}$ 称为函数 $f(x)$ 从 x 到 $x + \Delta x$ 两点间的弹性,当 $\Delta x \to 0$ 时, $\frac{\Delta y / y}{\Delta x / x}$ 的极限称为 $f(x)$ 在点 x 处的弹性,记作 $\frac{E_Y}{E_X}$ 或 $\frac{E}{E_X} f(x)$,即

$$\frac{E_y}{E_X} = \lim_{\Delta x \to 0} \frac{\Delta y / y}{\Delta x / x} = y' \frac{x}{y},$$

由于 $\frac{E_Y}{E_X}$ 也是 x 的函数,故也称它为 $f(x)$ 的弹性函数.

在 $x = x_0$ 处,弹性函数值 $\frac{E}{E_x} f(x_0) = \frac{E}{E_x} f(x) \mid_{x = x_0} = f'(x_0) \cdot \frac{x_0}{f(x_0)}$,称为 $f(x)$.

在 $x = x_0$ 处的弹性值,简称弹性.它表示在点 x_0 处,当 x 改变 1% 时,函数 $f(x)$ 近似的改变 $\frac{E}{E_x} f(x_0) \%$.

(1) 需求弹性.由于需求函数 $Q = f(P)$ 为单调减少函数. ΔP 与 ΔQ 异号, P_0 , Q_0 为正数,于是 $\frac{\Delta Q / Q_0}{\Delta P / P_0}$ 及 $f'(P_0) \frac{P_0}{Q_0}$ 皆为负数,为了用正数表示需求弹性,于是采用需求函数相对变化率的反号数来定义需求弹性.

定义 7　设某商品需求函数 $Q = f(P)$ 在 $P = P_0$ 处可导, $-\frac{\Delta Q / Q_0}{\Delta P / P_0}$ 称为该商品在 $P = P_0$ 与 $P = P_0 + \Delta P$ 两点间的需求弹性,记作

$$\bar{\eta}(P_0, P_0 + \Delta P) = -\frac{\Delta Q}{\Delta P} \cdot \frac{P_0}{Q_0}$$

而

$$\lim_{\Delta p \to 0} \left(-\frac{\Delta Q / Q_0}{\Delta P / P_0} \right) = -f'(P_0) \frac{P_0}{f(P_0)}$$

称为该商品在 $P = P_0$ 处的需求弹性,记作 $\eta \mid_{P = P_0} \eta(P_0) = -f'(P_0) \frac{P_0}{f(P_0)}$.

例 5　设某商品需求函数为 $Q = e^{-\frac{p}{5}}$,求(1)需求弹性函数;(2)$P = 3$,$P = 5$,$P = 6$ 时的需求弹性.

解:(1)$Q' = -\dfrac{1}{5}\mathrm{e}^{-\frac{P}{5}}$,$\eta(P) = \dfrac{1}{5}\mathrm{e}^{-\frac{P}{5}}\dfrac{P}{\mathrm{e}^{-\frac{P}{5}}} = \dfrac{P}{5}$.

(2)$\eta(3) = \dfrac{3}{5} = 0.6$,$\eta(5) = \dfrac{5}{5} = 1$,$\eta(6) = \dfrac{6}{5} = 1.2$.

$\eta(5) = 1$,说明当 $P = 5$ 时,价格与需求变动的幅度相同.

$\eta(3) = 0.6 < 1$,说明当 $P = 3$ 时,需求变动的幅度小于价格变动的幅度,即 $P = 3$ 时,价格上涨 1%,需求只减少 0.6%.

$\eta(6) = 1.2 > 1$,说明当 $P = 6$ 时,需求变动的幅度大于价格变动的幅度,即 $P = 6$ 时,价格上涨 1%,需求减少 1.2%.

(2) 供给弹性.由于供给函数是单调增加的,所以 $\dfrac{\Delta P}{P_0}$ 与 $\dfrac{\Delta Q}{Q_0}$ 同号,下面给出供给弹性的定义.

定义 8　设某商品来供给函数 $Q = \varphi(P)$ 在 $P = P_0$ 处可导,$\dfrac{\Delta Q/Q_0}{\Delta P/P_0}$ 称为该商品在 $P = P_0$ 与 $P = P_0 + \Delta P$ 两点之间的供给弹性,记作 $\varepsilon(P_0, P_0 + \Delta P) = \dfrac{\Delta Q}{\Delta P} \cdot \dfrac{P_0}{Q_0}$.

而 $\lim\limits_{\Delta p \to 0} \dfrac{\Delta Q/Q_0}{\Delta P/P_0} = \varphi'(P_0)\dfrac{P_0}{Q_0}$ 称为该商品在 $P = P_0$ 处的供给弹性.记作 $\varepsilon\mid_{P=P_0} = \varepsilon(P_0) = \varphi'(P_0)\dfrac{P_0}{\varphi(P_0)}$.

(3) 收益弹性及其与需求弹性之间的关系

总收益 R 是商品价格 P 与销售 Q 的乘积,即 $R = PQ = Pf(P)$,$R' = f(P) + Pf'(P) = f(P)\left(1 + f'(P)\dfrac{P}{f(P)}\right) = f(P)(1 - \eta)$.

因此,收益弹性为 $R'(P)\dfrac{P}{R(P)} = f(P)(1 - \eta)\dfrac{P}{Pf(P)} = 1 - \eta$.

于是:

若 $\eta < 1$,则收益弹性大于零,需求变动的幅度小于价格变动的幅度;价格上涨(或下跌)1%,收益增加(或减少)$(1 - \eta)\%$.若 $\eta > 1$,则收益弹性小于零,需求变动的幅度大于价格变动的幅度;价格上涨(或下跌)1%,收益减少(或增加)$|1 - \eta|\%$.

若 $\eta = 1$,则收益弹性等于零,需求变动的幅度等于价格变动的幅度,价格变动 1%,而收益不变.

例 6　某商品需求函数为 $Q = 10 - \dfrac{P}{2}$,求(1)需求弹性函数;(2)当 $P =$

3 时的需求弹性;(3) 在 $P = 3$ 时,若价格上涨 1%,总收益是增加,还是减少?它将变化百分之几?

解 (1) $\eta(P) = -\dfrac{\mathrm{d}Q}{\mathrm{d}P} \cdot \dfrac{P}{Q} = -\left(-\dfrac{1}{2}\right)\dfrac{P}{10 - \dfrac{P}{2}} = \dfrac{P}{20 - P}$;

(2) $\eta(3) = \dfrac{P}{20 - P} \mid_{P=3} = \dfrac{3}{17}$;

(3) 收益弹性 $= 1 - \eta(3) = \dfrac{14}{17} \approx 0.82$,因此,当 $p = 3$ 时,价格上涨 1%,总收益约增加 0.82%.

5.4.3 最大利润问题

在经济学中,总收入和总成本都可以表示为产量 x 的函数,分别记为 $R(x)$ 和 $C(x)$,则总利润 $L(x)$ 可表示为 $L(x) = R(x) - C(x)$.

由利润函数 $L(x)$ 的导数 $L'(x) = R'(x) - C'(x)$,可知在 $L(x)$ 的驻点 x_0 处有 $R'(x_0) = C'(x_0)$ 由 3.7 节知,上式表示欲使总利润最大,必须使边际收益等于边际成本. 如果 $L(x)$ 的驻点 x_0 是唯一的,并且由 $L(x)$ 的二阶导数 $L''(x) = R''(x) - C''(x)$,有 $L''(x_0) = R''(x_0) - C''(x_0) < 0$,则 $L(x)$ 在点 x_0 处取得最大值. 此时产品的利润确实达到最大.

设产品的需求函数为 $x = f(P)$,其中 P 为价格,则根据 $P = f^{-1}(x)$ 以及使利润达到最大的产量 x_0,即可相应确定使利润达到最大的价格:$P_0 = f^{-1}(x_0)$.

例 7 某工厂生产某种产品,年产量为 x(单位:百台),总成本为 C(单位:万元),其中固定成本为 2 万元,每生产 1 百台成本增加 1 万元,若市场上每年可销售 4 百台,其销售总收益 R 是 x 的函数 $R = R(x) = \begin{cases} 4x - \dfrac{1}{2}x^2, 0 \leqslant x \leqslant 4 \\ 8, x > 4 \end{cases}$,问每年生产多少台,总利润最大?

解 总成本函数为 $C(x) = 2 + x$

从而得总利润函数为 $L(x) = R(x) - C(x) = \begin{cases} 3x - \dfrac{1}{2}x^2 - 2, 0 \leqslant x \leqslant 4 \\ 6 - x, x > 4 \end{cases}$,则

$$L'(x) = \begin{cases} 3 - x, 0 \leqslant x \leqslant 4 \\ -1, x > 4 \end{cases}$$

令 $L'(x) = 0$. 得驻点 $x = 3$, 由于 $L''(3) < 0$, 所以 $x = 3$ 时 L 最大, 即每年生产 3 百台时总利润最大.

5.4.4　最低成本的生产量问题

在一定的条件下, 产品的平均成本与产品的产量有关, 下面讨论使平均成本达到最小的条件.

设产品的成本函数为 $C = C(x)$ 式中, C 为成本, x 为产量. 平均成本函数为 $\overline{C}(x) = \dfrac{C(x)}{x}$, 由平均成本函数 $\overline{C}(x)$ 的导数 $\overline{C}'(x) = \dfrac{xC'(x) - C(x)}{x^2}$, 可知, 在 $\overline{C}(x)$ 的驻点 x_0 处有 $C'(x_0) = \dfrac{C(x_0)}{x_0} = \overline{C}(x_0)$.

上式表示使平均成本最小的生产量 x_0, 正是使边际成本等于平均成本的生产量 x_0.

例 8　设某产品的成本函数为 $C(x) = 100 + \dfrac{x^2}{4}$, 问产量为多少时, 平均成本最低?

解　该产品的平均成本函数为

$$\overline{C}(x) = \frac{C(x)}{x} = \frac{100}{x} + \frac{x}{4}, x \in (0, +\infty), 则$$

$$\overline{C}'(x) = -\frac{100}{x^2} + \frac{1}{4},$$

令 $\overline{C}'(x) = 0$, 得驻点 $x = 20, x \in (0, +\infty)$, 由于

$$\overline{C}''(x) = \frac{200}{x^3} > 0, x \in (0, +\infty),$$

所以 $\overline{C}(x)$ 在 $x = 20$ 处取得最小值, 即产量为 20 单位时, 该产品的平均成本最小.

5.4.5　最优批量问题

企业在按一定的产量计划分批生产的情况下, 产品的生产准备费用和库存保管费用与产品的批量 (每批的生产量) 有关. 下面讨论使总费用达到最小的条件.

设某产品的年计划产量为 a, 分批生产, 均匀销售. 每批产品的生产准备费用为 b, 每单位产品的年库存保管费用为 c. 记产品的批量为 Q, 则全年的生产批数为 $\dfrac{a}{Q}$, 年平均库存量为 $\dfrac{Q}{2}$, 故全年的总费用 s 是批量 Q 的函数, 即

$$s = s(Q) = \frac{a}{Q} \cdot b + \frac{Q}{2} \cdot c, Q \in (0, a].$$

由费用函数 $s(Q)$ 的导数 $s'(Q) = -\frac{ab}{Q^2} + \frac{c}{2}$

可知，$s(Q)$ 在驻点 Q_0 处有 $\frac{ab}{Q_0^2} = \frac{c}{2}$，即

$$\frac{ab}{Q_0} = \frac{cQ_0}{2}.$$

上式表明当总费用达到最小时，生产准备费用应等于库存保管费用.

例 9　设某产品的年计划产量为 5000 件，分批生产，均匀销售. 每批产品的生产准备费用为 400 元，每件产品的销售价格为 200 元，年保管费用为 2%. 问生产批量为多少，分几批生产时，全年的总费用最小？并求最小费用.

解： 该产品全年的总费用

$$s(Q) = \frac{5000}{Q} \times 400 + \frac{Q}{2} \times 200 \times 2\%, Q \in (0, 5000],$$ 式中，Q 为生产批量.

$$s'(Q) = -\frac{5000 \times 400}{Q^2} + \frac{1}{2} \times 200 \times 2\% = -\frac{2000000}{Q^2} + 2$$

令，$s'(Q) = 0$，得驻点 $Q = 1000$，由于 $s''(Q) = \frac{4000000}{Q^3} > 0, Q \in (0, 5000]$，所以 $s(Q)$ 在 $Q = 1000$ 处取得最小值，即生产批量为 1000 件，分 5 批生产时，全年的总费用最小，最小费用为：

$$s(1000) = \frac{5000}{1000} \times 400 + \frac{1000}{2} \times 200 \times 2\% = 4000(元).$$

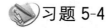 习题 5-4

1. 求函数 $y = 3x^2$ 在 $x = 1$ 处的边际函数值.

2. 某产品的需求函数为 $P = 20 - \frac{Q}{5}$（Q 表销售量，P 为价格），求销售量为 15 个单位时的总收益、平均收益与边际收益.

3. 某工厂生产某种产品，每天的收益 R（单位：元）与产量 Q（单位：t）的函数关系为 $R(Q) = 250Q$，而成本函数 $C(Q) = 5Q^2$，求当每天生产 20 t，25 t，30 t 时的边际利润，并说明其经济意义.

4. 设某商品需求函数为

$$Q = f(P) = 12 - \frac{P}{2}$$

（1）求需求弹性函数；

（2）求 $P = 6$ 时的需求弹性；

（3）求 $P = 6$ 时，若价格上涨 1%，收益增加还是减少？将变化百分之几？

5.设需求函数 D 关于价格 P 的函数为 $D = ae^{-bp}$，求（1）总收益函数、平均收益函数和边际收益函数；（2）需求弹性函数.

6.设某商品的供给函数 $Q = 2 + 3P$，求供给弹性函数及 $P = 3$ 时的供给弹性.

7.某厂每批生产 A 商品 x 台的费用为 $C(x) = 5x + 200$（万元），得到的收入为 $R(x) = 10x - 0.01x^2$（万元），问每批生产多少台，才能使利润最大？

8.设某产品的需求函数为

$$P = 240 - 0.2x$$

成本函数为

$$C(x) = 80x + 2000 （元）$$

求当产量 x 和价格 P 分别为多少时，该产品的利润最大，并求最大利润.

9.商店销售某商品的价格为 $p(x) = e^{-x}$，（x 为销售量），求收入最大时的价格.

10.设厂商的总成本函数 $C = C(q)$（q 为产量）是 q 的二阶可微函数，平均成本函数为 $\overline{C} = \dfrac{C(q)}{q}$，设 $\dfrac{d^2(\overline{C})}{dq^2} > 0$，求厂商达到最小平均成本时边际成本.

11.设某产品成本函数为 $C(x) = 15x - 6x^2 + x^3$（x 为产量）.（1）产量为多少时，可使平均成本最小？（2）求出边际成本，并验证当平均成本达最小时，边际成本等于成本.

12.某厂生产 B 商品，年计划产量为 100 万件.分批生产，均匀销售.每批产品的和产准备费用为 1000 元，每件产品的年保管费用为 0.05 万元.问应分几批生产，能使年总费用最小.

13.某厂每年需要某种原料 3000 t，分批订购，均匀销售.每批的订购费用 30 元，原料的库存费用为 2 元 /t.求最经济的订购批量及全年的订购批数.

14.设厂商的总成本函数 $C = C(q)$（q 为产量），其需求函数为 $P = P(q)$，$C(q)$、$P(q)$ 都是 q 的二阶可微函数，且厂商的利润函数 $L = L(q)$ 满足 $\dfrac{d^2L}{dq^2} < 0$，试确定厂商获得最大利润的必要条件.

5.5　二元函数的极值与最值

5.5.1　二元函数的极值

在不少应用问题中,不仅需要研究一元函数的极值问题,而且经常需要研究多元函数的极值问题.本节仅讨论二元函数的极值,其结果可类似推广到 n 元函数上去.

定义9　设函数 $f(x,y)$ 在点 $p_0(x_0,y_0)$ 的邻域 D 内有意义,如果对 D 内任意点 (x,y) 均有

$$f(x,y) \leqslant f(x_0,y_0), (f(x,y) \geqslant f(x_0,y_0))$$

则称 $p_0(x_0,y_0)$ 是函数 $f(x,y)$ 的极大点(极小点), $f(x_0,y_0)$ 称为函数 $f(x,y)$ 的极大值(极小值).

例如,对于函数 $f(x,y) = x^2 + y^2 - 1$ 来说,由于对任意的点 $p(x,y)$,有 $f(x,y) \geqslant -1 = f(0,0)$,因此点 $p_0(0,0)$ 是 $f(x,y)$ 的极小点, $f(0,0) = -1$ 是 $f(x,y)$ 的极小值.(如图 10-2)

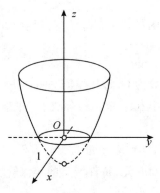

图 5-20

对于二元函数 $f(x,y)$,它的极值点应具备什么样的条件呢?

定理 8(极值点的必要条件)　如果函数 $f(x,y)$ 在点 $P_0(x_0,y_0)$ 两个偏导数存在,且 $P_0(x_0,y_0)$ 是 $f(x,y)$ 的极值点,则

$$\begin{cases} f'_x(x_0,y_0) = 0, \\ f'_y(x_0,y_0) = 0. \end{cases} \tag{15}$$

证:已知 $P_0(x_0,y_0)$ 是 $f(x,y)$ 的极值点,则 $x = x_0$ 是一元函数 $f(x,y_0)$

的极值点,根据一元函数极值的必要条件即证 $f'_x(x_0,y_0)=0$.
同理可证 $f'_y(x_0,y_0)=0$.

满足方程组(15)的点 (x,y) 称为函数 $f(x,y)$ 的驻点.

定理8指出,可微函数 $f(x,y)$ 的极值点一定是驻点.但反过来却不一定成立,也就是说驻点不一定是极值点.例如函数 $f(x,y)=x^2-y^2$, $f'_x(x,y)=2x$, $f'_y(x,y)=-2y$. 于是点 $p_0(0,0)$ 是函数 $f(x,y)$ 的驻点,但在 p_0 的任何邻域内都能找到两点 $p_1(x_1,0)$ 与 $p_2(0,y_1)(x_1\neq0,y_1\neq0)$ 使得 $f(x_1,0)=x_1^2$ $>0,f(0,y_1)=-y_1^2<0$,故 $f(0,0)=0$ 不可能是极值,因此 p_0 不可能是极值点.

对于可微函数 $f(x,y)$ 来讲,什么样的驻点才是极值点呢?为此,我们有下面的判定定理:

定理9(极值点的充分条件) 设 $f(x,y)$ 在点 $p_0(x_0,y_0)$ 的邻域内具有连续的二阶偏导数,且 $p_0(x_0,y_0)$ 为 $f(x,y)$ 的驻点.令 $A=f''_{xx}(x_0,y_0)$, $B=f''_{xy}(x_0,y_0)$, $C=f''_{yy}(x_0,y_0)$ 则

(1)当 $\Delta=B^2-AC<0$ 时,p_0 是极值点,且当 $A>0$ 时,p_0 是极小点,当 $A<0$ 时,p_0 是极大点;

(2)当 $\Delta=B^2-AC>0$ 时,p_0 不是极值点;

(3)当 $\Delta=B^2-AC=0$ 时,p_0 可能是极值点,也可能不是极值点,需要另作讨论.

综合上述讨论,我们可得求可微函数 $f(x,y)$ 的极值点的步骤:

1.求偏导数,解方程组 $\begin{cases} f'_x(x,y)=0, \\ f'_y(x,y)=0, \end{cases}$ 从中得出 $f(x,y)$ 的驻点.设其中一个驻点为 $p(x_0,y_0)$.

2.求二阶偏导数,写出 $[f''_{xy}(x,y)]^2-f''_{xx}(x,y)f''_{yy}(x,y)$.

3.将 (x_0,y_0) 代入上式得

$$\Delta=[f''_{xy}(x_0,y_0)]^2-f''_{xx}(x_0,y_0)f''_{yy}(x_0,y_0)=B^2-AC.$$

4.由 Δ 的符号,依据下表判定

Δ	$-$		$+$	0
A	$+$	$-$		
$p(x_0,y_0)$	极小点	极大点	不是极值点	不定

例 1 求函数 $f(x,y) = x^3 + y^3 - 3xy$ 的极值.

解:解方程组

$$\begin{cases} f'_x = 3x^2 - 3y = 0, \\ f'_y(x,y) = 3y^2 - 3x = 0. \end{cases}$$

从中得两个驻点 $p_1(0,0)$ 与 $p_2(1,1)$.

再求二阶偏导数

$$f''_{xx}(x,y) = 6x, f''_{xy}(x,y) = -3, f''_{yy}(x,y) = 6y.$$
$$[f''_{xy}(x,y)]^2 - f''_{xx}(x,y)f''_{yy}(x,y) = 9 - 36xy.$$

在点 $p_1(0,0)$,$\Delta = 9 > 0$,所以 $p_1(0,0)$ 不是函数的极值点.

在点 $p_2(1,1)$,$\Delta = -27 < 0$,且 $A = 6 > 0$,因此 $p_2(1,1)$ 是函数的极小值点,极小值为 $f(1,1) = -1$.

5.5.2 二元函数的最值

我们知道,要求可微函数 $f(x,y)$ 在有界闭区域 D 上的最大(小)值,就是将 $f(x,y)$ 在 D 内的全部极大(小)值与 $f(x,y)$ 在 D 的边界上的最大(小)值放在一起比较,其中最大(小)者就是 $f(x,y)$ 在 D 上的最大(小)值.但是通常情况下,求 $f(x,y)$ 在 D 的边界上的最值是很困难的.在许多应用问题中,根据问题的实际意义,它的最大(小)值必在区域 D 内取到,若函数 $f(x,y)$ 在 D 内只有一个驻点 p,那么 $f(p)$ 就是 $f(x,y)$ 在 D 上的最大(小)值.

例 2 求平面 $3x + 4y - z - 26 = 0$ 上距原点最近的点.

解:设 $p(x,y,z)$ 为平面上的任一点,p 到原点的距离 d 的平方为 u,则

$$u = d^2 = x^2 + y^2 + z^2 = x^2 + y^2 + (3x + 4y - 26)^2,$$
$$u'_x = 2x + 6(3x + 4y - 26), u'_y = 2y + 8(3x + 4y - 26).$$

令 $u'_x = 0, u'_y = 0$,解得唯一的一个驻点 $(3,4)$.以此代入平面方程得 $z = -1$.

由于从问题本身可知,平面上距原点最近的点是存在的,现在驻点只有一个,因此,点 $(3,4,-1)$ 就是所求的点.

例 3 某工厂生产 A,B 两种型号的产品,A 型产品的售价为 1000 元/件,B 型产品的售价为 900 元/件,生产 x 件 A 产品和 y 件 B 产品的总成本为 $40000 + 200x + 300y + 3x^2 + xy + 3y^2$ 元,求 A,B 两种产品各生产多少时,利润最大?

解:设 $L(x,y)$ 为生产 x 件 A 型产品和 y 件 B 型产品时获得的总利润,则

$$L(x,y) = 1000x + 900y - (40000 + 200x + 300y + 3x^2 + xy + 3y^2)$$
$$= -3x^2 - xy - 3y^2 + 800x + 600y - 40000.$$

令

$$
\begin{cases}
L'_x(x,y) = -6x - y + 800 = 0, \\
L'_y(x,y) = -x - 6y + 600 = 0.
\end{cases}
$$

解方程组,得 $x = 120, y = 80$. 又 $L''_{xx} = -6, L''_{xy} = -1, L''_{yy} = -6$,从而

$$
\Delta = B^2 - AC = (-1)^2 - (-6) \cdot (-6) = (-35) < 0.
$$

故 $L(x,y)$ 在驻点 $(120,80)$ 处取得极大值,而驻点只有一个,因而可以断定,当 A,B 两种产品分别生产 120 件和 80 件时利润最大,且最大利润为

$$
L(120,80) = 32000(元).
$$

例 4 用钢板制造一个容积为 V 的无盖长方形水箱,问怎样选择水箱的长,宽,高才能使所用钢板最省?

解:设水箱的长,宽,高分别为 x,y,z,则 $V = xyz$,从而 $z = \dfrac{V}{xy}$. 水箱的表面积为

$$
S = xy + \frac{V}{xy}(2x + 2y) = xy + 2V\left(\frac{1}{x} + \frac{1}{y}\right),
$$

令

$$
\begin{cases}
S'_x = y + 2v\left(-\dfrac{1}{x^2}\right) = y - \dfrac{2v}{x^2} = 0, \\
S'_y = x + 2v\left(-\dfrac{1}{y^2}\right) = x - \dfrac{2v}{y^2} = 0.
\end{cases}
$$

从中解得驻点 $p(\sqrt[3]{2v}, \sqrt[3]{2v})$ 又由于

$$
S''_{xx} = \frac{4v}{x^3}, S''_{xy} = 1, S''_{yy} = \frac{4v}{y^3}, [S''_{xy}]^2 - S''_{xx} \cdot S''_{yy} = 1 - \frac{16v^2}{x^3 y^3},
$$

于是 $\Delta = B^2 - AC = 1 - \dfrac{16v^2}{2v \cdot 2v} = -3 < 0$,且 $A = \dfrac{4v}{2v} = 2 > 0$,

因此 p 点为 S 的极小点,即 S 在 p 点取到最小值,当 $x = y = \sqrt[3]{2v}$ 时,

$$
z = \frac{v}{\sqrt[3]{2v} \cdot \sqrt[3]{2v}} = \frac{\sqrt[3]{2v}}{2}.
$$

所以当水箱的长,宽,高分别为 $\sqrt[3]{2v}, \sqrt[3]{2v}$ 与 $\dfrac{\sqrt[3]{2v}}{2}$ 时所用的钢板为最省.

 **习题 5-5**

1. 求下列函数的极值点与极值:

$(1) f(x,y) = x^2 + xy + y^2 + \dfrac{1}{x} + \dfrac{1}{y}$;

(2) $f(x,y) = \dfrac{1}{2}x^2 - 4xy + 9y^2 + 3x - 14y + \dfrac{1}{2}$;

(3) $f(x,y) = -3xy - x^3 + y^3$;

(4) $f(x,y) = x^2 + y^2 - 2\ln x - 2\ln y$, $x > 0, y > 0$.

2. 求下列函数在区域 B 的最大值与最小值:

(1) $z = x^2 y(4 - x - y), B: x \geqslant 0, y \geqslant 0, x + y \leqslant 4$.

(2) $z = x - 2y - 3, B: x \geqslant 0, y \geqslant 0, x + y \leqslant 1$.

3. 用铁皮制造一个体积为 $2\ \mathrm{m}^3$ 的有盖长方体水箱,问怎样选取它的长、宽、高才能使所用材料最省?

4. 一个长方形敞口盒子,它的底面积与四个侧面积的和为一个常数 m,问盒子各边的长多大时,才能使盒子的容积最大?

5. 一块长方形的铁片,宽为 l,要把它的两边折起来做成一个等腰梯形断面的排水槽,问边的倾斜角 θ 及宽度 x 应各为多少,才使断面的面积最大?

6. 在 xy 坐标平面上找出一点 P,使它到三点 $P_1(0,0)$、$P_2(1,0)$、$P_3(0,1)$ 距离的平方和为最小.

7. 求函数 $f(x,y) = \sin x + \sin y - \sin(x+y)$ 在有界区域 D 上的最大值和最小值,其中 D 是由直线 $x + y = 2\pi$、x 轴和 y 轴所围成的有界区域.

8. 将正数 a 分成三个正数之和,使它的乘积为最大,求此三数.

9. 在半径为 a 的半球内,求出体积为最大的内接长方体的边长.

10. 有一宽为 24 厘米的长方形铁板,把它两边折起来做成一个断面为等腰梯形的水槽,问怎样折法才能使断面最大?

5.6　条件极值与拉格朗日乘数法

上面讨论的极值问题,对于函数的自变量,除了限制在函数的定义域内以外,并无其他条件,所以有时候称为无条件极值. 如果自变量还要满足一定的附加条件,这时所求的极值称为条件极值.

例如,求原点到曲线 $\varphi(x,y) = 0$ 的最短距离,这就是求函数 $z = \sqrt{x^2 + y^2}$ 在约束条件 $\varphi(x,y) = 0$ 下的极值问题.

很自然地,我们想把条件极值化为无条件极值,但在很多情况下,条件极值并不容易化为无条件极值. 下面介绍一种直接寻求条件极值的方法 —— 拉格朗日乘数法.

拉格朗日乘数法　欲求函数 $z = f(x,y)$ 在附加条件 $\varphi(x,y) = 0$ 下的可能极值点,先作拉格朗日函数

$$L(x,y) = f(x,y) + \lambda \varphi(x,y) \tag{16}$$

其中 λ 为参数. 求 $L(x,y)$ 对 x 与 y 的一阶偏导数,并使之为零. 然后与方程的附加条件联立起来:

$$\begin{cases} f'_x(x,y) + \lambda \varphi'_x(x,y) = 0, \\ f'_y(x,y) + \lambda \varphi'_y(x,y) = 0, \\ \varphi(x,y) = 0. \end{cases} \tag{17}$$

由这个方程组(17) 解出 x,y 及 λ,这样得到的 (x,y) 就是函数 $f(x,y)$ 在附加条件 $\varphi(x,y) = 0$ 下的可能极值点.

这方法还可以推广到自变量多于两个而条件多于一个的情形. 至于如何确定所求得的点是否极值点,在实际问题中往往可根据问题本身的性质来判定.

例 1　经济学中有 Cobb-Douglas 生产函数模型

$$f(x,y) = Cx^a y^{1-a}$$

其中,x 表示劳动力的数量;y 表示资本数量;C 与 $a\,(0 < a < 1)$ 是常数,由不同企业的具体情形决定;函数值表示生产量. 现已知某生产商的 Cobb-Douglas 生产函数为

$$f(x,y) = 100x^{\frac{3}{4}} y^{\frac{1}{4}},$$

其中每个劳动力与每单位资本的成本分别为 150 元及 250 元,该生产商的总预算是 50000 元,问该如何分配这笔钱用于雇佣劳动力及投入资本,以使生产量最高?

解:这是个条件极值问题,就是求生产函数

$$f(x,y) = 100x^{\frac{3}{4}} y^{\frac{1}{4}}$$

在约束条件 $150x + 250y = 50000$ 下的最大值.

作拉格朗日函数

$$L(x,y) = 100x^{\frac{3}{4}} y^{\frac{1}{4}} + \lambda(50000 - 150x - 250y)$$

令

$$\begin{cases} L'_x = 75x^{-\frac{1}{4}} y^{\frac{1}{4}} - 150\lambda = 0, \\ L'_y = 25x^{\frac{3}{4}} y^{-\frac{3}{4}} - 250\lambda = 0, \\ 150x + 250y = 50000. \end{cases}$$

解得 $x = 250, y = 50$.

这是生产函数在定义域 $D = \{(x,y) \mid x > 0, y > 0\}$ 内的唯一可能的极值点,而由问题本身可知最高生产量一定存在. 故该制造商雇佣 250 个劳动力

及投入 50 个单位资本时,可获得最大产量.

例 2　用总面积为 $2a$ 的铁皮制作一个长方体盒子,问怎样做才能使其容积为最大?

解:设盒子的长,宽,高分别为 x,y,z,问题就变为求在条件

$$2xy + 2yz + 2zx = 2a \quad 即 \quad xy + yz + zx - a = 0$$

下容积函数 $V = xyz(x,y,z > 0)$ 的最大值.

作拉格朗日函数　$F(x,y,z) = xyz + \lambda(xy + yz + zx - a)$

令

$$\begin{cases} yz + \lambda(y + z) = 0, \\ zx + \lambda(z + x) = 0, \\ xy + \lambda(x + y) = 0. \end{cases} \tag{18}$$

分别以 x,y,z 乘(18)各式后相加得 $3xyz + 2\lambda(xy + yz + zx) = 0$.

再由限制条件得 $3xyz + 2a\lambda = 0$,从而有

$$\lambda = -\frac{3xyz}{2a}.$$

以这个 λ 值代入(18)式,则有

$$yz\left[1 - \frac{3x}{2a}(y + z)\right] = 0,$$

$$zx\left[1 - \frac{3y}{2a}(z + x)\right] = 0,$$

$$xy\left[1 - \frac{3z}{2a}(x + y)\right] = 0.$$

因为 x,y,z 都不等于零,于是

$$\frac{3x}{2a}(y + z) = 1, \frac{3y}{2a}(z + x) = 1, \frac{3z}{2a}(x + y) = 1,$$

解得　$x = y = z$.因此有 $x = y = z = \sqrt{\dfrac{a}{3}}$.

这是可以使函数 V 取得极值的唯一解组.而小盒的最大容积是存在的,所以当小盒是边长为 $\sqrt{\dfrac{a}{3}}$ 的立方体时容积最大.

例 3　设 n 个函数 $x_1, x_2, \cdots, x_n$ 之和为 a,求函数

$$\sqrt[n]{x_1 \cdot x_2 \cdots x_n}$$

的最大值.

解:作拉格朗日函数

$$L = \sqrt[n]{x_1 \cdot x_2 \cdots x_n} + \lambda(x_1 + x_2 \cdots x_n - a),$$

令

$$
\begin{cases}
\dfrac{\partial L}{\partial x_1} = \dfrac{1}{n}(x_1 \cdot x_2 \cdots x_n)^{\frac{1}{n}-1} \cdot (x_2 \cdots x_n) + \lambda = \dfrac{y}{nx_1} + \lambda = 0, \\[2mm]
\dfrac{\partial L}{\partial x_2} = \dfrac{1}{n}(x_1 \cdot x_2 \cdots x_n)^{\frac{1}{n}-1} \cdot (x_1 x_3 \cdots x_n) + \lambda = \dfrac{y}{nx_2} + \lambda = 0, \\[2mm]
\cdots\cdots \\[2mm]
\dfrac{\partial L}{\partial x_n} = \dfrac{1}{n}(x_1 \cdot x_2 \cdots x_n)^{\frac{1}{n}-1} \cdot (x_1 x_2 \cdots x_{n-1}) + \lambda = \dfrac{y}{nx_n} + \lambda = 0, \\[2mm]
x_1 + x_2 \cdots x_n - a = 0.
\end{cases} \tag{19}
$$

由(19) 的前 n 个方程可得 $x_1 = x_2 = \cdots x_n = \dfrac{y}{n\lambda}$,从而由最后一个方程有

$$\lambda = -\frac{y}{a}.$$

于是有 $x_1 = x_2 = \cdots x_n = \dfrac{a}{n}$.

显然,这个问题的最大值是存在的,故 y 的最大值为 $y_{max} = \sqrt[n]{\left(\dfrac{a}{n}\right)^n} = \dfrac{a}{n}$,
由此便得

$$\sqrt[n]{x_1 \cdot x_2 \cdots x_n} \leqslant \frac{a}{n} = \frac{x_1 + x_2 \cdots x_n}{n}.$$

即 n 个正数的几何平均值不超过它们的算术平均值.

习题 5-6

1.求下列各函数在指定条件下的极值点并求极值:

(1)$z = xy^2$;　　　　　　条件:$x^2 + y^2 = 1$;

(2)$z = xy$;　　　　　　　条件:$x + y = 2$;

(3)$z = x + y$;　　　　　　条件:$\dfrac{1}{x} + \dfrac{1}{y} = 1$　$x > 0, y > 0$.

2.求空间一点 (a,b,c) 到平面 $Ax + By + Cz + D = 0$ 的最短距离.

3.在平面 $3x - 2z = 0$ 上求一点,使它与点 $A(1,1,1)$ 和点 $B(2,3,4)$ 的距离平方和为最小.

4.从斜边之长为 l 的一切直角三角形中,求有最大周长的直角三角形.

5. 求函数 $z = x^2 + y^2$ 在 $\dfrac{x}{a} + \dfrac{y}{b} = 1$ 条件下的极值.

6 抛物面 $z = x^2 + y^2$ 被平面 $x + y + z = 1$ 截成一椭圆,求原点到这椭圆的最长与最短距离.

7 求函数 $z = \sin x + \sin y + \sin(x + y)$ 在区域 $0 \leqslant x \leqslant \dfrac{\pi}{2}, 0 \leqslant y \leqslant \dfrac{\pi}{2}$ 内的极值.

8 求函数 $u = x - 2y + 2z$ 在条件: $x^2 + y^2 + z^2 = 1$ 下的极值.

9 有一上部为圆柱形、下部为圆锥形的无盖容器,容积为常数.试证:要容器侧面积最小,容器的尺寸间应有如下关系,$R = \sqrt{5}\,H, h = 2H.$ (R, H 各为圆柱形的半径与高,h 为圆锥形的高).

10. 长为 $2P$ 的矩形绕它的一边旋转得到一圆柱体,问矩形的边长各为多少时,才能使该圆柱体的体积最大.

第 5 章　　总复习题

1. 求下列极限:

(1) $\lim\limits_{x \to +\infty} \dfrac{x^2}{x + e^x}$;

(2) $\lim\limits_{x \to 0^+} (\cos\sqrt{x})^{\frac{\pi}{x}}$;

(3) $\lim\limits_{x \to 0} \dfrac{\tan x - x}{x - \sin x}$;

(4) $\lim\limits_{x \to \infty} \dfrac{\ln(1 + 3x^2)}{\ln(3 + x^4)}$;

(5) $\lim\limits_{x \to 0} \dfrac{\sin x - e^x + 1}{1 - \sqrt{1 - x^2}}$;

(6) $\lim\limits_{x \to 0} x \cot 2x$;

(7) $\lim\limits_{x \to 1} (\ln x)^{x-1}$.

2. 计算下列各题:

(1) 求 $y = x - \dfrac{3}{2}x^{\frac{2}{3}}$ 的单调区间.

(2) 求 $f(x) = 3 - x - \dfrac{4}{(x+2)^2}$ 在区间 $[-1, 2]$ 上的最大值和最小值.

(3) 求曲线 $y = \ln(1 + x^2)$ 的凹凸区间及拐点.

(4) 求曲线 $y = \dfrac{\sin 2x}{x(2x + 1)}$ 的垂直渐近线.

3. 证明下列各题:

(1) $\sin x < x, (x > 0)$;

(2) $(1 + x)^n > 1 + nx, (x > 0, n > 1)$.

4.求下列函数的单调区间：

(1)$y = (x-1)(x+1)^3$；　　　　　(2)$y = x^n e^{-x} (n > 0, x \geqslant 0)$.

5.求下列函数的极值：

(1)$f(x) = x^2 \ln x$；　　　　　(2)$f(x) = \dfrac{1+2x}{\sqrt{x^2+1}}$.

6.求下列函数的最大值与最小值：

(1)$y = x^2 e^{-x}$　$(-1 \leqslant x \leqslant 3)$；　(2)$y = x^2 - \dfrac{54}{x}$　$(x < 0)$.

7.求函数 $y = \dfrac{x}{1+x^2}$ 的单调区间、凹凸区间、极值并作出其草图.

8.求下列函数的极值：

(1)$z = 4(x-y) - x^2 - y^2$；

(2)$z = x - 2y + \ln \sqrt{x^2+y^2} - 3\arctan \dfrac{y}{x}$.

9.在平面 $3x + 4y - z = 26$ 上求一点，使它与坐标原点的距离最短.

10.求函数 $z = xy - 1$ 在条件 $(x-1)(y-1) = 1$　$x > 0, y > 0$ 下的极值.

11.证明：当 $x > 0$ 时，$\ln(x + \sqrt{1+x^2}) > \dfrac{x}{\sqrt{1+x^2}}$.

12.设函数 $y = ax^3 + bx^2 + cx + d$ 以 $y(-2) = -44$ 为极大值，函数图形以 $(1, -10)$ 为拐点，求 a, b, c, d.

13.画出函数 $y = e^{-x} \sin x$ 的图像.

14.求函数 $u = x + y + z$，在条件 $\dfrac{1}{x} + \dfrac{1}{y} + \dfrac{1}{z} = 1, x > 0, y > 0, z > 0$ 下的极值.

15.求下列函数的最值：

(1)$z = x^3 - 4x^2 + 2xy - y^2$；　$-1 \leqslant x \leqslant 4, -1 \leqslant y \leqslant 1$；

(2)$z = x^2 + y^2 - x - y$；　$x^2 + y^2 \leqslant 1$.

第6章　　不定积分

　　不定积分是导数的逆运算,也是定积分计算的基础.本章介绍不定积分的概念、性质、方法以及有理函数、三角函数和简单无理函数的积分运算.

6.1　不定积分的概念

　　设质点作直线运动,其运动的方程为 $S = S(t)$,那么质点的运动速度 $V = S'(t)$,这就是已知一个函数,求这个函数的导数的问题.但是,在物理学中经常需要解决相反的问题:已知作直线运动的质点在任一时刻的速度 $V(t)$,求质点的运动方程 $S = S(t)$,即由 $S'(t) = V(t)$ 求函数 $S(t)$.这样就提出了由已知某函数的导数求原来这个函数的问题,从而引出原函数的概念.

　　定义 1　如果在区间 I 上,对任一 $x \in I$,都有
$$F'(x) = f(x) \quad \text{或} \quad \mathrm{d}F(x) = f(x)\mathrm{d}x,$$
则称 $F(x)$ 是 $f(x)$ 在区间 I 上的一个**原函数**.

　　例如,$(\sin x)' = \cos x$,那么 $\sin x$ 就是 $\cos x$ 的一个原函数.又如 $(x^2)' = 2x$,那么 x^2 是 $2x$ 的一个原函数.

　　原函数存在定理　如果函数 $f(x)$ 在区间 I 上连续,那么在区间 I 上存在可导函数 $F(x)$,使对任一 $x \in I$ 都有
$$F'(x) = f(x).$$
也就是说:连续函数一定有原函数.

　　关于原函数有以下两点说明:

　　(1) 如果函数 $f(x)$ 在区间 I 上有原函数 $F(x)$,由于
$$[F(x) + C]' = F'(x) = f(x),$$
故 $F(x) + C(C$ 是任意常数) 也是 $f(x)$ 的原函数,因此如果 $f(x)$ 有一个原函数,那么 $f(x)$ 就有无穷多个原函数.

　　(2) 如果函数 $F(x)$ 是 $f(x)$ 在区间 I 上的一个原函数,而 $G(x)$ 是 $f(x)$ 在

I 上的另一个原函数. 由于
$$[G(x) - F(x)]' = G'(x) - F'(x) = f(x) - f(x) = 0,$$
所以
$$G(x) - F(x) = C_0, 即 G(x) = F(x) + C_0 (C_0 为某个常数),$$
这表明 $f(x)$ 的任意两个原函数只相差一个常数. 因此 $f(x)$ 的全体原函数可表示为
$$F(x) + C(C 是任意常数).$$

由此我们引进不定积分的概念.

定义 2   函数 $f(x)$ 的全体原函数 $F(x) + C$ 称为 $f(x)$ 的不定积分, 记为 $\int f(x) \mathrm{d}x$, 即
$$\int f(x) \mathrm{d}x = F(x) + C,$$
其中记号"$\int$" 称为积分号, $f(x)$ 称为**被积函数**, x 称为**积分变量**, $f(x) \mathrm{d}x$ 称为**被积表达式**, C 称为**积分常数**.

由定义知, 上述求质点的运动方程问题, 就是求速度 $V(t)$ 的不定积分, 即
$$S(t) = \int V(t) \mathrm{d}t.$$

根据定义, 要求函数 $f(x)$ 的不定积分, 就是求函数 $f(x)$ 的全体原函数. 实际上只要求出 $f(x)$ 的一个原函数, 再加上任意常数 C 即可.

例 1   求 $\int x^4 \mathrm{d}x$.

解: 因 $\left(\dfrac{x^5}{5}\right)' = x^4$, 故 $\dfrac{x^5}{5}$ 是 x^4 的一个原函数, 所以
$$\int x^4 \mathrm{d}x = \frac{x^5}{5} + C.$$

例 2   求 $\int \dfrac{1}{1 + x^2} \mathrm{d}x$.

解: 因 $(\arctan x)' = \dfrac{1}{1 + x^2}$, 故 $\arctan x$ 是 $\dfrac{1}{1 + x^2}$ 的一个原函数, 所以
$$\int \frac{1}{1 + x^2} \mathrm{d}x = \arctan x + C.$$

例 3   求 $\int \dfrac{1}{x} \mathrm{d}x$.

解: 当 $x > 0$ 时, $(\ln x)' = \dfrac{1}{x}$, 所以 $\ln x$ 是 $\dfrac{1}{x}$ 在 $(0, +\infty)$ 内的一个原函数,

因此在$(0,+\infty)$内

$$\int \frac{1}{x}dx = \ln x + C;$$

当 $x < 0$ 时,因$[\ln(-x)]' = \frac{1}{-x} \cdot (-x)' = \frac{1}{x}$,所以 $\ln(-x)$ 是 $\frac{1}{x}$ 在 $(-\infty, 0)$ 内的一个原函数,因此在$(-\infty, 0)$ 内

$$\int \frac{1}{x}dx = \ln(-x) + C.$$

把在 $x > 0$ 及 $x < 0$ 内的结果合起来,可写作

$$\int \frac{1}{x}dx = \ln|x| + C \quad (x \neq 0).$$

例 4   设曲线过点$(1,2)$,且其上任一点处的切线斜率为 $2x$,求此曲线的方程.

解:设所求的曲线方程为 $y = f(x)$. 依题意,曲线上任一点(x,y) 处的切线斜率为 $2x$,因此 $y' = f'(x) = 2x$,即 $f(x)$ 是 $2x$ 的一个原函数.

因为　　　　$\int 2x dx = x^2 + C$,

故 $f(x) = x^2 + C$,即曲线方程为 $y = x^2 + C$. 又曲线过点$(1,2)$,所以 $C = 1$.

因此,所求曲线方程为

$$y = x^2 + 1.$$

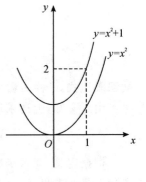

图 6-1

函数 $f(x)$ 的原函数的图形称为 $f(x)$ 的积分曲线.例 4 就是求函数 $2x$ 的一条过点$(1,2)$ 的积分曲线.

习题 6-1

1.什么是不定积分?它与原函数有什么区别?有什么关系?

2.已知一曲线 $y = f(x)$ 在$(x, f(x))$ 点处的切线的斜率为 $\sin x$,且此曲线与 y 轴的交点为$(0,5)$,求此曲线的方程.

3.求下列不定积分:

(1) $\int e^x dx$;

(2) $\int \frac{1}{x^2}dx$;

(3) $\int (-\cos x)dx$;

(4) $\int (2x+3)dx$.

6.2　不定积分的性质

由不定积分的定义及导数的运算法则,可推出不定积分的如下性质:

性质 1
$$\left[\int f(x)\mathrm{d}x\right]' = f(x).$$

性质 2
$$\int f'(x)\mathrm{d}x = f(x) + C.$$

性质 3　设 $f(x)$ 与 $g(x)$ 的原函数均存在,则

$$\int [f(x) \pm g(x)]\mathrm{d}x = \int f(x)\mathrm{d}x \pm \int g(x)\mathrm{d}x.$$

性质 3 对于有限个函数也是成立的.

性质 4
$$\int kf(x)\mathrm{d}x = k\int f(x)\mathrm{d}x \qquad (k \neq 0 \text{ 为常数}).$$

即非零常数可提到积分号外.

由性质 1 和性质 2 可以看出,不定积分运算与求导运算基本上可以认为是可逆运算的,因此根据基本导数公式可以得到相应的积分公式,现列表如下,称为基本积分表:

(1) $\displaystyle\int k\mathrm{d}x = kx + C (k \text{ 为常数})$;　　(2) $\displaystyle\int x^\mu \mathrm{d}x = \frac{1}{\mu+1}x^{\mu+1} + C(\mu \neq -1)$;

(3) $\displaystyle\int \frac{1}{x}\mathrm{d}x = \ln|x| + C$;　　(4) $\displaystyle\int \mathrm{e}^x \mathrm{d}x = \mathrm{e}^x + C$;

(5) $\displaystyle\int a^x \mathrm{d}x = \frac{a^x}{\ln a} + C(a > 0, a \neq 1)$;　　(6) $\displaystyle\int \sin x\mathrm{d}x = -\cos x + C$;

(7) $\displaystyle\int \cos x\mathrm{d}x = \sin x + C$;　　(8) $\displaystyle\int \frac{1}{\cos^2 x}\mathrm{d}x = \int \sec^2 x\mathrm{d}x = \tan x + C$;

(9) $\displaystyle\int \frac{1}{\sin^2 x}\mathrm{d}x = \int \csc^2 x\mathrm{d}x = -\cot x + C$;

(10) $\displaystyle\int \sec x\tan x\mathrm{d}x = \sec x + C$;　　(11) $\displaystyle\int \csc x\cot x\mathrm{d}x = -\csc x + C$;

(12) $\displaystyle\int \frac{1}{1+x^2}\mathrm{d}x = \arctan x + C$;　　(13) $\displaystyle\int \frac{1}{\sqrt{1-x^2}}\mathrm{d}x = \arcsin x + C$.

以上这些性质与基本积分公式,是求不定积分的基础,必须熟记,利用它们可直接求一些简单的不定积分.

例 1　求 $\displaystyle\int (2^x + \tan^2 x)\mathrm{d}x$.

解 $\int (2^x + \tan^2 x)\,dx = \int 2^x\,dx + \int \sec^2 x\,dx - \int dx = \dfrac{2^x}{\ln 2} + \tan x - x + C.$

例 2 求 $\int \dfrac{1}{x^2\sqrt[3]{x}}\,dx.$

解 $\int \dfrac{1}{x^2\sqrt[3]{x}}\,dx = \int x^{-\frac{7}{3}}\,dx = \dfrac{1}{-\dfrac{7}{3}+1}x^{-\frac{7}{3}+1} + C = -\dfrac{3}{4}x^{-\frac{4}{3}} + C$

$$= -\dfrac{3}{4x\sqrt[3]{x}} + C.$$

例 3 求 $\int \left(\dfrac{2}{x} - 5\cos x \right)dx.$

解 $\int \left(\dfrac{2}{x} - 5\cos x \right)dx = 2\int \dfrac{1}{x}\,dx - 5\int \cos x\,dx = 2\ln|x| - 5\sin x + C.$

例 4 求 $\int \dfrac{x^4}{1+x^2}\,dx.$

解 $\int \dfrac{x^4}{1+x^2}\,dx = \int \dfrac{(x^4-1)+1}{1+x^2}\,dx = \int \left(x^2 - 1 + \dfrac{1}{1+x^2} \right)dx$

$$= \int x^2\,dx - \int dx + \int \dfrac{1}{1+x^2}\,dx = \dfrac{1}{3}x^3 - x + \arctan x + C.$$

例 5 求 $\int (e^x - 3\sin x)\,dx.$

解 $\int (e^x - 3\sin x)\,dx = \int e^x\,dx - 3\int \sin x\,dx = e^x + 3\cos x + C.$

例 6 求 $\int \sin^2 \dfrac{x}{2}\,dx.$

解 $\int \sin^2 \dfrac{x}{2}\,dx = \int \dfrac{1-\cos x}{2}\,dx = \dfrac{1}{2}\int dx - \dfrac{1}{2}\int \cos x\,dx = \dfrac{x}{2} - \dfrac{1}{2}\sin x + C.$

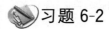 习题 6-2

1. 应用基本积分表和不定积分的简单性质求下列不定积分:

(1) $\int (4x^3 - 2x^2 + 3x + 1)\,dx$;　　(2) $\int \left(\dfrac{1}{x} - \dfrac{3}{\sqrt{1-x^2}} \right)dx$;

(3) $\int (\sqrt{x}+1)(x-\sqrt{x}+1)\,dx$;　　(4) $\int \dfrac{1+2x^2}{x^2(1+x^2)}\,dx$;

(5) $\int 3^x e^x\,dx$;　　　　　　　　　　(6) $\int \dfrac{\cos 2\theta}{\sin^2 2\theta}\,d\theta$;

$(7) \displaystyle\int \left(\frac{x}{2} + \frac{2}{x} \right) \mathrm{d}x;$

$(8) \displaystyle\int \left(\cos^2 \frac{x}{2} - \frac{2}{x} + \frac{1}{\sin^2 x} \right) \mathrm{d}x;$

$(9) \displaystyle\int \left(\frac{5}{\sqrt{1-x^2}} - \frac{2}{1-x^2} \right) \mathrm{d}x;$

$(10) \displaystyle\int (\csc x \cot x + \sec x \tan x + 5\mathrm{e}^{-x}) \mathrm{d}x;$

$(11) \displaystyle\int \frac{(1-x)^2}{\sqrt{x}} \mathrm{d}x;$

$(12) \displaystyle\int \frac{\cos 2x}{\cos x - \sin x} \mathrm{d}x.$

6.3　换元积分法

本节介绍一种利用中间变量的代换求不定积分的方法,称为换元积分法,简称换元法.换元法一般分为两类.

6.3.1　第一类换元法

为了说明这个法则,我们先看两个例子.

例 1　求 $\displaystyle\int \cos 2x \mathrm{d}x.$

解: 在基本积分表中只有 $\displaystyle\int \cos x \mathrm{d}x = \sin x + C.$ 为了求出这个积分,我们把它改写成

$$\int \cos 2x \mathrm{d}x = \frac{1}{2} \int \cos 2x \mathrm{d}(2x).$$

令 $2x = u$,把 u 看作新的积分变量,便可应用积分表中的公式:

$$\int \cos 2x \mathrm{d}x = \frac{1}{2} \int \cos u \mathrm{d}u = \frac{1}{2} \sin u + C,$$

再把 u 换成 $2x$,得　$\displaystyle\int \cos 2x \mathrm{d}x = \frac{1}{2} \sin 2x + C.$

容易验证,$\dfrac{1}{2}\sin 2x$ 确实是 $\cos 2x$ 的一个原函数.应当注意 $\displaystyle\int \cos 2x \mathrm{d}x \neq \sin 2x + C$,这是因为 $\mathrm{d}(\sin 2x) = \cos 2x \mathrm{d}(2x)$,而不是 $\cos 2x \mathrm{d}x.$ 所以必须先把 $\mathrm{d}x$ 变成 $\dfrac{1}{2}\mathrm{d}(2x)$,然后把 $2x$ 看成中间变量,才能套用基本积分表中相应的公式.

例 2　求 $\displaystyle\int (a+bx)^n \mathrm{d}x \quad (n \neq -1, b \neq 0).$

解: 为了应用公式

$$\int x^a \mathrm{d}x = \frac{1}{\alpha+1} x^{\alpha+1} + C \quad (\alpha \neq -1),$$

把所求积分写成　　　$\int (a+bx)^n \mathrm{d}x = \frac{1}{b} \int (a+bx)^n \mathrm{d}(a+bx).$

令 $a+bx = u$，把 u 看成新的积分变量，便得

$$\int (a+bx)^n \mathrm{d}x = \frac{1}{b} \int u^n \mathrm{d}u = \frac{1}{b} \frac{1}{n+1} u^{n+1} + C,$$

再把 u 换成 $a+bx$ 得　　　$\int (a+bx)^n \mathrm{d}x = \frac{1}{b} \frac{1}{n+1} (a+bx)^{n+1} + C.$

以上两例中所用的方法就是所谓换元法. 可见第一类换元法的关键在于选择一个适当的函数 $\varphi(x) = u$ 作为新的积分变量，把所求的积分变形为基本积分表中已有的形式. 下面我们来一般地叙述并证明这一法则.

定理 1　设 $\int f(u) \mathrm{d}u = F(u) + C, u = \varphi(x)$ 具有连续导数，则

$$\int f[\varphi(x)] \varphi'(x) \mathrm{d}x = \int f(u) \mathrm{d}u = F[\varphi(x)] + C. \tag{1}$$

由这个法则可知，要计算积分 $\int g(x) \mathrm{d}x$，如果能设法把被积表达式 $g(x)\mathrm{d}x$ 变形为

$$g(x)\mathrm{d}x = f[\varphi(x)]\varphi'(x)\mathrm{d}x = f[\varphi(x)]\mathrm{d}\varphi(x)$$

即把 $\mathrm{d}x$ 与 $g(x)$ 中的一部分因式结合起来，凑成微分 $\mathrm{d}\varphi(x)$. 然后令 $\varphi(x) = u$，而积分

$$\int f(u) \mathrm{d}u = F(u) + C$$

又容易求出. 那么由 (1) 式可知

$$\int g(x) \mathrm{d}x = \int f[\varphi(x)]\varphi'(x)\mathrm{d}x = \left[\int f(u)\mathrm{d}u\right]_{u=\varphi(x)} = F[\varphi(x)] + C.$$

所以第一类换元法也称凑微分法. 至于怎样凑成微分 $\mathrm{d}\varphi(x)$，并无一定规律可循. 只有熟记基本积分公式，多做练习，积累经验，才能做到熟能生巧，运用自如.

例 3　$\displaystyle\int \frac{\mathrm{d}x}{1-2x} = -\frac{1}{2} \int \frac{\mathrm{d}(1-2x)}{1-2x} \quad (\diamondsuit\ 1-2x = u)$

$$= -\frac{1}{2} \int \frac{\mathrm{d}u}{u} = -\frac{1}{2} \ln|u| + C = -\frac{1}{2} \ln|1-2x| + C.$$

例 4　$\displaystyle\int \frac{\mathrm{d}x}{a^2 - x^2} = \frac{1}{2a} \int \left(\frac{1}{a+x} + \frac{1}{a-x}\right) \mathrm{d}x$

$$= \frac{1}{2a}\left[\int \frac{\mathrm{d}(a+x)}{a+x} - \int \frac{\mathrm{d}(a-x)}{a-x}\right]$$

$$= \frac{1}{2a}\left[\ln|a+x| - \ln|a-x|\right] + C$$

$$= \frac{1}{2a}\ln\left|\frac{a+x}{a-x}\right| + C.$$

例 5 求 $\int \cos x \sqrt{\sin x}\,\mathrm{d}x$.

解: $\int \cos x \sqrt{\sin x}\,\mathrm{d}x = \int \sqrt{\sin x}\,\mathrm{d}(\sin x) = \frac{2}{3}\sin^{\frac{3}{2}}x + C = \frac{2}{3}\sqrt{\sin^3 x} + C.$

例 6 求 $\int \frac{\sqrt[3]{4+3\ln x}}{x}\,\mathrm{d}x$.

解: $\int \frac{\sqrt[3]{4+3\ln x}}{x}\,\mathrm{d}x = \int (4+3\ln x)^{\frac{1}{3}}\,\mathrm{d}(\ln x)$

$$= \int (4+3\ln x)^{\frac{1}{3}} \cdot \frac{1}{3}d(4+3\ln x)$$

$$= \frac{1}{4}(4+3\ln x)^{\frac{4}{3}} + C.$$

例 7 求 $\int \frac{1}{a^2+x^2}\,\mathrm{d}x$ $(a>0)$.

解: $\int \frac{1}{a^2+x^2}\,\mathrm{d}x = \int \frac{1}{a^2} \cdot \frac{1}{1+(\frac{x}{a})^2}\,\mathrm{d}x = \frac{1}{a}\int \frac{1}{1+(\frac{x}{a})^2}\,\mathrm{d}(\frac{x}{a})$

$$= \frac{1}{a}\arctan \frac{x}{a} + C.$$

同样的，有 $\int \frac{1}{\sqrt{a^2-x^2}}\,\mathrm{d}x = \arcsin \frac{x}{a} + C$ $(a>0)$.

例 8 求 $\int \sin^3 x\,\mathrm{d}x$.

解: $\int \sin^3 x\,\mathrm{d}x = \int \sin^2 x \cdot \sin x\,\mathrm{d}x = -\int (1-\cos^2 x)\,\mathrm{d}(\cos x)$

$$= -\int \mathrm{d}(\cos x) + \int \cos^2 x\,\mathrm{d}(\cos x)$$

$$= -\cos x + \frac{1}{3}\cos^3 x + C.$$

例 9 求 $\int \csc x\,\mathrm{d}x$.

解: $\displaystyle\int \csc x \, \mathrm{d}x = \int \frac{\mathrm{d}x}{\sin x} = \int \frac{\mathrm{d}x}{2\sin \frac{x}{2}\cos \frac{x}{2}} = \frac{1}{2}\int \frac{\mathrm{d}x}{\tan \frac{x}{2}\cos^2 \frac{x}{2}}$

$\displaystyle \qquad\qquad = \int \frac{1}{\tan \frac{x}{2}}\mathrm{d}\left(\tan \frac{x}{2}\right) = \ln\left|\tan \frac{x}{2}\right| + C.$

由于 $\displaystyle \qquad\qquad \tan \frac{x}{2} = \frac{1 - \cos x}{\sin x} = \csc x - \cot x,$

所以 $\displaystyle \qquad\qquad \int \csc x \, \mathrm{d}x = \ln|\csc x - \cot x| + C.$

同理可得 $\displaystyle \qquad\quad \int \sec x \, \mathrm{d}x = \ln|\sec x + \tan x| + C.$

例 10 求 $\displaystyle \int \frac{1}{\sqrt{x - x^2}}\mathrm{d}x.$

解: $\displaystyle \int \frac{1}{\sqrt{x - x^2}}\mathrm{d}x = \int \frac{1}{\sqrt{\frac{1}{4} - \left(x - \frac{1}{2}\right)^2}}\mathrm{d}\left(x - \frac{1}{2}\right) = \arcsin\left(\frac{x - \frac{1}{2}}{\frac{1}{2}}\right) + C$

$\displaystyle \qquad\qquad = \arcsin(2x - 1) + C.$

例 11 求 $\displaystyle \int \frac{1}{x^2 + 2x - 8}\mathrm{d}x.$

解: $\displaystyle \int \frac{1}{x^2 + 2x - 8}\mathrm{d}x = \int \frac{1}{(x + 1)^2 - 9}\mathrm{d}(x + 1) = \frac{1}{6}\ln\left|\frac{3 - (x + 1)}{3 + (x + 1)}\right| + C$

$\displaystyle \qquad\qquad = \frac{1}{6}\ln\left|\frac{2 - x}{4 + x}\right| + C.$

例 12 求 $\displaystyle \int \tan x \, \mathrm{d}x.$

解: $\displaystyle \int \tan x \, \mathrm{d}x = \int \frac{\sin x}{\cos x}\mathrm{d}x = -\int \frac{\mathrm{d}(\cos x)}{\cos x} = -\ln|\cos x| + C.$

同理可得 $\displaystyle \quad \int \cot x \, \mathrm{d}x = \ln|\sin x| + C.$

6.3.2 第二类换元法

上面介绍的第一类换元法是通过变量代换 $u = \varphi(x)$，将形式比较复杂且难于计算的积分 $\displaystyle \int f[\varphi(x)]\varphi'(x)\mathrm{d}x$ 化为形式比较简单且容易计算的积分 $\displaystyle \int f(u)\mathrm{d}u.$ 但有时也常遇到相反的问题，一些形式虽不复杂，却不容易用凑微

分法计算的积分 $\int f(x)\,\mathrm{d}x$. 因此, 就要适当地选择变量代换 $x = \phi(t)$, 将积分 $\int f(x)\,\mathrm{d}x$ 化为积分 $\int f[\phi(t)]\phi'(t)\,\mathrm{d}t$. 这是另一种形式的变量代换, 称为第二类换元法.

定理 2 设 $x = \phi(t)$ 是单调、可导的函数, 并且 $\phi'(t) \neq 0$, 又设 $f[\phi(t)]\phi'(t)$ 具有原函数 $F(t)$, 则

$$\int f(x)\,\mathrm{d}x = F[\phi^{-1}(x)] + C.$$

其中 $t = \phi^{-1}(x)$ 是 $x = \phi(t)$ 的反函数.

下面举例说明第二类换元法的应用.

例 13 求 $\int \sqrt{a^2 - x^2}\,\mathrm{d}x$ $(a > 0)$.

解: 求这个积分的困难在于有根式 $\sqrt{a^2 - x^2}$, 可利用三角公式 $\sin^2 t + \cos^2 t = 1$ 化掉根式. 设 $x = a\sin t\left(-\dfrac{\pi}{2} < t < \dfrac{\pi}{2}\right)$, 则有单值反函数 $t = \arcsin\dfrac{x}{a}(-a < x < a)$, 且 $\sqrt{a^2 - x^2} = \sqrt{a^2 - a^2\sin^2 t} = a\,|\cos t| = a\cos t$, $\mathrm{d}x = a\cos t\,\mathrm{d}t$, 这样被积表达式中就不含根式, 因此

$$\int \sqrt{a^2 - x^2}\,\mathrm{d}x = \int a\cos t \cdot a\cos t\,\mathrm{d}t = a^2 \int \cos^2 t\,\mathrm{d}t$$

$$= \frac{a^2}{2} \int (1 + \cos 2t)\,\mathrm{d}t = \frac{a^2}{2}\left(t + \frac{1}{2}\sin 2t\right) + C$$

$$= \frac{a^2}{2}(t + \sin t\cos t) + C$$

$$= \frac{a^2}{2}\arcsin\frac{x}{a} + \frac{x}{2}\sqrt{a^2 - x^2} + C.$$

例 14 求 $\int \dfrac{\mathrm{d}x}{\sqrt{x^2 + a^2}}$ $(a > 0)$.

解: 为了化根式 $\sqrt{x^2 + a^2}$, 可用三角公式 $1 + \tan^2 t = \sec^2 t$. 令 $x = a\tan t\left(-\dfrac{\pi}{2} < t < \dfrac{\pi}{2}\right)$, 则 $\sqrt{x^2 + a^2} = \sqrt{a^2\tan^2 t + a^2} = a\,|\sec t| = a\sec t$, $\mathrm{d}x = a\sec^2 t\,\mathrm{d}t$, 于是

$$\int \frac{\mathrm{d}x}{\sqrt{x^2 + a^2}} = \int \frac{a\sec^2 t\,\mathrm{d}t}{a\sec t} = \int \sec t\,\mathrm{d}t = \ln|\sec t + \tan t| + C_1.$$

为了把 $\sec t$ 换成 x 的函数，我们可以根据 $\tan t = \dfrac{x}{a}$ 作辅助三角形（图 6-2），求出

$$\sec t = \frac{\sqrt{x^2 + a^2}}{a}, \tan t = \frac{x}{a},$$

因此

$$\int \frac{1}{\sqrt{x^2 + a^2}} \mathrm{d}x = \ln(x + \sqrt{x^2 + a^2}) + C.$$

其中

$$C = C_1 - \ln a.$$

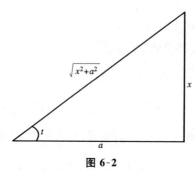

图 6-2

例 15　求 $\displaystyle\int \frac{1}{\sqrt{x^2 - a^2}} \mathrm{d}x$　$(a > 0)$.

解：当 $a > 0$ 时，令 $x = a\sec t \left(0 < t < \dfrac{\pi}{2}\right)$，可利用三角公式 $\sec^2 t - 1 = \tan^2 t$ 来化去根式，此时，$\sqrt{x^2 - a^2}\,\mathrm{d}x = \sqrt{a^2\sec^2 t - a^2} = a\,|\tan t| = a\tan t$，$\mathrm{d}x = a\sec t\tan t\,\mathrm{d}t$，于是

$$\int \frac{1}{\sqrt{x^2 - a^2}} \mathrm{d}x = \int \frac{a\sec t\tan t\,\mathrm{d}t}{a\tan t} = \int \sec t\,\mathrm{d}t = \ln|\sec t + \tan t| + C_1.$$

根据 $x = a\sec t$ 作辅助直角三角形（图 6-3），求出

$$\sec t = \frac{x}{a}, \tan t = \frac{\sqrt{x^2 - a^2}}{a},$$

因此，

$$\int \frac{1}{\sqrt{x^2 - a^2}} \mathrm{d}x = \ln\left|\frac{x}{a} + \frac{\sqrt{x^2 - a^2}}{a}\right| + C = \ln\left|x + \sqrt{x^2 - a^2}\right| + C.$$

其中 $C = C_1 - \ln a$ 为任意常数，当 $x < -a$ 时，积分结果形式同上.

由以上三个例子可以看到，当被积函数含有因式：$\sqrt{a^2 - x^2}$，$\sqrt{x^2 - a^2}$，

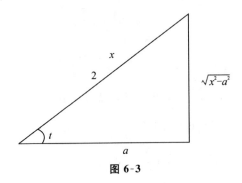

图 6-3

$\sqrt{x^2 + a^2}$ 时,如果不能直接应用基本积分表中的公式,我们往往可以利用三角函数来进行换元,从而消去根式. 即当被积函数含有:

(1) $\sqrt{a^2 - x^2}$,可作变换 $x = a\sin t$,或 $x = a\cos t$;

(2) $\sqrt{x^2 - a^2}$,可作变换 $x = a\sec t$,或 $x = a\csc t$;

(3) $\sqrt{x^2 + a^2}$,可作变换 $x = a\tan t$,或 $x = a\cot t$.

例 16　求 $\displaystyle\int \frac{1}{x^2 \sqrt{4 - x^2}} \mathrm{d}x$.

解:令 $x = 2\sin t$,则 $\mathrm{d}x = 2\cos t\mathrm{d}t$, $\sqrt{4 - x^2} = 2\cos t$,于是

$$\int \frac{1}{x^2 \sqrt{4 - x^2}} \mathrm{d}x = \int \frac{2\cos t}{4 \sin^2 t \cdot 2\cos t} \mathrm{d}t$$

$$= \frac{1}{4} \int \csc^2 t\mathrm{d}t$$

$$= -\frac{1}{4} \cot t + C.$$

根据变换 $x = 2\sin t$ 作辅助直角三角形(图 6-4),求出

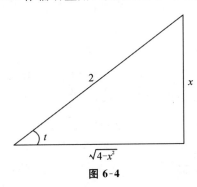

图 6-4

$$\cot t = \frac{\sqrt{4-x^2}}{x},$$

因此　　　　　$\displaystyle\int \frac{1}{x^2\sqrt{4-x^2}}\mathrm{d}x = -\frac{\sqrt{4-x^2}}{4x} + C.$

由本节的几个例题，可以列出下面的积分公式：

$(14)\displaystyle\int \tan x\,\mathrm{d}x = -\ln|\cos x| + C;$

$(15)\displaystyle\int \cot x\,\mathrm{d}x = \ln|\sin x| + C;$

$(16)\displaystyle\int \sec x\,\mathrm{d}x = \ln|\sec x + \tan x| + C;$

$(17)\displaystyle\int \csc x\,\mathrm{d}x = \ln|\csc x - \cot x| + C;$

$(18)\displaystyle\int \frac{1}{a^2+x^2}\mathrm{d}x = \frac{1}{a}\arctan\frac{x}{a} + C;$

$(19)\displaystyle\int \frac{1}{x^2-a^2}\mathrm{d}x = \frac{1}{2a}\ln\left|\frac{x-a}{x+a}\right| + C;$

$(20)\displaystyle\int \frac{1}{\sqrt{a^2-x^2}}\mathrm{d}x = \arcsin\frac{x}{a} + C;$

$(21)\displaystyle\int \frac{1}{\sqrt{x^2+a^2}}\mathrm{d}x = \ln(x + \sqrt{x^2+a^2}) + C;$

$(22)\displaystyle\int \frac{1}{\sqrt{x^2-a^2}}\mathrm{d}x = \ln\left|x + \sqrt{x^2-a^2}\right| + C.$

例 17　求 $\displaystyle\int \frac{\mathrm{d}x}{x^2-2x+5}.$

解： $\displaystyle\int \frac{\mathrm{d}x}{x^2-2x+5} = \int \frac{1}{(x-1)^2+4}\mathrm{d}(x-1) = \frac{1}{2}\arctan\frac{x-1}{2} + C.$

例 18　求 $\displaystyle\int \frac{\mathrm{d}x}{\sqrt{4x^2+9}}.$

解： $\displaystyle\int \frac{\mathrm{d}x}{\sqrt{4x^2+9}} = \int \frac{\mathrm{d}x}{\sqrt{(2x)^2+3^2}} = \frac{1}{2}\int \frac{\mathrm{d}(2x)}{\sqrt{(2x)^2+3^2}}$

$$= \frac{1}{2}\ln(2x + \sqrt{4x^2+9}) + C.$$

例 19　求 $\displaystyle\int \frac{\mathrm{d}x}{\sqrt{1+x-x^2}}.$

解：$\displaystyle\int \frac{\mathrm{d}x}{\sqrt{1+x-x^2}} = \int \frac{\mathrm{d}\left(x-\dfrac{1}{2}\right)}{\sqrt{\left(\dfrac{\sqrt{5}}{2}\right)^2-\left(x-\dfrac{1}{2}\right)^2}} = \arcsin\dfrac{2x-1}{\sqrt{5}}+C.$

习题 6-3

1. 求下列不定积分：

(1) $\displaystyle\int \frac{\mathrm{d}x}{(2x+3)^9}$；

(2) $\displaystyle\int \mathrm{e}^{-\frac{x}{2}}\,\mathrm{d}x$；

(3) $\displaystyle\int \frac{\mathrm{d}x}{\sin^2\left(\dfrac{\pi}{4}-2x\right)}$；

(4) $\displaystyle\int \cos^3\theta\sin\theta\,\mathrm{d}\theta$.

2. 求下列不定积分：

(1) $\displaystyle\int \frac{(2x-3)\,\mathrm{d}x}{x^2-3x+8}$；

(2) $\displaystyle\int x\,\sqrt[3]{1+x^2}\,\mathrm{d}x$；

(3) $\displaystyle\int \frac{\cos\sqrt{x}}{\sqrt{x}}\,\mathrm{d}x$；

(4) $\displaystyle\int \frac{\sqrt{\ln x}}{x}\,\mathrm{d}x$.

3. 求下列不定积分：

(1) $\displaystyle\int x\,\sqrt{2-5x}\,\mathrm{d}x$；

(2) $\displaystyle\int \frac{\mathrm{d}x}{\sqrt{2-3x^2}}$；

(3) $\displaystyle\int \frac{\mathrm{d}x}{\cos^2 x\,\sqrt{1+2\tan x}}$；

(4) $\displaystyle\int \frac{\mathrm{d}x}{\sqrt{1+2x-x^2}}$.

4. 求下列不定积分：

(1) $\displaystyle\int x^2\,\sqrt{1-x^2}\,\mathrm{d}x$；

(2) $\displaystyle\int \frac{\sqrt{x^2-a^2}}{x}\,\mathrm{d}x$；

(3) $\displaystyle\int \frac{\mathrm{d}t}{1+\sqrt{(1+t)}}$；

(4) $\displaystyle\int \frac{x\,\mathrm{d}x}{\sqrt{a^2-b^2x^2}}\ (a>0,b>0)$；

(5) $\displaystyle\int \sqrt{1-\mathrm{e}^{2x}}\,\mathrm{d}x$；

(6) $\displaystyle\int x^3\,(1+x^2)^{\frac{1}{2}}\,\mathrm{d}x$.

5. 求下列不定积分：

(1) $\displaystyle\int \frac{1-\sqrt{x+1}}{1+\sqrt[3]{x+1}}\,\mathrm{d}x$；

(2) $\displaystyle\int \frac{\sqrt{\ln x}+1}{x}\,\mathrm{d}x$；

(3) $\displaystyle\int \frac{\mathrm{d}x}{\sqrt{\mathrm{e}^{2x}+1}}$；

(4) $\displaystyle\int \frac{\mathrm{d}x}{x\,\sqrt{1-(\ln x)^2}}$；

(5) $\displaystyle\int \frac{\arcsin x}{\sqrt{1-x^2}}\mathrm{d}x$;

(6) $\displaystyle\int \frac{\mathrm{d}x}{x(\ln x)\ln(\ln x)}$;

(7) $\displaystyle\int \frac{x\tan(\sqrt{1+x^2})}{\sqrt{1+x^2}}\mathrm{d}x$;

(8) $\displaystyle\int \frac{\sin x+\cos x}{\sqrt[3]{\sin x-\cos x}}\mathrm{d}x$;

(9) $\displaystyle\int \frac{\sin 2x}{(1-\cos x)^{3/2}}\mathrm{d}x$;

(10) $\displaystyle\int \frac{\mathrm{d}x}{x(a+bx^4)}$;

(11) $\displaystyle\int \frac{\mathrm{d}x}{x\ \sqrt{1-x^2}}$;

(12) $\displaystyle\int \frac{\sin x\cos x}{\sqrt{a^2\sin^2 x+b^2\cos^2 x}}\mathrm{d}x\,(a\neq b)$.

6.4   分部积分法

前面我们利用复合函数求导法,推出了换元积分法.现在再利用两个函数乘积的求导法则来推导另一种积分方法,即分部积分法.

设函数 $u=u(x)$, $v=v(x)$ 有连续导数,由

$$(uv)' = u'v+uv',$$

得

$$uv' = (uv)'-u'v,$$

两边求不定积分,得

$$\int uv'\mathrm{d}x = uv-\int u'v\mathrm{d}x. \tag{2}$$

这就是分部积分公式,也可写成

$$\int u\mathrm{d}v = uv-\int v\mathrm{d}u. \tag{3}$$

(2)与(3)式表明:当我们求 $\displaystyle\int uv'\mathrm{d}x=\int u\mathrm{d}v$ 有困难,而求 $\displaystyle\int u'v\mathrm{d}x=\int v\mathrm{d}u$ 较容易时,分部积分公式就可以发挥作用了.使用分部积分公式的关键在于,恰当地选择 u 与 $\mathrm{d}v$.通常是把欲求的被积函数分成两部分:一部分作为 u;另一部分与 $\mathrm{d}x$ 凑在一起作为 $\mathrm{d}v$.

下面举一些例子说明如何运用这个重要公式.

例 1　求 $\displaystyle\int x\cos x\mathrm{d}x$.

解:选择 $\cos x$ 与 $\mathrm{d}x$ 凑成微分,即 $\cos x\mathrm{d}x=\mathrm{d}(\sin x)$,这里 $u=x$, $\mathrm{d}v=\cos x\mathrm{d}x$,则 $v=\sin x$,因此

$$\int x\cos x\mathrm{d}x = \int x\mathrm{d}(\sin x) = x\sin x-\int \sin x\mathrm{d}x = x\sin x+\cos x+C.$$

假如选择 x 与 $\mathrm{d}x$ 凑成微分 $x\,\mathrm{d}x = \dfrac{1}{2}\mathrm{d}(x^2)$，即 $u = \cos x, v = x^2$，那么

$$\int x\cos x\,\mathrm{d}x = \frac{x^2}{2}\cos x + \int \frac{x^2}{2}\sin x\,\mathrm{d}x$$

由于 $\displaystyle\int \frac{x^2}{2}\sin x\,\mathrm{d}x$ 比原积分更不好求，所以这样选择不合适. 因此，应用分部积

分法时，恰当选取 u 和 $\mathrm{d}v$ 是一个关键，一般要考虑以下两点：

(i) v 要容易求得；

(ii) $\displaystyle\int v\,\mathrm{d}u$ 要比 $\displaystyle\int u\,\mathrm{d}v$ 容易积分.

例 2　求 $\displaystyle\int x\mathrm{e}^x\,\mathrm{d}x$.

解：设 $u = x, \mathrm{d}v = \mathrm{e}^x\,\mathrm{d}x$，则 $\mathrm{d}u = \mathrm{d}x, v = \mathrm{e}^x$，那么

$$\int x\mathrm{e}^x\,\mathrm{d}x = x\mathrm{e}^x - \int \mathrm{e}^x\,\mathrm{d}x = x\mathrm{e}^x - \mathrm{e}^x + C = \mathrm{e}^x(x-1) + C.$$

例 3　求 $\displaystyle\int x^2\mathrm{e}^x\,\mathrm{d}x$.

解：设 $u = x^2, \mathrm{d}v = \mathrm{e}^x\,\mathrm{d}x$，则 $\mathrm{d}u = 2x\,\mathrm{d}x, v = \mathrm{e}^x$，那么

$$\int x^2\mathrm{e}^x\,\mathrm{d}x = x^2\mathrm{e}^x - 2\int x\mathrm{e}^x\,\mathrm{d}x,$$

由上例知，对 $\displaystyle\int x\mathrm{e}^x\,\mathrm{d}x$ 再进行一次分部积分法即可，因此

$$\int x^2\mathrm{e}^x\,\mathrm{d}x = x^2\mathrm{e}^x - 2\int x\mathrm{e}^x\,\mathrm{d}x = x^2\mathrm{e}^x - 2(x^2\mathrm{e}^x - \mathrm{e}^x) + C$$
$$= \mathrm{e}^x(x^2 - 2x + 2) + C.$$

根据以上几个例子可归纳出，当被积表达式形如 $x^n\sin ax\,\mathrm{d}x$、$x^n\cos ax\,\mathrm{d}x$、$x^n\mathrm{e}^{ax}\,\mathrm{d}x$（其中 n 为正整数）时，可取 $u = x^n$，其余作为 $\mathrm{d}v$，然后应用分部积分公式.

例 4　求 $\displaystyle\int x\ln x\,\mathrm{d}x$.

解：设 $u = \ln x, \mathrm{d}v = x\,\mathrm{d}x$，那么 $v = \dfrac{x^2}{2}$，则

$$\int x\ln x\,\mathrm{d}x = \frac{1}{2}\int \ln x\,\mathrm{d}(x^2) = \frac{1}{2}\left[x^2\ln x - \int x^2\,\mathrm{d}(\ln x)\right]$$
$$= \frac{1}{2}x^2\ln x - \frac{1}{2}\int x^2 \cdot \frac{1}{x}\,\mathrm{d}x$$
$$= \frac{1}{2}x^2\ln x - \frac{1}{4}x^2 + C.$$

例 5 求 $\int \arctan x \, \mathrm{d}x$.

解：设 $u = \arctan x, \mathrm{d}v = \mathrm{d}x$，即 $v = x$，则

$$\int \arctan x \, \mathrm{d}x = x \arctan x - \int x \, \mathrm{d}(\arctan x)$$

$$= x \arctan x - \int \frac{x}{1 + x^2} \, \mathrm{d}x$$

$$= x \arctan x - \frac{1}{2} \ln(1 + x^2) + C.$$

有时，在反复使用分部积分法后，又回到原来所求的积分，这时也有可能求出结果.

例 6 求 $I = \int \mathrm{e}^{ax} \cos bx \, \mathrm{d}x$.

解：设 $u = \mathrm{e}^{ax}, \mathrm{d}v = \cos bx \, \mathrm{d}x$，即 $v = \dfrac{\sin bx}{b}$. 一次应用分部积分法，得

$$I = \frac{\mathrm{e}^{ax}}{b} \sin bx - \frac{a}{b} \int \mathrm{e}^{ax} \sin bx \, \mathrm{d}x$$

对第二个积分再应用分部积分法：

$$\int \mathrm{e}^{ax} \sin bx \, \mathrm{d}x = -\frac{\mathrm{e}^{ax}}{b} \cos bx + \frac{a}{b} \int \mathrm{e}^{ax} \cos bx \, \mathrm{d}x$$

右端的积分就是原来的积分 I. 于是得到

$$I = \frac{\mathrm{e}^{ax}}{b} \sin bx + \frac{a}{b^2} \mathrm{e}^{ax} \cos bx - \frac{a^2}{b^2} I$$

把含有 I 的项移在一端：

$$\left(1 + \frac{a^2}{b^2}\right) I = \frac{\mathrm{e}^{ax}}{b^2} (a \cos bx + b \sin bx)$$

两端除以 I 的系数，并加上任意常量，即得

$$I = \frac{\mathrm{e}^{ax}}{a^2 + b^2} (a \cos bx + b \sin bx) + C.$$

在积分的过程中有时还要兼用换元法与分部积分法.

例 7 $\int \mathrm{e}^{\sqrt[3]{x}} \, \mathrm{d}x \xlongequal{x = t^3} \int \mathrm{e}^t 3t^2 \, \mathrm{d}t = 3 \int t^2 \mathrm{e}^t \, \mathrm{d}t = 3t^2 \mathrm{e}^t - 3 \int \mathrm{e}^t \cdot 2t \, \mathrm{d}t$

$$= 3t^2 \mathrm{e}^t - 6 \int t \mathrm{e}^t \, \mathrm{d}t = 3t^2 \mathrm{e}^t - 6t \mathrm{e}^t + 6 \int \mathrm{e}^t \, \mathrm{d}t$$

$$= 3t^2 \mathrm{e}^t - 6t \mathrm{e}^t + 6\mathrm{e}^t + C = 3\mathrm{e}^{\sqrt[3]{x}} (\sqrt[3]{x^2} - 2\sqrt[3]{x} + 2) + C.$$

有不少类型的积分只有借助于分部积分法求来：例如对下列各积分：

$$\int x^m \mathrm{e}^{ax}\,\mathrm{d}x,\int x^m \cos ax\,\mathrm{d}x,\int x^m \sin ax\,\mathrm{d}x \quad (m \text{ 为正整数})$$

均可取 $x^m = u$，其余部分为 $\mathrm{d}v$.

对下列各积分：

$$\int x^m \ln x\,\mathrm{d}x,\int x^m \arcsin x\,\mathrm{d}x,\int x^m \arccos x\,\mathrm{d}x,\int x^m \arctan x\,\mathrm{d}x.$$

均可取 $x^m\,\mathrm{d}x = \mathrm{d}v$，其余部分为 u，这样分部即可将积分求出.

习题 6-4

1 求下列不定积分：

(1) $\displaystyle\int \ln x\,\mathrm{d}x$；

(2) $\displaystyle\int \arccos x\,\mathrm{d}x$；

(3) $\displaystyle\int \mathrm{e}^x \sin^2 x\,\mathrm{d}x$；

(4) $\displaystyle\int \frac{\ln x}{x^2}\,\mathrm{d}x$；

(5) $\displaystyle\int x^2 \mathrm{e}^{-x}\,\mathrm{d}x$；

(6) $\displaystyle\int \frac{x\,\mathrm{arctg}\,x}{\sqrt{1+x^2}}\,\mathrm{d}x$.

2 求 $\displaystyle\int \sin(\ln x)\,\mathrm{d}x$ 与 $\displaystyle\int \cos(\ln x)\,\mathrm{d}x$.

3 求下列不定积分：

(1) $\displaystyle\int \sin\sqrt{\theta}\,\mathrm{d}\theta$；

(2) $\displaystyle\int x\ln\left(\frac{1+x}{1-x}\right)\mathrm{d}x$；

(3) $\displaystyle\int \ln(\sqrt{1-x}+\sqrt{1+x})\,\mathrm{d}x$；

(4) $\displaystyle\int x\mathrm{e}^{\sqrt{x}}\,\mathrm{d}x$；

(5) $\displaystyle\int \frac{x^2}{(a^2+x^2)^2}\,\mathrm{d}x\,(a>0)$；

(6) $\displaystyle\int x^2 \sin(ax)\,\mathrm{d}x$；

(7) $\displaystyle\int \frac{\arcsin x}{x^2}\,\mathrm{d}x$；

(8) $\displaystyle\int (\sin x)\ln(\tan x)\,\mathrm{d}x$；

(9) $\displaystyle\int \ln^2(x+\sqrt{1+x^2})\,\mathrm{d}x$；

(10) $\displaystyle\int x\mathrm{e}^x \sin^2 x\,\mathrm{d}x$.

6.5　几种特殊类型函数的积分

6.5.1　有理函数的积分

有理函数又称有理分式，是指由两个多项式的商表示的函数. 一般地，有

理函数有如下形式:

$$\frac{P(x)}{Q(x)} = \frac{a_0 x^n + a_1 x^{n-1} + \cdots + a_{n-1} x + a_n}{b_0 x^m + b_1 x^{m-1} + \cdots + b_{m-1} x + b_m},$$

其中 m 和 n 都是非负整数,$a_0, a_1, \cdots, a_n$ 及 $b_0, b_1, \cdots, b_m$ 都是实数,且 $a_0 b_0 \neq 0$.

以下假设分子多项式 $P(x)$ 与分母多项式 $Q(x)$ 没有公因子,当 $P(x)$ 的次数 n 小于 $Q(x)$ 的次数 m 时,我们称此有理函数为真分式;否则,称为假分式.利用多项式的除法,总能把一个假分式化成一个多项式与一个真分式之和的形式,例如

$$\frac{x^3 + 2x + 3}{x^2 + 1} = x + \frac{x + 3}{x^2 + 1}.$$

多项式的积分容易求得,而要计算真分式的积分需要先对真分式进行有理分解.例如,真分式 $\dfrac{x + 3}{x^2 - 5x + 6} = \dfrac{x + 3}{(x - 2)(x - 3)}$ 可分解为

$$\frac{x + 3}{(x - 2)(x - 3)} = \frac{A}{x - 2} + \frac{B}{x - 3},$$

其中 A、B 为待定常数.待定系数可用以下两种方法求出.

第一种方法:右端通分后,可得

$$x + 3 = A(x - 3) + B(x - 2), \tag{4}$$

即 $\qquad\qquad x + 3 = (A + B)x - (3A + 2B),$

因上式是恒等式,两端 x 各同次幂的系数和常数项必须对应相等,故有 $\begin{cases} A + B = 1 \\ -(3A + 2B) = 3 \end{cases}$,解之得 $A = -5, B = 6$.

第二种方法:在(4)式中,x 取某些特殊的值,从而求出待定系数.如

$$令 \quad x = 2, 得 A = -5,$$
$$令 \quad x = 3, 得 B = 6,$$

最后得到 $\qquad \dfrac{x + 3}{(x - 2)(x - 3)} = \dfrac{-5}{x - 2} + \dfrac{6}{x - 3}.$

又如,真分式 $\dfrac{1}{x(x - 1)^2}$ 可分解成

$$\frac{1}{x(x - 1)^2} = \frac{A}{x} + \frac{B}{(x - 1)^2} + \frac{C}{x - 1},$$

右端通分后,可得

$$1 = A(x - 1)^2 + Bx + Cx(x - 1). \tag{5}$$

在(5)式中,令 $x = 0$,得 $A = 1$;令 $x = 1$ 得 $B = 1$.把 A, B 的值代入(5)式中,再令 $x = 2$,得 $1 = 1 + 2 + 2C$,即 $C = -1$.所以

$$\frac{1}{x(x-1)^2} = \frac{1}{x} + \frac{1}{(x-1)^2} - \frac{1}{x-1}.$$

一般地,分母 $Q(x)$ 中如果有因式 $(x-a)^k$,则分解后应有 k 个分式之和

$$\frac{A_1}{(x-a)^k} + \frac{A_2}{(x-a)^{k-1}} + \cdots + \frac{A_k}{x-a},$$

其中 $A_1, A_2, \cdots, A_k$ 都是常数.特别地,如果 $k=1$,那么分解后有 $\dfrac{A}{x-a}$.

如果分母 $Q(x)$ 中含有因式 $(x^2+px+q)^k$,其中 $p^2-4q<0$,则分解后应有 k 个分式之和

$$\frac{M_1 x+N_1}{(x^2+px+q)^k} + \frac{M_2 x+N_2}{(x^2+px+q)^{k-1}} + \cdots + \frac{M_k x+N_k}{(x^2+px+q)},$$

其中 $M_i, N_i (i=1,2,\cdots,k)$ 都是常数.特别地,如果 $k=1$,那么分解后是

$$\frac{Mx+N}{x^2+px+q}.$$

下面举几个有理真分式的积分例子.

例 1　求 $\displaystyle\int \frac{x+3}{x^2-5x+6}\mathrm{d}x$.

解: 由上述可知 $\dfrac{x+3}{x^2-5x+6} = \dfrac{-5}{x-2} + \dfrac{6}{x-3}$,所以

$$\int \frac{x+3}{x^2-5x+6}\mathrm{d}x = \int \left(\frac{-5}{x-2} + \frac{6}{x-3}\right)\mathrm{d}x = -5\int \frac{1}{x-2}\mathrm{d}x + 6\int \frac{1}{x-3}\mathrm{d}x$$

$$= -5\ln|x-2| + 6\ln|x-3| + C.$$

例 2　求 $\displaystyle\int \frac{1}{x(x-1)^2}\mathrm{d}x$.

解: 因为 $\dfrac{1}{x(x-1)^2} = \dfrac{1}{x} + \dfrac{1}{(x-1)^2} - \dfrac{1}{x-1}$,

所以　　　$\displaystyle\int \frac{1}{x(x-1)^2}\mathrm{d}x = \int \left[\frac{1}{x} + \frac{1}{(x-1)^2} - \frac{1}{x-1}\right]\mathrm{d}x$

$$= \int \frac{1}{x}\mathrm{d}x + \int \frac{1}{(x-1)^2}\mathrm{d}x - \int \frac{1}{x-1}\mathrm{d}x$$

$$= \ln|x| - \ln|x-1| - \frac{1}{x-1} + C.$$

例 3　求 $\displaystyle\int \frac{x-2}{x^2+2x+3}\mathrm{d}x$.

解: 由于被积函数的分母是二次不可约因式,所以应另想别的办法. 因为分子是一次式 $x-2$,而分母的导数

$$(x^2 + 2x + 3)' = 2x + 2,$$

所以可将分子拆成两部分之和,一部分是分母的导数乘以某一常数,另一部分是常数,即

$$x - 2 = \left[\frac{1}{2}(2x + 2) - 1\right] - 2 = \frac{1}{2}(2x + 2) - 3$$

所以 $\displaystyle\int \frac{x - 2}{x^2 + 2x + 3}\mathrm{d}x = \int \frac{\dfrac{1}{2}(2x + 2) - 3}{x^2 + 2x + 3}\mathrm{d}x$

$$= \frac{1}{2}\int \frac{2x + 2}{x^2 + 2x + 3}\mathrm{d}x - 3\int \frac{\mathrm{d}x}{x^2 + 2x + 3}$$

$$= \frac{1}{2}\int \frac{\mathrm{d}(x^2 + 2x + 3)}{x^2 + 2x + 3} - 3\int \frac{\mathrm{d}(x + 1)}{(x + 1)^2 + (\sqrt{2})^2}$$

$$= \frac{1}{2}\ln(x^2 + 2x + 3) - \frac{3}{\sqrt{2}}\arctan \frac{x + 1}{\sqrt{2}} + C.$$

6.5.2 三角函数有理式的积分

所谓三角函数有理式是指由三角函数和常数经过有限次四则运算所构成的函数. 由于多种三角函数都可用 $\sin x$ 及 $\cos x$ 的有理式表示,故三角函数有理式也就是 $\sin x$、$\cos x$ 的有理式,记作 $R(\sin x, \cos x)$,其中 $R(u, v)$ 表示 u、v 两个变量的有理式.下面介绍一种变换,即令 $u = \tan \dfrac{x}{2}$,则由于

$$\sin x = 2\sin \frac{x}{2}\cos \frac{x}{2} = \frac{2\tan \dfrac{x}{2}}{\sec^2 \dfrac{x}{2}} = \frac{2\tan \dfrac{x}{2}}{1 + \tan^2 \dfrac{x}{2}},$$

及

$$\cos x = \cos^2 \frac{x}{2} - \sin^2 \frac{x}{2} = \frac{1 - \tan^2 \dfrac{x}{2}}{\sec^2 \dfrac{x}{2}} = \frac{1 - \tan^2 \dfrac{x}{2}}{1 + \tan^2 \dfrac{x}{2}},$$

故有

$$\sin x = \frac{2u}{1 + u^2}, \cos x = \frac{1 - u^2}{1 + u^2}.$$

而因 $x = 2\arctan u$,从而

$$\mathrm{d}x = \frac{2}{1 + u^2}\mathrm{d}u.$$

例 4 求 $\displaystyle\int \frac{1 + \sin x}{\sin x(1 + \cos x)}\mathrm{d}x$.

解：令 $u = \tan \dfrac{x}{2}$，则 $\sin x = \dfrac{2u}{1+u^2}$，$\cos x = \dfrac{1-u^2}{1+u^2}$，$\mathrm{d}x = \dfrac{2}{1+u^2}\mathrm{d}u$，那么

$$\int \frac{1+\sin x}{\sin x(1+\cos x)}\mathrm{d}x = \int \frac{\left(1+\dfrac{2u}{1+u^2}\right)\dfrac{2\mathrm{d}u}{1+u^2}}{\dfrac{2u}{1+u^2}\left(1+\dfrac{1-u^2}{1+u^2}\right)} = \frac{1}{2}\int\left(u+2+\frac{1}{u}\right)\mathrm{d}u$$

$$= \frac{1}{2}\left(\frac{u^2}{2}+2u+\ln|u|\right)+C$$

$$= \frac{1}{4}\tan^2\frac{x}{2}+\tan\frac{x}{2}+\frac{1}{2}\ln\left|\tan\frac{x}{2}\right|+C.$$

变量代换 $u = \tan\dfrac{x}{2}$ 对三角函数有理式的积分都能用，但往往较复杂，不是一种求三角有理式积分的简捷方法. 如果三角有理式中的 $\sin x$、$\cos x$ 具有某种性质，则应用一些特殊的变量代换比较简便.

1. 如果 $R(\sin x,\cos x)$ 是 $\cos x$ 的奇函数，即

$$R(\sin x, -\cos x) = -R(\sin x,\cos x),$$

则设 $u = \sin x$ 即可.

例 5　求 $\displaystyle\int \sin^2 x\cos^3 x\mathrm{d}x$.

解：令 $u = \sin x$，$\mathrm{d}u = \cos x\mathrm{d}x$，有

$$\int \sin^2 x\cos^3 x\mathrm{d}x = \int \sin^2 x\cos^2 x\cos x\mathrm{d}x$$

$$= \int \sin^2 x(1-\sin^2 x)\cos x\mathrm{d}x = \int u^2(1-u^2)\mathrm{d}u$$

$$= \int u^2\mathrm{d}u - \int u^4\mathrm{d}u = \frac{u^3}{3}-\frac{u^5}{5}+C$$

$$= \frac{1}{3}\sin^3 x - \frac{1}{5}\sin^5 x+C.$$

2. 如果 $R(\sin x,\cos x)$ 是 $\sin x$ 的奇函数，即

$$R(-\sin x,\cos x) = -R(\sin x,\cos x),$$

则设 $u = \cos x$ 即可.

例 6　求 $\displaystyle\int \frac{\sin^5 x}{\cos^4 x}\mathrm{d}x$.

解：令 $u = \cos x$，$\mathrm{d}u = -\sin x\mathrm{d}x$，有

$$\int \frac{\sin^5 x}{\cos^4 x}\mathrm{d}x = -\int \frac{(1-\cos^2 x)^2}{\cos^4 x}(-\sin x\mathrm{d}x) = -\int \frac{(1-u^2)^2}{u^4}\mathrm{d}u$$

$$=-\left(\int du-2\int\frac{du}{u^2}+\int\frac{du}{u^4}\right)=-u-\frac{2}{u}+\frac{1}{3u^3}+C$$

$$=-\cos x-\frac{2}{\cos x}+\frac{1}{3\cos^3 x}+C.$$

3. 如果 $R(\sin x,\cos x)=R(-\sin x,-\cos x)$，则设 $u=\tan x$.

例 7 求 $\int\frac{dx}{a^2\sin^2 x+b^2\cos^2 x}$.

解：设 $u=\tan x,du=\frac{1}{\cos^2 x}dx$，有

$$\int\frac{dx}{a^2\sin^2 x+b^2\cos^2 x}=\int\frac{\frac{1}{\cos^2 x}}{a^2\tan^2 x+b^2}dx=\int\frac{du}{a^2 u^2+b^2}$$

$$=\frac{1}{ab}\arctan\left(\frac{a}{b}u\right)+C$$

$$=\frac{1}{ab}\arctan\left(\frac{a}{b}\tan x\right)+C.$$

6.5.3 简单无理函数的积分

对于简单无理函数的积分，通常是利用换元法，将被积函数有理化. 这里，我们只举几个例子.

例 8 求 $\int\frac{1}{x}\sqrt{\frac{x+2}{x-2}}dx$.

解：令 $u=\sqrt{\frac{x+2}{x-2}}$，就有 $x=\frac{2(u^2+1)}{u^2-1}$，$dx=-\frac{8u}{(u^2-1)^2}du$，所以

$$\int\frac{1}{x}\sqrt{\frac{x+2}{x-2}}dx=\int\frac{4u^2}{(1-u^2)(1+u^2)}du$$

$$=2\int\left(\frac{1}{1-u^2}-\frac{1}{1+u^2}\right)du$$

$$=\ln\left|\frac{1+u}{1-u}\right|-2\arctan u+C$$

$$=\ln\left|\frac{1+\sqrt{(x+2)/(x-2)}}{1-\sqrt{(x+2)/(x-2)}}\right|-2\arctan\sqrt{\frac{x+2}{x-2}}+C.$$

例 9 求 $\int\frac{dx}{1+\sqrt[3]{x+2}}$.

解：令 $u=\sqrt[3]{x+2}$，则 $x=u^3-2$，$dx=3u^2 du$，从而有

$$\int \frac{\mathrm{d}x}{1 + \sqrt[3]{x+2}} = \int \frac{3u^2}{1+u}\mathrm{d}u = 3 \int \frac{u^2 - 1 + 1}{1+u}\mathrm{d}u$$

$$= 3 \int \left(u - 1 + \frac{1}{1+u} \right)\mathrm{d}u = 3 \left(\frac{u^2}{2} - u + \ln|1+u| \right) + C$$

$$= \frac{3}{2}\sqrt[3]{(x+2)^2} - 3\sqrt[3]{x+2} + 3\ln\left|1 + \sqrt[3]{x+2}\right| + C.$$

例 10　求 $\displaystyle\int \frac{1}{\sqrt{x} + \sqrt[3]{x}}\mathrm{d}x$.

解：令 $u = \sqrt[6]{x}$，则 $x = u^6$，$\mathrm{d}x = 6u^5\,\mathrm{d}u$，从而

$$\int \frac{1}{\sqrt{x} + \sqrt[3]{x}}\mathrm{d}x = \int \frac{6u^5\,\mathrm{d}u}{u^3 + u^2} = 6 \int \frac{u^3}{u+1}\mathrm{d}u = 6 \int \frac{u^3 - 1 + 1}{u+1}\mathrm{d}u.$$

$$= 6 \int \left(u^2 - u + 1 - \frac{1}{u+1} \right)\mathrm{d}u$$

$$= 6 \left[\frac{u^3}{3} - \frac{u^2}{2} + u - \ln(u+1) \right] + C$$

$$= 2\sqrt{x} - 3\sqrt[3]{x} + 6\sqrt[6]{x} - 6\ln(\sqrt[6]{x} + 1) + C.$$

习题 6-5

1. 求下列有理函数的不定积分：

(1) $\displaystyle\int \frac{\mathrm{d}x}{(x+1)(x+2)(x+3)}$；　　　　(2) $\displaystyle\int \frac{1}{(x^2+1)(x^2+x)}\mathrm{d}x$；

(3) $\displaystyle\int \frac{x^2}{(x^2 - 3x + 2)^2}\mathrm{d}x$；　　　　(4) $\displaystyle\int \frac{x(1-x^2)}{1-x^4}\mathrm{d}x$.

2. 求下列不定积分：

(1) $\displaystyle\int \frac{1 - \cos x}{1 + \cos x}\mathrm{d}x$；　　　　(2) $\displaystyle\int \frac{\mathrm{d}x}{3 + 2\cos x}$；

(3) $\displaystyle\int \frac{\sin^3 x}{\cos x}\mathrm{d}x$；　　　　(4) $\displaystyle\int \frac{1}{\sin x \cos^4 x}\mathrm{d}x$.

3. 求下列不定积分：

(1) $\displaystyle\int \frac{1}{1 + \sqrt{x}}\mathrm{d}x$；　　　　(2) $\displaystyle\int \frac{x}{1 + \sqrt{x+1}}\mathrm{d}x$；

(3) $\displaystyle\int \frac{1}{1 + \sqrt[3]{x+1}}\mathrm{d}x$；　　　　(4) $\displaystyle\int \frac{\sqrt{x+1} - \sqrt{x-1}}{\sqrt{x+1} + \sqrt{x-1}}\mathrm{d}x$.

4. 求下列不定积分：

$(1) \displaystyle\int \frac{3x-7}{x^3+x^2+4x+4}\mathrm{d}x;$　　　　$(2) \displaystyle\int \frac{3x+5}{(x^2+2x+2)^2}\mathrm{d}x;$

$(3) \displaystyle\int \frac{1}{\sin^3 x \cos^5 x}\mathrm{d}x;$　　　　$(4) \displaystyle\int \frac{x^4+1}{x^2(1-x)^3}\mathrm{d}x;$

$(5) \displaystyle\int \frac{\cos(2x)}{\sin^3 x \cos^3 x}\mathrm{d}x;$　　　　$(6) \displaystyle\int \frac{\cos x}{\sin x - \tan x}\mathrm{d}x;$

$(7) \displaystyle\int \frac{x^3}{\sqrt{1+x^2}}\mathrm{d}x;$　　　　$(8) \displaystyle\int \frac{x+1}{\sqrt[3]{3x+1}}\mathrm{d}x;$

$(9) \displaystyle\int x(\arctan x)\ln(1+x^2)\mathrm{d}x;$　　　　$(10) \displaystyle\int \frac{(1+x^2)\arcsin x}{x^2\sqrt{1-x^2}}\mathrm{d}x.$

6.6　积分表的使用

通过前面的讨论可以看出,积分的计算要比导数的计算来得灵活、复杂. 为了实用的方便,往往把常用的积分公式汇集成表,这种表叫做积分表. 积分表是按照被积函数的类型来排列的. 查表时,如果所求的积分与表中某个公式形式完全相同,则可立即写出结果;如果所求的积分与表中公式不完全相同,这时就要设法通过某种运算,把它化到表中某个公式的形式,从而得出结果.

本书末附有一个简单的积分表,以备查阅.

先举几个可以直接从积分表中查得结果的积分例子.

例 1　求 $\displaystyle\int \frac{x}{(3x+4)^2}\mathrm{d}x.$

解:被积函数含有 $a+bx$,在积分表(一)中查得公式(7),即有

$$\int \frac{x}{(a+bx)^2}\mathrm{d}x = \frac{1}{b^2}\left[\ln(a+bx) + \frac{a}{a+bx}\right] + C.$$

现在 $a=4, b=3$,于是

$$\int \frac{x}{(3x+4)^2}\mathrm{d}x = \frac{1}{9}\left[\ln(3x+4) + \frac{4}{3x+4}\right] + C.$$

例 2　求 $\displaystyle\int \sqrt{x^2-4x+8}\,\mathrm{d}x.$

解:被积函数含有 $\sqrt{a+bx+cx^2}$,在积分表(九)中查得公式(74),即有

$$\int \sqrt{a+bx+cx^2}\,\mathrm{d}x = \frac{2cx+b}{4c}\sqrt{a+bx+cx^2}$$

$$-\frac{b^2-4ac}{8\sqrt{c^3}}\ln(2cx+b+2\sqrt{c}\,\sqrt{a+bx+cx^2}) + C.$$

现在 $a = 8, b = -4, c = 1$, 于是

$$\int \sqrt{x^2 - 4x + 8}\, \mathrm{d}x = \frac{2x - 4}{4}\sqrt{x^2 - 4x + 8} - \frac{16 - 32}{8}\ln(2x - 4 + 2$$

$$\sqrt{x^2 - 4x + 8}) + C$$

$$= \frac{x - 2}{2}\sqrt{x^2 - 4x + 8} + 2\ln 2(x - 2 + \sqrt{x^2 - 4x + 8}) + C$$

$$= \frac{x - 2}{2}\sqrt{x^2 - 4x + 8} + 2\ln(x - 2 + \sqrt{x^2 - 4x + 8}) + C_1,$$

其中 $C_1 = 2\ln 2 + C$.

例 3　求 $\displaystyle\int \frac{\mathrm{d}x}{5 - 4\cos x}$.

解: 被积函数含有三角函数, 在积分表(十一)中查得关于积分 $\displaystyle\int \frac{\mathrm{d}x}{a + b\cos x}$ 的公式, 但是公式有两个, 要看 $a^2 > b^2$ 或 $a^2 < b^2$ 而决定采用哪一个.

现在 $a = 5, b = -4, a^2 > b^2$, 所以用公式(105), 即有

$$\int \frac{\mathrm{d}x}{a + b\cos x} = \frac{2}{a - b}\sqrt{\frac{a - b}{a + b}}\arctan\left(\sqrt{\frac{a - b}{a + b}}\tan\frac{x}{2}\right) + C \quad (a^2 > b^2).$$

于是

$$\int \frac{\mathrm{d}x}{5 - 4\cos x} = \frac{2}{5 - (-4)}\sqrt{\frac{5 - (-4)}{5 + (-4)}}\arctan\left(\sqrt{\frac{5 - (-4)}{5 + (-4)}}\tan\frac{x}{2}\right) + C$$

$$= \frac{2}{3}\arctan\left(3\tan\frac{x}{2}\right) + C.$$

下面再举一个需要先进行变量代换, 然后再查表求积分的例子.

例 4　求 $\displaystyle\int \frac{\mathrm{d}x}{x\sqrt{4x^2 + 9}}$.

解: 这个积分不能在表中直接查到, 需要先进行变量代换.

令 $2x = u$, 则 $\sqrt{4x^2 + 9} = \sqrt{u^2 + 3^2}$, $x = \dfrac{u}{2}$, $\mathrm{d}x = \dfrac{1}{2}\mathrm{d}u$, 于是

$$\int \frac{\mathrm{d}x}{x\sqrt{4x^2 + 9}} = \int \frac{\frac{1}{2}\mathrm{d}u}{\frac{u}{2}\sqrt{u^2 + 3^2}} = \int \frac{\mathrm{d}u}{u\sqrt{u^2 + 3^2}}.$$

被积函数中含有 $\sqrt{u^2 + 3^2}$, 在积分表(五)中查到公式(38)

$$\int \frac{\mathrm{d}x}{x\sqrt{x^2 + a^2}} = \frac{1}{a}\ln\frac{x}{a + \sqrt{x^2 + a^2}} + C.$$

现在 $a = 3$，x 相当于 u，于是

$$\int \frac{\mathrm{d}u}{u\ \sqrt{u^2 + 3^2}} = \frac{1}{3}\ln \frac{u}{3 + \sqrt{u^2 + 3^2}} + C.$$

再把 $u = 2x$ 代入，最后得到

$$\int \frac{\mathrm{d}x}{x\ \sqrt{4x^2 + 9}} = \frac{1}{3}\ln \frac{2x}{3 + \sqrt{4x^2 + 9}} + C.$$

一般说来，查积分表可以节省计算积分的时间. 但是，只有掌握了前面学过的基本积分方法才能灵活使用积分表，而且对于一些比较简单的积分，有时应用基本积分方法来计算比查表更快些. 例如 $\int \sin^2 \cos^3 x \mathrm{d}x$，用变换 $u = \sin x$ 很快可得到结果. 所以，求积分时，究竟是直接计算还是查表，或者两者结合使用，应作具体分析，不能一概而论.

到现在为止，我们已经基本上回答了第一节中提出的两个问题. 但是必须注意，我们这里所谓"求"一个积分，其实质是要用初等函数把这个积分表示出来. 在这种意义下，不是所有的初等函数的积分都可求出来的. 例如下列不定积分

$$\int \mathrm{e}^{x^2} \mathrm{d}x, \int \sqrt{1 - k^2 \sin^2 x}\, \mathrm{d}x, \int \frac{\mathrm{d}x}{\ln x}, \int \frac{\sin x}{x}\mathrm{d}x,$$

就不能用初等函数把它们表示出来，我们以后再详细讨论它们.

第 6 章　　总复习题

1. 计算下列不定积分：

(1) $\displaystyle\int \left(\frac{1}{x} + 4^x \right) \mathrm{d}x$；

(2) $\displaystyle\int \frac{\mathrm{d}x}{\mathrm{e}^{-x} + \mathrm{e}^x}$；

(3) $\displaystyle\int \frac{x}{(1-x)^3} \mathrm{d}x$；

(4) $\displaystyle\int \frac{2x^2 + 3}{x^2 + 1} \mathrm{d}x$；

(5) $\displaystyle\int x\ \sqrt{x^2 + 3}\, \mathrm{d}x$；

(6) $\displaystyle\int \frac{\mathrm{e}^x}{2 - 3\mathrm{e}^x} \mathrm{d}x$；

(7) $\displaystyle\int \frac{1}{\sqrt{4 - 9x^2}} \mathrm{d}x$；

(8) $\displaystyle\int \frac{x}{\sqrt{x + 2}} \mathrm{d}x$；

(9) $\displaystyle\int \frac{1}{x^2\ \sqrt{4 + x^2}} \mathrm{d}x$；

(10) $\displaystyle\int x^2 \mathrm{e}^{3x} \mathrm{d}x$；

(11) $\displaystyle\int \left(\frac{1}{x} + \ln x \right) \mathrm{e}^x \mathrm{d}x$；

(12) $\displaystyle\int \ln(1 + x^2) \mathrm{d}x$；

$(13) \displaystyle\int e^{-x} \sin 2x \mathrm{d}x$；

$(14) \displaystyle\int \dfrac{\ln x}{\sqrt{x}} \mathrm{d}x$；

$(15) \displaystyle\int \dfrac{1 + \sin 2x}{\cos x + \sin x} \mathrm{d}x$；

$(16) \displaystyle\int (x^2 + 1) \sin(x^3 + 3x) \mathrm{d}x$；

$(17) \displaystyle\int \cos \sqrt{x + 1} \mathrm{d}x$；

$(18) \displaystyle\int x^3 \sqrt{1 + x^2} \mathrm{d}x$；

$(19) \displaystyle\int \sin(\ln x) \mathrm{d}x$；

$(20) \displaystyle\int x^2 \arctan x \mathrm{d}x$.

2. 已知 $f'(e^x) = 1 + x$，求 $f(x)$.

3. 某商品的需求量 Q 为价格 P 的函数，该商品的最大需求量为 1000（即 $P = 0$ 时，$Q = 1000$），已知需求量的变化率为

$$Q'(P) = -1000 \ln 3 \times \left(\dfrac{1}{3}\right)^p,$$

求该商品的需求函数.

第7章   定积分及其应用

定积分是解决实际问题的一个重要的数学工具,本章介绍定积分的概念、性质与计算,并以实例详细说明定积分在几何、物理、经济等方面的应用.

7.1   定积分的概念

7.1.1   定积分问题举例

1.曲边梯形的面积

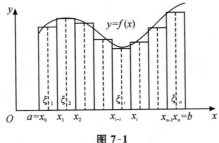

图 7-1

设曲边梯形是由[a,b]上的连续曲线 $y = f(x)(f(x) \geqslant 0)$,$x$ 轴及直线 $x = a$,$x = b$ 所围成的图形(图 7-1).显然,如果 $y = f(x) \equiv C(C$ 为常数),则该图形就是矩形,其面积可用公式:矩形面积 = 底 × 高来计算.但在一般情况下,$y = f(x)$ 不是常量,而是变量,这正是问题的困难所在.但由于 $y = f(x)$ 是连续的,故当 x 变化很小时,$f(x)$ 的变化也很小.这就是说,在一个很小的区间上,$f(x)$ 近似于不变.因此,如果把[a,b]划分为很多的小区间,在每一个小区间上对应的小曲边梯形可以用同底的小矩形面积来近似代替(小矩形的高可用该区间上的任一点所对应的曲线上点的纵坐标来代替),这样把所有小矩形面积相加便得整个曲边梯形面积的近似值.显然对于区间[a,b],如果分得越细,曲边梯形面积的近似程度越好.而要得到曲边梯形的精确值,只要使每一个小区间的长度都趋于零,取近似值的极限即可.具体可按如下步骤进行.

(1)分割:在区间$[a,b]$中任意插入 $n-1$ 个分点.
$$a = x_0 < x_1 < x_2 < \cdots < x_i < \cdots < x_{n-1} < x_n = b,$$
将$[a,b]$分成 n 个小区间 $\Delta x_i (i=1,2,\cdots,n)$,即$[x_0,x_1],[x_1,x_2],\cdots,[x_{n-1},x_n]$,这些小区间的长度也依次记为 $\Delta x_1 = x_1 - x_0, \Delta x_2 = x_2 - x_1, \cdots, \Delta x_n = x_n - x_{n-1}$.过每个分点 $x_1,x_2,\cdots,x_{n-1}$ 作平行于 y 轴的直线段,就把曲边梯形划分为 n 个小曲边梯形.

(2)近似代替:在每个小区间上任取一点 $\xi_i (x_{i-1} \leqslant \xi_i \leqslant x_i)$,$f(\xi_i)$ 就是曲线上点$(\xi_i, f(\xi_i))$的纵坐标,用小矩形的面积 $f(\xi_i)\Delta x_i$ 近似代替小曲边梯形的面积,即 $\Delta S_i \approx f(\xi_i)\Delta x_i (i=1,2,\cdots,n)$.

(3)求和:用 n 个小矩形的面积之和来近似代替曲边梯形的面积,即
$$S \approx f(\xi_1)\Delta x_1 + f(\xi_2)\Delta x_2 + \cdots + f(\xi_n)\Delta x_n = \sum_{i=1}^{n} f(\xi_i)\Delta x_i.$$

(4)取极限:为保证所有的小区间的长度随小区间的个数 n 无限增加而无限缩小,令 $\lambda = \max_{1 \leqslant i \leqslant n}\{\Delta x_i\}$,则当 $\lambda \to 0$ 时,就得到曲边梯形面积的精确值,即
$$S = \lim_{\lambda \to 0} \sum_{i=1}^{n} f(\xi_i)\Delta x_i.$$

2.变速直线运动的路程

在匀速直线运动中,有公式:路程 = 速度 × 时间.但对变速直线运动,由于速度不是常数,而是随时间变化的变量,就不能用上式来计算路程,因此必须寻求其他的方法.

设一质点沿直线作变速运动,其速度是时间 t 的连续函数 $V(t)$.现采用与求面积相同的处理方法来求由时刻 T_1 到时刻 T_2 这段时间内质点所经过的路程 S.

(1)分割:在时间间隔$[T_1, T_2]$中任意插入 $n-1$ 个分点,
$$T_1 = t_0 < t_1 < t_2 < \cdots < t_{n-1} < t_n = T_2,$$
将$[T_1, T_2]$分成 n 个小时间间隔区间,即$[t_0,t_1],[t_1,t_2],\cdots,[t_{n-1},t_n]$,将这些小时间间隔区间的区间长依次记为 $\Delta t_1 = t_1 - t_0, \Delta t_2 = t_2 - t_1, \cdots, \Delta t_n = t_n - t_{n-1}$.

(2)近似代替:在每个小时间间隔区间中任取一个时刻 $\xi_i (t_{i-1} \leqslant \xi_i \leqslant t_i)$,以 ξ_i 时刻的速度 $V(\xi_i)$ 近似代替质点在$[t_{i-1}, t_i]$上各个时刻的速度,于是得质点在$[t_{i-1}, t_i]$这段时间内所经过的路程的近似值为 $\Delta S_i \approx V(\xi_i)\Delta t_i (i=1,2,\cdots,n)$.

(3) 求和:用 n 段部分路程的近似值之和近似代替变速直线运动的路程 S,即

$$S \approx V(\xi_1)\Delta t_1 + V(\xi_2)\Delta t_2 + \cdots + V(\xi_n)\Delta t_n = \sum_{i=1}^{n} V(\xi_i)\Delta t_i.$$

(4) 取极限:记 $\lambda = \max_{1 \leqslant i \leqslant n}\{\Delta t_i\}$,当 $\lambda \to 0$ 时,取上式右端的极限,就得到变速直线运动的路程 S 的精确值,即

$$S = \lim_{\lambda \to 0} \sum_{i=1}^{n} V(\xi_i)\Delta t_i.$$

3. 总成本

设边际成本 $C'(x)$ 为产量 x 的连续函数,求产量 x 从 α 变到 β 时的总成本.

我们按如下步骤进行:

(1) 分割:在 $[\alpha,\beta]$ 内任意插入 $n-1$ 个分点

$$\alpha = x_0 < x_1 < x_2 < \cdots < x_{n-1} < x_n = \beta,$$

把 $[\alpha,\beta]$ 划分成 n 个小产量段 $[x_{i-1},x_i]$,并记每个小产量段的产量为

$$\Delta x_i = x_i - x_{i-1}, i = 1,2,\cdots,n$$

(2) 近似代替:在每个小产量段 $[x_{i-1},x_i]$ 中任意取一点 ξ_i,把 $C'(\xi_i)$ 作为该段的近似平均成本,有

$$\Delta C_i \approx C'(\xi_i)\Delta x_i, i = 1,2,\cdots,n$$

(3) 求和:把每个小产量段 $[x_{i-1},x_i]$ 的成本相加,得总成本的近似值.

$$C \approx \sum_{i=1}^{n} C'(\xi_i)\Delta x_i.$$

(4) 取极限:令 $\lambda = \max_{1 \leqslant i \leqslant n}\{\Delta x_i\}$,有

$$C = \lim_{\lambda \to 0} \sum_{i=1}^{n} C'(\xi_i)\Delta x_i,$$

即为所求的总成本.

7.1.2　定积分的定义

上述几个具体面积、路程及总成本问题,虽然实际意义不同,但其解决问题的途径一致,均为求一个乘积和式的极限. 类似的问题还很多,弄清它们在数量关系上共同的本质与特性,加以抽象与概括,就是定积分的定义.

定义 1　设函数 $f(x)$ 在 $[a,b]$ 上有界.

(1) 分割:在 $[a,b]$ 中任意插入 $n-1$ 个分点

$$a = x_0 < x_1 < x_2 < \cdots < x_{n-1} < x_n = b,$$

把 $[a,b]$ 分成 n 个小区间 $[x_{i-1},x_i]$,并记每个小区间的长度为

$$\Delta x_i = x_i - x_{i-1}, i = 1,2,\cdots,n$$

(2) 近似代替:在每个小区间 $[x_{i-1},x_i]$ 上任取一点 ξ_i,作乘积

$$f(\xi_i)\Delta x_i, i = 1,2,\cdots,n$$

(3) 求和:$\sum_{i=1}^{n} f(\xi_i)\Delta x_i$;

(4) 取极限:记 $\lambda = \max_{1\leqslant i\leqslant n}\{\Delta x_i\}$,作极限

$$\lim_{\lambda \to 0}\sum_{i=1}^{n} f(\xi_i)\Delta x_i. \tag{1}$$

如果对 $[a,b]$ 上的任意分割以及 ξ_i 在 $[x_{i-1},x_i]$ 上的任意选取,只要当 $\lambda \to 0$ 时,极限(1)总趋于同一个定数 I,这时,我们称函数 $f(x)$ 在 $[a,b]$ 上可积,并称这个极限值 I 为 $f(x)$ 在 $[a,b]$ 上的定积分,记作 $\int_a^b f(x)\mathrm{d}x$,即

$$\int_a^b f(x)\mathrm{d}x = \lim_{\lambda \to 0}\sum_{i=1}^{n} f(\xi_i)\Delta x_i.$$

其中 $f(x)$ 称为被积函数,$f(x)\mathrm{d}x$ 称为积分表达式,x 称为积分变量,a 称为积分下限,b 称为积分上限,$[a,b]$ 称为积分区间.

根据定积分的定义,前面所举的例子可以用定积分表述如下:

(1) 曲线 $y = f(x)(f(x) \geqslant 0)$,$x = a$,$x = b$,$y = 0$ 所围图形的面积

$$A = \int_a^b f(x)\mathrm{d}x.$$

(2) 质点以速度 $v = v(t)$ 作直线运动,从时刻 T_1 到时刻 T_2 所通过的路程

$$S = \int_{T_1}^{T_2} v(t)\mathrm{d}t.$$

(3) 边际成本为 $C'(x)$ 在产量 x 从 α 变到 β 时的总成本

$$C = \int_\alpha^\beta C'(x)\mathrm{d}x.$$

关于定积分,还要强调说明如下几点:

(1) 定积分与不定积分是两个截然不同的概念. 定积分是一个数值,它与被积函数 $f(x)$ 及积分区间 $[a,b]$ 有关,而与积分变量取什么字母无关,因此,有

$$\int_a^b f(x)\mathrm{d}x = \int_a^b f(t)\mathrm{d}t.$$

(2) 关于函数 $f(x)$ 的可积性问题,我们不作深入讨论,仅直接给出下面两个定理,证明从略.

定理 1   闭区间 $[a,b]$ 上的连续函数必在 $[a,b]$ 上可积.

定理 2   闭区间 $[a,b]$ 上的只有有限个间断点的有界函数必在 $[a,b]$ 上可积.

（3）当 $a=b$ 时,规定 $\int_a^b f(x)\mathrm{d}x=0$.

（4）规定 $\int_a^b f(x)\mathrm{d}x=-\int_b^a f(x)\mathrm{d}x$.

（5）定积分的几何意义:在 $[a,b]$ 上如果 $f(x)\geqslant 0$, $\int_a^b f(x)\mathrm{d}x$ 表示曲线 $y=f(x)$,直线 $x=a,x=b,y=0$ 所围成的图形的面积;如果 $f(x)\leqslant 0$,则 $\int_a^b f(x)\mathrm{d}x$ 表示由曲线 $y=f(x)$,直线 $x=a,x=b,y=0$ 所围成的图形的面积的负值;如果 $f(x)$ 既取得正值又取得负值时, $\int_a^b f(x)\mathrm{d}x$ 表示介于 x 轴,函数 $f(x)$ 的图像及直线 $x=a,x=b$ 之间的各部分图形的面积的代数和,其中在 x 轴上方的部分图形的面积规定为正,下方的规定为负,见图 7-2.

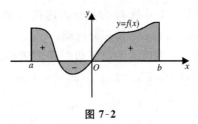

图 7-2

例 1   利用定积分定义计算定积分 $\int_0^1 x^2\mathrm{d}x$.

解:因为被积函数 x^2 在 $[0,1]$ 上连续,从而可积. 所以积分值与 $[0,1]$ 的分法及 ξ_i 的取法无关,故

（1）将 $[0,1]$ 分成 n 等份,取分点 $x_i=\dfrac{i}{n}$,每个小区间 $[x_{i-1},x_i]$ 的长度 $\Delta x_i=\dfrac{1}{n}(i=1,2,\cdots,n)$;

（2）近似代替:取 $\xi_i=x_i=\dfrac{i}{n}$,作 $\Delta A_i\approx f(\xi_i)\Delta x_i=\left(\dfrac{i}{n}\right)^2\cdot\dfrac{1}{n}(i=1,2,\cdots,n)$;

（3）求和:$S\approx\sum_{i=1}^n f(\xi_i)\Delta x_i=\dfrac{1}{n^3}\sum_{i=1}^n i^2=\dfrac{1}{6}\left(1+\dfrac{1}{n}\right)\left(2+\dfrac{1}{n}\right)$;

(4) 取极限：令 $\lambda = \max\limits_{1 \leqslant i \leqslant n}\{\Delta x_i\}$，当 $\lambda \to 0$ 时($n \to \infty$)

$$\int_0^1 x^2 \mathrm{d}x = \lim_{\lambda \to 0} \sum_{i=1}^n \xi_i^2 \Delta x_i = \lim_{n \to \infty} \frac{1}{6}\left(1 + \frac{1}{n}\right)\left(2 + \frac{1}{n}\right) = \frac{1}{3}.$$

习题 7-1

1. 试将下图中各曲边梯形的面积用定积分来表示：

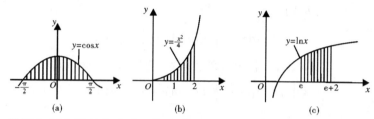

2. 利用定积分的几何意义(曲边梯形的面积)，说明下列各等式成立：

(1) $\displaystyle\int_a^b k \mathrm{d}x = k(b-a)$($k$ 为常数)；　　(2) $\displaystyle\int_a^b x \mathrm{d}x = \frac{1}{2}(b^2 - a^2)$；

(3) $\displaystyle\int_0^a \sqrt{a^2 - x^2}\, \mathrm{d}x = \frac{1}{4}\pi a^2$；

(4) $\displaystyle\int_{-a}^a f(x) \mathrm{d}x = 0$，当 $f(x)$ 为奇函数；

(5) $\displaystyle\int_{-a}^a f(x) \mathrm{d}x = 2 \int_0^a f(x) \mathrm{d}x$，当 $f(x)$ 为偶函数.

3. 用定积分表示 $y = x^2 + 1$，直线 $x = -1$，$x = 2$ 和 x 轴所围成的曲边梯形的面积 A.

4. 根据定积分的几何意义求下列定积分的值：

(1) $\displaystyle\int_{-1}^1 2x \mathrm{d}x$；　　　　　　　　　(2) $\displaystyle\int_0^{2\pi} \cos x \mathrm{d}x$；

(3) $\displaystyle\int_0^2 \sqrt{4 - x^2}\, \mathrm{d}x$；　　　　　　(4) $\displaystyle\int_{-1}^1 |x| \mathrm{d}x$.

5. 用定积分定义计算 $\displaystyle\int_1^2 x \mathrm{d}x$.

7.2　定积分的性质

在以下所列的性质中，均认定函数 $f(x)$，$g(x)$ 在指定区间上可积.

性质 1　两个函数的和(差)的积分等于两函数积分的和(差)，即

$$\int_a^b [f(x) \pm g(x)] \mathrm{d}x = \int_a^b f(x) \mathrm{d}x \pm \int_a^b g(x) \mathrm{d}x.$$

该性质对于任意有限个函数也成立.

性质 2　被积函数的常数因子可以提到积分号外面,即

$$\int_a^b k f(x) \mathrm{d}x = k \int_a^b f(x) \mathrm{d}x. \quad (k \text{ 为常数})$$

性质 3(定积分的积分区间可加性)　如果将积分区间$[a,b]$分成两个小区间$[a,c]$和$[c,b]$,则在整个区间上的定积分等于这两个小区间上定积分之和,即若 $a < c < b$,则

$$\int_a^b f(x) \mathrm{d}x = \int_a^c f(x) \mathrm{d}x + \int_c^b f(x) \mathrm{d}x.$$

当 c 不介于 a,b 之间时,上式仍然成立.例如,$a < b < c$,则

$$\int_a^c f(x) \mathrm{d}x = \int_a^b f(x) \mathrm{d}x + \int_b^c f(x) \mathrm{d}x,$$

于是　$\displaystyle\int_a^b f(x) \mathrm{d}x = \int_a^c f(x) \mathrm{d}x - \int_b^c f(x) \mathrm{d}x = \int_a^c f(x) \mathrm{d}x + \int_c^b f(x) \mathrm{d}x.$

性质 4　如果在$[a,b]$上,$f(x) \equiv 1$,则$\displaystyle\int_a^b 1 \mathrm{d}x = \int_a^b \mathrm{d}x = b - a.$

性质 5　如果在$[a,b]$上,$f(x) \geqslant 0$,则$\displaystyle\int_a^b f(x) \mathrm{d}x \geqslant 0.$

推论 1　如果在$[a,b]$上,$f(x) \leqslant g(x)$,则$\displaystyle\int_a^b f(x) \mathrm{d}x \leqslant \int_a^b g(x) \mathrm{d}x.$

推论 2　$\left| \displaystyle\int_a^b f(x) \mathrm{d}x \right| \leqslant \displaystyle\int_a^b |f(x)| \mathrm{d}x.$

性质 6(定积分的估值定理)　设 M 及 m 分别是函数 $f(x)$ 在$[a,b]$的最大值及最小值,则

$$m(b-a) \leqslant \int_a^b f(x) \mathrm{d}x \leqslant M(b-a) \quad (a < b)$$

性质 7(定积分中值定理)　如果函数 $f(x)$ 在$[a,b]$上连续,则在$[a,b]$上至少存在一点 ξ,使

$$\int_a^b f(x) \mathrm{d}x = f(\xi)(b-a) \quad (a \leqslant \xi \leqslant b).$$

性质 7 的几何解释为:在区间$[a,b]$上至少存在一点 ξ,使得以$[a,b]$为底边,以曲线 $y = f(x)$ 为曲边的曲边梯形的面积等于同一底边、而高为 $f(\xi)$ 的一个矩形的面积(见图 7-3),图中的正负符号是 $f(x)$ 相对于长方形凸出和凹进的部分,并称$\dfrac{1}{b-a} \displaystyle\int_a^b f(x) \mathrm{d}x$ 为函数 $f(x)$ 在区间$[a,b]$上的平均值.

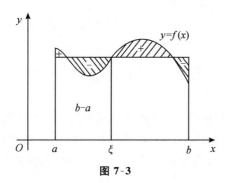

图 7-3

例 1 估计积分值 $\int_1^2 x^4 \mathrm{d}x$ 的大小.

解 令 $f(x) = x^4$,因 $x \in [1,2]$,则 $f'(x) = 4x^3 > 0$,所以 $f(x)$ 在 $[1, 2]$ 上单调增加,$f(x)$ 在 $[1,2]$ 上的最小值 $m = f(1) = 1$,最大值 $M = f(2) = 16$.所以有

$$1 \cdot (2-1) \leqslant \int_1^2 x^4 \mathrm{d}x \leqslant 16 \cdot (2-1),$$

即

$$1 \leqslant \int_1^2 x^4 \mathrm{d}x \leqslant 16.$$

例 2 比较 $\int_0^1 \mathrm{e}^x \mathrm{d}x$ 与 $\int_0^1 (1+x) \mathrm{d}x$ 的大小.

解 令 $f(x) = \mathrm{e}^x - (1+x)$,因 $x \in [0,1]$,则 $f'(x) = \mathrm{e}^x - 1 \geqslant 0$(仅当 $x = 0$ 时等号成立),所以 $f(x)$ 在 $[0,1]$ 上单调递增,即 $x > 0$ 时,$f(x) > f(0) = 0$,故在 $(0,1)$ 内 $\mathrm{e}^x > 1 + x$,所以

$$\int_0^1 \mathrm{e}^x \mathrm{d}x > \int_0^1 (1+x) \mathrm{d}x.$$

习题 7-2

1.估计下列各积分的值:

(1) $\int_1^4 (x^2 - 3x + 2) \mathrm{d}x$;

(2) $\int_{-1}^1 \mathrm{e}^{-x^2} \mathrm{d}x$;

(3) $\int_0^2 x\mathrm{e}^x \mathrm{d}x$;

(4) $\int_0^{\frac{\pi}{2}} \dfrac{1}{5 + 3\cos^2 x} \mathrm{d}x$.

2.比较下列各组定积分值的大小:

(1) $\int_0^1 x^2 \mathrm{d}x$ 与 $\int_0^1 x^3 \mathrm{d}x$;

(2) $\int_0^1 x^2 \mathrm{d}x$ 与 $\int_0^1 \sqrt{x} \mathrm{d}x$;

$(3)\displaystyle\int_0^{\frac{\pi}{2}}x\mathrm{d}x$ 与 $\displaystyle\int_0^{\frac{\pi}{2}}\sin x\mathrm{d}x$；　　　　　$(4)\displaystyle\int_0^1x\mathrm{d}x$ 与 $\displaystyle\int_0^1\ln(1+x)\mathrm{d}x$.

7.3　微积分基本公式

在 6.1 节我们利用定积分的定义计算在 $[0,1]$ 上被积函数为 $f(x)=x^2$ 的定积分,计算它已经比较困难,如果被积函数变得比较复杂,利用定积分的定义计算定积分就会变得非常困难,甚至不可解.因而,必须寻求计算定积分的新的方法.

我们知道,物体以变速 $V(t)$ 作直线运动时,它在时间间隔 $[T_1,T_2]$ 上所经过的路程为

$$S=\int_{T_1}^{T_2}V(t)\mathrm{d}t.$$

但从另一角度来考虑,路程 S 可用位移函数 $S(t)$ 在时间间隔 $[T_1,T_2]$ 上的改变量来表示,即

$$S=S(T_2)-S(T_1).$$

因为 $S'(t)=V(t)$,即位移函数 $S(t)$ 是速度函数 $V(t)$ 的一个原函数,所以上式说明:速度函数 $V(t)$ 在 $[T_1,T_2]$ 上的定积分,等于原函数 $S(t)$ 在 $[T_1,T_2]$ 上的改变量.这个实例使我们看到定积分与不定积分之间的内在联系.对于一般函数 $f(x)$,设 $F'(x)=f(x)$,是否也有 $\displaystyle\int_a^bf(x)\mathrm{d}x=F(b)-F(a)$?

为此,我们先讨论积分上限函数和它的导数之间的关系.

7.3.1　积分上限函数

设函数 $f(x)$ 在区间 $[a,b]$ 上连续,x 为区间 $[a,b]$ 上的任意一点,则 $f(x)$ 在 $[a,x]$ 上连续,因此,定积分 $\displaystyle\int_a^xf(x)\mathrm{d}x$ 存在.对于每一个上限 $x\in[a,b]$,都有一个唯一的确定值与之对应,故它是上限 x 的函数,称为积分上限函数,记为 $\Phi(x)$,即 $\Phi(x)=\displaystyle\int_a^xf(x)\mathrm{d}x$.

这里定积分的上限是 x,而积分变量也是 x,由于定积分与积分变量所用字母无关,为了避免混淆起见,我们将积分变量换成 t,于是写成 $\Phi(x)=\displaystyle\int_a^xf(t)\mathrm{d}t\quad(a\leqslant x\leqslant b)$.

从几何上看，$\Phi(x) = \displaystyle\int_a^x f(t)\mathrm{d}t$ 表示区间 $[a,x]$ 上曲边梯形的面积，如图 7-4 中阴影部分的面积.

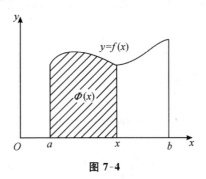

图 7-4

积分上限函数 $\Phi(x)$ 具有下面的重要性质：

定理 3　如果函数 $y = f(x)$ 在区间 $[a,b]$ 上连续，则积分上限函数 $\Phi(x) = \displaystyle\int_a^x f(t)\mathrm{d}t$ 是 $f(x)$ 在 $[a,b]$ 上的一个原函数，即

$$\Phi'(x) = \frac{d}{\mathrm{d}x}\int_a^x f(t)\mathrm{d}t = f(x) \quad (a \leqslant x \leqslant b).$$

由原函数的定义可知，积分上限函数 $\Phi(x) = \displaystyle\int_a^x f(t)\mathrm{d}t$ 是函数 $f(x)$ 在 $[a,b]$ 上的一个原函数.

定理 3 说明了连续函数一定存在原函数，并初步揭示了定积分与原函数之间的联系，从而有可能利用原函数来计算定积分.

7.3.2　微积分基本公式

定理 4　如果函数 $F(x)$ 是 $[a,b]$ 上的连续函数 $f(x)$ 的任意一个原函数，则

$$\int_a^b f(x)\mathrm{d}x = F(b) - F(a).$$

为了方便起见，还常用 $F(x)\big|_a^b$ 表示 $F(b) - F(a)$，即

$$\int_a^b f(x)\mathrm{d}x = F(x)\bigg|_a^b = F(b) - F(a).$$

该式称为微积分基本公式或牛顿－莱布尼茨公式. 它把定积分的计算问题转化成求原函数的问题，是联系微分学与积分学的桥梁，在微积分学中具有极其重要的意义.

例 1 计算 $\int_0^1 x^2 \mathrm{d}x$.

解 由于 $\dfrac{1}{3}x^3$ 是 x^2 的一个原函数,所以根据牛顿—莱布尼茨公式有

$$\int_0^1 x^2 \mathrm{d}x = \frac{1}{3}x^3 \Big|_0^1 = \frac{1}{3} \cdot 1^3 - \frac{1}{3} \cdot 0^3 = \frac{1}{3}.$$

例 2 计算 $\displaystyle\int_0^1 \frac{\mathrm{d}x}{\sqrt{4-x^2}}$.

解 由于 $\dfrac{1}{\sqrt{4-x^2}}$ 的一个原函数为 $\arcsin\dfrac{x}{2}$,故

$$\int_0^1 \frac{\mathrm{d}x}{\sqrt{4-x^2}} = \arcsin\frac{x}{2}\Big|_0^1 = \arcsin\frac{1}{2} - \arcsin 0 = \frac{\pi}{6}.$$

例 3 计算 $\displaystyle\int_1^e \frac{1}{x}\mathrm{d}x$.

解 由于 $\dfrac{1}{x}$ 的一个原函数为 $\ln x$,故

$$\int_1^e \frac{1}{x}\mathrm{d}x = \ln x \Big|_1^e = 1.$$

例 4 计算 $\displaystyle\lim_{x\to 0} \frac{1}{x}\int_0^{\sin x} \mathrm{e}^{-t^2}\mathrm{d}t$.

解 这是一个“$\dfrac{0}{0}$”型的未定式,运用洛必达法则及本节中的推论来计算这个极限.

$$\frac{\mathrm{d}}{\mathrm{d}x}\int_0^{\sin x}\mathrm{e}^{-t^2}\mathrm{d}t \stackrel{u=\sin x}{=\!=\!=} \frac{\mathrm{d}}{\mathrm{d}u}\Big[\int_0^u \mathrm{e}^{-t^2}\mathrm{d}t\Big] \cdot \frac{\mathrm{d}u}{\mathrm{d}x} = \mathrm{e}^{-\sin^2 x} \cdot \cos x,$$

所以 $\displaystyle\lim_{x\to 0} \frac{1}{x}\int_0^{\sin x}\mathrm{e}^{-t^2}\mathrm{d}t = \lim_{x\to 0} \frac{\displaystyle\int_0^{\sin x}\mathrm{e}^{-t^2}\mathrm{d}t}{x} = \lim_{x\to 0} \frac{\mathrm{e}^{-\sin^2 x} \cdot \cos x}{1} = 1.$

习题 7-3

1. 求下列函数的导数:

(1) $f(x) = \displaystyle\int_0^x \frac{1-t+t^2}{1+t+t^2}\mathrm{d}t$,求 $f'(x)$, $f'(1)$;

(2) $f(x) = \displaystyle\int_x^5 \sqrt{1+t^2}\,\mathrm{d}t$,求 $f'(1)$;

(3) $f(x) = \int_{x^2}^{x} \ln t \, dt$，求 $f'(1)$，$f'\left(\dfrac{1}{2}\right)$；

(4) $f(x) = \int_{1}^{x} \dfrac{\sin t}{t} \, dt$，求 $f'(x)$.

2. 当 x 为何值时，函数 $v(x) = \int_{0}^{x} t e^{-t^2} \, dt$ 有极值？

3. 求下列定积分：

(1) $\displaystyle\int_{-1}^{8} \sqrt[3]{x} \, dx$；

(2) $\displaystyle\int_{\frac{1}{\sqrt{3}}}^{1} \dfrac{dx}{1+x^2}$；

(3) $\displaystyle\int_{0}^{1} e^{x} \, dx$；

(4) $\displaystyle\int_{0}^{1} (2x^2 - 3x + 4) \, dx$；

(5) $\displaystyle\int_{0}^{\frac{1}{\sqrt{2}}} \dfrac{(x+1) \, dx}{\sqrt{1-x^2}}$；

(6) $\displaystyle\int_{\frac{\pi}{6}}^{\frac{\pi}{3}} \tan^2 x \, dx$；

(7) $\displaystyle\int_{1}^{2} \left(x + \dfrac{1}{x}\right)^2 \, dx$；

(8) $\displaystyle\int_{1}^{3} |x-2| \, dx$；

(9) $\displaystyle\int_{-\frac{\pi}{2}}^{\frac{\pi}{2}} \sqrt{1 - \cos^2 x} \, dx$；

(10) $\displaystyle\int_{0}^{\frac{3}{4}\pi} \sqrt{1 + \cos 2x} \, dx$；

(11) $\displaystyle\int_{-1}^{1} |x| \, dx$；

(12) $\displaystyle\int_{0}^{3} f(x) \, dx$，其中 $f(x) = \begin{cases} \sqrt[3]{x}, & 0 \leqslant x \leqslant 1 \\ e^{-x}, & 1 \leqslant x \leqslant 3 \end{cases}$.

4. 利用洛必塔法则求下列极限

(1) $\displaystyle\lim_{x \to 0} \dfrac{1}{x} \cdot \int_{0}^{x} \sqrt{1 + t^2} \, dt$；

(2) $\displaystyle\lim_{x \to 0} \dfrac{1}{x^2} \cdot \int_{1}^{\cos x} e^{-t^2} \, dt$.

5. 求下列极限：

(1) $\displaystyle\lim_{n \to \infty} \sum_{k=1}^{n} \dfrac{n}{n^2 + k^2}$；

(2) $\displaystyle\lim_{n \to \infty} \left(\dfrac{1}{n+1} + \dfrac{1}{n+2} + \cdots + \dfrac{1}{n+n}\right)$.

7.4　定积分的换元法

牛顿－莱布尼茨公式为定积分计算提供了简便的方法，即把求定积分的问题归结为求被积函数的原函数的问题. 与不定积分的换元法相对应，我们可以用换元法来求定积分.

定理 5　设

(1) 函数 $f(x)$ 在区间 $[a, b]$ 上连续；

（2）函数 $x = \varphi(t)$ 在区间 $[\alpha,\beta]$ 上是单值的，且有连续导数；

（3）当 $\alpha \leqslant t \leqslant \beta$ 时，$a \leqslant \varphi(t) \leqslant b$，且 $\varphi(\alpha) = a, \varphi(\beta) = b$，则

$$\int_a^b f(x)\mathrm{d}x = \int_\alpha^\beta f[\varphi(t)]\varphi'(t)\mathrm{d}t. \tag{2}$$

式（2）称为定积分的换元积分公式. 由此定理可知，通过变换 $x = \varphi(t)$ 把原来的积分变量 x 换成新变量 t 时，在求出原函数后可以不必像计算不定积分那样把它变回原变量 x 的函数，只要根据 $x = \varphi(t)$，相应变动积分上下限即可.

例 1 求定积分 $\displaystyle\int_0^8 \frac{\mathrm{d}x}{1+\sqrt[3]{x}}$.

解： 令 $\sqrt[3]{x} = t$，即 $x = t^3$，则 $\mathrm{d}x = 3t^2\mathrm{d}t$，且当 $x = 0$ 时，$t = 0$；当 $x = 8$ 时，$t = 2$，于是

$$\int_0^8 \frac{\mathrm{d}x}{1+\sqrt[3]{x}} = \int_0^2 \frac{3t^2\,\mathrm{d}t}{1+t} = 3\left[\frac{1}{2}t^2 - t + \ln(1+t)\right]\Big|_0^2 = 3\ln3.$$

例 2 计算 $\displaystyle\int_0^a \sqrt{a^2 - x^2}\,\mathrm{d}x \quad (a > 0)$.

解： 设 $x = a\sin t$，则 $\mathrm{d}x = a\cos t\mathrm{d}t$，且当 $x = 0$ 时，$t = 0$；当 $x = a$ 时，$t = \dfrac{\pi}{2}$，于是

$$\int_0^a \sqrt{a^2 - x^2}\,\mathrm{d}x = \int_0^{\frac{\pi}{2}} \sqrt{a^2 - a^2\sin^2 t}\,\cos t\mathrm{d}t = a^2 \int_0^{\frac{\pi}{2}} \cos^2 t\mathrm{d}t$$

$$= \left[\frac{1}{2}a^2\left(t + \frac{1}{2}\sin 2t\right)\right]\Big|_0^{\frac{\pi}{2}} = \frac{1}{4}\pi a^2.$$

例 3 计算 $\displaystyle\int_0^{\frac{\pi}{2}} \cos^5 x\sin x\mathrm{d}x$.

解： 设 $t = \cos x$，则 $\mathrm{d}t = -\sin x\mathrm{d}x$，且当 $x = 0$ 时，$t = 1$；当 $x = \dfrac{\pi}{2}$ 时，$t = 0$. 于是

$$\int_0^{\frac{\pi}{2}} \cos^5 x\sin x\mathrm{d}x = -\int_1^0 t^5\mathrm{d}t = \int_0^1 t^5\mathrm{d}t = \frac{t^6}{6}\Big|_0^1 = \frac{1}{6}.$$

在例 3 中，如果我们不明显地写出新变量 t，那么，定积分的上、下限就不要改变.

$$\int_0^{\frac{\pi}{2}} \cos^5 x\sin x\mathrm{d}x = -\int_0^{\frac{\pi}{2}} \cos^5 x\mathrm{d}(\cos x) = -\frac{\cos^6 x}{6}\Big|_0^{\frac{\pi}{2}} = -\left(0 - \frac{1}{6}\right) = \frac{1}{6}.$$

例 4 试证：若 $f(x)$ 在 $[-a,a]$ 上连续，则

(1) $\displaystyle\int_{-a}^{a} f(x)\mathrm{d}x = \int_0^a [f(-x)+f(x)]\mathrm{d}x$;

(2) 当 $f(x)$ 为奇函数时, $\displaystyle\int_{-a}^{a} f(x)\mathrm{d}x = 0$;

(3) 当 $f(x)$ 为偶函数时, $\displaystyle\int_{-a}^{a} f(x)\mathrm{d}x = 2\int_0^a f(x)\mathrm{d}x$.

证: (1) 因为 $\displaystyle\int_{-a}^{a} f(x)\mathrm{d}x = \int_{-a}^{0} f(x)\mathrm{d}x + \int_0^a f(x)\mathrm{d}x$,

对积分式 $\displaystyle\int_{-a}^{0} f(x)\mathrm{d}x$ 作变换 $x=-t$, 则有

$$\int_{-a}^{0} f(x)\mathrm{d}x = -\int_a^0 f(-t)\mathrm{d}t = \int_0^a f(-x)\mathrm{d}x,$$

从而 $\displaystyle\int_{-a}^{a} f(x)\mathrm{d}x = \int_0^a [f(-x)+f(x)]\mathrm{d}x$.

(2) 若 $f(x)$ 为奇函数, 即 $f(-x)=-f(x)$, 由(1) 有

$$\int_{-a}^{a} f(x)\mathrm{d}x = \int_0^a [f(-x)+f(x)]\mathrm{d}x = 0.$$

(3) 若 $f(x)$ 为偶函数, 即 $f(-x)=f(x)$, 由(1) 有

$$\int_{-a}^{a} f(x)\mathrm{d}x = \int_0^a [f(-x)+f(x)]\mathrm{d}x = 2\int_0^a f(x)\mathrm{d}x.$$

例 5 计算 $\displaystyle\int_0^{\pi} \frac{x\sin x}{1+\cos^2 x}\mathrm{d}x$.

解: $\displaystyle\int_0^{\pi} \frac{x\sin x}{1+\cos^2 x}\mathrm{d}x = \int_0^{\frac{\pi}{2}} \frac{x\sin x}{1+\cos^2 x}\mathrm{d}x + \int_{\frac{\pi}{2}}^{\pi} \frac{x\sin x}{1+\cos^2 x}\mathrm{d}x$.

在后一积分式中作变换 $x=\pi-t$, 有

$$\int_{\frac{\pi}{2}}^{\pi} \frac{x\sin x}{1+\cos^2 x}\mathrm{d}x = -\int_{\frac{\pi}{2}}^{0} \frac{(\pi-t)\sin t}{1+\cos^2 t}\mathrm{d}t = \int_0^{\frac{\pi}{2}} \frac{(\pi-x)\sin x}{1+\cos^2 x}\mathrm{d}x,$$

于是 $\displaystyle\int_0^{\pi} \frac{x\sin x}{1+\cos^2 x}\mathrm{d}x = \pi\int_0^{\frac{\pi}{2}} \frac{\sin x}{1+\cos^2 x}\mathrm{d}x = -\pi\arctan(\cos x)\Big|_0^{\frac{\pi}{2}} = \frac{\pi^2}{4}$.

习题 7-4

1. 计算下列各积分:

(1) $\displaystyle\int_3^8 \frac{x}{\sqrt{1+x}}\mathrm{d}x$;

(2) $\displaystyle\int_1^2 \frac{\sqrt{x^2-1}}{x}\mathrm{d}x$;

(3) $\displaystyle\int_0^1 (x-1)^{10} x^2 \mathrm{d}x$;

(4) $\displaystyle\int_0^1 x^2 \sqrt{1-x^2}\,\mathrm{d}x$;

(5) $\displaystyle\int_{\frac{1}{\pi}}^{\frac{2}{\pi}} \frac{1}{x^2}\sin\frac{1}{x}\mathrm{d}x$;

(6) $\displaystyle\int_{0}^{\frac{\pi}{4}} \frac{1+\sin^2 t}{\cos^2 t}\mathrm{d}t$;

(7) $\displaystyle\int_{0}^{1} \sqrt{(1-x^2)^3}\,\mathrm{d}x$;

(8) $\displaystyle\int_{0}^{3} \frac{1}{x\sqrt{x^2+5x+1}}\mathrm{d}x$;

(9) $\displaystyle\int_{0}^{1} \frac{1}{1+\mathrm{e}^x}\mathrm{d}x$;

(10) $\displaystyle\int_{1}^{\mathrm{e}^2} \frac{1}{x\sqrt{1+\ln x}}\mathrm{d}x$;

(11) $\displaystyle\int_{0}^{\ln 5} \frac{\mathrm{e}^x\sqrt{\mathrm{e}^x-1}}{\mathrm{e}^x+3}\mathrm{d}x$;

(12) $\displaystyle\int_{1}^{3} \frac{\arctan\sqrt{x}}{\sqrt{x}(1+x)}\mathrm{d}x$;

(13) $\displaystyle\int_{0}^{\sqrt{2}a} \frac{x\mathrm{d}x}{\sqrt{3a^2-x^2}}\mathrm{d}x$;

(14) $\displaystyle\int_{0}^{1} x^{15}\sqrt{1+3x^8}\,\mathrm{d}x$.

2. 在计算定积分 $\displaystyle\int_{0}^{3}\sqrt[3]{1-x^2}\,\mathrm{d}x$ 时,可否作换元 $x=\sin t$?为什么?

3. 利用函数奇偶性计算下列定积分:

(1) $\displaystyle\int_{-\pi}^{\pi} x^4\sin x\mathrm{d}x$;

(2) $\displaystyle\int_{-\frac{\pi}{2}}^{\frac{\pi}{2}} \sqrt{\cos x-\cos^3 x}\,\mathrm{d}x$;

(3) $\displaystyle\int_{-5}^{5} \frac{x^3\sin^2 x}{x^4+2x^2+1}\mathrm{d}x$;

(4) $\displaystyle\int_{-\sqrt{3}}^{\sqrt{3}} |\arctan x|\,\mathrm{d}x$.

4. 设 $f(x)$ 在 $[a,b]$ 上连续,且 $\displaystyle\int_{a}^{b}f(x)\mathrm{d}x=1$,求 $\displaystyle\int_{a}^{b}f(a+b-x)\mathrm{d}x$.

5. 证明:若函数 $f(x)$ 于区间 $[0,1]$ 上连续,则

(1) $\displaystyle\int_{0}^{\frac{\pi}{2}} f(\sin x)\mathrm{d}x=\int_{0}^{\frac{\pi}{2}} f(\cos x)\mathrm{d}x$;

(2) $\displaystyle\int_{0}^{\pi} xf(\sin x)\mathrm{d}x=\frac{\pi}{2}\int_{0}^{\pi} f(\sin x)\mathrm{d}x$.

7.5　定积分的分部积分法

与不定积分相对应的,我们有以下的定积分分部积分公式:

例 1　计算 $\displaystyle\int_{1}^{\mathrm{e}}\ln x\mathrm{d}x$.

解:令 $u=\ln x, v=x, \mathrm{d}u=\dfrac{1}{x}\mathrm{d}x$,则

$$\int_{1}^{\mathrm{e}}\ln x\mathrm{d}x=x\ln x\Big|_{1}^{\mathrm{e}}-\int_{1}^{\mathrm{e}}x\frac{1}{x}\mathrm{d}x=\mathrm{e}-x\Big|_{1}^{\mathrm{e}}=1.$$

例 2　计算 $\displaystyle\int_{0}^{\pi} x^2\cos x\mathrm{d}x$.

解:令 $u = x^2$,$\mathrm{d}v = \cos x\mathrm{d}x$,则 $\mathrm{d}u = 2x\mathrm{d}x$,$v = \sin x$,于是

$$\int_0^\pi x^2 \cos x\mathrm{d}x = \int_0^\pi x^2 \mathrm{d}\sin x = (x^2 \sin x)\Big|_0^\pi - \int_0^\pi 2x\sin x\mathrm{d}x = -2\int_0^\pi x\sin x\mathrm{d}x.$$

再用分部积分公式,得

$$\int_0^\pi x^2 \cos x\mathrm{d}x = 2\int_0^\pi x\mathrm{d}\cos x = 2\left[(x\cos x)\Big|_0^\pi - \int_0^\pi \cos x\mathrm{d}x\right]$$

$$= 2\left[(x\cos x)\Big|_0^\pi - \sin x\Big|_0^\pi\right] = -2\pi.$$

例 3　计算 $\int_0^{\frac{1}{2}} \arcsin x\mathrm{d}x$.

解:$\int_0^{\frac{1}{2}} \arcsin x\mathrm{d}x = (x\arcsin x)\Big|_0^{\frac{1}{2}} - \int_0^{\frac{1}{2}} x\mathrm{d}\arcsin x$

$$= \frac{1}{2} \cdot \frac{\pi}{6} - \int_0^{\frac{1}{2}} \frac{x}{\sqrt{1-x^2}}\mathrm{d}x$$

$$= \frac{\pi}{12} + \frac{1}{2}\int_0^{\frac{1}{2}} (1-x^2)^{-\frac{1}{2}}\mathrm{d}(1-x^2)$$

$$= \frac{\pi}{12} + \sqrt{1-x^2}\,\Big|_0^{\frac{1}{2}} = \frac{\pi}{12} + \frac{\sqrt{3}}{2} - 1.$$

例 4　证明 $\int_0^{\frac{\pi}{2}} \sin^n x\mathrm{d}x = \int_0^{\frac{\pi}{2}} \cos^n x\mathrm{d}x$,并求 $I_n = \int_0^{\frac{\pi}{2}} \sin^n x\mathrm{d}x$($n$ 为正整数).

证:在 I_n 中,用换元积分法,令 $x = \frac{\pi}{2} - t$,于是

$$\mathrm{d}x = -\mathrm{d}t,\sin x = \sin\left(\frac{\pi}{2} - t\right) = \cos t.$$

当 $x = 0$ 时,$t = \frac{\pi}{2}$;当 $x = \frac{\pi}{2}$ 时,$t = 0$,于是,

$$\int_0^{\frac{\pi}{2}} \sin^n x\mathrm{d}x = -\int_{\frac{\pi}{2}}^0 \cos^n t\mathrm{d}t = \int_0^{\frac{\pi}{2}} \cos^n t\mathrm{d}t = \int_0^{\frac{\pi}{2}} \cos^n x\mathrm{d}x.$$

再求 I_n. 当 $n = 0$ 时,有 $I_0 = \int_0^{\frac{\pi}{2}} \sin^0 x\mathrm{d}x = \frac{\pi}{2}$;

当 $n = 1$ 时,有 $I_1 = \int_0^{\frac{\pi}{2}} \sin x\mathrm{d}x = 1$;

当 $n \geqslant 2$ 时,由定积分分部积分法有

$$I_n = \int_0^{\frac{\pi}{2}} \sin^n x\mathrm{d}x = \int_0^{\frac{\pi}{2}} \sin^{n-1} x\mathrm{d}(-\cos x)$$

$$= (-\sin^{n-1} x\cos x)\Big|_0^{\frac{\pi}{2}} - \int_0^{\frac{\pi}{2}} (-\cos x)\mathrm{d}(\sin^{n-1} x)$$

$$= (n-1) \int_0^{\frac{\pi}{2}} \sin^{n-2}x \cos^2 x \mathrm{d}x$$

$$= (n-1) \int_0^{\frac{\pi}{2}} \sin^{n-2}x (1-\sin^2 x) \mathrm{d}x$$

$$= (n-1) \int_0^{\frac{\pi}{2}} \sin^{n-2}x \mathrm{d}x - (n-1) \int_0^{\frac{\pi}{2}} \sin^n x \mathrm{d}x$$

$$= (n-1)I_{n-2} - (n-1)I_n,$$

移项,整理得

$$I_n = \frac{n-1}{n} I_{n-2} \quad (n \geqslant 2).$$

这个等式是积分 I_n 的递推公式. 依此类推,可得,当 n 为正偶数时,

$$I_n = \frac{n-1}{n} \cdot \frac{n-3}{n-2} \cdots \frac{1}{2} \cdot I_0 = \frac{n-1}{n} \cdot \frac{n-3}{n-2} \cdots \frac{1}{2} \cdot \frac{\pi}{2};$$

当 n 为大于 1 的奇数时,

$$I_n = \frac{n-1}{n} \cdot \frac{n-3}{n-2} \cdots \frac{2}{3} \cdot I_1 = \frac{n-1}{n} \cdot \frac{n-3}{n-2} \cdots \frac{4}{5} \cdot \frac{2}{3}.$$

合并得 $I_n = \begin{cases} \dfrac{n-1}{n} \cdot \dfrac{n-3}{n-2} \cdots \dfrac{1}{2} \cdot \dfrac{\pi}{2} & n \text{ 为正偶数} \\[3mm] \dfrac{n-1}{n} \cdot \dfrac{n-3}{n-2} \cdots \dfrac{4}{5} \cdot \dfrac{2}{3} & n \text{ 为大于 1 的奇数} \end{cases}.$

习题 7-5

1. 求下列各积分:

(1) $\displaystyle\int_0^{\frac{\pi}{2}} \mathrm{e}^{2t} \cos t \mathrm{d}t$;

(2) $\displaystyle\int_0^1 x \mathrm{arctg} x \mathrm{d}x$;

(3) $\displaystyle\int_{-\frac{\pi}{2}}^{\frac{\pi}{2}} \cos^5 x \mathrm{d}x$;

(4) $\displaystyle\int_0^{\pi} \sin^3 \frac{\theta}{2} \mathrm{d}\theta$;

(5) $\displaystyle\int_{-\frac{\pi}{2}}^{\frac{\pi}{2}} \sin^8 x \mathrm{d}x$;

(6) $\displaystyle\int_1^4 \frac{\ln x}{\sqrt{x}} \mathrm{d}x$;

(7) $\displaystyle\int_0^2 \ln(x + \sqrt{x^2+1}) \mathrm{d}x$;

(8) $\displaystyle\int_{-\frac{1}{2}}^{\frac{1}{2}} \frac{x \arcsin x}{\sqrt{1-x^2}} \mathrm{d}x$;

(9) $\displaystyle\int_0^{\pi} (x \sin)^2 \mathrm{d}x$;

(10) $\displaystyle\int_0^{\pi} \mathrm{e}^x \cos^2 x \mathrm{d}x$;

(11) $\displaystyle\int_1^{\mathrm{e}} \sin(\ln x) \mathrm{d}x$;

(12) $\displaystyle\int_0^1 (1-x^2)^n \mathrm{d}x \quad (n \text{ 为正整数})$;

(13) $\int_0^1 x^m (\ln x)^n \mathrm{d}x$　（m,n 为正整数）；

(14) $\int_0^\pi x \sin^m x \mathrm{d}x$　（m 为自然数）.

7.6　广义积分

定积分存在有两个必要条件，即积分区间有限与被积函数有界.但在实际问题中，经常遇到积分区间无限或被积函数无界等情形的积分，这是定积分的两种推广形式，即广义积分.

7.6.1　无限区间上的广义积分

定义 2　设函数 $f(x)$ 在 $[a,+\infty)$ 上连续，取 $t>a$，如果 $\lim\limits_{t\to+\infty}\int_a^t f(x)\mathrm{d}x$ 存在，则此极限称为 $f(x)$ 在 $[a,+\infty)$ 上的广义积分，记作 $\int_a^{+\infty} f(x)\mathrm{d}x =\lim\limits_{t\to+\infty}\int_a^t f(x)\mathrm{d}x$，有时也说广义积分 $\int_a^{+\infty} f(x)\mathrm{d}x$ 收敛，若 $\lim\limits_{t\to+\infty}\int_a^t f(x)\mathrm{d}x$ 不存在，则称广义积分 $\int_a^{+\infty} f(x)\mathrm{d}x$ 发散.

类似地，可以定义无穷区间 $(-\infty,b]$ 上的广义积分和 $(-\infty,+\infty)$ 上的广义积分.

$$\int_{-\infty}^b f(x)\mathrm{d}x = \lim\limits_{t\to-\infty}\int_t^b f(x)\mathrm{d}x,$$

$$\int_{-\infty}^{+\infty} f(x)\mathrm{d}x = \int_{-\infty}^c f(x)\mathrm{d}x + \int_c^{+\infty} f(x)\mathrm{d}x.$$

其中 c 为任意实数，此时 $\int_{-\infty}^c f(x)\mathrm{d}x$ 与 $\int_c^{+\infty} f(x)\mathrm{d}x$ 都收敛是 $\int_{-\infty}^{+\infty} f(x)\mathrm{d}x$ 收敛的充分必要条件.

由牛顿 - 莱布尼兹公式，若 $F(x)$ 是 $f(x)$ 在 $[a,+\infty)$ 上的一个原函数，且 $\lim\limits_{x\to+\infty} F(x)$ 存在，则广义积分

$$\int_a^{+\infty} f(x)\mathrm{d}x = \lim\limits_{x\to+\infty} F(x) - F(a).$$

为了书写方便，当 $\lim\limits_{x\to+\infty} F(x)$ 存在时，常记 $F(+\infty)=\lim\limits_{x\to+\infty} F(x)$，即

$$\int_a^{+\infty} f(x)\mathrm{d}x = F(x)\Big|_a^{+\infty} = F(+\infty) - F(a).$$

另外两种类型的广义积分收敛时也可类似地记为

$$\int_{-\infty}^{b} f(x)\mathrm{d}x = F(x)\Big|_{-\infty}^{b} = F(b) - F(-\infty),\ \int_{-\infty}^{+\infty} f(x)\mathrm{d}x = F(x)\Big|_{-\infty}^{+\infty}$$
$$= F(+\infty) - F(-\infty).$$

注意：当 $F(+\infty),F(-\infty)$ 有一个不存在时，广义积分 $\int_{-\infty}^{+\infty} f(x)\mathrm{d}x$ 发散.

上述广义积分统称为积分区间为无穷的广义积分，也简称无穷限积分.

例 1　计算无穷限积分 $\int_{0}^{+\infty} \mathrm{e}^{-x}\mathrm{d}x$.

解：$\int_{0}^{+\infty} \mathrm{e}^{-x}\mathrm{d}x = \lim\limits_{t\to+\infty} \int_{0}^{t} \mathrm{e}^{-x}\mathrm{d}x = \lim\limits_{t\to+\infty} (-\mathrm{e}^{-x})\Big|_{0}^{t} = \lim\limits_{t\to+\infty} (-\mathrm{e}^{-t}+1) = 1.$

例 2　计算 $\int_{-\infty}^{+\infty} \dfrac{1}{1+x^2}\mathrm{d}x$.

解：$\int_{-\infty}^{+\infty} \dfrac{1}{1+x^2}\mathrm{d}x = \mathrm{arctg}x\Big|_{-\infty}^{+\infty} = \dfrac{\pi}{2} - \left(-\dfrac{\pi}{2}\right) = \pi.$

例 3　证明广义积分 $\int_{1}^{+\infty} \dfrac{\mathrm{d}x}{x^p}$ 当 $p>1$ 时收敛，当 $p\leqslant1$ 时发散.

证：$p=1$ 时

$$\int_{1}^{+\infty} \dfrac{1}{x^p}\mathrm{d}x = \int_{1}^{+\infty} \dfrac{1}{x}\mathrm{d}x = (\ln x)\Big|_{1}^{+\infty} = +\infty.$$

当 $p\neq1$ 时，$\int_{1}^{+\infty} \dfrac{1}{x^p}\mathrm{d}x = \left(\dfrac{x^{1-p}}{1-p}\right)\Big|_{1}^{+\infty} = \begin{cases} +\infty, & p<1 \\ \dfrac{1}{p-1}, & p>1 \end{cases}.$

因此，当 $p>1$ 时，该广义积分收敛，其值为 $\dfrac{1}{p-1}$；当 $p\leqslant1$ 时，该广义积分发散.

例 4　试讨论广义积分 $\int_{0}^{+\infty} x\sin x\mathrm{d}x$ 的敛散性.

解：因为

$$\lim\limits_{t\to+\infty} \int_{0}^{t} x\sin x\mathrm{d}x = \lim\limits_{t\to+\infty} \int_{0}^{t} x\mathrm{d}(-\cos x)$$
$$= \lim\limits_{t\to+\infty} (-x\cos x + \sin x)\Big|_{0}^{t} = \lim\limits_{t\to+\infty} (-t\cos t + \sin t)$$

上述极限不存在，所以 $\int_{0}^{+\infty} x\sin x\mathrm{d}x$ 发散.

7.6.2　无界函数的广义积分

定义 3　设函数 $f(x)$ 在 $(a,b]$ 上连续，而 $\lim\limits_{x\to a^+} f(x) = \infty$. 取 $\varepsilon>0$，如果极

限 $\lim\limits_{\varepsilon\to 0^+}\displaystyle\int_{a+\varepsilon}^{b}f(x)\mathrm{d}x$ 存在,则此极限叫做函数 $f(x)$ 在 $[a,b]$ 上的广义积分,仍然记作 $\displaystyle\int_a^b f(x)\mathrm{d}x$,即

$$\int_a^b f(x)\mathrm{d}x = \lim_{\varepsilon\to 0^+}\int_{a+\varepsilon}^b f(x)\mathrm{d}x.$$

这时也说广义积分 $\displaystyle\int_a^b f(x)\mathrm{d}x$ 收敛. 如果上述极限不存在,就说广义积分 $\displaystyle\int_a^b f(x)\mathrm{d}x$ 发散

类似地,设 $f(x)$ 在 $[a,b)$ 上连续,而 $\lim\limits_{x\to b-0}f(x)=\infty$,取 $\varepsilon>0$,如果极限 $\lim\limits_{\varepsilon\to 0^+}\displaystyle\int_a^{b-\varepsilon}f(x)\mathrm{d}x$ 存在,则定义

$$\int_a^b f(x)\mathrm{d}x = \lim_{\varepsilon\to 0^+}\int_a^{b-\varepsilon}f(x)\mathrm{d}x.$$

否则,就说广义积分 $\displaystyle\int_a^b f(x)\mathrm{d}x$ 发散.

又设 $f(x)$ 在 $[a,b]$ 上除点 $c(a<c<b)$ 外连续,而 $\lim\limits_{x\to c}f(x)=\infty$. 如果两个广义积分 $\displaystyle\int_a^c f(x)\mathrm{d}x$ 与 $\displaystyle\int_c^b f(x)\mathrm{d}x$ 都收敛,则称上述两积分之和为函数 $f(x)$ 在 $[a,b]$ 上的广义积分,即

$$\int_a^b f(x)\mathrm{d}x = \int_a^c f(x)\mathrm{d}x + \int_c^b f(x)\mathrm{d}x,$$

这时称广义积分收敛;否则,就说广义积分 $\displaystyle\int_a^b f(x)\mathrm{d}x$ 发散.

例5 计算广义积分 $\displaystyle\int_0^a \frac{\mathrm{d}x}{\sqrt{a^2-x^2}}(a>0)$.

解: 因为

$$\lim_{x\to a^-}\frac{1}{\sqrt{a^2-x^2}}=+\infty,$$

所以 $x=a$ 为被积函数的无穷间断点,于是

$$\int_0^a \frac{\mathrm{d}x}{\sqrt{a^2-x^2}}$$

$$=\lim_{\varepsilon\to 0^+}\int_0^{a-\varepsilon}\frac{\mathrm{d}x}{\sqrt{a^2-x^2}}$$

$$=\lim_{\varepsilon\to 0^+}\arcsin\frac{a-\varepsilon}{a}-\arcsin 0$$

$$= \arcsin 1 = \frac{\pi}{2}.$$

这个广义积分值在几何上表示位于曲线 $y = \dfrac{1}{\sqrt{a^2 - x^2}}$ 之下，x 轴之上，直线 $x = 0$ 与 $x = a$ 之间的图形面积（如图 7-5）.

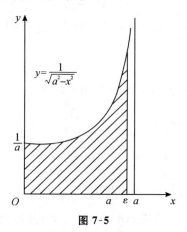

图 7-5

例 6　讨论广义积分 $\displaystyle\int_{-1}^{1} \frac{1}{x^2}\mathrm{d}x$ 的敛散性.

解：因为被积函数 $f(x) = \dfrac{1}{x^2}$ 在积分区间 $[-1,1]$ 上除 $x = 0$ 外连续，且

$\lim\limits_{x \to 0} \dfrac{1}{x^2} = \infty$. 所以 $x = 0$ 是被积函数的无穷间断点，于是

$$\int_{-1}^{1} \frac{1}{x^2}\mathrm{d}x = \int_{-1}^{0} \frac{1}{x^2}\mathrm{d}x + \int_{0}^{1} \frac{1}{x^2}\mathrm{d}x$$

$$= \lim_{\varepsilon \to 0^+} \int_{-1}^{0-\varepsilon} \frac{1}{x^2}\mathrm{d}x + \lim_{\varepsilon \to 0^+} \int_{+\varepsilon}^{1} \frac{1}{x^2}\mathrm{d}x.$$

由于 $\lim\limits_{\varepsilon \to 0^+} \displaystyle\int_{-1}^{0-\varepsilon} \frac{1}{x^2}\mathrm{d}x = \lim\limits_{\varepsilon \to 0^+} \left(-\frac{1}{x}\right)\Big|_{-1}^{-\varepsilon} = \lim\limits_{\varepsilon \to 0^+} \left(\frac{1}{\varepsilon} - 1\right) = +\infty$,

所以广义积分 $\displaystyle\int_{-1}^{0} \frac{1}{x^2}\mathrm{d}x$ 发散，因而广义积分 $\displaystyle\int_{-1}^{1} \frac{1}{x^2}\mathrm{d}x$ 发散.

注意：若该题未注意到 $x = 0$ 是无穷间断点，而直接利用定积分计算，有 $\displaystyle\int_{-1}^{1} \frac{1}{x^2}\mathrm{d}x = \left(-\frac{1}{x}\right)\Big|_{-1}^{1} = -1 - 1 = -2$，则出现错误，故在积分计算中一定要注意检查是否有无穷间断点.

例 7　证明广义积分 $\int_0^1 \dfrac{\mathrm{d}x}{x^q}$ 当 $q<1$ 时收敛，当 $q\geqslant 1$ 时发散.

证: 当 $q=1$ 时

$$\int_0^1 \frac{\mathrm{d}x}{x^q}=\int_0^1 \frac{1}{x}\mathrm{d}x=\lim_{\varepsilon\to 0^+}\int_\varepsilon^1 \frac{1}{x}\mathrm{d}x=\lim_{\varepsilon\to 0^+}\ln x\Big|_\varepsilon^1=\infty.$$

当 $q\neq 1$ 时

$$\int_0^1 \frac{\mathrm{d}x}{x^q}=\lim_{\varepsilon\to 0^+}\left(\frac{x^{1-q}}{1-q}\right)\Big|_\varepsilon^1=\begin{cases}\dfrac{1}{1-q},q<1\\[2mm]+\infty,q>1\end{cases}$$

因此，当 $q<1$ 时，该广义积分收敛，其值为 $\dfrac{1}{1-q}$；当 $q\geqslant 1$ 时，该积分发散.

例 8　求广义积分 $\int_0^{+\infty}\dfrac{1}{\sqrt{x}}\mathrm{e}^{-\sqrt{x}}\mathrm{d}x$.

分析: 广义积分 $\int_0^{+\infty}\dfrac{1}{\sqrt{x}}\mathrm{e}^{-\sqrt{x}}\mathrm{d}x$，它是一个定积分区间为无穷的广义积分，并且 $f(x)=\dfrac{1}{\sqrt{x}}\mathrm{e}^{-\sqrt{x}}$ 除 0 点外，在积分区间上连续，且 $\lim\limits_{x\to 0^+}\dfrac{1}{\sqrt{x}}\mathrm{e}^{-\sqrt{x}}=\infty$，故广义积分既是无限区间的广义积分，又是无界函数的广义积分，因此本题要分成两种广义积分来计算.

解:

$$\begin{aligned}
\int_0^{+\infty}\frac{1}{\sqrt{x}}\mathrm{e}^{-\sqrt{x}}\mathrm{d}x&=\int_0^1 \frac{1}{\sqrt{x}}\mathrm{e}^{-\sqrt{x}}\mathrm{d}x+\int_1^{+\infty}\frac{1}{\sqrt{x}}\mathrm{e}^{-\sqrt{x}}\mathrm{d}x\\
&=\lim_{\varepsilon\to 0^+}\int_\varepsilon^1\frac{1}{\sqrt{x}}\mathrm{e}^{-\sqrt{x}}\mathrm{d}x+\lim_{t\to\infty}\int_1^t\frac{1}{\sqrt{x}}\mathrm{e}^{-\sqrt{x}}\mathrm{d}x\\
&=\lim_{\varepsilon\to 0^+}\int_\varepsilon^1(-2)\mathrm{e}^{-\sqrt{x}}\mathrm{d}(-\sqrt{x})+\lim_{t\to\infty}\int_1^t(-2)\mathrm{e}^{-\sqrt{x}}\mathrm{d}(-\sqrt{x})\\
&=\lim_{\varepsilon\to 0^+}\big[(-2\mathrm{e}^{-\sqrt{x}})\big|_\varepsilon^1\big]+\lim_{t\to\infty}\big[(-2\mathrm{e}^{-\sqrt{x}})\big|_1^t\big]\\
&=\lim_{\varepsilon\to 0^+}(-2\mathrm{e}^{-1}+2\mathrm{e}^{-\sqrt{\varepsilon}})+\lim_{t\to\infty}(-2\mathrm{e}^{-\sqrt{t}}+2\mathrm{e}^{-1})\\
&=-2\mathrm{e}^{-1}+2+0+2\mathrm{e}^{-1}=2.
\end{aligned}$$

注: 该广义积分既是无限区间的广义积分，又是无界函数的广义积分，可简称为混合型的广义积分.

习题 7-6

1.判断下列积分的敛散性,若收敛,计算积分值:

(1) $\displaystyle\int_1^{+\infty} \frac{\mathrm{d}x}{(1+x)\sqrt{x}}$;

(2) $\displaystyle\int_1^{+\infty} \frac{\mathrm{d}x}{x^2(1+x)}$;

(3) $\displaystyle\int_1^{+\infty} x\mathrm{e}^{-x^2}\mathrm{d}x$;

(4) $\displaystyle\int_1^{+\infty} \frac{\arctan x}{x^2}\mathrm{d}x$;

(5) $\displaystyle\int_{-\infty}^{+\infty} \frac{\mathrm{d}x}{x^2+2x+2}$;

(6) $\displaystyle\int_0^{+\infty} \mathrm{e}^{-\alpha x}\cos bx\,\mathrm{d}x\,(\alpha>0)$;

(7) $\displaystyle\int_0^1 \frac{x\mathrm{d}x}{\sqrt{1-x^2}}$;

(8) $\displaystyle\int_0^1 \frac{x\mathrm{d}x}{\sqrt{1-x^2}}$;

(9) $\displaystyle\int_0^2 \frac{\mathrm{d}x}{(1-x)^2}$;

(10) $\displaystyle\int_1^2 \frac{x\mathrm{d}x}{\sqrt{x-1}}$;

(11) $\displaystyle\int_{-\pi/4}^{3\pi/4} \frac{\mathrm{d}x}{\cos^2 x}$;

(12) $\displaystyle\int_a^b \frac{\mathrm{d}x}{\sqrt{(x-a)(b-x)}}\,(a<b)$.

2.当 k 为何值时,广义积分 $\displaystyle\int_1^2 \frac{1}{(x-1)^k}\mathrm{d}x$ 收敛?当 k 为何值时,广义积分发散.

3.计算广义积分 $I_n = \displaystyle\int_0^{+\infty} x^n\mathrm{e}^{-x}\mathrm{d}x$.

4.若广义积分 $\displaystyle\int_0^{+\infty} \frac{k}{1+x^2}\mathrm{d}x = 1$,其中 k 为常数,求 k.

5.已知 $\displaystyle\lim_{x\to\infty}\left(\frac{x+c}{x-c}\right)^x = \int_{-\infty}^c t\mathrm{e}^{2t}\mathrm{d}t$,求 c 值.

7.7   定积分的应用

7.7.1   定积分的元素法

根据定积分的定义,用它解决实际问题的基本方法是"分割、近似、求和、取极限",也就是下述四个步骤:

第一步:分割,将所求量 F 的定义域 $[a,b]$ 任意分成 n 个小区间
$$a = x_0 < x_1 \cdots < x_n = b.$$

第二步:近似,在每个小区间 $[x_{i-1},x_i]$ 上任取一点 ξ_i 作为 F 在此小区间

上的近似值,

$$\Delta F_i \approx f(\xi_i)\Delta x_i (i = 1, 2, \cdots, n).$$

第三步:求和,求出 F 在整个区间 $[a,b]$ 上的近似值,$F = \sum_{i=1}^{n} \Delta F_i \approx$

$\sum_{i=1}^{n} f(\xi_i)\Delta x_i.$

第四步:取极限,取 $\lambda = \max_{1 \leqslant i \leqslant n}(\Delta x_i) \rightarrow 0$ 时的极限得到 F 在 $[a,b]$ 上的精确值,

$$F = \lim_{\lambda \rightarrow 0} \sum_{i=1}^{n} f(\xi_i)\Delta x_i = \int_a^b f(x)\mathrm{d}x.$$

在上述四个步骤中,第二步最为关键,因为它直接决定了最后的积分表达式.在实际的应用中,通常将上述四步简化为以下两步:

(1) 在 $[a,b]$ 上任取一个子区间 $[x, x+\mathrm{d}x]$,求出 F 在此区间上的部分量 ΔF_i 的近似值,记为 $\mathrm{d}F = f(x)\mathrm{d}x$(称为 F 的元素).

(2) 将元素 $\mathrm{d}F$ 在 $[a,b]$ 上积分(无限量加) 得 $F = \int_a^b f(x)\mathrm{d}x.$

(1)、(2) 两步解决问题的方法称为定积分的元素法.

利用元素法解决实际问题最主要的是准确求出元素表示式 $\mathrm{d}F = f(x)\mathrm{d}x$. 一般地,根据具体问题的实际意义及数量关系,在局部 $[x, x+\mathrm{d}x]$ 上,采取以"常量代替变量","均匀代替不匀","直线代替曲线"的方法,利用关于常量,均匀,直线的已知公式,求出在局部 $[x, x+\mathrm{d}x]$ 上所求量的近似值,从而得到所求元素 $\mathrm{d}F = f(x)\mathrm{d}x$,就可化为定积分求解.

下面我们用元素法来讨论定积分的一些应用问题.

7.7.2　平面图形的面积

1.直角坐标情形

由定积分的几何意义可知,曲线 $y = f(x)(f(x) \geqslant 0)$,$x$ 轴及直线 $x = a$,$x = b$ 所围成的平面图形的面积可以表示为定积分 $\int_a^b f(x)\mathrm{d}x$,即

$$A = \int_a^b f(x)\mathrm{d}x.$$

其中被积表达式 $f(x)\mathrm{d}x$ 就是直角坐标系下的面积微元 $\mathrm{d}A$,如图 7-1 所示,它表示高为 $f(x)$,底为 $\mathrm{d}x$ 的一个矩形面积.

应用定积分的微元法,还可以计算一些更加复杂的平面图形的面积.

设平面区域 D 由 $x = a$,$x = b(a < b)$,及曲线 $y = \varphi_1(x)$ 与曲线 $y =$

$\varphi_2(x)$ 所围成(其中 $\varphi_1(x) \leqslant \varphi_2(x)$),见图 7-6.

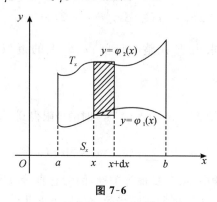

图 7-6

在 $[a,b]$ 区间上任取一点 x,过此点作平行 y 轴的直线交区域 D 的下边界曲线 $y = \varphi_1(x)$ 于点 S_x,交上边界曲线 $y = \varphi_2(x)$ 于点 T_x,给自变量 x 以增量 $\mathrm{d}x$,图 7-6 中阴影部分可看成以 $S_x T_x$ 为高,$\mathrm{d}x$ 为宽的小矩形,其面积 $\mathrm{d}A = [\varphi_2(x) - \varphi_1(x)]\mathrm{d}x$,故

$$A = \int_a^b [\varphi_2(x) - \varphi_1(x)]\mathrm{d}x.$$

若平面区域 D 由 $y = c, y = d(c < d)$ 及曲线 $x = \varphi_1(y)$ 与曲线 $x = \varphi_2(y)$ 所围成 $\varphi_1(y) \leqslant \varphi_2(y)$,见图 7-7,则区域的面积为 $A = \int_c^d [\varphi_2(y) - \varphi_1(y)]\mathrm{d}y$.

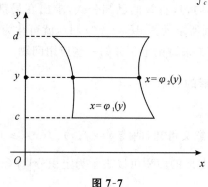

图 7-7

例 1　求抛物线 $y = x^2$ 与直线 $y = x$ 所围成图形 D 的面积 A.

解:求解方程组 $\begin{cases} y = x \\ y = x^2 \end{cases}$ 得直线与抛物线的交点为 $\begin{cases} x = 0 \\ y = 0 \end{cases}, \begin{cases} x = 1 \\ y = 1 \end{cases}$,见图 7-8,所以该图形在直线 $x = 0$ 与 $x = 1$ 之间,$y = x^2$ 为图形的下边界,$y = x$

为图形的上边界,故 $A = \int_0^1 (x - x^2)\,\mathrm{d}x = \left[\dfrac{1}{2}x^2\right]\Big|_0^1 - \left[\dfrac{x^3}{3}\right]\Big|_0^1 = \dfrac{1}{6}.$

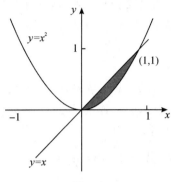

图 7-8

例 2　计算由抛物线 $y^2 = 2x$ 与直线 $y = x - 4$ 围成的图形 D 的面积 A.

解:求解方程组 $\begin{cases} y^2 = 2x \\ y = x - 4 \end{cases}$ 得抛物线与直线的交点 $(2, -2)$ 和 $(8, 4)$,见图 7-9,下面分两种方法求解.

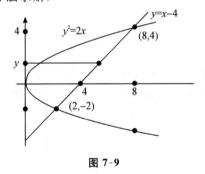

图 7-9

方法 1　图形 D 夹在水平线 $y = -2$ 与 $y = 4$ 之间,其左边界 $x = \dfrac{y^2}{2}$,右边界 $x = y + 4$,故 $A = \int_{-2}^4 \left[(y + 4) - \dfrac{y^2}{2}\right]\mathrm{d}y = \left[\dfrac{y^2}{2} + 4y - \dfrac{y^3}{6}\right]\Big|_{-2}^4 = 18.$

方法 2　图形 D 夹在直线 $x = 0$ 与 $x = 8$ 之间,上边界为 $y = \sqrt{2x}$,而下边界是由两条曲线 $y = -\sqrt{2x}$ 与 $y = x - 4$ 分段构成的,所以需要将图形 D 分成两个小区域 D_1, D_2,故

$$A = \int_0^2 \left[\sqrt{2x} - (-\sqrt{2x})\right]\mathrm{d}x + \int_2^8 \left[\sqrt{2x} - (x - 4)\right]\mathrm{d}x$$

$$= 2\sqrt{2} \cdot \frac{2}{3}x^{\frac{3}{2}} \Big|_0^2 + \left[\sqrt{2} \cdot \frac{2}{3}x^{\frac{3}{2}} - \frac{x^2}{2} + 4x\right]\Big|_2^8 = 18.$$

由此可见方法 1 要比方法 2 简单一些,故而在具体问题中,我们要恰当地选择积分公式以使计算简单.

2.参数方程情形

如果曲线是参数方程

$$x = \varphi(t), y = \psi(t), (\alpha \leqslant t \leqslant \beta)$$

其中 $\varphi(t), \psi(t)$ 及 $\varphi'(t)$ 在 $[\alpha, \beta]$ 上连续且 $\varphi(\alpha) = a, \varphi(\beta) = b$,则由曲线 $x = \varphi(t), y = \psi(t)$ 所围成的面积 A 为

$$A = \int_\alpha^\beta |\psi(t)\varphi'(t)| \, \mathrm{d}t.$$

例 3　求椭圆 $\begin{cases} x = a\cos t \\ y = b\sin t \end{cases}$ 围成的面积 A.

解:$A = \int_0^{2\pi} \left| b\sin t \cdot (-a\sin t) \right| \mathrm{d}t$

$$= \int_0^{2\pi} ab \, \sin^2 t \, \mathrm{d}t = \int_0^{2\pi} ab\left(\frac{1 - \cos 2t}{2}\right)\mathrm{d}t$$

$$= \frac{ab}{2}\left(t - \frac{1}{2}\sin 2t\right)\Big|_0^{2\pi} = \pi ab.$$

3.极坐标情形

某些平面图形,用极坐标来计算它们的面积比较方便.设由曲线 $\rho = \varphi(\theta)$ 及射线 $\theta = \alpha, \theta = \beta$ 围成一图形(简称为曲边扇形),现在要计算它的面积(图 7-10)

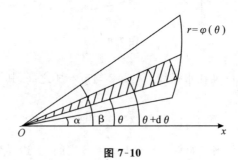

图 7-10

这里假定 $\theta \in [\alpha, \beta]$ 时,$\varphi(\theta) \geqslant 0$,由于当 θ 在 $[\alpha, \beta]$ 上变动时,极径 $\rho = \varphi(\theta)$ 也随之变动,因此,所求图形的面积不能直接利用扇形面积的公式 $A =$

$\frac{1}{2}\rho^2(\beta-\alpha)$ 来计算.

取极角 θ 为积分变量,它的变化区间为 $[\alpha,\beta]$,对于区间 $[\alpha,\beta]$ 上的任一小区间 $[\theta,\theta+d\theta]$ 所对应的小曲边扇形,我们可以用半径为 $\rho=\varphi(\theta)$,中心角为 $d\theta$ 的扇形来近似代替,从而得到这小曲边扇形面积的近似值,即曲边扇形的面积元素

$$dA = \frac{1}{2}\big[\varphi(\theta)\big]^2 d\theta,$$

于是所求曲边扇形的面积为

$$A = \int_\alpha^\beta \frac{1}{2}\big[\varphi(\theta)\big]^2 d\theta.$$

例 4　计算阿基米德螺线 $\rho=a\theta(a>0)$ 上相应于 θ 从 0 到 2π 的一段弧与极轴所围成的图形(图 7-11)的面积.

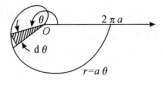

图 7-11

解: $A = \int_0^{2\pi}\frac{a^2}{2}\theta^2 d\theta = \frac{a^2}{2}\left(\frac{\theta^3}{3}\right)\Big|_0^{2\pi} = \frac{4}{3}a^2\pi^3.$

例 5　计算心形线 $\rho=a(1+\cos\theta)(a>0)$ 所围成的图形(7-12)的面积.

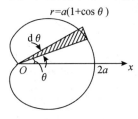

图 7-12

解: 这个心形线的图形对称于极轴,故所求图形的面积 A 是极轴的上部分图形 A 的两倍,

$$A = 2A_1 = 2\int_0^\pi \frac{1}{2}a^2(1+\cos\theta)^2 d\theta$$

$$= a^2\int_0^\pi(1+2\cos\theta+\cos^2\theta)d\theta = \frac{3}{2}\pi a^2.$$

7.7.3 平行截面积为已知的立体的体积

设一立体介于点 $x=a,x=b$ 且垂直于 x 轴的平面之间,过点 $x\in[a,b]$ 并垂直于 x 轴的截面面积 $A(x)$ 为 x 已知连续函数,如图 7-13 所示,我们可用定积分来计算这立体的体积.

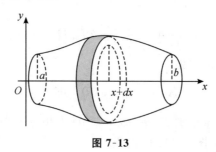

图 7-13

取 x 为积分变量,它的变化区间为 $[a,b]$,立体中位于 $[a,b]$ 上任一小区间 $[x,x+\mathrm{d}x]$ 的薄片体积近似于底面积为 $A(x)$,高为 $\mathrm{d}x$ 的扁柱体的体积,即体积微元为 $\mathrm{d}V=A(x)\mathrm{d}x$.体积微元 $A(x)\mathrm{d}x$ 为被积表达式,于是所求立体的体积为 $V=\int_a^b\mathrm{d}V=\int_a^bA(x)\mathrm{d}x$.

例 6   平面经过半径为 R 的圆柱体的底圆中心并与底面交角为 α(如图 7-14).试计算这平面截圆柱体的立体的体积.

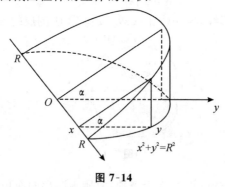

图 7-14

解:取这平面与圆柱体的底面的交线为 x 轴,底面上过圆中心且垂直于 x 轴的直线为 y 轴.于是底圆的方程为 $x^2+y^2=R^2$.立体中过点 x 且垂直于 x 轴的截面是一个直角三角形.它的两条直角边长分别为 $y=\sqrt{R^2-x^2}$ 及 $y=\sqrt{R^2-x^2}\tan\alpha$,因而截面的面积为

$$A(x) = \frac{1}{2}(R^2 - x^2)\tan\alpha.$$

故所求立体的体积为

$$V = \int_{-R}^{R} \frac{1}{2}(R^2 - x^2)\tan\alpha \, dx$$

$$= \frac{1}{2}\tan\alpha \left(R^2 x - \frac{1}{3}x^3 \right)\Big|_{-R}^{R} = \frac{2}{3}R^3\tan\alpha.$$

7.7.4 旋转体的体积

由一个平面图形绕这平面内的一条直线旋转一周而成的立体就称为旋转体. 这条直线称为旋转轴. 例如直角三角形绕它的一直角边旋转一周而成的旋转体就是圆柱体, 矩形绕它的一边旋转一周就得到圆柱体.

设一旋转体是由曲线 $y = f(x)$, 直线 $x = a, x = b$ 及 x 轴所围成的曲边梯形绕 x 轴旋转一周而成(图 7-15), 则可用定积分来计算这类旋转体的体积.

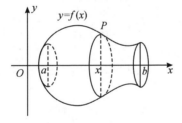

图 7-15

取横坐标 x 为积分变量, 其变化区间为 $[a, b]$, 在此区间内任一点 x 处垂直 x 轴的截面是半径等于 $|y| = |f(x)|$ 的圆, 因而此截面面积为

$$A(x) = \pi y^2 = \pi [f(x)]^2.$$

所求旋转体的体积为

$$V = \int_a^b \pi y^2 \, dx = \int_a^b \pi [f(x)]^2 \, dx.$$

用类似方法可推得由曲线 $x = \varphi(y)$, 直线 $y = c$, $y = d(c < d)$ 及 y 轴所围成的曲边梯形绕 y 轴旋转一周而成的旋转体(图 7-16)的体积为

$$V = \int_c^d \pi x^2 \, dy = \int_c^d \pi [\varphi(y)]^2 \, dy.$$

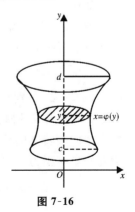

图 7-16

例7　求由椭圆$\dfrac{x^2}{a^2}+\dfrac{y^2}{b^2}=1$所围成的图形绕$x$轴旋转而成的旋转体（称为旋转椭圆球体）的体积.

解：这个旋转体可以看做是由半个椭圆$y=\dfrac{b}{a}\sqrt{a^2-x^2}$及$x$轴围成的图形绕$x$轴旋转一周而成的立体（如图7-17），于是所求体积为

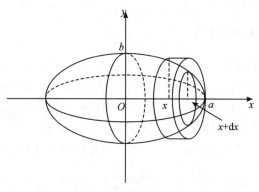

图 7-17

$$V=\int_{-a}^{a}\pi y^2\,\mathrm{d}x=\frac{b^2}{a^2}\pi\int_{-a}^{a}(a^2-x^2)\,\mathrm{d}x=\frac{2b^2}{a^2}\pi\int_{0}^{a}(a^2-x^2)\,\mathrm{d}x$$

$$=2\pi\frac{b^2}{a^2}\left(a^2x-\frac{1}{3}x^3\right)\Big|_{0}^{a}=\frac{4}{3}\pi ab^2.$$

当$a=b$时，旋转体即为半径为a的球体，它的体积为$\dfrac{4}{3}\pi a^3$.

例8　求圆心在点$(b,0)$处，半径为$a(b>a)$的圆绕y轴旋转一周而成的环状的体积.

解：圆的方程为$(x-b)^2+y^2=a^2$，显然，此状体的体积等于右半圆周$x_2=b+\sqrt{a^2-y^2}$和左半圆周$x_1=b-\sqrt{a^2-y^2}$分别与直线$y=-a,y=a$及y轴所围成的曲边梯形绕y轴旋转所产生的旋转体的体积之差（图7-18），因此所求体积为

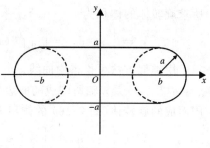

图 7-18

$$V=\int_{-a}^{a}\pi x_2^2\,\mathrm{d}y-\int_{-a}^{a}\pi x_1^2\,\mathrm{d}y$$

$$= \pi \int_{-a}^{a} (x_2^2 - x_1^2)\mathrm{d}y$$

$$= 2\pi \int_{0}^{a} \left[(b + \sqrt{a^2 - y^2}) - (b - \sqrt{a^2 - y^2}) \right]$$

$$\left[(b + \sqrt{a^2 - y^2}) + (b - \sqrt{a^2 - y^2}) \right] \mathrm{d}y$$

$$= 8\pi b \int_{0}^{a} \sqrt{a^2 - y^2}\,\mathrm{d}y = 8\pi b \left(\frac{y}{2}\sqrt{a^2 - y^2} + \frac{a^2}{2}\arcsin\frac{y}{a} \right) \Big|_{0}^{a} = 2\pi^2 a^2 b.$$

7.7.5 平面曲线弧长

1. 直角坐标情形

现在我们讨论曲线 $y = f(x)$ 上相应于 x 从 a 到 b 的弧长（图 7-19）的长度的计算公式.

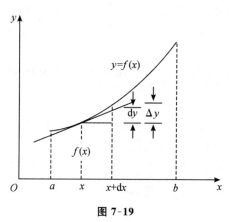

图 7-19

取横坐标 x 为积分变量,它的变化区间为 $[a,b]$. 如果函数 $y = f(x)$ 具有一阶连续导数,则曲线 $y = f(x)$ 上相应于 $[a,b]$ 上任一小区间 $[x, x + \mathrm{d}x]$ 的一段弧的长度,可以用该曲线在点 $(x, f(x))$ 处切线上相应的一小段的长度来近似代替,而切线上这相应的小段长度为

$$\sqrt{(\mathrm{d}x)^2 + (\mathrm{d}y)^2} = \sqrt{1 + y'^2}\,\mathrm{d}x,$$

从而得到弧长元素 $\mathrm{d}s = \sqrt{1 + y'^2}\,\mathrm{d}x$.

将弧长元素在闭区间 $[a,b]$ 上作定积分,便得到所要求的弧长

$$S = \int_{a}^{b} \sqrt{1 + y'^2}\,\mathrm{d}x.$$

例 9 计算曲线 $y = \frac{2}{3}x^{\frac{3}{2}}$ 相应于 x 从 a 到 b 的一段弧（图 7-20）的长度.

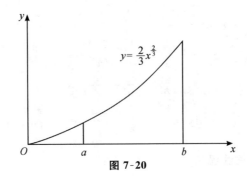

图 7-20

解：$y' = x^{\frac{1}{2}}$，从而弧长元素 $ds = \sqrt{1 + (x^{\frac{1}{2}})^2}\, dx = \sqrt{1 + x}\, dx$.
因此，所求弧长为

$$S = \int_a^b \sqrt{1 + x}\, dx = \frac{2}{3}(1 + x)^{\frac{3}{2}}\Big|_a^b = \frac{2}{3}\left[(1 + b)^{\frac{3}{2}} - (1 + a)^{\frac{3}{2}}\right].$$

2. 参数方程情形

设曲线的参数方程为 $\begin{cases} x = \varphi(t) \\ y = \psi(t) \end{cases} (\alpha \leqslant t \leqslant \beta)$，其中 $\varphi(t)$，$\psi(t)$ 在定义域内可导.

取参数 t 为积分变量，它的变化区间为 $[\alpha, \beta]$，相应于 $[\alpha, \beta]$ 上任一小区间 $[t, t + dt]$ 的小弧段的长度的近似值即弧长元素为

$$ds = \sqrt{(dx)^2 + (dy)^2} = \sqrt{\varphi'^2(t)(dt)^2 + \psi'^2(t)(dt)^2}$$
$$= \sqrt{\varphi'^2(t) + \psi'^2(t)}\, dt.$$

从而得到所求弧长

$$S = \int_\alpha^\beta \sqrt{\varphi'^2(t) + \psi'^2(t)}\, dt.$$

例 10 计算摆线（图 7-21）$\begin{cases} x = a(\theta - \sin\theta) \\ y = a(1 - \cos\theta) \end{cases}$ 的一拱（$0 < \theta \leqslant 2\pi$）的长度.

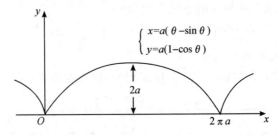

图 7-21

解：取参数 θ 为积分变量，弧长元素为

$$ds = \sqrt{a^2 (1-\cos\theta)^2 + a^2 \sin^2\theta}\,d\theta$$
$$= a\sqrt{2(1-\cos\theta)}\,d\theta = 2a\sin\frac{\theta}{2}d\theta,$$

从而得所求弧长为

$$S = \int_0^{2\pi} 2a\sin\frac{\theta}{2}d\theta = 2a\left(-2\cos\frac{\theta}{2}\right)\Big|_0^{2\pi} = 8a.$$

3. 极坐标方程情形

设曲线由极坐标方程 $r = r(\theta)(\alpha \leqslant \theta \leqslant \beta)$ 给出，将此式代入直角坐标和

极坐标之间的关系式 $\begin{cases} x = r(\theta)\cos\theta \\ y = r(\theta)\sin\theta \end{cases}(\alpha \leqslant \theta \leqslant \beta)$

由于　　　　$dx = (r'\cos\theta - r\sin\theta)d\theta, dy = (r'\sin\theta + r\cos\theta)d\theta,$

于是　　　　$dx = (r'\cos\theta - r\sin\theta)d\theta, dy = (r'\sin\theta + r\cos\theta)d\theta.$

在区间 $[\alpha, \beta]$ 上作定积分，便得所要求的弧长

$$S = \int_\alpha^\beta \sqrt{r^2 + r'^2}\,d\theta.$$

例 11　求心形线（图 7-22）$r = a(1+\cos\theta)(a > 0)$ 的弧长.

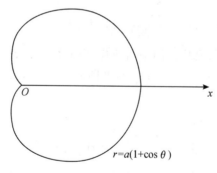

$$r=a(1+\cos\theta)$$

图 7-22

解：由于心形线对称于 x 轴，因此只要计算在 x 轴上方的半条曲线的长再乘以 2 即可，取 θ 为积分变量，它的变化区间为 $[0, \pi]$，弧长元素为

$$d\theta = \sqrt{r^2 + r'^2}\,d\theta = \sqrt{a^2(1+\cos\theta)^2 + a^2(\sin\theta)^2}\,d\theta$$
$$= a\sqrt{2(1+\cos\theta)}\,d\theta = 2a\cos\frac{\theta}{2}d\theta,$$

于是所求的弧长

$$S = 2\int_0^\pi 2a\cos\frac{\theta}{2}\mathrm{d}\theta = 4a\left(2\sin\frac{\theta}{2}\right)\Big|_0^\pi = 8a.$$

7.7.6 物理上的应用

1. 力矩与重心

设 xOy 平面有 n 个质点,它们的质量分别为 $m_1,m_2,\cdots,m_n$,且分别位于 $(x_1,y_1),(x_2,y_2),\cdots,(x_n,y_n)$ 处,则由力学知道,此质点系对于 x 轴的力矩 M_x 及对于 y 轴的力矩 M_y 为

$$M_x = \sum_{i=1}^n m_i y_i, \quad M_y = \sum_{i=1}^n m_i x_i.$$

设想有一个质点,其质量等于上述质点系各质点质量之和,如果把这个质点放在 xOy 平面上点 $(\overline{x},\overline{y})$ 处时,它对于 x 轴及 y 轴的力矩分别与 M_x 及 M_y 相等,我们就把点 $(\overline{x},\overline{y})$ 称为上述质点系的重心. 根据这个定义,重心坐标 $(\overline{x},\overline{y})$ 应为:

$$\overline{x}\cdot\sum_{i=1}^n m_i = M_y = \sum_{i=1}^n m_i x_i, \quad \overline{y}\cdot\sum_{i=1}^n m_i = M_x = \sum_{i=1}^n m_i y_i.$$

即 $$\overline{x} = \frac{\sum\limits_{i=1}^n m_i x_i}{M}, \quad \overline{y} = \frac{\sum\limits_{i=1}^n m_i y_i}{M}, \text{其中} M = \sum_{i=1}^n m_i.$$

例 12 设有一具有质量的平面薄片,由曲线 $y = f(x)$,$y = \varphi(x)$ 和直线 $x = a$,$x = b$ 所围成,且 $f(x) \geqslant \varphi(x)$,如图 7-23 所示,又薄片面积的质量为常数 μ,求该薄片的重心.

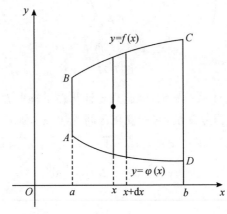

图 7-23

解: 取 x 为积分变量,它的变化区间为 $[a,b]$. 在 $[a,b]$ 上任取一小区间 $[x, x+dx]$,位于小区间的小长条薄片可以近似地看成一个矩形,其面积为 $[f(x)-\varphi(x)]dx$,质量为 $dM=\mu[f(x)-\varphi(x)]dx$.

由于窄条的宽度 dx 很小,所以这个窄条的质量可以近似看做均匀分布在过 x 处的直线段上,而在该线段上均匀分布的质量又可以看作集中于该线段的中心处,即质量 $dM=\mu[f(x)-\varphi(x)]dx$ 集中于点 $\left(x,\dfrac{1}{2}[f(x)+\varphi(x)]\right)$,所以这窄条对 y 轴的力矩的近似值为 $dM_y=x\cdot\mu[f(x)-\varphi(x)]dx$.
对 x 轴的力矩的近似值为

$$dM_x=\frac{1}{2}[f(x)+\varphi(x)]\cdot\mu[f(x)-\varphi(x)]dx.$$

这就是力矩元素,在 $[a,b]$ 上作定积分,便得力矩

$$M_y=\mu S=\mu\int_a^b[f(x)-\varphi(x)]xdx,\ M_x=\frac{\mu}{2}\int_a^b[f^2(x)-\varphi^2(x)]dx.$$

又由于平面薄片的总质量为

$$M=\mu S=\mu\int_a^b[f(x)-\varphi(x)]dx,$$

根据重心的定义,便得到重心的坐标为

$$\overline{x}=\frac{M_y}{M}=\frac{\displaystyle\int_a^b x[f(x)-\varphi(x)]dx}{\displaystyle\int_a^b[f(x)-\varphi(x)]dx},$$

$$\overline{y}=\frac{M_x}{M}=\frac{\dfrac{1}{2}\displaystyle\int_a^b[f^2(x)-\varphi^2(x)]dx}{\displaystyle\int_a^b[f(x)-\varphi(x)]dx}.$$

例 13 求密度均匀的直角三角形薄片的重心.

解: 选取坐标系如图 7-24 所示,直线 AB 的方程是 $\dfrac{x}{a}+\dfrac{y}{b}=1$,即

$$y=\frac{b}{a}(a-x).$$

故重心坐标为

$$\overline{x}=\frac{\displaystyle\int_0^a x\frac{b}{a}(a-x)dx}{\displaystyle\int_0^a\frac{b}{a}(a-x)dx}=\frac{\dfrac{b}{a}\left(\dfrac{a}{2}x^2-\dfrac{1}{3}x^3\right)\Big|_0^a}{\dfrac{b}{a}\left(ax-\dfrac{x^2}{2}\right)\Big|_0^a}=\frac{a}{3},$$

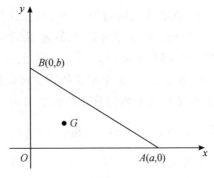

图 7-24

$$\overline{y} = \frac{\frac{1}{2}\int_0^a \left[\frac{b}{a}(a-x)\right]^2 \mathrm{d}x}{\int_0^a \frac{b}{a}(a-x)\mathrm{d}x} = \frac{\frac{b^2}{2a^2}\left(a^2x - ax^2 + \frac{1}{3}x^3\right)\Big|_0^a}{\frac{1}{2}ab} = \frac{b}{3}.$$

2. 引力

由万有引力定律知道：两个质量分别为 m_1 和 m_2，相距为 r 的质点间的引力为

$$F = k\frac{m_1 \cdot m_2}{r^2}(k \text{ 为引力常数}).$$

如果要计算一细长杆对一质点的引力，由于细杆上各点与质点的距离是变化的，所以不能直接用上面的公式计算，下面我们来讨论它的计算方法.

　　例 14　设有一长为 l，质量为 M 的均匀细杆，另有一质量为 m 的质点和杆在一条直线上，它到杆的近端的距离为 a，计算细杆对质点的引力.

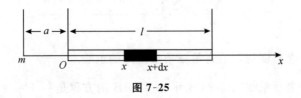

图 7-25

　　解：选取坐标如图 7-25 所示，以 x 为积分变量，它的变化区间为 $[0, l]$，在杆上任取一小区间 $[x, x+\mathrm{d}x]$，此段杆长为 $\mathrm{d}x$，质量为 $\frac{M}{l}\mathrm{d}x$. 由于 $\mathrm{d}x$ 很小，可以近似地看做是一个质点，它与质点 m 间的距离为 $x+a$，根据万有引力定律，这一小段细杆对质点的引力的近似值即引力元素为

$$dF = k \frac{m \cdot \dfrac{M}{l} dx}{(x+a)^2}.$$

在 $[0,l]$ 上作定积分,得到细杆对质点的引力为

$$F = \int_0^l k \cdot \frac{m \cdot \dfrac{M}{l}}{(x+a)^2} dx = \frac{kmM}{l} \cdot \int_0^l \frac{1}{(x+a)^2} dx$$

$$= \frac{kmM}{l} \left(-\frac{1}{x+a} \right) \Big|_0^l = \frac{kmM}{l} \frac{l}{a(l+a)} = \frac{kmM}{a(l+a)}.$$

7.7.7　经济活动中的应用

若现有本金 P_0 元,以年利率 r 的连续复利计算,t 年后的本利和 $A(t)$ 为 $A(t) = P_0 e^{rt}$. 反之,若某项投资资金 t 年后的本利和 A 已知,则按连续复利计算,现在应有资金 $P_0 = A e^{-rt}$,称 P_0 为资本现值.

设在时间区间 $[0,T]$ 内,t 时刻的单位时间收入为 $A(t)$,称此为收入率或资金流量,按年利率 r 的连续复利计算,则在时间区间 $[t,t+dt]$ 内的收入现值为 $A(t) e^{-rt}$,在 $[0,T]$ 内得到的总收入现值为

$$P = \int_0^T A(t) e^{-rt} dt.$$

特别地,当资金流量为常数 A(称为均匀流量)时,

$$P = \int_0^T A(t) e^{-rt} dt = \frac{A}{r} (1 - e^{-rT}).$$

进行某项投资后,我们将投资期内总收入的现值与总投资的差额称为该项投资纯收入的贴现值,即

纯收入的贴现值 = 总收入现值 − 总投资.

例 15　投资问题. 现对某企业给予一笔投资 C,经测算该企业可以按每年 a 元均匀收入率获得收入,若年利率为 r,试求该投资的纯收入贴现值及收回该笔投资的时间.

解:因收入率为 a,年利率为 r,故投资规模 T 年后总收入的现值为

$$P = \int_0^T a e^{-rt} dt = \frac{a}{r} (1 - e^{-rT}),$$

从而投资所得的纯收入的贴现值为

$$R = P - C = \frac{a}{r} (1 - e^{-rT}) - C.$$

收回投资所用的时间,也即总收入的现值等于投资,故有 $\dfrac{a}{r}(1 - e^{-rT}) = C$,由

此解得收回投资的时间

$$T = \frac{1}{r} \ln \frac{a}{a - Cr}.$$

例如,若对某企业投资 1000 万元,年利率为 4%,假设 20 年内的均匀收入率为 $a = 100$ 万元,则总收入的现值为

$$P = \frac{a}{r}(1 - e^{-rT}) = \frac{100}{0.04}(1 - e^{-0.04 \times 20}) \approx 1376.68(万元).$$

从而投资的纯收入贴现值为

$$R = P - C = 1376.68 - 1000 = 376.68(万元).$$

收回投资的时间为

$$T = \frac{1}{r} \ln \frac{a}{a - Cr} = \frac{1}{0.04} \ln \frac{100}{100 - 1000 \times 0.04} \approx 12.77(年).$$

即该投资在 20 年中可获纯利润 376.68 万元,投资收回期约为 12.77 年.

例 16 利润问题. 某公司每个月生产 x 台电视机,边际利润(单位:美元)由下式给出:

$$L'(x) = 165 - 0.1x \quad (0 \leqslant x \leqslant 4000).$$

目前公司每月生产 1500 台电视机,并计划提高产量,试求出若每月生产 1600 台电视机,利润增加了多少?

解: $L(1600) - L(1500)$

$$= \int_{1500}^{1600} L'(x) dx = \int_{1500}^{1600} (165 - 0.1x) dx$$

$$= (165x - 0.05x^2) \Big|_{1500}^{1600}$$

$$= (165 \times 1600 - 0.05 \times 1600^2) - (165 \times 1500 - 0.05 \times 1500^2)$$

$$= 136000 - 135000 = 1000(美元).$$

即当每月电视机生产从 1500 台增加到 1600 台时,利润增加 1000 美元.

例 17 收益问题. 已知生产某商品 x 单位时,边际收益为 $R'(x) = 20 - \frac{x}{30}$(万元/单位),试求生产 x 单位时总收益函数 $R(x)$ 以及平均单位收益函数 $\overline{R}(x)$,并求生产这种产品 120 单位时的总收益与平均收益.

解: 因为总收益是边际收益函数在 $[0, x]$ 上的定积分,所以生产 x 单位时总收益函数为

$$R(x) = \int_0^x \left(20 - \frac{t}{30}\right) dt = \left(20t - \frac{t^2}{60}\right) \Big|_0^x = 20x - \frac{x^2}{60},$$

则平均收益函数为

$$\overline{R}(x) = \frac{R(x)}{x} = 20 - \frac{x}{60}.$$

当生产这种产品 120 单位时,总收益为

$$R(120) = 20 \times 120 - \frac{120^2}{60} = 2160(万元).$$

平均收益为

$$\overline{R}(120) = 20 - \frac{120}{60} = 18(万元).$$

例 18   平均供应价格. 已知某商品供应函数为

$$P = S(x) = 8(e^{0.05x} - 1),$$

其中 x 为某商品供应量,P 为该商品的价格(美元),试求在商品供应区间 $[40,50]$ 上的平均供应价格.

解:在商品供应区间 $[40,50]$ 上,平均供应价格 $\overline{P}$ 可用定积分计算如下:

$$\overline{P} = \frac{1}{50-40}\int_{40}^{50}(e^{0.05x}-1)\mathrm{d}x = 0.8\int_{40}^{50}e^{0.05x}\mathrm{d}x - \int_{40}^{50}0.8\mathrm{d}x$$

$$= \left(\frac{0.8e^{0.05x}}{0.05}\right)\Big|_{40}^{50} - 0.8x\Big|_{40}^{50} = 16(e^{2.5} - e^2) - 8$$

$$= 68.64(美元).$$

即在供应区间 $[40,50]$ 上,某商品平均供应价格为 68.64 美元.

例 19   平均存货. 假设某货物去年各月的存货量可用下式表达:

$$I(t) = 10 + 30t - 3t^2 \quad (0 \leqslant t \leqslant 12),$$

其中 t 表示月份,$I(t)$ 表示在 t 月份的存货量,试求去年第二季平均存货量(单位:t).

解:去年第二季度的平均货存量记为 $\overline{I_2}$,则

$$\overline{I_2} = \frac{1}{6-3}\int_3^6(10+30t-3t^2)\mathrm{d}t = \frac{1}{3}(10t+15t^2-t^2)\Big|_3^6$$

$$= \frac{1}{3} \times (384 - 138) \approx 82.$$

即某货物在去年第二季度平均货存量为 82 t.

例 20   有效时段. 某娱乐公司把一种娱乐用品安装在一个公共活动的地点,用 $C(t)$ 和 $R(t)$ 分别表示该娱乐用品的成本函数与收益函数,其中 t 表示已安装使用的时间(单位:年). 已知

$$C'(t) = 2, \quad R'(t) = 9e^{-0.5t} \quad (单位:万元),$$

使 $C'(t) = R'(t)$ 成立的 t 值称为该娱乐用品有效时段,其几何意义如图 7-26 所示.

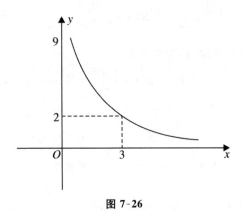

图 7-26

本例中有效时段所求如下：

$$C'(t) = R'(t)$$
$$\Rightarrow 9e^{-0.5t} = 2$$
$$\Rightarrow t = -2\ln\frac{2}{9} \approx 3.$$

这样，该娱乐用品有效时段约 3 年，超过这个使用时段，该娱乐公司所安装的娱乐用品是亏本的，试求出在有效时段内，所取得全部利润.

解：有效时段为 $[0,3]$，因此所取得全部利润为

$$L(3) - L(0) = \int_0^3 L'(t)dt = \int_0^3 [R'(t) - C'(t)]dt$$
$$= \int_0^3 (9e^{-0.5t} - 2)dt = 12 - 18e^{-1.5} \approx 7.984(万元).$$

习题 7-7

1. 求由下列曲线所围成的平面图形面积：

(1) 曲线 $y = 6 - x^2, y = x^2$ 与直线 $x = 0, x = 1$；

(2) 曲线 $y = \frac{1}{4}x^2$ 与直线 $3x - 2y - 4 = 0$；

(3) 曲线 $y = x^3, y$ 轴与直线 $y = 8$；

(4) 抛物线 $\sqrt{x} + \sqrt{y} = \sqrt{a}\,(a > 0)$ 与 x 轴、y 轴；

(5) 曲线 $y = e^x, y = e^{2x}$ 与直线 $y = 2$；

(6) 抛物线 $r(1 + \cos\theta) = 8$ 与直线 $\theta = \pm\frac{\pi}{2}$；

（7）曲线 $r = 3\cos\theta$ 和 $r = 1 + \cos\theta$；

（8）曲线 $x = a\cos^3 t, y = a\sin^3 t$ 与 $x = a\cos t, y = a\sin t$（$a > 0$）．

2．一立体的底面为一半径为 5 的圆．已知垂直于底圆的一条直径的截面都是等边三角形，求立体的体积．

3．一立体底面为由双曲线 $16x^2 - 9y^2 = 144$ 与直线 $x = 6$ 所围成的平面图形．如果垂直于 x 轴的立体截面都是：（1）正方形；（2）长方形；（3）高为 3 的等腰三角形，求各种情况的立体体积．

4．求下列各题中给出的平面图形绕指定的轴或直线旋转所形成的旋转体的体积：

（1）由抛物线 $y^2 = 4x$ 与 $y^2 = 8x - 4$ 所围成的平面图形，绕 x 轴；

（2）由指数曲线 $y = \mathrm{e}^x$、x 轴、y 轴与直线 $x = 1$ 所围成的平面图形，绕 y 轴；

（3）在第一象限中，由抛物线 $4y = x^2$，直线 $x = 0, y = 1$ 所围成的平面图形，绕直线 $x = 2$；

（4）摆线 $x = a(\theta - \sin\theta), y = a(1 - \cos\theta)$ 的一拱（$0 \leqslant \theta \leqslant 2\pi a$）与 x 轴所围成的平面图形，绕 y 轴．

5．求曲线 $x = \dfrac{1}{4}y^2 - \dfrac{1}{2}\ln y$ 在 $1 \leqslant y \leqslant \mathrm{e}$ 内的一段弧的长度．

6．求圆的渐伸线 $x = a(\cos t + t\sin t), y = a(\sin t - t\cos t)$（$a > 0$）在 $0 \leqslant t \leqslant 2\pi$ 之间的长度．

7．求星形线 $x^{2/3} + y^{2/3} = a^{2/3}$（$a > 0$）的长度．

8．设半径为 R，总质量为 M 的均匀细半圆环，其圆心处有一质量为 m 的质点，求半圆环与质点之间的引力．

9．求由二抛物线 $y^2 = 20x$ 及 $x^2 = 20y$ 所围成面积的重心．

10．求半径为 R 的半圆形质量均匀薄片的重心．

11．已知某商品的边际成本为 $C'(x) = 0.8x + 42$（元／单位），固定成本为 50 元，求总成本函数．

12．已知某商品的边际收益为 $R'(x) = 200 - \dfrac{1}{2}x$（元／单位），其中 x 表示该商品的产量，求该商品的总收益函数，并求当商品的产量达到 100 单位时的总收益和平均收益．

13．某汽车生产商估计一种新型车在投入生产之后销售逐月增加，增加的比率由下式给出：

$$S'(t) = 4e^{-0.08t} \quad (0 \leqslant t \leqslant 24),$$

其中 t 表示新型车投入生产之后的第 t 月份,试求该新型车销售量 $S(t)$ 的表示式,并求出投入生产之后的前 6 个月的月平均销售量.

14. 本节实际问题例 20 中若 $C'(t) = 1, R'(t) = 7.5e^{-0.5t}$,试求在有效时段内公司所取得的全部利润.

15. 设某茶叶生产企业生产某出口茶叶产品的边际成本、边际收益是日产量 $x(\text{kg})$ 的函数,边际成本为 $(x + 10)$(美元/kg),边际收益为 $210 - 4x$(美元/kg),固定成本为 3000 美元.求:

(1) 日产量为多少时,利润最大?

(2) 在获得最大的利润时,总收益、平均单位收益、总成本、总利润是多少?

16. 设某煤矿累计成本函数 $C(t)$ 和收益函数 $R(t)$(单位:万元)分别为 $C'(t) = 3$ 和 $R'(t) = 15e^{-0.1t}$,这里 t 表示该煤矿投入使用的时间.试求该煤矿有效时段以及该时段所取得的全部利润.

17. 设某商品每天生产 x 单位时的固定成本为 200 百元,边际成本函数为 $C'(t) = 4x + 15$ 百元/单位,求总成本函数 $C(t)$.如果这种商品销售的单价为 59 百元,且产品全部售出,求总利润函数,并求每天生产多少单位时才能获得最大利润 $L(x)$,此时最大利润是多少?

第7章　总复习题

1. 计算下列定积分:

(1) $\displaystyle\int_{-1}^{-2} \frac{x}{x+3} \mathrm{d}x$;

(2) $\displaystyle\int_{1}^{e} \frac{1+\ln x}{x} \mathrm{d}x$;

(3) $\displaystyle\int_{0}^{1} \frac{\mathrm{d}x}{1+e^x}$;

(4) $\displaystyle\int_{1}^{e} \sqrt{x} \ln x \mathrm{d}x$;

(5) $\displaystyle\int_{0}^{\frac{1}{2}} \frac{1+x}{\sqrt{1-x^2}} \mathrm{d}x$;

(6) $\displaystyle\int_{0}^{1} \frac{\ln(1+x)}{(2-x)^2} \mathrm{d}x$;

(7) $\displaystyle\int_{0}^{1} \frac{x\mathrm{d}x}{\sqrt{1+x^2}}$;

(8) $\displaystyle\int_{0}^{1} \frac{e^x}{e^x+1} \mathrm{d}x$;

(9) $\displaystyle\int_{0}^{\frac{\pi}{2}} |\sin x - \cos x| \mathrm{d}x$;

(10) $\displaystyle\int_{0}^{3} \frac{x}{1+\sqrt{1+x}} \mathrm{d}x$;

(11) $\displaystyle\int_{1}^{e} \frac{\mathrm{d}x}{x(2x+1)}$;

(12) $\displaystyle\int_{0}^{1} \frac{\mathrm{d}x}{x^2+x+1}$;

(13) $\int_1^e x \sqrt[3]{1-x}\,dx$；

(14) $\int_0^{\frac{3}{4}} \dfrac{x+1}{\sqrt{x^2+1}}\,dx$；

(15) $\int_0^\pi \sqrt{1+\sin 2x}\,dx$；

(16) $\int_0^{\frac{\pi}{2}} e^{2x}\cos x\,dx$.

2. 设 $f(x)=\begin{cases}1+x^2, & x\leqslant 0 \\ e^{-x}, & x>0\end{cases}$，求 $\int_1^3 f(x-2)\,dx$.

3. 设 $F(x)=\int_0^{x^2}\sin t\,dt+\int_x^1\sin t\,dt$，求 $F'(x)$. 设 $f(x)=\int_1^{x^2} xt\,dt$，求 $f'(x)$.

4. 判断下列广义积分的敛散性：

(1) $\int_{-1}^2 \dfrac{2x}{x^2-4}\,dx$；

(2) $\int_0^\infty e^{-t}\sin t\,dt$；

(3) $\int_0^1 \dfrac{x^3\arcsin x}{\sqrt{1-x^2}}\,dx$；

(4) $\int_0^{\frac{\pi}{2}} \ln(\sin x)\,dx$；

(5) $\int_{-1}^2 \dfrac{1}{x^3}\,dx$；

(6) $\int_0^1 \dfrac{dx}{(2-x)\sqrt{1-x}}$.

5. 过抛物线 $y=x^2$ 上一点 $P(a,a^2)$ 作切线，问 a 为何值时所作切线与抛物线 $y=-x^2+4x-1$ 所围图形面积最小？

6. 过抛物线 $y=\sqrt{2x}$ 上的一点 $M(2,2)$ 作切线 MT，求由抛物线 $y=\sqrt{2x}$，切线 MT 及 x 轴所围成图形的面积.

7. 设平面图形 D 由抛物线 $y=1-x^2$ 和 x 轴围成. 试求：

(1) D 的面积；

(2) D 绕 x 轴旋转所得旋转体的体积；

(3) D 绕 y 轴旋转所得旋转体的体积；

(4) 求抛物线 $y=1-x^2$ 在 x 轴上方的曲线段的弧长.

8. 求由曲线 $y=\sqrt{2x-x^2}$，$y=\sqrt{2x}$ 及 $x=2$ 所围成图形绕 x 轴旋转一周所成旋转体的体积.

9. 求抛物线 $y=\dfrac{1}{2}x^2$ 被圆 $x^2+y^2=3$ 所截下的有限部分的弧长.

10. 某企业一项为期 10 年的投资需购置成本 80 万元，每年的收益流量为 10 万元，求内部利率 μ（注：内部利率是使收益价值等于成本的利率）.

第8章   多元函数的积分学

解决许多几何,物理及其他实际问题,不仅需要一元函数的积分(定积分),还需要各种不同的多元函数的积分.定积分的积分区域是数轴上的区间,而多元函数的积分区域将会随着自变量个数的不同有着各种不同的形状.但是无论哪种多元函数的积分,其定义的方法和步骤和定积分的定义方法与步骤是基本相同的,本章将逐一讨论.

8.1   二重积分

8.1.1   曲顶柱体的体积

设有一立体,它是由一个柱面通过上下封口而形成的,其下底是 xOy 平面上的闭区域 D,它的顶部是曲面 $z = f(x, y)$,这里 $z = f(x, y) \geqslant 0$ 且在 D 上连续,这种立体叫做曲顶柱体(见图 8-1).下面我们讨论如何计算曲顶柱体的体积 V.

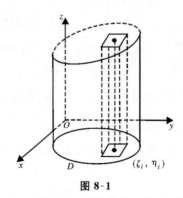

图 8-1

我们知道,平顶柱体的高是不变的,它的体积可以用公式

$$体积 = 高 \times 底面积$$

来计算. 关于曲顶柱体, 当点 (x, y) 在区域 D 上变动时, 高度 $f(x, y)$ 是个变量, 因此它的体积不能直接用上式来计算. 但我们可以仿效求曲边梯形的面积的方法, 通过分割、近似、求和、取极限的办法来处理.

1. (分割) 用一组曲线把 D 分成 n 个小区域

$$D_1, D_2, D_3, \cdots, D_n,$$

从而立体就被分成了分别以这些小区域为底的 n 个小曲顶柱体, 记 D_i 的面积为 $\Delta\sigma_i (i = 1, 2, \cdots, n)$.

2. (近似) 当这些小区域 D_i 很小时, 由于 $f(x, y)$ 连续, 小曲顶柱体可近似看作平顶柱体, 我们在每个 D_i 中任取一点 (ξ_i, η_i), 以 $f(\xi_i, \eta_i)$ 为高、以 D_i 为底的平顶柱体的体积为 (见图 8-1)

$$f(\xi_i, \eta_i)\Delta\sigma_i \quad (i = 1, 2, 3, \cdots, n).$$

3. (求和) 这 n 个平顶柱体体积之和

$$\sum_{i=1}^{n} f(\xi_i, \eta_i)\Delta\sigma_i$$

可以认为是整个曲顶柱体体积的近似值.

4. (取极限) 显然, 当小区域分得越小时, 上述的近似程度就越高. 令 d_i 为闭区域的直径. 再令 $\lambda = \max(d_1, d_2, d_3, \cdots, d_n)$. 于是当 $\lambda \to 0$ 时, $\sum\limits_{i=1}^{n} f(\xi_i, \eta_i)\Delta\sigma_i$ 的极限值就应该是原曲顶柱体的体积 V, 即

$$V = \lim_{\lambda \to 0} \sum_{i=1}^{n} f(\xi_i, \eta_i)\Delta\sigma_i. \tag{1}$$

8.1.2 平面薄片的质量

设有一平面薄片占有 xOy 平面上的闭区域 D, 它在点 (x, y) 处的面密度为 $\mu(x, y)$, 这里 $\mu(x, y) > 0$ 且在 D 上连续. 现在要计算该薄片的质量 M.

我们知道, 如果薄片是均匀的, 面密度是常数, 那么薄片的质量可以用公式

$$质量 = 面密度 \times 面积$$

来计算. 现在面密度 $\mu(x, y)$ 是变量, 薄片的质量就不能直接用上式来计算, 但是我们可以用处理曲顶柱体体积问题的方法类似地解决此问题.

1. (分割) 将闭区域 D 分为 n 个小区域

$$D_1, D_2, D_3, \cdots, D_n. (D_i 的面积记为 \Delta\sigma_i(i = 1, 2, 3 \cdots n))$$

这样就把薄片分为 n 小块.

2.（近似）由于 $\mu(x,y)$ 连续,从而当 D_i 很小时,这些小块就可以近似地看成均匀薄片.在 D_i 上任取一点 (ξ_i,η_i),则第 i 块薄片的质量的近似值为（见图8-2）.

$$\mu(\xi_i,\eta_i)\Delta\sigma_i \quad (i=1,2,3,\cdots,n)$$

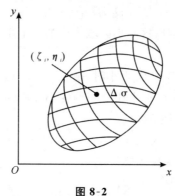

图 8-2

3.（求和）整个平面薄片的质量就近似于

$$\sum_{i=1}^{n}\mu(\xi_i,\eta_i)\Delta\sigma_i.$$

4.（取极限）当小区域 D_i 分得越小时,上述和数与整个薄片的质量的近似程度就越高,于是当 $\lambda\to 0$ 时（λ 如上定义）,$\sum_{i=1}^{n}\mu(\xi_i,\eta_i)\Delta\sigma_i$ 的极限就是平面薄片的质量 M,即

$$M=\lim_{\lambda\to 0}\sum_{i=1}^{n}\mu(\xi_i,\eta_i)\Delta\sigma_i. \tag{2}$$

8.1.3　二重积分的定义

上面两个问题的实际意义虽然不同,但所处理的方法是一样的,所求的量都归结为求同一形式的和的极限.在物理、力学、几何和工程技术中,有许多问题都可以归结为这一形式的和的极限.为此,我们给出下述二重积分的定义.

定义 1　设 $f(x,y)$ 是有界闭区域 D 上的有界函数.将闭区域 D 任意分成 n 个小闭区域

$$D_1,D_2,D_3,\cdots,D_n,$$

并用 $\Delta\sigma_i(i=1,2,\cdots,n)$ 表示第 i 个小闭区域 D_i 的面积.在每个 D_i 上任取一

点 (ξ_i, η_i),作和 $\sum\limits_{i=1}^{n} f(\xi_i, \eta_i)\Delta\sigma_i$. 用 λ 表示各小闭区域的直径中的最大值. 如果 $\lim\limits_{\lambda\to 0}\sum\limits_{i=1}^{n} f(\xi_i, \eta_i)\Delta\sigma_i = I$,则称此极限 I 为函数 $f(x,y)$ 在闭区域 D 上的二重积分. 记作

$$I = \iint\limits_{D} f(x,y)\mathrm{d}\sigma,\ 或\ I = \iint\limits_{D} f(x,y)\mathrm{d}x\mathrm{d}y,$$

其中,$f(x,y)$ 称为被积函数,$\mathrm{d}\sigma$ 或 $\mathrm{d}x\mathrm{d}y$ 称为面积元素. x 与 y 称为积分变量,D 称为积分区域.

由二重积分的定义可知,曲顶柱体的体积是函数 $f(x,y)$ 在 D 上的二重积分

$$V = \iint\limits_{D} f(x,y)\mathrm{d}\sigma.$$

平面薄片的质量是它的面密度 $\mu(x,y)$ 在薄片所占闭区域 D 上的二重积分

$$M = \iint\limits_{D} u(x,y)\mathrm{d}\sigma.$$

可以证明当 $f(x,y)$ 在闭区域 D 上连续时,函数 $f(x,y)$ 在 D 上的二重积分必定存在,因此,以后我们所研究的二重积分总假定函数 $f(x,y)$ 在闭区域 D 上连续.

8.1.4　二重积分的性质

二重积分与定积分有如下类似的性质:

性质 1
$$\iint\limits_{D} cf(x,y)\mathrm{d}\sigma = c\iint\limits_{D} f(x,y)\mathrm{d}\sigma. \tag{3}$$

$$\iint\limits_{D}\left[f(x,y)\pm g(x,y)\right]\mathrm{d}\sigma = \iint\limits_{D} f(x,y)\mathrm{d}\sigma \pm \iint\limits_{D} g(x,y)\mathrm{d}\sigma, \tag{4}$$

性质 2　如果闭区域 D 被分为两个闭区域 D_1 和 D_2,且 D_1 与 D_2 没有公共内点则

$$\iint\limits_{D} f(x,y)\mathrm{d}\sigma = \iint\limits_{D_1} f(x,y)\mathrm{d}\sigma + \iint\limits_{D_2} f(x,y)\mathrm{d}\sigma. \tag{5}$$

这个性质表示二重积分对于积分区域具有可加性.

性质 3　如果在 D 上 $f(x,y)\equiv 1$,σ 为 D 的面积,则

$$\sigma = \iint\limits_{D} 1 \cdot \mathrm{d}\sigma = \iint\limits_{D}\mathrm{d}\sigma. \tag{6}$$

这条性质的几何意义是很明显的,因为高为 1 的平顶柱体的体积在数值上就等于柱体的底面积.

性质 4　如果在 D 上,$f(x,y) \leqslant g(x,y)$,则有

$$\iint\limits_{D}f(x,y)\mathrm{d}\sigma \leqslant \iint\limits_{D}g(x,y)\mathrm{d}\sigma. \tag{7}$$

特殊地,由于 $-\left|f(x,y)\right| \leqslant f(x,y) \leqslant \left|f(x,y)\right|$

从而有 $\left|\iint\limits_{D}f(x,y)\mathrm{d}\sigma\right| \leqslant \iint\limits_{D}\left|f(x,y)\right|\mathrm{d}\sigma. \tag{8}$

性质 5(二重积分的估值不等式)　设 M,m 分别是 $f(x,y)$ 在闭区域 D 上的最大值和最小值,σ 是 D 的面积,则有

$$m\sigma \leqslant \iint\limits_{D}f(x,y)\mathrm{d}\sigma \leqslant M\sigma. \tag{9}$$

性质 6(二重积分的中值定理)　设 $f(x,y)$ 在闭区域 D 上连续,σ 是 D 的面积,则在 D 上至少存在一点 (ξ,η) 使得

$$\iint\limits_{D}f(x,y)\mathrm{d}\sigma = f(\xi,\eta) \cdot \sigma. \tag{10}$$

8.1.5　二重积分的直角坐标计算法

根据二重积分的几何意义,以闭区域 D 为底,以 $z = f(x,y)$ 为曲顶的柱体的体积为

$$V = \iint\limits_{D}f(x,y)\mathrm{d}\sigma.$$

借此,我们用平行截面法来求在直角坐标下此立体的体积,从而导出化二重积分为定积分来计算的公式.

1. 积分区域为矩形 $D[a \leqslant x \leqslant b; c \leqslant y \leqslant d]$

设 $f(x,y) \geqslant 0$ 且在闭区域 D 上连续,在区间 $[a,b]$ 上用垂直于 x 轴的平面 $x = x_1$ 截取曲顶柱体得一曲边梯形,其曲边方程为 $z = f(x_1,y)$,(如图 8-3)因此它的面积为

$$S(x_1) = \int_{c}^{d}f(x_1,y)\mathrm{d}y.$$

让 x_1 在 $[a,b]$ 内变动,则截面面积 $S(x_1)$ 亦随 x_1 而定,故将 x_1 改动为 x,得

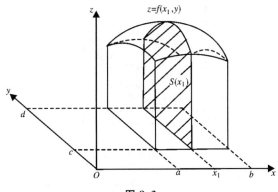

图 8-3

$$S(x) = \int_c^d f(x,y)\mathrm{d}y.$$

根据已知平行截面面积求立体体积的公式可知有

$$V = \int_a^b S(x)\mathrm{d}x = \int_a^b \Big[\int_c^d f(x,y)\mathrm{d}y\Big]\mathrm{d}x,$$

于是　　$\iint\limits_D f(x,y)\mathrm{d}\sigma = \int_a^b \Big[\int_c^d f(x,y)\mathrm{d}y\Big]\mathrm{d}x.$ 　　　　　　(11)

(11) 式表明,要计算二重积分,只需接连求两次定积分即可.(11) 式右端的积分称为先对 y 后对 x 的累次积分,可记为 $\int_a^b \mathrm{d}x \int_c^d f(x,y)\mathrm{d}y.$
同理可得

$$\iint\limits_D f(x,y)\mathrm{d}\sigma = \int_c^d \Big[\int_a^b f(x,y)\mathrm{d}x\Big]\mathrm{d}y. \qquad\qquad (12)$$

(12) 式右端的积分称为先对 x 后对 y 的累次积分

结合 (11) 与 (12) 便得 $\iint\limits_D f(x,y)\mathrm{d}\sigma = \int_a^b \mathrm{d}x \int_c^d f(x,y)\mathrm{d}y$

$$= \int_c^d \mathrm{d}y \int_a^b f(x,y)\mathrm{d}x.$$

注:如果在 D 上并不都有 $f(x,y) \geqslant 0$,可将 D 分成若干个小矩形,使得在每个小矩形上有 $f(x,y) \geqslant 0$ 或 $f(x,y) \leqslant 0$,然后利用二重积分的性质即可得类似于(11) 式的积分计算公式.

2. 积分区域为闭区域 $R[y_1(x) \leqslant y \leqslant y_2(x); a \leqslant x \leqslant b]$.

假设 $f(x,y) \geqslant 0$ 且在闭区域 R 上连续,

将 R 包含在闭矩形 $D[a \leqslant x \leqslant b; c \leqslant y \leqslant d]$ 内(如图 8-4) 有

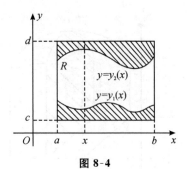

图 8-4

$$c \leqslant y_1(x) \leqslant y \leqslant y_2(x) \leqslant d, (a \leqslant x \leqslant b).$$

在 D 上定义新函数

$$g(x,y) = \begin{cases} f(x,y), (x,y) \in R, \\ 0, (x,y) \in D-R. \end{cases}$$

根据上段讨论知

$$\iint\limits_{D} g(x,y) d\sigma = \int_a^b dx \int_c^d g(x,y) dy,$$

由 $g(x,y)$ 的定义有

$$\iint\limits_{D} g(x,y) d\sigma = \iint\limits_{R} f(x,y) d\sigma.$$

因此,

$$\iint\limits_{R} f(x,y) d\sigma = \int_a^b dx \int_c^d g(x,y) dy$$

$$= \int_a^b dx \left[\int_c^{y_1(x)} g(x,y) dy + \int_{y_1(x)}^{y_2(x)} g(x,y) dy + \int_{y_2(x)}^d g(x,y) dy \right]$$

$$= \int_a^b dx \int_{y_1(x)}^{y_2(x)} f(x,y) dy. \tag{13}$$

同理,若闭区域 R 为 $x_1(y) \leqslant x \leqslant x_2(y)$; $c \leqslant y \leqslant d$(如图 8-5),则有

$$\iint\limits_{R} f(x,y) d\sigma = \int_c^d dy \int_{x_1(y)}^{x_2(y)} f(x,y) dx. \tag{14}$$

如果区域 R 不是图 8-4 与图 8-5 的形状,可将其分成有限个类似的区域,然后将每个区域上的二重积分相加.

例 1 求二重积分 $I = \iint\limits_{D} \left(1 - \dfrac{x}{3} - \dfrac{y}{4} \right) d\sigma$,其中 D 是矩形域$[-1 \leqslant x \leqslant 1;$ $-2 \leqslant y \leqslant 2]$

解:先对 x 后对 y 积分:

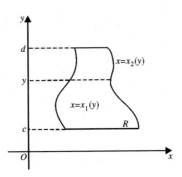

图 8-5

$$I = \int_{-2}^{2} \mathrm{d}y \int_{-1}^{1} \left(1 - \frac{x}{3} - \frac{y}{4}\right) \mathrm{d}x = \int_{-2}^{2} \left(x - \frac{x^2}{6} - \frac{yx}{4}\right) \Big|_{-1}^{1} \mathrm{d}y$$

$$= \int_{-2}^{2} \left(2 - \frac{y}{2}\right) \mathrm{d}y = \left(2y - \frac{y^2}{4}\right) \Big|_{-2}^{2} = 8.$$

先对 y 后对 x 积分：

$$I = \int_{-1}^{1} \mathrm{d}x \int_{-2}^{2} \left(1 - \frac{x}{3} - \frac{y}{4}\right) \mathrm{d}y = \int_{-1}^{1} \left(y - \frac{xy}{3} - \frac{y^2}{8}\right) \Big|_{-2}^{2} \mathrm{d}x$$

$$= \int_{-1}^{1} \left(4 - \frac{4}{3}x\right) \mathrm{d}x = 2 \int_{0}^{1} 4\mathrm{d}x = 8.$$

例 2　求二重积分 $I = \iint\limits_{D} (x^2 + y^2) \mathrm{d}\sigma$ 其中 D 是由 $y = x^2, x = 1, y = 0$ 所

围成的区域(图 8-6).

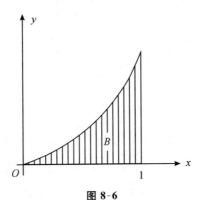

图 8-6

解:先对 x 后对 y 积分：

$$I = \int_0^1 \mathrm{d}y \int_{\sqrt{y}}^1 (x^2 + y^2) \mathrm{d}x = \int_0^1 \left(\frac{x^3}{3} + y^2 x \right) \Big|_{\sqrt{y}}^1 \mathrm{d}y$$

$$= \int_0^1 \left(\frac{1}{3} + y^2 - \frac{1}{3} y^{\frac{3}{2}} - y^{\frac{5}{2}} \right) \mathrm{d}y$$

$$= \left(\frac{y}{3} + \frac{y^3}{3} - \frac{2}{15} y^{\frac{5}{2}} - \frac{2}{7} y^{\frac{7}{2}} \right) \Big|_0^1 = \frac{26}{105}.$$

先对 y 后对 x 积分:

$$I = \int_0^1 \mathrm{d}x \int_0^{x^2} (x^2 + y^2) \mathrm{d}y = \int_0^1 \left(x^2 y + \frac{1}{3} y^3 \right) \Big|_0^{x^2} \mathrm{d}x$$

$$= \int_0^1 \left(x^4 + \frac{1}{3} x^6 \right) \mathrm{d}x = \left(\frac{1}{5} x^5 + \frac{1}{21} x^7 \right) \Big|_0^1 = \frac{26}{105}.$$

上述两例,积分次序的变化对于计算的关系不大,但有时积分次序却对计算的繁易关系甚大.

例 3　求二重积分 $\iint\limits_D \dfrac{x^2}{y^2} \mathrm{d}x \mathrm{d}y$ 其中 D 是由直线 $x = 2, y = x$ 和双曲线 $xy = 1$ 所围成(如图 8-7).

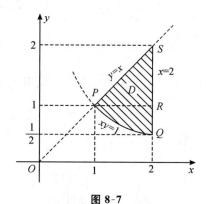

图 8-7

解:先对 y 积分,后对 x 积分

$$\iint\limits_D \frac{x^2}{y^2} \mathrm{d}x \mathrm{d}y = \int_1^2 \mathrm{d}x \int_{\frac{1}{x}}^x \frac{x^2}{y^2} \mathrm{d}y = \int_1^2 (x^3 - x) \mathrm{d}x = \frac{9}{4}.$$

如果先对 x 积分,后对 y 积分,因为 D 的左侧边界(曲线)不是由一个解析式给出,而是由两个解析式 $xy = 1$ 和 $y = x$ 给出的,所以必须将图 8-7 所示的区域 (PRS) 与 (PRQ),分别在其上求二重积分,然后再相加,即

$$\iint\limits_D \frac{x^2}{y^2} \mathrm{d}x \mathrm{d}y = \iint\limits_{(PRQ)} \frac{x^2}{y^2} \mathrm{d}x \mathrm{d}y + \iint\limits_{(PRS)} \frac{x^2}{y^2} \mathrm{d}x \mathrm{d}y$$

$$= \int_{\frac{1}{2}}^{1} dy \int_{\frac{1}{y}}^{2} \frac{x^2}{y^2} dx + \int_{1}^{2} dy \int_{y}^{2} \frac{x^2}{y^2} dx = \frac{9}{4}.$$

例 4   将二重积分 $\iint\limits_{R} f(x,y) dx dy$ 化为按不同积分次序的累次积分,其中

R 是由上半圆周 $y = \sqrt{2ax - x^2}$、抛物线 $y^2 = 2ax(y \geqslant 0)$ 和直线 $x = 2a$
$(a > 0)$ 所围成. 如图 8-8

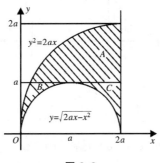

图 8-8

解:先对 y 积分后对 x 积分,有

$$\iint\limits_{R} f(x,y) dx dy = \int_{0}^{2a} dx \int_{\sqrt{2ax-x^2}}^{\sqrt{2ax}} f(x,y) dy.$$

先对 x 积分,后对 y 积分,首先将区域 R 分成三个小区域 A,B,C,其次分别在
每个小区域上将二重积分化为累次积分,即

$$\iint\limits_{R} f(x,y) dx dy$$

$$= \iint\limits_{A} f(x,y) dx dy + \iint\limits_{B} f(x,y) dx dy + \iint\limits_{C} f(x,y) dx dy$$

$$= \int_{a}^{2a} dy \int_{\frac{y^2}{2a}}^{2a} f(x,y) dx + \int_{0}^{a} dy \int_{\frac{y^2}{2a}}^{a - \sqrt{a^2 - y^2}} f(x,y) dx$$

$$+ \int_{0}^{a} dy \int_{a + \sqrt{a^2 - y^2}}^{2a} f(x,y) dx.$$

例 3 与例 4 说明,积分次序的选择不同将直接影响到积分计算的简单与
复杂. 有时积分次序的选择还导致积分能否求出来的问题.

例 5   计算 $I = \iint\limits_{D} \frac{\sin x}{x} d\sigma$,其中 D 是由 $y = x$ 及 $y = x^2$ 所围成的区域(图
8-9)

解:先对 x 后对 y 积分:

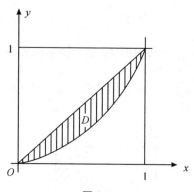

图 8-9

$$I = \int_0^1 dy \int_y^{\sqrt{y}} \frac{\sin x}{x} dx,$$

求不出结果,因为 $\int \frac{\sin x}{x}$ 的原函数不是初等函数.

但先对 y 后对 x 积分:

$$I = \int_0^1 dx \int_{x^2}^x \frac{\sin x}{x} dy = \int_0^1 \frac{\sin x}{x} (x - x^2) dx = \int_0^1 (\sin x - x \sin x) dx = 1 - \sin 1.$$

8.1.6　二重积分的极坐标计算法

我们知道有些平面曲线用极坐标方程表出要比直角坐标方程来得简便. 因此积分区域的边界曲线出现这种情况时,就有必要考虑在极坐标系中计算二重积分.

在极坐标系中,二重积分

$$\iint\limits_B F(P) d\sigma = \iint\limits_B F(\rho, \theta) d\sigma$$ 就是和数 $\sum F(P_k) \Delta\sigma_k = \sum F(\rho_k, \theta_k) \Delta\sigma_k$ 当 $\lambda \rightarrow 0$ 时的极限.

为了用极坐标表示小区域的面积 $\Delta\sigma_k$,我们用极坐标线,即用通过极点的射线族: $\theta = $ 常数,以及以极点为中心的同心圆族: $\rho = $ 常数,把区域 B 分成若干个小区域 B_k, B_k 的面积近似地等于两个扇形面积之差(图 8-10(a))因此有

$$\Delta\sigma_k \approx \frac{1}{2}(\rho_k + \Delta\rho_k)^2 \Delta\theta_k - \frac{1}{2}\rho_k^2 \Delta\theta_k = \left(\rho_k + \frac{1}{2}\Delta\rho_k\right) \Delta\rho_k \Delta\theta_k,$$ 即

$$\Delta\sigma_k \approx \rho_k^* \Delta\rho_k \Delta\theta_k (\text{其中 } \rho_k^* = \rho_k + \frac{1}{2}\Delta\rho_k, \text{见图 8-10(b)}).$$

如果在 $\Delta\sigma_k$ 中取位于圆周 $\rho = \rho_k^*$ 上的任一点 (ρ_k^*, θ_k^*) 作为和数

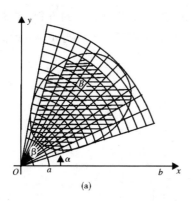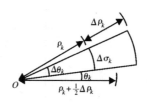

图 8-10

$\sum F(P_k)\Delta\sigma_k$ 中的 P_k（其中的 $\Delta\sigma_k$ 用 $\rho_k^* \Delta\rho_k\Delta\theta_k$ 替代）那么我们可以证明（从略），当 $\lambda \to 0$ 时，和数 $\sum F(P_k)\Delta\sigma_k$ 的极限与和数 $\sum F(\rho_k^*, \theta_k^*)\rho_k^* \Delta\rho_k\Delta\theta_k$ 的极限是相等的，即有

$$\lim_{\lambda \to 0}\sum F(P_k)\Delta\sigma_k = \lim_{\lambda \to 0}\sum F(\rho_k^*, \theta_k^*)\rho_k^* \Delta\rho_k\Delta\theta_k,$$

于是

$$\iint\limits_{B}F(\rho,\theta)\mathrm{d}\sigma = \iint\limits_{B}F(\rho,\theta)\rho\mathrm{d}\rho\mathrm{d}\theta. \tag{15}$$

其中 $\mathrm{d}\sigma = \rho\mathrm{d}\rho\mathrm{d}\theta$ 称为极坐标的面积元素.

应用(15)式计算二重积分的一个十分关键的问题是怎样根据积分域 B 来确定累次积分的上、下限.

1. 极点 O 在 B 域之外

如果我们先对 ρ 积分，那么应当把 θ 固定在某一个值. 于是

$$\iint\limits_{B}F(\rho,\theta)\rho\mathrm{d}\rho\mathrm{d}\theta = \int_{\alpha}^{\beta}\mathrm{d}\theta\int_{\rho_1(\theta)}^{\rho_2(\theta)}F(\rho,\theta)\rho\mathrm{d}\rho,$$

其中 $\rho = \rho_1(\theta)$，$\rho = \rho_2(\theta)$，分别是两段边界 MPN 与 MQN 的方程（图 8-11），$\alpha \leqslant \theta \leqslant \beta$ 是 θ 的变化范围，而 M 与 N 分别是对应于 $\theta = \alpha$ 与 $\theta = \beta$ 的点.

如果我们先对 θ 积分，那么应当把 ρ 固定在某一个值. 于是

$$\iint\limits_{B}F(\rho,\theta)\rho\mathrm{d}\rho\mathrm{d}\theta = \int_{a}^{b}\mathrm{d}\rho\int_{\theta_1(\rho)}^{\theta_2(\rho)}F(\rho,\theta)\rho\mathrm{d}\theta,$$

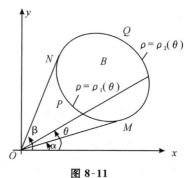

图 8-11

其中 $\theta = \theta_1(\rho)$, $\theta = \theta_2(\rho)$ 分别是两段边界 PMQ 与 PNQ 的方程(图 8-12), $a \leqslant \rho \leqslant b$ 是 ρ 的变化范围, 而 P 与 Q 分别是对应于 $\rho = a$ 与 $\rho = b$ 的点.

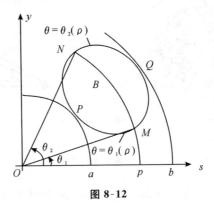

图 8-12

2. 极点 O 在 B 域之内

在这种情形, θ 是由 0 变化到 2π, 而 ρ 由 0 变化至 $\rho(\theta)$, 这里 $\rho = \rho(\theta)$ 就是 B 域边界的方程(图 8-13(a)). 因此,

$$\iint\limits_{B} F(\rho,\theta)\rho \mathrm{d}\rho \mathrm{d}\theta = \int_0^{2\pi} \mathrm{d}\theta \int_0^{\rho(\theta)} F(\rho,\theta)\rho \mathrm{d}\rho.$$

如果极点 O 在边界上(图 11-13(b)), 边界方程 $\rho = \rho(\theta)$, 那么

$$\iint\limits_{B} F(\rho,\theta)\rho \mathrm{d}\rho \mathrm{d}\theta = \int_\alpha^\beta \mathrm{d}\theta \int_0^{\rho(\theta)} F(\rho,\theta)\rho \mathrm{d}\rho.$$

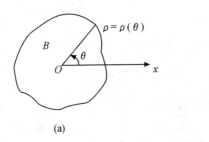
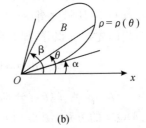

(a)　　　　　　　　　　　(b)

图 8-13

3. 直角坐标的二重积分转换为极坐标的二重积分

根据以上讨论, 可以知道把一个直角坐标的二重积分 $\iint\limits_{B} f(x,y)\mathrm{d}\sigma$ 转换成极坐标的二重积分, 只要把被积函数 $f(x,y)$ 通过坐标 $x = \rho\cos\theta$, $y = \rho\sin\theta$ 换成 $f(\rho\cos\theta, \rho\sin\theta) = F(\rho,\theta)$, 把 $\mathrm{d}\sigma = \mathrm{d}x\mathrm{d}y$ 换成 $\mathrm{d}\sigma = \rho\mathrm{d}\rho\mathrm{d}\theta$, 即得

$$\iint\limits_{B} f(x,y)\,\mathrm{d}\sigma = \iint\limits_{B} F(\rho,\theta)\rho\,\mathrm{d}\rho\,\mathrm{d}\theta. \tag{16}$$

例 6　求 $I = \iint\limits_{B} \sqrt{a^2 - x^2 - y^2}\,\mathrm{d}\sigma$，其中 B 是圆域 $x^2 + y^2 \leqslant ax$.

解：以 $x = \rho\cos\theta$, $y = \rho\sin\theta$, $\mathrm{d}\sigma = \rho\,\mathrm{d}\rho\,\mathrm{d}\theta$ 代入，得 B 域的边界方程是 $\rho = a\cos\theta$（图 8-14），而

$$I = \iint\limits_{B} \sqrt{a^2 - \rho^2}\,\rho\,\mathrm{d}\rho\,\mathrm{d}\theta = \int_{-\frac{\pi}{2}}^{\frac{\pi}{2}} \mathrm{d}\theta \int_{0}^{a\cos\theta} \sqrt{a^2 - \rho^2}\,\rho\,\mathrm{d}\rho$$

$$= \int_{-\frac{\pi}{2}}^{\frac{\pi}{2}} \left[-\frac{1}{3}\,(a^2 - \rho^2)^{\frac{3}{2}} \right]_{0}^{a\cos\theta} \mathrm{d}\theta = \frac{2}{3}\int_{0}^{\frac{\pi}{2}} (a^3 - a^3\sin^3\theta)\,\mathrm{d}\theta$$

$$= \frac{1}{9}a^3(3\pi - 4).$$

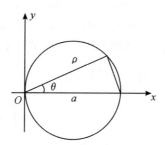

图 8-14

例 7　求 $I = \iint\limits_{B} (x^2 + y^2)\,\mathrm{d}\sigma$，其中 B 是圆环 $a^2 \leqslant x^2 + y^2 \leqslant b^2$（图 8-15）.

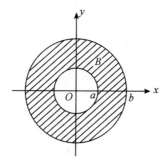

图 8-15

解：用极坐标变换，有

$$I = \iint\limits_{B}\rho^2 \cdot \rho\mathrm{d}\rho\mathrm{d}\theta = \int_0^{2\pi}\mathrm{d}\theta\int_a^b\rho^3\mathrm{d}\rho = \int_0^{2\pi}\frac{\rho^4}{4}\bigg|_a^b\mathrm{d}\theta = \frac{\pi}{2}(b^4 - a^4).$$

例 8 求双纽线$(x^2 + y^2)^2 = 2a^2(x^2 - y^2)$所围成区域的面积.

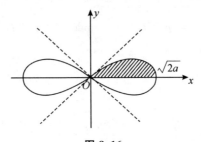

图 8-16

解：作极坐标变换$x = \rho\cos\theta, y = \rho\sin\theta$. 双纽线的极坐标方程是$\rho^2 = 2a^2\cos 2\theta$. 双纽线关于$x$轴与$y$轴都对称. 于是，双纽线所围区域$R$的面积$\overline{R}$是第一象限内那部分区域面积的四倍（图 8-16）. 第一象限的部分区域是：$0 \leqslant \rho \leqslant a\sqrt{2\cos 2\theta}, 0 \leqslant \theta \leqslant \frac{\pi}{4}$. 由公式(15)，有

$$\overline{R} = \iint\limits_{R}\mathrm{d}x\mathrm{d}y = 4\int_0^{\frac{\pi}{4}}\mathrm{d}\theta\int_0^{a\sqrt{2\cos 2\theta}}\rho\mathrm{d}\rho = 4a^2\int_0^{\frac{\pi}{4}}\cos 2\theta\mathrm{d}\theta = 2a^2$$

一般来说，求二重积分，当被积函数含有"$x^2 + y^2$"或围成积分区域的边界曲线方程含有"$x^2 + y^2$"时，可考虑使用极坐标变换.

习题 8-1

1. 说明下列等式的几何意义：

(1)$\iint\limits_{B}k\mathrm{d}\sigma = kS$, 其中$S$是$B$域的面积；

(2)$\iint\limits_{B}\sqrt{R^2 - x^2 - y^2}\mathrm{d}\sigma = \frac{2}{3}\pi R^3$, B是以原点为中心，半径为R的圆.

2. 计算下列各矩形域B上的二重积分：

(1)$\iint\limits_{B}\mathrm{e}^{x+y}\mathrm{d}\sigma$, $B:0 \leqslant x \leqslant 1, 0 \leqslant y \leqslant 1$;

(2)$\iint\limits_{B}\frac{x^2}{1 + y^2}\mathrm{d}\sigma$, $B:0 \leqslant x \leqslant 1, 0 \leqslant y \leqslant 1$;

(3)$\displaystyle\iint\limits_{B} xy(x-y)\mathrm{d}\sigma$, 　$B{:}0 \leqslant x \leqslant a, 0 \leqslant y \leqslant b$;

(4)$\displaystyle\iint\limits_{B} x^2 y\cos(xy^2)\mathrm{d}\sigma$, $B{:}0 \leqslant x \leqslant \dfrac{\pi}{2}, 0 \leqslant y \leqslant 2$.

3.把二重积分 $\displaystyle\iint\limits_{B} f(x,y)\mathrm{d}\sigma$ 化为累积分(两种次序都要),其中积分域 B 是:

(1)$x^2 + y^2 \leqslant 1, x \geqslant 0, y \geqslant 0$;

(2)$\dfrac{x^2}{a^2} + \dfrac{y^2}{b^2} \leqslant 1$;

(3)$y \geqslant x^2, y \leqslant 4 - x^2$.

4.作出对应于下列各累积分的积分域的图形,并更换累积分的次序:

(1)$\displaystyle\int_0^1 \left[\int_y^{\sqrt{y}} f(x,y)\mathrm{d}x\right]\mathrm{d}y$;

(2)$\displaystyle\int_{-a}^0 \left[\int_{-x}^a f(x,y)\mathrm{d}y\right]\mathrm{d}x + \int_0^{\sqrt{a}} \left[\int_{x^2}^a f(x,y)\mathrm{d}y\right]\mathrm{d}x$, $(a > 0)$;

(3)$\displaystyle\int_{-1}^1 \left[\int_{x^2+x}^{x+1} f(x,y)\mathrm{d}y\right]\mathrm{d}x$.

5.计算下列各 B 域上的二重积分:

(1)$\displaystyle\iint\limits_{B} \sqrt{4x^2 - y^2}\,\mathrm{d}\sigma$, $B{:}y = x, x = 1$ 及 $y = 0$ 所围成的域;

(2)$\displaystyle\iint\limits_{B} xy^2\mathrm{d}\sigma$, $B{:}y = x^2, y = x$ 所围成的域;

(3)$\displaystyle\iint\limits_{B} \cos(x+y)\mathrm{d}\sigma$, $B{:}x = 0, y = \pi$, 及 $y = x$ 所围成的域;

(4)$\displaystyle\iint\limits_{B} (x+y)^2\mathrm{d}\sigma$, $B{:}$连接三点:$(1,0),(2,1),(0,2)$ 的线段所围成的三角形.

6.计算下列积分:

(1)$\displaystyle\int_0^\pi \left[\int_0^{a\sin\theta} \rho\sin\theta\mathrm{d}\rho\right]\mathrm{d}\theta$;

(2)$\displaystyle\iint\limits_{B} \rho^2 \sin\theta\mathrm{d}\rho\mathrm{d}\theta$, B 为由曲线 $\rho = a(1+\cos\theta)$ 的上半部和极轴所围成的区域.

7.把下列累积分化成极坐标的累积分:

(1) $\int_0^R \left[\int_0^{\sqrt{R^2-x^2}} f(\sqrt{x^2+y^2}) \mathrm{d}y \right] \mathrm{d}x$;

(2) $\int_0^{2R} \left[\int_0^{\sqrt{2Ry-y^2}} f(x,y) \mathrm{d}x \right] \mathrm{d}y$.

8. 用极坐标计算下列二重积分：

(1) $\iint\limits_B \mathrm{e}^{-(x^2+y^2)} \mathrm{d}\sigma$, $B: x^2+y^2 \leqslant 1$;

(2) $\iint\limits_B \sin\sqrt{x^2+y^2}\, \mathrm{d}\sigma$, $B: \pi^2 \leqslant x^2+y^2 \leqslant 4\pi^2$;

(3) $\iint\limits_B \sqrt{x^2+y^2}\, \mathrm{d}\sigma$, B: 以 $\left(\dfrac{a}{2}, 0\right)$ 为心, a 为半径的四分之一圆弧及以 $(0,0)$ 为心, a 为直径的半圆弧与 y 轴所围成.

9. 计算下列二重积分：

(1) $\iint\limits_B |x+y| \mathrm{d}x\mathrm{d}y$, $B: -1 \leqslant x \leqslant 1, -1 \leqslant y \leqslant 1$;

(2) $\iint\limits_B |\cos(x+y)| \mathrm{d}x\mathrm{d}y$, $B: 0 \leqslant x \leqslant \pi, 0 \leqslant y \leqslant \pi$.

10. 计算 $\int_{\frac{1}{4}}^{\frac{1}{2}} \int_{\frac{1}{2}}^{\sqrt{y}} \mathrm{e}^{\frac{x}{y}} \mathrm{d}x\mathrm{d}y + \int_{\frac{1}{2}}^{1} \int_{y}^{\sqrt{y}} \mathrm{e}^{\frac{x}{y}} \mathrm{d}x\mathrm{d}y$.

11. 把积分 $\iint\limits_B f(x,y) \mathrm{d}x\mathrm{d}y$ 表示为极坐标形式的二重积分，其中积分区域 B 是：

(1) $B: x^2+y^2 \leqslant 2y$;

(2) $B: 0 \leqslant x \leqslant 1, 0 \leqslant y \leqslant x^2$.

8.2　三重积分

8.2.1　三重积分的定义与计算公式

二重积分概念不难类似地推广到三元函数和空间区域. 设函数 $u = f(x,y,z)$ 为空间有界闭体 G 的有界函数. 把体 G 任意分成 n 个小体 $v_1, v_2, \cdots, v_n$, 它们的体积分别记作 $\Delta v_k (k=1,2,3,\cdots,n)$. 在每一个 v_k 内任意取一点 $p_k(\xi_k, \eta_k, \zeta_k)$, 作和数

$$\sum_{k=1}^{n} f(p_k) \Delta v_k = \sum_{k=1}^{n} f(\xi_k, \eta_k, \zeta_k) \Delta v_k.$$

令 $\lambda = \max(D(v_k))$, $D(v_k)$ 表示 v_k 的直径,如果不论 Δv_k 怎样划分,以及 p_k 点怎样取法,若 $\lim\limits_{\lambda \to 0}\sum\limits_{k=1}^{n} f(p_k)\Delta v_k = \lim\limits_{\lambda \to 0}\sum\limits_{k=1}^{n} f(\xi_k, \eta_k, \zeta_k)\Delta v_k$ 存在,则此极限值称为函数 $f(x,y,z)$ 在体 G 上的三重积分,记作

$$\iiint\limits_{G} f(x,y,z)\mathrm{d}v = \lim\limits_{\lambda \to 0}\sum\limits_{k=1}^{n} f(\xi_k, \eta_k, \zeta_k)\Delta v_k.$$

其中 $f(x,y,z)$ 称为被积函数,G 称为积分域,x,y,z 称为积分变量,$\mathrm{d}v$ 称为体积元素.

如果 $f(x,y,z)$ 是在 G 上连续的函数,那么积分一定存在. 以后我们总假定 $f(x,y,z)$ 在 G 上是连续的,因而积分总是存在的. 在直角坐标系中,体积元素 $\mathrm{d}v = \mathrm{d}x\mathrm{d}y\mathrm{d}z$,三重积分可记作 $\iiint\limits_{G} f(x,y,z)\mathrm{d}x\mathrm{d}y\mathrm{d}z$.

像二重积分一样,三重积分也可化为累次积分来计算.

设经过 G 内任意一点作平行于 x 轴的直线与 G 域的边界曲面的交点不超过两点. G 投影到 xOy 平面,得到一个区域 B(图 8-17). 从 B 的边界作母线平行于 z 轴的柱面,它与 G 的交线把 G 的表面分为上下两部分,它们的方程分别为 $z = z_2(x,y)$ 与 $z = z_1(x,y)$,其中 $z = z_1(x,y)$,$z = z_2(x,y)$ 都是连续函数. 由 B 内任意一点 (x,y) 作与 z 轴平行的直线,使与下部分及上部分曲面分别相交于纵坐标为 $z = z_1(x,y)$ 与 $z = z_2(x,y)$ 的两点,于是我们有

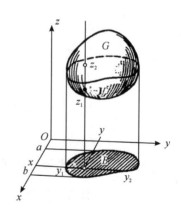

图 8-17

$$\iiint\limits_{G} f(x,y,z)\mathrm{d}v = \iint\limits_{B}\left[\int_{z_1(x,y)}^{z_2(x,y)} f(x,y,z)\mathrm{d}z\right]\mathrm{d}\sigma. \tag{17}$$

这就是先把 x 与 y 当作常量对 z 积分,然后再求 B 域上的二重积分.

如果这时上述二重积分先对 y、后对 x 积分,那么

$$\iiint\limits_{G} f(x,y,z)\mathrm{d}v = \int_a^b \mathrm{d}x \int_{y_1(x)}^{y_2(x)} \mathrm{d}y \int_{z_1(x,y)}^{z_2(x,y)} f(x,y,z)\mathrm{d}z. \tag{18}$$

其中 $y = y_1(x)$,$y = y_2(x)$ 分别为 B 域边界曲线的左、右两边曲线的方程 (图 8-17). 这样,我们就把三重积分化成了累次积分.

例 1　求 $I = \iiint\limits_{G} xyz\,\mathrm{d}v$，其中 G 是由平面 $x = 0, y = 0, z = 0$ 及 $x + y + z = 1$ 所围成的区域(8-18).

解：先对 z 积分，上下限是 $z = 1 - x - y$ 与 $z = 0$，即

$$I = \iint\limits_{B}\left[\int_{0}^{1-x-y} xyz\,\mathrm{d}z\right]\mathrm{d}\sigma$$

B 的右边界就是平面 $x + y + z = 1$ 与平面 $z = 0$ 的交线. 因此，

$$I = \int_{0}^{1}\mathrm{d}x\int_{0}^{1-x}\mathrm{d}y\int_{0}^{1-x-y} xyz\,\mathrm{d}z = \int_{0}^{1}\mathrm{d}x\int_{0}^{1-x}\frac{xyz^{2}}{2}\bigg|_{0}^{1-x-y}\mathrm{d}y$$

$$= \int_{0}^{1}\mathrm{d}x\int_{0}^{1-x}\frac{xy}{2}(1-x-y)^{2}\mathrm{d}y = \int_{0}^{1}\frac{x}{24}(1-x)^{4}\mathrm{d}x = \frac{1}{720}.$$

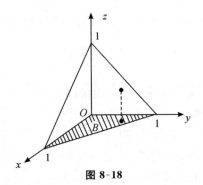

图 8-18

8.2.2　柱面坐标与球面坐标的三重积分计算公式

在三重积分的计算公式中，除了空间直角坐标外，最常用还有柱面与球面坐标两种.

1. 柱面坐标

设 $P(x,y,z)$ 为空间直角坐标系中的一点，P 在 xOy 坐标面上的投影为 p，它的极坐标为 (ρ,θ)，那么 P 点在空间的位置也可用 ρ,θ,z 三个数来确定，这三个数称为 P 点的柱面坐标. 它们的变化范围分别是：

$$0 \leqslant \rho < +\infty, 0 \leqslant \theta \leqslant 2\pi, -\infty < z < +\infty.$$

显然，P 点的直角坐标与柱面坐标之间有如下的关系(图 8-19(a)) $\begin{cases} x = \rho\cos\theta, \\ y = \rho\sin\theta, \\ z = z. \end{cases}$

为了掌握柱面坐标的特点，我们来观察柱面坐标中的三个变量分别为常数时所表示的坐标曲面的图形：

$\rho = $ 常数，表示一族以 z 轴为中心轴的圆柱面；

$\theta =$ 常数,表示一族过 z 轴的半平面;

$z =$ 常数,表示一族垂直 z 轴的平面(图 8-19(b)).

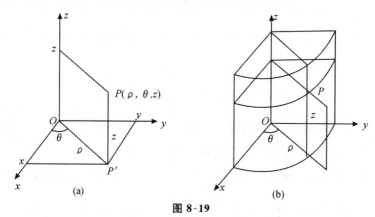

图 8-19

从图可知,空间每一点 P 总可看作位于某一母线平行于 z 轴的圆柱面上,并有三条坐标线(过 P 垂直于 z 轴的射线、平行于 z 轴的直线和圆心在 z 轴且与 z 轴垂直的圆周)通过,所以把 ρ,θ,z 称为 P 点的柱面坐标.

为了计算柱面坐标的三重积分 $\iiint\limits_{G} F(\rho,\theta,z)\mathrm{d}v$,也就是求和数 $\sum F(\rho_k,\theta_k,z_k)\Delta v_k$ 当 $\lambda \to 0$ 时的极限,我们用上述三族坐标曲面把积分域 G 分割成许多小区域,其中每个区域的体积近似于 $\rho\Delta\rho\Delta\theta\Delta z$(图 8-20). 即

$$\Delta v \approx \rho\Delta\rho\Delta\theta\Delta z.$$

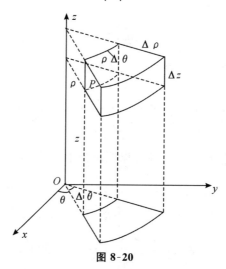

图 8-20

因此,在求和数:$\sum F(\rho_k,\theta_k,z_k)\Delta\upsilon_k$ 的极限时,就有

$$\lim_{\lambda\to 0}\sum F(\rho_k,\theta_k,z_k)\Delta\upsilon_k = \lim_{\lambda\to 0}\sum F(\rho_k,\theta_k,z_k)\rho_k\Delta\rho_k\Delta\theta_k\Delta z_k.$$

其中 $F(\rho_k,\theta_k,z_k)$ 为小区域内任意取定的一点,于是就把三重积分 $\iiint\limits_{G}F(\rho,\theta,z)\mathrm{d}\upsilon$ 化成了对 ρ、对 θ、对 z 的三重积分:

$$\iiint\limits_{G}F(\rho,\theta,z)\mathrm{d}\upsilon = \iiint\limits_{G}F(\rho,\theta,z)\rho\mathrm{d}\rho\mathrm{d}\theta\mathrm{d}z.$$

$\mathrm{d}\upsilon = \rho\mathrm{d}\rho\mathrm{d}\theta\mathrm{d}z$ 称为柱面坐标的体积元素.

直角坐标的三重积分转换为柱面坐标的三重积分

如果要把直角坐标的三重积分 $\iiint\limits_{G}F(\rho,\theta,z)\mathrm{d}\upsilon$ 转换为柱面坐标的三重积分来计算,那么只要把 $f(x,y,z)$ 换成 $f(\rho\cos\theta,\rho\sin\theta,z) = F(\rho,\theta,z)$,同时把 $\mathrm{d}\upsilon = \mathrm{d}x\mathrm{d}y\mathrm{d}z$ 换成 $\mathrm{d}\upsilon = \rho\mathrm{d}\rho\mathrm{d}\theta\mathrm{d}z$ 即可,故有

$$\iiint\limits_{G}f(x,y,z)\mathrm{d}\upsilon = \iiint\limits_{G}f(x,y,z)\mathrm{d}x\mathrm{d}y\mathrm{d}z = \iiint\limits_{G}F(\rho,\theta,z)\rho\mathrm{d}\rho\mathrm{d}\theta\mathrm{d}z. \quad (19)$$

下面讨论把柱面坐标三重积分化为累次积分时,怎样根据积分域 G 来确定累次积分的上、下限.

设 G 的上、下两个曲面的方程为 $z = z_2(x,y)$,$z = z_1(x,y)$,即 $z_1(x,y)\leqslant z\leqslant z_2(x,y)$. G 在 xOy 平面上投影域为 B.

(1) 极点在 B 域外 这时 B 可由不等式 $\rho_1(\theta)\leqslant\rho\leqslant\rho_2(\theta)$,$\alpha\leqslant\theta\leqslant\beta$ 给出 (图 8-12),那么

$$\iiint\limits_{G}f(x,y,z)\mathrm{d}\upsilon = \int_{\alpha}^{\beta}\mathrm{d}\theta\int_{\rho_1(\theta)}^{\rho_2(\theta)}\mathrm{d}\rho\int_{z_1(\rho\cos\theta,\rho\sin\theta)}^{z_2(\rho\cos\theta,\rho\sin\theta)}f(\rho\cos\theta,\rho\sin\theta,z)\rho\mathrm{d}z.$$

(2) 极点在 B 域内 这时 B 可由不等式 $0\leqslant\rho\leqslant\rho(\theta)$,$0\leqslant\theta\leqslant 2\pi$ 给出(图 8-13(a)),那么

$$\iiint\limits_{G}f(x,y,z)\mathrm{d}\upsilon = \int_{0}^{2\pi}\mathrm{d}\theta\int_{0}^{\rho(\theta)}\mathrm{d}\rho\int_{z_1(\rho\cos\theta,\rho\sin\theta)}^{z_2(\rho\cos\theta,\rho\sin\theta)}f(\rho\cos\theta,\rho\sin\theta,z)\rho\mathrm{d}z.$$

例 2 求 $I = \iiint\limits_{G}z\mathrm{d}\upsilon$,其中 G 是以原点为中心、R 为半径的上半球体.

解:这半球体 G 是由半球面 $z = \sqrt{R^2-x^2-y^2}$ 与平面 $z = 0$ 所围成. 转换为柱面坐标后,半球面方程为 $z = \sqrt{R^2-\rho^2}$,这是(2)的情形,所以

$$I = \iiint\limits_{G}z\mathrm{d}\upsilon = \int_{0}^{2\pi}\mathrm{d}\theta\int_{0}^{R}\mathrm{d}\rho\int_{0}^{\sqrt{R^2-\rho^2}}z\rho\mathrm{d}z = \int_{0}^{2\pi}\mathrm{d}\theta\int_{0}^{R}\frac{1}{2}(R^2-\rho^2)\rho\mathrm{d}\rho$$

$$= \frac{1}{2} \int_0^{2\pi} \frac{R^4}{4} \mathrm{d}\theta = \frac{\pi}{4} R^4.$$

2.球面坐标

设 $P(x,y,z)$ 为空间直角坐标系中的一点,有向线段 op 的长度为 ρ, θ 为 op 在 oxy 平面上的投影与 x 轴正向的夹角, φ 为 op 与 z 轴正向的夹角,那么 p 点的位置也可用 ρ, θ, φ 三个数来确定,这三个数称为 P 点的球面坐标. 它们的变化范围分别是:

$$0 \leqslant \rho < +\infty, 0 \leqslant \theta \leqslant 2\pi, 0 \leqslant \varphi \leqslant \pi.$$

显然, P 点的直角坐标与球面坐标之间有如下的关系(图 8-21(a)).

$$\begin{cases} x = \rho\sin\varphi\cos\theta, \\ y = \rho\sin\varphi\sin\theta, \\ z = \rho\cos\varphi. \end{cases}$$

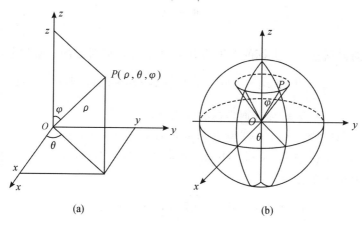

(a) (b)

图 8-21

与柱面坐标一样,让我们来看球面坐标的坐标曲面的图形:

$\rho =$ 常数,表示一族球心在原点的球面;

$\theta =$ 常数,表示一族通过 z 轴的半平面;

$\varphi =$ 常数,表示一族顶点在原点而轴与 z 轴重合的圆锥面(图 8-21(b)).

由于 P 点总可看作位于以原点为中心的某一球面上,所以它的坐标 (ρ, θ, φ) 称为球面的坐标.

同样的,为了计算球面坐标的三重积分,可用上述三族坐标曲面把积分域 G 分成若干个小区域,其中每个小区域的体积 Δv 近似地等于(图 8-22)

$$\Delta\rho \cdot \rho\sin\varphi\Delta\theta \cdot \rho\Delta\varphi = \rho^2\sin\varphi\Delta\rho\Delta\theta\Delta\varphi.$$

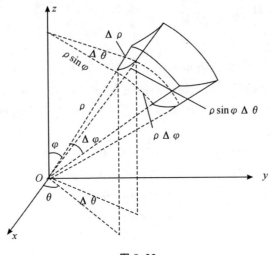

图 8-22

从而得到把球面坐标的三重积分化为对 ρ、对 θ、对 φ 的三重积分：

$$\iiint_G F(\rho,\theta,\varphi)\mathrm{d}v = \iiint_G F(\rho,\theta,\varphi)\rho^2\sin\varphi\mathrm{d}\rho\mathrm{d}\theta\mathrm{d}\varphi$$

$\mathrm{d}v = \rho^2\sin\varphi\mathrm{d}\rho\mathrm{d}\theta\mathrm{d}\varphi$ 称为球面坐标的体积元素.

因此,只要把 $f(x,y,z)$ 换成 $f(\rho\sin\varphi\cos\theta,\rho\sin\varphi\sin\theta,\rho\cos\varphi) = F(\rho,\theta,\varphi)$,把 $\mathrm{d}v = \mathrm{d}x\mathrm{d}y\mathrm{d}z$ 换成 $\mathrm{d}v = \rho^2\sin\varphi\mathrm{d}\rho\mathrm{d}\theta\mathrm{d}\varphi$,即可把直角坐标的三重积分化为球面坐标的三重积分的公式：

$$\iiint_G f(x,y,z)\mathrm{d}v = \iiint_G F(\rho,\theta,\varphi)\rho^2\sin\varphi\mathrm{d}\rho\mathrm{d}\theta\mathrm{d}\varphi. \tag{20}$$

把球面坐标三重积分 I 化为累次积分时,要根据积分域 G 的具体情况而定. 例如,如果 G 的边界曲面是一个包围原点的闭曲面,它的球面坐标方程为 $\rho = \rho(\theta,\varphi)$,则

$$I = \iiint_G F(\rho,\theta,\varphi)\rho^2\sin\varphi\mathrm{d}\rho\mathrm{d}\theta\mathrm{d}\varphi = \int_0^{2\pi}\mathrm{d}\theta\int_0^{\pi}\mathrm{d}\varphi\int_0^{\rho(\theta,\varphi)}F(\rho,\theta,\varphi)\rho^2\sin\varphi\mathrm{d}\rho.$$

当 G 的边界为中心在原点的球面 $\rho = R$ 时,那么

$$I = \int_0^{2\pi}\mathrm{d}\theta\int_0^{\pi}\mathrm{d}\varphi\int_0^R F(\rho,\theta,\varphi)\rho^2\sin\varphi\mathrm{d}\rho.$$

例 3 $I = \iiint_G (x^2+y^2+z^2)\mathrm{d}v$,其中 G 为球体 $x^2+y^2+z^2 \leqslant 2z$(图 8-23).

解:由于被积函数为 $x^2+y^2+z^2$,积分域边界曲面方程中也含有 x^2+y^2

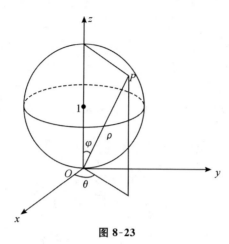

图 8-23

$+z^2$,因此化为球面坐标的三重积分来计算比较方便,这是因为 $x^2+y^2+z^2$ $=\rho^2$.

把直角坐标与球面坐标的关系式代入 G 的边界曲面方程 $x^2+y^2+z^2=2z$,得边界曲面的球面坐标方程为 $\rho=2\cos\varphi$. 由于原点在边界曲面上,故

$$0\leqslant\rho\leqslant2\cos\varphi,0\leqslant\theta\leqslant2\pi,0\leqslant\varphi\leqslant\frac{\pi}{2}.$$

所以

$$I=\int_0^{2\pi}\mathrm{d}\theta\int_0^{\frac{\pi}{2}}\mathrm{d}\varphi\int_0^{2\cos\varphi}\rho^2\cdot\rho^2\sin\varphi\mathrm{d}\rho=\int_0^{2\pi}\mathrm{d}\theta\int_0^{\frac{\pi}{2}}\frac{32}{5}\cos^5\varphi\sin\varphi\mathrm{d}\varphi=\frac{32}{15}\pi.$$

例 4　求三重积分 $\iiint\limits_{V}(x^2+y^2+z^2)\mathrm{d}x\mathrm{d}y\mathrm{d}z$,其中立体 V 由圆锥面 $x^2+y^2=z^2$ 与上半球面 $x^2+y^2+z^2=R^2(z\geqslant0)$ 所围成(如图 8-24).

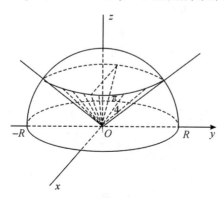

图 8-24

解:设
$$\begin{cases} x = \rho\sin\varphi\cos\theta, \\ y = \rho\sin\varphi\sin\theta, \\ z = \rho\cos\varphi. \end{cases}$$

圆锥面与上半球面在球面坐标中的方程分别是 $\varphi = \dfrac{\pi}{4}$ 与 $\rho = R$. 于是

$$0 \leqslant \rho \leqslant R, 0 \leqslant \varphi \leqslant \frac{\pi}{4}, 0 \leqslant \theta \leqslant 2\pi.$$

由公式(20)有,

$$\iiint\limits_{v}(x^2 + y^2 + z^2)\mathrm{d}x\mathrm{d}y\mathrm{d}z = \int_0^{2\pi}\mathrm{d}\theta\int_0^{\frac{\pi}{4}}\mathrm{d}\varphi\int_0^R \rho^2 \cdot \rho^2\sin\varphi\mathrm{d}\rho$$

$$= \int_0^{2\pi}\mathrm{d}\theta\int_0^{\frac{\pi}{4}}\sin\varphi\mathrm{d}\varphi\int_0^R \rho^4 \cdot \mathrm{d}\rho = \frac{2-\sqrt{2}}{5}\pi R^5.$$

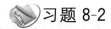 习题 8-2

1. 将 $\iiint\limits_{G} f(x, y, z)\mathrm{d}x\mathrm{d}y\mathrm{d}z$ 化成累积分(依次对 z、对 y、对 x),其中 G 为椭圆抛物面 $3x^2 + y^2 = z$ 及抛物柱面 $z = 1 - x^2$ 所围成的区域.

2. 计算下列三重积分:

(1) $\iiint\limits_{G} x^3 y^2\mathrm{d}x\mathrm{d}y\mathrm{d}z, G: 0 \leqslant z \leqslant xy, 0 \leqslant y \leqslant x, 0 \leqslant x \leqslant a$;

(2) $\iiint\limits_{G} \dfrac{\mathrm{d}x\mathrm{d}y\mathrm{d}z}{(x + y + z + 1)^3}, G$ 为由平面 $x = 0, y = 0, z = 0$ 及 $x + y + z = 1$ 所围成的四面体(如下图所示).

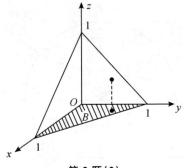

第 2 题(2)

3.用三重积分求下列各曲面所围成的立体体积：

(1) 平面 $\dfrac{x}{a} + \dfrac{y}{b} + \dfrac{z}{c} = 1$　$(a > 0, b > 0, c > 0)$ 与各坐标面；

(2) 抛物柱面 $2y^2 = x$ 及平面 $\dfrac{x}{4} + \dfrac{y}{2} + \dfrac{z}{2} = 1, z = 0$.

4.计算下列三重积分：

(1) $\iiint\limits_{G} xy \, \mathrm{d}x\mathrm{d}y\mathrm{d}z, G$：由 $x^2 + y^2 = 1, z = 0, z = 1, x = 0, y = 0$ 所围成的在第一卦限内的区域；

(2) $\iiint\limits_{G} xyz \, \mathrm{d}x\mathrm{d}y\mathrm{d}z, G$：由 $x^2 + y^2 + z^2 = 1, x = 0, y = 0, z = 0$ 所围成的在第一卦限内的区域；

5.用适当的变换计算下列三重积分：

(1) $\iiint\limits_{G} (x^2 + y^2) \, \mathrm{d}x\mathrm{d}y\mathrm{d}z$，$G$：由 $x^2 + y^2 = 2z, z = 2$ 所围成；

(2) $\iiint\limits_{G} \sqrt{1 - \dfrac{x^2}{a^2} - \dfrac{y^2}{b^2} - \dfrac{z^2}{c^2}} \, \mathrm{d}x\mathrm{d}y\mathrm{d}z, G$：$\dfrac{x^2}{a^2} + \dfrac{y^2}{b^2} + \dfrac{z^2}{c^2} \leqslant 1$.

6.将下列累积分化成柱面或球面坐标的累积分，并计算它们的值：

(1) $\displaystyle\int_0^1 \mathrm{d}x \int_{-\sqrt{1^2 - x^2}}^{\sqrt{1^2 - x^2}} \mathrm{d}y \int_0^a z \sqrt{x^2 + y} \, \mathrm{d}z$；

(2) $\displaystyle\int_{-R}^{R} \mathrm{d}x \int_{-\sqrt{R^2 - x^2}}^{\sqrt{R^2 - x^2}} \mathrm{d}y \int_0^{\sqrt{R^2 - x^2 - y^2}} \sqrt{x^2 + y^2 + z^2} \, \mathrm{d}z$.

7.用适当的变换计算下列三重积分：

(1) $\iiint\limits_{G} z \sqrt{x^2 + y^2} \, \mathrm{d}x\mathrm{d}y\mathrm{d}z$，

G：由 $y = \sqrt{2x - x^2}, z = 0, z = a(a > 0), y = 0$ 所围成；

(2) $\iiint\limits_{G} (x^2 + y^2) \, \mathrm{d}x\mathrm{d}y\mathrm{d}z$，

G：由 $z = \sqrt{a^2 - x^2 - y^2}, z = \sqrt{b^2 - x^2 - y^2} \ (b > a > 0), z = 0$ 所围成.

8.用三重积分求下列各曲面所围成的立体体积：

(1) $z = xy, x^2 + y^2 = x, z = 0$；

(2) $z = x^2 + y^2, z = 2(x^2 + y^2), y = x, y = x^2$.

9.求三重积分 $\iiint\limits_{G} f(x, y, z) \, \mathrm{d}x\mathrm{d}y\mathrm{d}z, G$：$z = \sqrt{a^2 - x^2 - y^2}, z = \sqrt{x^2 + y^2}$

所围成.

8.3 二、三重积分的应用

8.3.1 物理中的应用

1.平面薄板与物质立体的重心坐标

设直角坐标平面上有 n 个质量分别为 $m_1, m_2, m_3, \cdots, m_n$ 的质点组.它们的坐标分别为 $(x_1, y_1), (x_2, y_2), (x_3, y_3), \cdots, (x_n, y_n)$,由静力学知,这个质点组的重心坐标 $(\overline{x}, \overline{y})$ 分别为

$$\overline{x} = \frac{\sum_{K=1}^{n} x_K m_K}{\sum_{K=1}^{n} m_K}, \overline{y} = \frac{\sum_{K=1}^{n} y_K m_K}{\sum_{K=1}^{n} m_K}.$$

如果已知平面薄板上每一点 (x, y) 的密度函数 $\rho(x, y)$ 在所围区域 G 上是连续的,将 G 任意分为 n 个小区域 $G_1, G_2, G_3, \cdots, G_n$,记 ΔG_i 为 G_i 的面积.在 G_i 上任意取一点 (ξ_i, η_i) ,于是小薄板的 质量可近似地等于 $\rho(\xi_i, \eta_i)\Delta G_i$.将平面薄板近似地看作是由 n 个质点组成,因此平面薄板的重心 $(\overline{x}, \overline{y})$ 的坐标分别近似地等于:

$$\overline{x} \approx \frac{\sum_{i=1}^{n} \xi_i \rho(\xi_i, \eta_i)\Delta G_i}{\sum_{i=1}^{n} \rho(\xi_i, \eta_i)\Delta G_i}, \overline{y} \approx \frac{\sum_{i=1}^{n} \eta_i \rho(\xi_i, \eta_i)\Delta G_i}{\sum_{i=1}^{n} \rho(\xi_i, \eta_i)\Delta G_i}.$$

当将小薄板分得越来越小并取极限时就有:

$$\overline{x} = \frac{\iint_G x\rho(x, y)\mathrm{d}\sigma}{\iint_G \rho(x, y)\mathrm{d}\sigma}, \overline{y} = \frac{\iint_G y\rho(x, y)\mathrm{d}\sigma}{\iint_G \rho(x, y)\mathrm{d}\sigma}. \tag{21}$$

同理,物质立体的重心坐标 $(\overline{x}, \overline{y}, \overline{z})$ 分别为:

$$\overline{x} = \frac{\iiint_v x\rho(x, y, z)\mathrm{d}v}{\iiint_v \rho(x, y, z)\mathrm{d}v}, \overline{y} = \frac{\iiint_v y\rho(x, y, z)\mathrm{d}v}{\iiint_v \rho(x, y, z)\mathrm{d}v}, \overline{z} = \frac{\iiint_v z\rho(x, y, z)\mathrm{d}v}{\iiint_v \rho(x, y, z)\mathrm{d}v}. \tag{22}$$

例1 设有一等腰直角三角形薄板,已知其上任一点 (x, y) 处的密度与

该点到直角顶点距离的平方成正比,求薄板的重心.

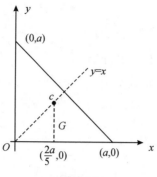

图 8-25

解:取定坐标系如图 8-25.依题意 $\rho = k(x^2 + y^2)$,k 为比例常数.由密度函数知物质分布与直线 $y = x$ 对称,三角形也与这直线对称,因此重心一定在这直线上,即有 $\bar{x} = \bar{y}$,由于斜边的方程为 $x + y = a$,从而

$$\iint\limits_G k(x^2 + y^2)\mathrm{d}\sigma = k\int_0^a \mathrm{d}x \int_0^{a-x}(x^2 + y^2)\mathrm{d}y$$

$$= k\int_0^a \left(\frac{1}{3}a^3 - a^2 x + 2ax^2 - \frac{4}{3}x^3\right)\mathrm{d}x = \frac{1}{6}ka^4,$$

$$\iint\limits_G xk(x^2 + y^2)\mathrm{d}\sigma = k\int_0^a x\mathrm{d}x \int_0^{a-x}(x^2 + y^2)\mathrm{d}y$$

$$= k\int_0^a \left(\frac{1}{3}a^3 x - a^2 x^2 + 2ax^3 - \frac{4}{3}x^4\right)\mathrm{d}x = \frac{1}{15}ka^5.$$

故 $\bar{x} = \dfrac{\dfrac{1}{15}ka^5}{\dfrac{1}{6}ka^4} = \dfrac{2}{5}a$,即重心为 $\left(\dfrac{2a}{5}, \dfrac{2a}{5}\right)$.

例 2　求密度函数 $\rho(x,y,z) \equiv 1$ 的均匀上半球体 $V: x^2 + y^2 + z^2 \leqslant a^2$ 的重心.

解:因为均匀半球体关于 yz 与 zx 坐标面都对称,所以在公式(22)中,$\bar{x} = \bar{y} = 0$.下面求 $\bar{z}$.设 I 是半径为 a 的半球体积,已知 $I = \dfrac{2}{3}\pi a^3$.求三重积分 $\iiint\limits_V z\mathrm{d}V$,作柱面坐标变换,设 $x = \rho\cos\varphi, y = \rho\sin\varphi, z = z$,有

$$\iiint\limits_V z\mathrm{d}V = \int_0^{2\pi}\mathrm{d}\varphi \int_0^a \rho\mathrm{d}\rho \int_0^{\sqrt{a^2-\rho^2}} z\mathrm{d}z = \frac{1}{4}\pi a^4.$$

从而　$\bar{z} = \dfrac{1}{I} \iiint\limits_V z \mathrm{d}V = \dfrac{3}{8}a.$

于是,均匀上半球的重心是$(0,0,\dfrac{3}{8}a)$.

2. 平面薄板与物质立体的转动惯量

设在平面上有 n 个质量分别是 $m_1, m_2, \cdots, m_n$ 的质点组,它们的坐标分别是 $(x_1, y_1), (x_2, y_2), \cdots, (x_n, y_n)$,这个质点组绕某一条直线 l 旋转. 若这 n 个质点到直线 l 的距离分别是 $\mathrm{d}_1, \mathrm{d}_2, \cdots, \mathrm{d}_n$,由力学知识可知,质点组对直线 l 的转动惯量为:

$$J = \sum_{i=1}^{n} \mathrm{d}_i^2 m_i.$$

特别地,当 l 分别是 x 轴与 y 轴时,则质点组对 x 轴、y 轴的转动惯量分别为:

$$J_x = \sum_{i=1}^{n} y_i^2 m_i, \quad J_y = \sum_{i=1}^{n} x_i^2 m_i.$$

如果平面薄板的密度函数在其所围成的平面区域 G 任一点 (x, y) 处是连续函数 $\rho(x, y)$,将 G 任意分成 n 个小区域:$G_1, G_2, \cdots, G_n$,记 ΔG_i 为 G_i 的面积. 在每个 G_i 上任取一点 (ξ_i, η_i),于是 G_i 的质量就近似地等于

$$m_i \approx \rho(\xi_i, \eta_i) \Delta G_i.$$

将平面薄板近似地看作是由 n 个质点组成,从而平面薄板对 x 轴与 y 轴的转动惯量就近似等于:

$$J_x \approx \sum_{i=1}^{n} \eta_i^2 \rho(\xi_i, \eta_i) \Delta G_i, \quad J_y \approx \sum_{i=1}^{n} \xi_i^2 \rho(\xi_i, \eta_i) \Delta G_i.$$

因此,当小区域 G_i 分得越来越小并取极限时就可得到平面薄板对 x 轴与 y 轴的转动惯量分别为:

$$J_x = \iint\limits_G y^2 \rho(x, y) \mathrm{d}\sigma, \quad J_y = \iint\limits_G x^2 \rho(x, y) \mathrm{d}\sigma. \tag{23}$$

同理可得物质立体对 x 轴、y 轴及 z 轴的转动惯量分别为:

$$J_x = \iiint\limits_v (y^2 + z^2) \rho(x, y, z) \mathrm{d}v, \quad J_y = \iiint\limits_v (z^2 + x^2) \rho(x, y, z) \mathrm{d}v,$$

$$J_z = \iiint\limits_v (x^2 + y^2) \rho(x, y, z) \mathrm{d}v. \tag{24}$$

例 3　设有一高为 h,底长为 $2b$ 的等腰三角形均匀薄板,求它对底边的转动惯量.

解:取定坐标系使三角形位于第一象限,且底边在 x 轴上,一个顶点在原

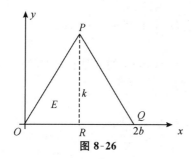

图 8-26

点(图8-26).设物质分布密度为 μ(常数).而薄板与它的高对称,且为匀质,所以所求的转动惯量为薄板 OPR 的转动惯量的两倍,即 $I = 2\iint\limits_{B}\mu y^2 d\sigma$.由于直线 OP 的方程为 $y = \dfrac{h}{b}x$,因此

$$J_x = 2\mu \int_0^b dx \int_0^{\frac{h}{b}x} y^2 dy = \frac{2\mu h^3}{3b^3}\int_0^b x^3 dx = \frac{1}{6}\mu h^3 b,$$

而薄板的质量 $m = \mu h b$,所以 $J_x = \dfrac{1}{6}mh^2$.

例 4　求密度函数 $\rho(x,y,z) \equiv 1$ 的均匀球体 $V: x^2 + y^2 + z^2 \leqslant 1$ 关于三个坐标轴的转动惯量.

解:由公式(24)知,球体 V 关于三个坐标轴的转动惯量分别是

$$J_x = \iiint\limits_{V}(y^2 + z^2)dv,\ J_y = \iiint\limits_{V}(z^2 + x^2)dv,\ J_z = \iiint\limits_{V}(x^2 + y^2)dv.$$

因为球体关于三个坐标面对称,被积函数关于每个变量都是偶函数,所以 $J_x = J_y = J_z$,设 $J = J_x = J_y = J_z$,则有

$$3J = \iiint\limits_{V}2(x^2 + y^2 + z^2)dv,$$

或 $J = \dfrac{2}{3}\iiint\limits_{V}(x^2 + y^2 + z^2)dv.$

作球面坐标变换,有

$$J = \frac{2}{3}\int_0^{2\pi}d\theta \int_0^{\pi}\sin\varphi d\varphi \int_0^1 \rho^4 d\rho = \frac{8}{15}\pi.$$

即 $J_x = J_y = J_z = \dfrac{8}{15}\pi$.

8.3.2　几何上的应用

根据二、三重积分的定义即可推出如下常用公式:

1. xOy 平面上区域 D 的面积 $S = \iint\limits_{D} \mathrm{d}x\mathrm{d}y$.

2. 顶为连续曲面 $z = f(x,y)$ 的曲顶柱体体积 $V = \iint\limits_{D} f(x,y)\mathrm{d}\sigma$,区域 D 为底.

3. 空间区域 G 的体积 $V = \iiint\limits_{G} \mathrm{d}v$.

4. 曲面面积

设曲面 G 的方程为 $z = f(x,y)$,$f(x,y)$ 具有连续的一阶偏导数.G 在 xy 平面的投影区域为 D,将 D 分为 n 个小区域 $D_1, D_2, \cdots, D_n$,记 $\Delta\sigma_k$ 为 D_k 的面积,λ 为 D_k 中的最大直径,在每个 D_k 中任取一点 $M_k(\xi_k, \eta_k)(k = 1, 2, \cdots, n)$. 从 D_k 的边界作母线平行于 z 轴的柱面,从而相应地将曲面 G 分成 n 个小曲面 G_k,且 M_k 在 G_k 上的对应点为 $P_k(\xi_k, \eta_k, f(\xi_k, \eta_k))$.过 P_k 作 G 的切平面 τ_k,则相应于 D_k 上方的小曲面 G_k 的面积 ΔG_k 就可以用相应的切平面面积 $\Delta\tau_k$ 来近似代替,即 $\Delta G_k \approx \Delta\tau_k$.

而　　　　　　　　　　　　$\Delta\sigma_k = \Delta\tau_k \cos r_k$.

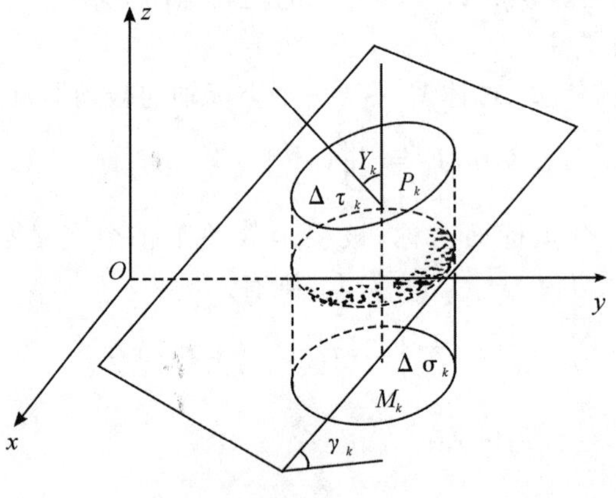

图 8-27

其中 r_k 是切平面与 xy 平面的夹角(图 8-27),也是切平面的法线与 z 轴之间的夹角,故

$$\cos r_k = \frac{1}{\sqrt{1 + z_x'^2(\xi_k, \eta_k) + z_y'^2(\xi_k, \eta_k)}},$$

$z_x'(\xi_k, \eta_k), z_y'(\xi_k, \eta_k), -1$ 为法线的方向数.

于是有

$$\Delta\tau_k = \sqrt{1 + z_x'^2(\xi_k, \eta_k) + z_y'^2(\xi_k, \eta_k)}\,\Delta\sigma_k,$$

从而

$$\sum_{k=1}^n \Delta\tau_k = \sum_{k=1}^n \sqrt{1 + z_x'^2(\xi_k, \eta_k) + z_y'^2(\xi_k, \eta_k)} \cdot \Delta\sigma_k,$$

因而当 $\lambda \to 0$ 时上述的极限就是曲面 G 的面积 A，即

$$A = \iint_D \sqrt{1 + z_x'^2 + z_y'^2}\,\mathrm{d}\sigma = \iint_D \sqrt{1 + z_x'^2 + z_y'^2}\,\mathrm{d}x\mathrm{d}y, \tag{25}$$

$\sqrt{1 + z_x'^2 + z_y'^2}\,\mathrm{d}x\mathrm{d}y$ 称为曲面面积元素.

同理，当曲面方程为 $x = g(y, z)$ 或 $y = h(z, x)$ 时，相应的曲面面积公式为

$$A = \iint_{D_1} \sqrt{1 + x_y'^2 + x_z'^2}\,\mathrm{d}y\mathrm{d}z. \tag{26}$$

或

$$A = \iint_{D_2} \sqrt{1 + y_x'^2 + y_z'^2}\,\mathrm{d}x\mathrm{d}z. \tag{27}$$

其中 D_1 与 D_2 分别是曲面在 yz 平面与 xz 平面上的投影.

例 5　求在球面 $x^2 + y^2 + z^2 = a^2$ 上被柱面 $x^2 + y^2 - ax = 0$ 所截取部分曲面 S 的面积（如图 8-28(a)）.

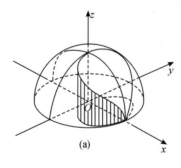

(a)　　　　　　　　　(b)

图 8-28

解：曲面 S 关于 xy 平面与 xz 平面都对称. 曲面 S 的面积 σ 是第一卦限那部分曲面面积的四倍. 在第一卦限球面方程是

$$z = \sqrt{a^2 - x^2 - y^2},$$

定义域 R 是半圆域：$x^2 + y^2 \leqslant ax$，且 $y \geqslant 0$（如图 8-28(b)）.

$$z_x' = \frac{-x}{\sqrt{a^2 - x^2 - y^2}}, \quad z_y' = \frac{-y}{\sqrt{a^2 - x^2 - y^2}}.$$

由公式(25)，曲面 S 的面积

$$\sigma = 4\iint\limits_{R} \sqrt{1 + z'^{2}_{x} + z'^{2}_{y}}\, \mathrm{d}x\mathrm{d}y = 4a\iint\limits_{R} \frac{\mathrm{d}x\mathrm{d}y}{\sqrt{a^{2} - x^{2} - y^{2}}}.$$

作极坐标交换，$x = \rho\cos\varphi, y = \rho\sin\varphi$. 区域 R 的边界方程是

$$\rho = a\cos\varphi\Big(0 \leqslant \varphi \leqslant \frac{\pi}{2}\Big) \text{ 与 } \varphi = 0,$$

于是

$$\sigma = 4a\iint\limits_{R} \frac{\mathrm{d}x\mathrm{d}y}{\sqrt{a^{2} - x^{2} - y^{2}}} = 4a\int_{0}^{\frac{\pi}{2}}\mathrm{d}\varphi\int_{0}^{a\cos\varphi} \frac{\rho\mathrm{d}\rho}{\sqrt{a^{2} - \rho^{2}}}$$

$$= 4a^{2}\int_{0}^{\frac{\pi}{2}}(1 - \sin\varphi)\mathrm{d}\varphi = 2a^{2}(\pi - 2).$$

例6　求半径为 R 高度为 h 的球冠的表面积(图 8-29).

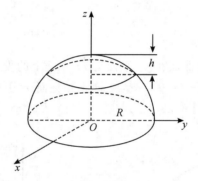

图 8-29

解: 设 $0 \leqslant h \leqslant R$. 上半球面的方程为

$$z = \sqrt{R^{2} - x^{2} - y^{2}},$$

$$\frac{\partial z}{\partial x} = -\frac{x}{\sqrt{R^{2} - x^{2} - y^{2}}},$$

$$\frac{\partial z}{\partial y} = -\frac{y}{\sqrt{R^{2} - x^{2} - y^{2}}},$$

积分区域 D 由不等式 $x^{2} + y^{2} \leqslant R^{2} - (R - h)^{2} = h(2R - h)$ 来确定, 于是得

$$\sigma = \iint\limits_{D} \sqrt{1 + \Big(\frac{\partial z}{\partial x}\Big)^{2} + \Big(\frac{\partial z}{\partial y}\Big)^{2}}\, \mathrm{d}x\mathrm{d}y = \iint\limits_{D} \frac{R}{\sqrt{R^{2} - x^{2} - y^{2}}}\mathrm{d}x\mathrm{d}y$$

$$= R\int_{0}^{2\pi}\mathrm{d}\theta\int_{0}^{\sqrt{h(2R-h)}} \frac{\rho\mathrm{d}\rho}{\sqrt{R^{2} - \rho^{2}}} = 2\pi R\Big[-\sqrt{R^{2} - \rho^{2}}\Big]_{0}^{\sqrt{h(2R-h)}}$$

$$= 2\pi R[R - (R - h)] = 2\pi Rh.$$

特殊地,当 $h = R$ 时得半球的表面积为 $2\pi R^2$,因而球的表面积为 $4\pi R^2$.

 习题 8-3

1.计算由四个平面 $x+y+z=1,x=0,y=0,z=0$ 所围成的四面体的体积.

2.求由下列曲线所围成的图形面积:

(1)$r^2 = 2a^2\cos2\theta$;   (2)$(x^2+y^2)^2 = 8a^2xy$.

3.求由锥面 $z = \dfrac{h}{R}\sqrt{x^2+y^2}$,平面 $z=0$ 及圆柱面 $x^2+y^2=R^2$ 所围成的立体体积.

4.求两圆柱面 $y^2+z^2=a^2$,$x^2+y^2=a^2$ 所围立体的体积与表面积.

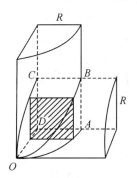

第 4 题

5.求由平面 $x+y+z=a$,圆柱面 $x^2+y^2=R^2$ 及三个坐标面在第一卦限所围成的立体体积 $\left(a>0,0<R\leqslant\dfrac{a}{\sqrt{2}}\right)$.

6.用三重积分计算由旋转抛物面 $z=x^2+y^2$ 和锥面 $z=\sqrt{x^2+y^2}$ 所围成的立体体积.

7.计算由曲面$(x^2+y^2+z^2)^2 = a^2(x^2+y^2+z^2)$ 所围成的立体体积.

8.求曲面 $az=xy$ 包含在圆柱 $x^2+y^2=a^2$ 内那部分的面积.

9.求锥面 $z=\sqrt{x^2+y^2}$ 被柱面 $z^2=2x$ 所截部分的曲面面积.

10.求由曲线$\sqrt{x}+\sqrt{y}=\sqrt{a}$,$x=0$ 及 $y=0$ 所围成的图形的重心坐标.

11.求密度均匀的半椭球体$\dfrac{x^2}{a^2}+\dfrac{y^2}{b^2}+\dfrac{z^2}{c^2}\leqslant 1,z\geqslant 0$ 的重心坐标.

12.求曲面$\dfrac{x^2}{a^2}+\dfrac{y^2}{b^2}=\dfrac{z^2}{c^2}$,$z=c(c>0)$(设$\rho(x,y,z)\equiv1$)的重心坐标.

13.求均匀密度的半径为R的圆关于它的一条切线的转动惯量.

14.求由平面$x+y+z=1,x=0,y=0$及$z=0$所围成的均匀物体对z轴的转动惯量.

15.求均匀长方体关于它的一条棱的转动惯量.

8.4　曲线积分

8.4.1　对弧长的曲线积分

首先讨论物质曲线的质量.如果在xOy平面上有一条可求长的曲线C(如图8-32),已知曲线C上点(x,y)的线密度是$\rho(x,y)$,求曲线C的质量.

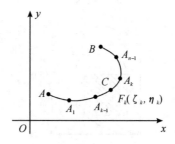

图 8-32

在曲线C上依次任意取n个点:
$$A=A_0,A_1,A_2,\cdots,A_{n-1},A_n=B,$$
将曲线C分成n个小弧:
$$A_0A_1,A_1A_2,\cdots,A_{k-1}A_k,A_{n-1}A_n.$$

设第k个小弧$A_{k-1}A_k$的长是Δs_k,在其上任取一点$P_k(\xi_k,\eta_k)$,以点P_k的线密度$\rho(\xi_k,\eta_k)$近似代替第k个小弧$A_{k-1}A_k$上每一点的线密度.于是第k个小弧$A_{k-1}A_k$的质量就近似地等于$\rho(\xi_k,\eta_k)\Delta s_k(k=1,2,\cdots,n)$.从而曲线$C$的质量就近似地等于

$$m\approx\sum_{k=1}^{n}\rho(\xi_k,\eta_k)\Delta s_k.$$

设$\lambda=\max_{1\leqslant k\leqslant n}(\Delta s_k)$,$\lambda$越小$\sum\limits_{k=1}^{n}\rho(\xi_k,\eta_k)\Delta s_k$就越接近于曲线$C$的质量.因此

曲线 C 的质量 m 应该是

$$m = \lim_{\lambda \to 0} \sum_{k=1}^{n} \rho(\xi_k, \eta_k) \Delta s_k.$$

抽去上述的物理意义就得到(平面)曲线积分的概念.

定义 2　设二元函数 $f(x, y)$ 在可求长曲线 L 上有定义. 在曲线 L 上依次插入分点 $M_0, M_1, \cdots, M_n (M_0$ 与 M_n 为 L 的两个端点),把 L 分成 n 个小弧段 $M_{i-1} M_i$,记小弧段 $M_{i-1} M_i$ 的长度为 $\Delta s_i, \lambda = \max\{\Delta s_1, \cdots, \Delta s_n\}$,并在 $M_{i-1} M_i$ 上任取一点 $P_i(\xi_i, \eta_i)$. 如果极限

$$\lim_{\lambda \to 0} \sum_{i=1}^{n} f(\xi_i, \eta_i) \Delta s_i$$

存在,则称此极限为函数 $f(x, y)$ 在平面曲线 L 上对弧长的曲线积分(也称为第一型曲线积分),记作 $\int_L f(x, y) \mathrm{d}s$. 即

$$\int_L f(x, y) \mathrm{d}s = \lim_{\lambda \to 0} \sum_{i=1}^{n} f(\xi_i, \eta_i) \Delta s_i. \tag{29}$$

其中 $f(x, y)$ 称为被积函数,$f(x, y) \mathrm{d}s$ 称为被积表达式,L 称为积分弧段.

根据定义,不难证明:若函数 $f(x, y)$ 在 L 上连续,则 $f(x, y)$ 在 L 上对弧长的曲线积分存在. 因此,以后我们讨论对弧长的曲线积分时,均假定 $f(x, y)$ 在曲线 L 上连续.

对弧长的曲线积分具有如下简单性质:

1. $\int_{AB} f(x, y) \mathrm{d}s = \int_{BA} f(x, y) \mathrm{d}s$,即对弧长的曲线积分与曲线方向无关.

2. $\int_L k f(x, y) \mathrm{d}s = k \int_L f(x, y) \mathrm{d}s.$

3. $\int_L [f(x, y) \pm g(x, y)] \mathrm{d}s = \int_L f(x, y) \mathrm{d}s \pm \int_L g(x, y) \mathrm{d}s.$

4. $\int_{AB} f(x, y) \mathrm{d}s = \int_{AC} f(x, y) \mathrm{d}s + \int_{CB} f(x, y) \mathrm{d}s (C \in \widehat{AB})$

5. $\left| \int_L f(x, y) \mathrm{d}s \right| \leqslant \int_L |f(x, y)| \mathrm{d}s \leqslant M l$,其中 $M = \max\limits_{(x, y) \in L} (|f(x, y)|)$,

l 为 L 的长度.

下面,我们探讨对弧长的曲线积分的计算方法.

设曲线 L 的参数方程为

$$\begin{cases} x = \varphi(t), \\ y = \phi(t), \end{cases} \alpha \leqslant t \leqslant \beta$$

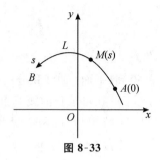

图 8-33

其中函数 $\varphi(t)$、$\phi(t)$ 在闭区间 $[\alpha,\beta]$ 上具有连续导数,且 $[\varphi'(t)]^2 + [\phi'(t)]^2 \neq 0$(这些条件相当于假设 L 是光滑的). 并设函数 $f(x,y)$ 在 L 上连续.

又设 L 的两个端点 A、B 依次对应于 $t = \alpha$ 及 $t = \beta$,根据平面曲线的弧长公式知道

$$ds = \sqrt{[\varphi'(t)]^2 + [\psi'(t)]^2}\, dt.$$

因此

$$\int_L f(x,y)ds = \int_\alpha^\beta f[\varphi(t),\phi(t)]\sqrt{[\varphi'(t)]^2 + [\phi'(t)]^2}\, dt. \quad (\alpha < \beta) \quad (31)$$

例1 求 $I = \displaystyle\int_C xy\,ds$,其中 $C: x = a\cos t, y = b\sin t, 0 \leqslant t \leqslant \dfrac{\pi}{2}$.

解: $x_t' = -a\sin t, y_t' = b\cos t,$

$$\sqrt{x_t'^2 + y_t'^2} = \sqrt{a^2\sin^2 t + b^2\cos^2 t}.$$

由公式(31)有

$$I = \int_0^{\frac{\pi}{2}} a\cos t\, b\sin t\, \sqrt{a^2\sin^2 t + b^2\cos^2 t}\, dt$$

$$= \frac{ab}{2}\int_0^{\frac{\pi}{2}} \sin 2t \sqrt{a^2\frac{1-\cos 2t}{2} + b^2\frac{1+\cos 2t}{2}}\, dt.$$

设 $u = \cos 2t, du = -2\sin 2t\, dt$ 或 $\sin 2t\, dt = -\dfrac{1}{2}du$,有

$$I = \frac{ab}{4}\int_{-1}^{1} \sqrt{\frac{a^2+b^2}{2} + \frac{b^2-a^2}{2}u}\, du$$

$$= \frac{ab}{4}\frac{2}{b^2-a^2}\frac{2}{3}\left(\frac{a^2+b^2}{2} + \frac{b^2-a^2}{2}z\right)^{\frac{3}{2}}\Bigg|_{-1}^{1} = \frac{ab}{3}\frac{a^2+ab+b^2}{a+b}.$$

如果曲线 L 的方程为

$$y = y(x), a \leqslant x \leqslant b,$$

这相当于 L 的参数方程为

$$\begin{cases} x = x, \\ y = y(x), \end{cases} a \leqslant x \leqslant b,$$

于是由公式(31) 得

$$\int_L f(x,y)\,\mathrm{d}s = \int_a^b f[x,y(x)]\sqrt{1+y'^2(x)}\,\mathrm{d}x. \tag{32}$$

例 2 计算 $\int_L \sqrt{y}\,\mathrm{d}s$,其中 L 为抛物线 $y = x^2$,直线 $x = 1$ 及 x 轴所围成的曲边三角形的整个边界.

解:作 L 如图 8-34 所示,由 $L = \overline{OA} + \overline{AB} + OB$,分别写出方程为

$$\overline{OA}:y = 0,0 \leqslant x \leqslant 1;$$
$$\overline{AB}:x = 1,0 \leqslant y \leqslant 1;$$
$$OB:y = x^2,0 \leqslant x \leqslant 1.$$

于是

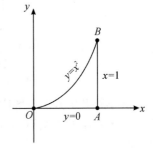

图 8-34

$$\int_{\overline{OA}} \sqrt{y}\,\mathrm{d}s = \int_{\overline{OA}} 0 \cdot \mathrm{d}s = 0;$$

$$\int_{\overline{AB}} \sqrt{y}\,\mathrm{d}s = \int_0^1 \sqrt{y} \cdot \sqrt{1+0}\,\mathrm{d}y = \int_0^1 \sqrt{y}\,\mathrm{d}y = \frac{2}{3};$$

$$\int_{OB} \sqrt{y}\,\mathrm{d}s = \int_0^1 \sqrt{x^2} \cdot \sqrt{1+(2x)^2}\,\mathrm{d}x = \int_0^1 x\sqrt{1+4x^2}\,\mathrm{d}x$$

$$= \left[\frac{1}{12}(1+4x^2)^{\frac{3}{2}}\right]_0^1 = \frac{1}{12}(5\sqrt{5}-1),$$

因此

$$\int_L \sqrt{y}\,\mathrm{d}s = 0 + \frac{2}{3} + \frac{1}{12}(5\sqrt{5}-1) = \frac{1}{12}(5\sqrt{5}+7).$$

8.4.2 对坐标的曲线积分

变力沿曲线所做的功 设在 xOy 平面上一个质点在变力 $F(x,y)$ 的作用下,从点 A 沿光滑曲线 L 移动到 B,已知 $F(x,y) = P(x,y)i + Q(x,y)j$ 其中函数 $P(x,y)$、$Q(x,y)$ 在 L 上连续.求质点在移动过程中变力 $F(x,y)$ 所做的功(图 8-35).

我们知道,如果力 F 是常力,且质点沿直线从 A 移动到 B,那么常力 F 所做的功等于向量 F 与 $\overrightarrow{AB}$ 的数量积,即

$$W = F \cdot \overrightarrow{AB}.$$

现在 F 是变力,且质点沿曲线 L 移动,因此功 W 不能按以上公式计算,而要用

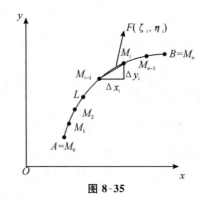

图 8-35

定积分的思想方法来解决.

我们在 L 上自 A 至 B 依次取分点

$$M_0 = A, M_1, M_2, \cdots, M_{n-1}, M_n = B,$$

把 L 分成 n 个小弧段,设分点 M_i 为 $(x_i, y_i)(i = 0, 1, \cdots, n)$. 有向小弧段 $\overparen{M_{i-1}M_i}$ 用有向线段 $\overrightarrow{M_{i-1}M_i} = \Delta x_i \boldsymbol{i} + \Delta y_i \boldsymbol{j}$ 来近似代替,其中 $\Delta x_i = x_i - x_{i-1}$ 是向量 $\overrightarrow{M_{i-1}M_i}$ 在 x 轴上的投影,$\Delta y_i = y_i - y_{i-1}$ 是 $\overrightarrow{M_{i-1}M_i}$ 在 y 轴上的投影. 又由于函数 $P(x,y)$、$Q(x,y)$ 在 L 上连续,故在小弧段 $\overparen{M_{i-1}M_i}$ 上可以把变力 $F(x,y)$ 近似地看作常力,从而用 $\overparen{M_{i-1}M_i}$ 上任一点 (ξ_i, η_i) 处的力来近似代替,即在 $\overparen{M_{i-1}M_i}$ 上,

$$F(x,y) \approx F(\xi_i, \eta_i) = P(\xi_i, \eta_i)\boldsymbol{i} + Q(\xi_i, \eta_i)\boldsymbol{j}.$$

这样,变力 $F(x,y)$ 沿有向小弧段 $\overparen{M_{i-1}M_i}$ 所做的功 ΔW_i 就近似等于常力 $F(\xi_i, \eta_i)$ 沿有向线段 $\overrightarrow{M_{i-1}M_i}$ 所做的功,即

$$\Delta W_i \approx F(\xi_i, \eta_i) \cdot \overrightarrow{M_{i-1}M_i} = P(\xi_i, \eta_i)\Delta x_i + Q(\xi_i, \eta_i)\Delta y_i,$$

于是

$$W = \sum_{i=1}^{n} \Delta W_i \approx \sum_{i=1}^{n} \left[P(\xi_i, \eta_i)\Delta x_i + Q(\xi_i, \eta_i)\Delta y_i \right].$$

令 $\lambda = \max_{1 \leqslant i \leqslant n}(\Delta s_i)$,$\Delta s_i$ 为 $\overparen{M_{i-1}M_i}$ 的弧长. 因此变力 F 沿有向曲线 L 所做的功可认为是上述和式的极限,即当 $\lambda \to 0$ 时,

$$W = \lim_{\lambda \to 0} \sum_{i=1}^{n} \left[P(\xi_i, \eta_i)\Delta x_i + Q(\xi_i, \eta_i)\Delta y_i \right].$$

由此,我们引入对坐标的曲线积分的定义.

定义 3 设函数 $P(x,y)$、$Q(x,y)$ 在光滑曲线 $L(A, B)$ 上有定义.沿 L 正

向依次取分点 $A = M_0, M_1, M_2, \cdots, M_{n-1}, M_n = B$,把 L 分成 n 个向小弧段 $\overset{\frown}{M_{i-1}M_i}, (i = 1, 2, \cdots, n)$,设 $\overrightarrow{M_{i-1}M_i} = \Delta x_i i + \Delta y_i j$,令 $\lambda = \max\limits_{1 \leqslant i \leqslant n}(\Delta s_i)$,在 $\overset{\frown}{M_{i-1}M_i}$ 上任意取一点 (ξ_i, η_i),如果极限

$$\lim_{\lambda \to 0} \sum_{i=1}^{n} P(\xi_i, \eta_i) \Delta x_i$$

存在,那么这个极限称为函数 $P(x, y)$ 在有向曲线 L 上对坐标 x 的曲线积分 (也称为第二型曲线积分),记作

$$\int_L P(x, y) \mathrm{d}x.$$

类似地,如果极限

$$\lim_{\lambda \to 0} \sum_{i=1}^{n} Q(\xi_i, \eta_i) \Delta y_i$$

存在,那么这个极限称为函数 $Q(x, y)$ 在有向曲线 L 上对坐标 y 的曲线积分,记作

$$\int_L Q(x, y) \mathrm{d}y.$$

即

$$\int_L P(x, y) \mathrm{d}x = \lim_{\lambda \to 0} \sum_{i=1}^{n} P(\xi_i, \eta_i) \Delta x_i, \tag{33}$$

$$\int_L Q(x, y) \mathrm{d}y = \lim_{\lambda \to 0} \sum_{i=1}^{n} Q(\xi_i, \eta_i) \Delta y_i. \tag{34}$$

其中 $P(x, y)$、$Q(x, y)$ 称为被积函数,$P(x, y)\mathrm{d}x$ 及 $Q(x, y)\mathrm{d}y$ 称为被积表达式,L 称为积分曲线.

此外,在应用上经常出现

$$\int_L P(x, y) \mathrm{d}x + \int_L Q(x, y) \mathrm{d}y$$

这种合并起来的形式,为简便起见,把上式写成

$$\int_L P(x, y) \mathrm{d}x + Q(x, y) \mathrm{d}y = \int_L P \mathrm{d}x + Q \mathrm{d}y.$$

因此,前述所讨论的变力所做的功可以表示为

$$W = \int_L P(x, y) \mathrm{d}x + Q(x, y) \mathrm{d}y.$$

根据定义容易知道,对坐标的曲线积分与曲线 L 的方向有关,这是因为 Δx_i 与 Δy_i 是有向线段 $\overrightarrow{M_{i-1}M_i}$ 在 x 轴与 y 轴上的投影,当曲线 L 改变方向时,Δx_i 与 Δy_i 也随着改变符号,从而积分也要改变符号,即

$$\int_L P(x,y)\mathrm{d}x + Q(x,y)\mathrm{d}y = -\int_{L^-} P(x,y)\mathrm{d}x + Q(x,y)\mathrm{d}y$$

其中 L^- 表示与 L 反方向的曲线.

下面讨论对坐标的曲线积分的计算问题

设光滑曲线 L 的方程为

$$x = x(t), y = y(t).$$

起点 A 对应参数 $t = \alpha$,终点 B 对应参数 $t = \beta$,$P(x,y)$ 在 L 上连续.

$$\int_L P(x,y)\mathrm{d}x = \int_\alpha^\beta P[x(t),y(t)]x'(t)\mathrm{d}t. \qquad (35)$$

同理可得

$$\int_L Q(x,y)\mathrm{d}y = \int_\alpha^\beta Q[x(t),y(t)]y'(t)\mathrm{d}t, \qquad (36)$$

因此有

$$\int_L P\mathrm{d}x + Q\mathrm{d}y = \int_\alpha^\beta \{P[x(t),y(t)]x'(t) + Q[x(t),y(t)]y'(t)\}\mathrm{d}t. \quad (37)$$

特别地,当 L 的方程为 $y = y(x)(a \leqslant x \leqslant b)$ 时有

$$\int_L P\mathrm{d}x + Q\mathrm{d}y = \int_a^b \{P[x,y(x)] + Q[x,y(x)]y'(x)\}\mathrm{d}x. \qquad (38)$$

例 3 求 $\int_C y^2\mathrm{d}x + x^2\mathrm{d}y$,其中曲线 C 是上半椭圆 $x = a\cos t, y = b\sin t$,取顺时针的方向.

解:$\mathrm{d}x = -a\sin t\mathrm{d}t, \mathrm{d}y = b\cos t\mathrm{d}t$,由公式(37) 有

$$\int_C y^2\mathrm{d}x + x^2\mathrm{d}y$$

$$= \int_\pi^0 [b^2\sin^2 t(-a\sin t) + a^2\cos^2 t \cdot b\cos t]\mathrm{d}t$$

$$= -ab^2\int_\pi^0 \sin^3 t\mathrm{d}t + a^2 b\int_\pi^0 \cos^3 t\mathrm{d}t = \frac{4}{3}ab^2.$$

例 4 求 $I = \int_C 2xy\mathrm{d}x + x^2\mathrm{d}y$,其中曲线 C 分别是 1) 直线 $y = x$;2) 抛物线 $y = x^2$;3) 立方抛物线 $y = x^3$,都是由原点 $(0,0)$ 到点 $(1,1)$.

解:1) 沿直线 $y = x, \mathrm{d}y = \mathrm{d}x$,有

$$I = \int_C 2xy\mathrm{d}x + x^2\mathrm{d}y = \int_0^1 2x^2\mathrm{d}x + \int_0^1 x^2\mathrm{d}x = \int_0^1 3x^2\mathrm{d}x = 1.$$

2) 沿抛物线 $y = x^2, \mathrm{d}y = 2x\mathrm{d}x$,有

$$I = \int_C 2xy\mathrm{d}x + x^2\mathrm{d}y = \int_0^1 2x^3\mathrm{d}x + \int_0^1 2x^3\mathrm{d}x = \int_0^1 4x^3\mathrm{d}x = 1.$$

3) 沿立方抛物线 $y = x^3, \mathrm{d}y = 3x^2\mathrm{d}x$,有

$$I = \int_C 2xy\mathrm{d}x + x^2\mathrm{d}y = \int_0^1 2x^4\mathrm{d}x + \int_0^1 3x^4\mathrm{d}x = \int_0^1 5x^4\mathrm{d}x = 1.$$

例 5　求 $J = \int_C xy\mathrm{d}x + (y - x)\mathrm{d}y$,其中曲线 C 与例 4 相同,并有与例 4 相同的起点与终点.

解:1) 沿直线 $y = x, \mathrm{d}y = \mathrm{d}x$,有

$$J = \int_C xy\mathrm{d}x + (y - x)\mathrm{d}y = \int_0^1 x^2\mathrm{d}x = \frac{1}{3}.$$

2) 沿抛物线 $y = x^2, \mathrm{d}y = 2x\mathrm{d}x$,有

$$J = \int_C xy\mathrm{d}x + (y - x)\mathrm{d}y = \int_0^1 (3x^3 - 2x^2)\mathrm{d}x = \frac{1}{12}.$$

3) 沿立方抛物线 $y = x^3, \mathrm{d}y = 3x^2\mathrm{d}x$,有

$$J = \int_C xy\mathrm{d}x + (y - x)\mathrm{d}y = \int_0^1 (3x^5 + x^4 - 3x^3)\mathrm{d}x = -\frac{1}{20}.$$

这两个例子说明,虽然起点与终点相同,但沿着不同的曲线,其积分值有时相同,有时不同,这是对坐标的曲线积分的一个十分重要的特性,在今后的学习中会继续对其作深入的探讨.

例 6　设有一质量为 m 的质点受重力作用在铅直平面上沿某一曲线弧从点 A 移动到点 B,求重力所做的功.

解:取水平直线为 x 轴,y 轴铅直向上(图 8-36),则重力在两坐标轴上的投影分别为

$$P(x, y) = 0, Q(x, y) = -mg,$$

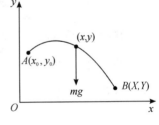

图 8-36

这里 g 是重力加速度. 于是质点从点 $A(x_0, y_0)$ 移动到点 $B(X, Y)$ 时,重力所做的功为

$$W = \int_{AB} P\mathrm{d}x + Q\mathrm{d}y = \int_{AB} (-mg)\mathrm{d}y$$

$$= -\int_{y_0}^{Y} mg\,\mathrm{d}y = -mg(Y - y_0) = mg(y_0 - Y)$$

这结果表明,重力所做的功与质点运动的路径无关,而仅取决于下降的高度.

8.4.3　格林(Green)公式

在第二型曲线积分中,我们规定曲线 C 的方向是从起点到终点的方向,但如果曲线 C 是一条闭曲线时,它的起点和终点是重合的. 因此,规定闭曲线的

方向如下：

当我们沿平面闭曲线 C 绕行时，若闭曲线 C 所围成的区域始终位于我们的左（右）侧，则规定此方向为闭曲线 C 的正（负）方向.

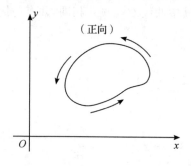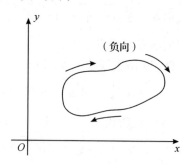

图 8-37

对于平面区域上的二重积分与沿该区域边界闭曲线的第二型曲线积分之间的关系，我们有以下著名的格林公式：

定理 1（格林公式）   若二元函数 $P(x,y)$ 与 $Q(x,y)$ 以及 $\dfrac{\partial P}{\partial y}$ 与 $\dfrac{\partial Q}{\partial x}$ 均在由逐段光滑的闭曲线 C 所围成的闭区域 G 上连续，则有

$$\iint\limits_{G}\left(\frac{\partial Q}{\partial x}-\frac{\partial P}{\partial y}\right)\mathrm{d}x\mathrm{d}y=\oint_{C}P\,\mathrm{d}x+Q\,\mathrm{d}y$$

其中 C 取正向.

特别地，当 $P(x,y)=-y,Q(x,y)=x$ 时，$\dfrac{\partial P}{\partial y}=-1,\dfrac{\partial Q}{\partial x}=1$，代入格林公式中得到

$$\iint\limits_{G}2\mathrm{d}x\mathrm{d}y=\oint_{C}x\,\mathrm{d}y-y\,\mathrm{d}x$$

于是有

$$S=\iint\limits_{G}\mathrm{d}x\mathrm{d}y=\frac{1}{2}\oint_{C}x\,\mathrm{d}y-y\,\mathrm{d}x$$

即求区域 G 的面积 S 也可用区域 G 的边界闭曲线 C 的第二型曲线积分来计算.

例 7   计算 $\oint_{C}3xy\,\mathrm{d}x+x^2\,\mathrm{d}y$，其中 C 为图 8-38 所示矩形区域 G 的正向边界.

解：$P=3xy,Q=x^2,\dfrac{\partial P}{\partial y}=3x,\dfrac{\partial Q}{\partial x}=2x$，由格林公式，得

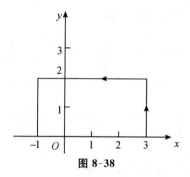

图 8-38

$$\oint_C 3xy\,\mathrm{d}x + x^2\,\mathrm{d}y = \iint_C (2x - 3x)\,\mathrm{d}x\mathrm{d}y$$

$$= \int_{-1}^{3} (-x)\,\mathrm{d}x \int_0^2 \mathrm{d}y$$

$$= (-x^2)\Big|_{-1}^{3} = -8$$

例 8 求 $\displaystyle\int_C xy^2\,\mathrm{d}x + (x + x^2y)\,\mathrm{d}y$,其中 C 为从点 $A(a,0)$ 到点 $B(-a,0)$ 的上半圆.

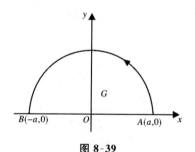

图 8-39

解:此题的曲线 C 不是闭曲线,因而不能直接应用格林公式. 为此,作辅助有向线段 $\overrightarrow{BA}$,使得 $CV\overrightarrow{BA}$ 构成上半圆周及 x 轴所围成的区域 G 的正向边界闭曲线,于是由格林公式得

$$\oint_{CV\overrightarrow{BA}} xy^2\,\mathrm{d}x + (x + x^2y)\,\mathrm{d}y = \iint_G (1 + 2xy - 2xy)\,\mathrm{d}x\mathrm{d}y$$

$$= \iint_G \mathrm{d}x\mathrm{d}y = \frac{1}{2}\pi a^2$$

从而 $\displaystyle\int_C xy^2\,\mathrm{d}x + (x + x^2y)\,\mathrm{d}y = \frac{\pi}{2}a^2 - \int_{\overrightarrow{BA}} xy^2\,\mathrm{d}x + (x + x^2y)\,\mathrm{d}y$

而在 $\overrightarrow{BA}$ 上，$y = 0$，$dy = 0$，因此

$$\int_{\overrightarrow{BA}} xy^2 dx + (x + x^2 y) dy = 0$$

故 $\quad \int_C xy^2 dx + (x + x^2 y) dy = \dfrac{\pi}{2} a^2$

例 9　求 $\oint_C \dfrac{x dy - y dx}{x^2 + y^2}$，其中 C 是光滑的，不通过原点的正向闭曲线.

解：分两种情况计算

（1）闭曲线 C 内部不包含原点，函数

$$P(x,y) = \frac{-y}{x^2 + y^2}, Q(x,y) = \frac{x}{x^2 + y^2}$$

在闭曲线 C 围成的区域 G 连续，并有连续偏导数

$$\frac{\partial P}{\partial y} = \frac{-x^2 + y^2}{(x^2 + y^2)^2}, \frac{\partial Q}{\partial x} = \frac{-x^2 + y^2}{(x^2 + y^2)^2}$$

由格林公式有

$$\oint_C \frac{x dy - y dx}{x^2 + y^2} = \iint_G \left[\frac{-x^2 + y^2}{(x^2 + y^2)^2} - \frac{-x^2 + y^2}{(x^2 + y^2)^2} \right] dx dy = 0$$

（2）闭曲线 C 内部包含原点，如图 8-40，

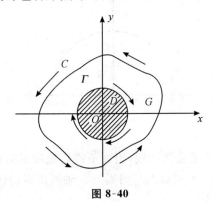

图 8-40

以原点为心以充分小正数 r 为半径作一小圆域 D，圆周为 Γ，使小圆域 D 包含在区域 G 内，函数

$$P(x,y) = \frac{-y}{x^2 + y^2}, Q(x,y) = \frac{x}{x^2 + y^2}$$

及其偏导数在区域 $G - D$ 连续，由格林公式，有

$$\oint_{C+\Gamma} \frac{x\,\mathrm{d}y - y\,\mathrm{d}x}{x^2 + y^2} = \iint_{G-D} \left[\frac{-x^2 + y^2}{(x^2+y^2)^2} - \frac{-x^2+y^2}{(x^2+y^2)^2} \right] \mathrm{d}x\,\mathrm{d}y = 0$$

从而

$$\oint_{C} \frac{x\,\mathrm{d}y - y\,\mathrm{d}x}{x^2 + y^2} + \oint_{\Gamma} \frac{x\,\mathrm{d}y - y\,\mathrm{d}x}{x^2 + y^2} = 0$$

即

$$\oint_{C} \frac{x\,\mathrm{d}y - y\,\mathrm{d}x}{x^2 + y^2} = -\oint_{\Gamma} \frac{x\,\mathrm{d}y - y\,\mathrm{d}x}{x^2 + y^2}$$

设 $x = r\cos\varphi, y = r\sin\varphi, 0 \leqslant \varphi \leqslant 2\pi$，由曲线积分计算公式，有

$$\oint_{\Gamma} \frac{x\,\mathrm{d}y - y\,\mathrm{d}x}{x^2 + y^2} = \int_{2\pi}^{0} \frac{r\cos\varphi \cdot r\cos\varphi - r\sin\varphi(-r\sin\varphi)}{r^2} \mathrm{d}\varphi = -2\pi$$

故

$$\oint_{C} \frac{x\,\mathrm{d}y - y\,\mathrm{d}x}{x^2 + y^2} = 2\pi$$

8.4.4　平面上第二型曲线积分与路径无关的条件

在 8.4.2 节我们计算了一些第二型曲线积分，特别是注意到在例 4 中，对同样的函数 $P(x,y) = 2xy$ 与 $Q(x,y) = 2x^2$，沿具有相同起点与终点的不同路径上的积分都是相同的；但在例 5 中，对同一被积式，沿具有相同起点与终点，但路径不同的积分所得到的积分值却不同.

这就是说，第二型曲线积分有时与路径有关，有时与路径无关而只与起、终点有关.

对于给定的函数 $P(x,y)$ 与 $Q(x,y)$，需要满足什么样的条件，才能使曲线积分与路径无关呢？换句话说，对任意两条有着相同起点和终点的路径 L_1 和 L_2 都有

$$\int_{L_1} P(x,y)\mathrm{d}x + Q(x,y)\mathrm{d}y = \int_{L_2} P(x,y)\mathrm{d}x + Q(x,y)\mathrm{d}y$$

因为如果积分与路径无关，那么我们就可以选择特殊的路径（通常选取平行于 x 轴与 y 轴的直线段）积分，从而达到简化计算的目的.

下面的定理回答了这个问题：

定理 2　若二元函数 $P(x,y), Q(x,y)$ 以及 $\dfrac{\partial Q}{\partial x}, \dfrac{\partial P}{\partial y}$ 在单连通区域 G 连续，则下列四个断语是等价的：

（1）曲线积分 $\displaystyle\int_{C(A,B)} P\mathrm{d}x + Q\mathrm{d}y$ 与路径 C 无关，即只与起点 A 和终点 B 有关.

(2) 在 G 内存在一个函数 $u(x,y)$,使得
$$\mathrm{d}u = P\mathrm{d}x + Q\mathrm{d}y$$

(3) $\forall (x,y) \in G$,有
$$\frac{\partial P}{\partial y} = \frac{\partial Q}{\partial x}$$

(4) 对 G 内的任意光滑或逐段光滑闭曲线 Γ,有
$$\oint_{\Gamma} P\mathrm{d}x + Q\mathrm{d}y = 0$$

例 10　求 $\int_C (1+x\mathrm{e}^{2y})\mathrm{d}x + (x^2\mathrm{e}^{2y}-y)\mathrm{d}y$,其中 C 是 $(x-2)^2 + y^2 = 4$ 的上半圆周,顺时针方向为正,如图 8-41.

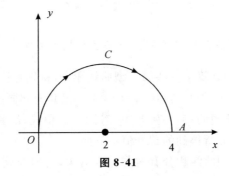

图 8-41

解:$P(x,y) = 1 + x\mathrm{e}^{2y}, Q(x,y) = x^2\mathrm{e}^{2y} - y, \dfrac{\partial P}{\partial y} = 2x\mathrm{e}^{2y} = \dfrac{\partial Q}{\partial x}$

即曲线积分与路径无关,根据定理 2,可取沿 x 轴上的线段 OA 积分,即 $y = 0$,$0 \leqslant x \leqslant 4$,于是,$\mathrm{d}y = 0$,有

$$\int_C (1+x\mathrm{e}^{2y})\mathrm{d}x + (x^2\mathrm{e}^{2y}-y)\mathrm{d}y$$
$$= \int_{C(O,A)} (1+x\mathrm{e}^{2y})\mathrm{d}x + (x^2\mathrm{e}^{2y}-y)\mathrm{d}y$$
$$= \int_0^4 (1+x)\mathrm{d}x = 12$$

定义 4　如果函数 $u(x,y)$ 满足 $\mathrm{d}u(x,y) = P(x,y)\mathrm{d}x + Q(x,y)\mathrm{d}y$,则称 $u(x,y)$ 是 $P(x,y)\mathrm{d}x + Q(x,y)\mathrm{d}y$ 的原函数.与定积分计算的基本公式相类似地,我们有以下第二型曲线积分的计算公式:

定理 3　如果在单连通区域 G 内函数 $u(x,y)$ 是 $P\mathrm{d}x + Q\mathrm{d}y$ 的原函数,$A(x_1,y_1)$ 与 $B(x_2,y_2)$ 是 G 内的任意两点,则

$$\int_{C(A,B)} P\mathrm{d}x + Q\mathrm{d}y = u(x_2,y_2) - u(x_1,y_1)$$

$$= u(x,y) \mid_{(x_1,y_1)}^{(x_2,y_2)}$$

如果已知 $P\mathrm{d}x + Q\mathrm{d}y$ 存在原函数,那么怎样求原函数 $u(x,y)$ 呢?设在某闭矩形区域 G 内, $u(x,y)$ 是 $P\mathrm{d}x + Q\mathrm{d}y$ 的原函数,根据定理 2,曲线积分与路线无关,在 G 内设定一点 $A(x_0,y_0)$ 与任意一点 $B(x,y)$,有

$$u(x,y) - u(x_0,y_0) = \int_{(x_0,y_0)}^{(x,y)} P\mathrm{d}x + Q\mathrm{d}y$$

因为曲线积分与路线无关,所以在 G 内可取折线,如图 8-42 中的 ADB,D 的坐标为 (x,y_0),有

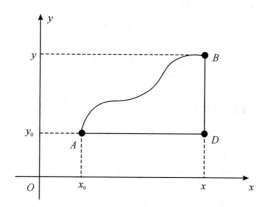

图 8-42

$$u(x,y) - u(x_0,y_0) = \int_{(x_0,y_0)}^{(x,y_0)} P\mathrm{d}x + Q\mathrm{d}y + \int_{(x,y_0)}^{(x,y)} P\mathrm{d}x + Q\mathrm{d}y,$$

在线段 AD 上, $y = y_0$, $\mathrm{d}y = 0$,在线段 DB 上, $x = x$(暂为常数), $\mathrm{d}x = 0$,于是

$$u(x,y) = \int_{x_0}^{x} P(x,y_0)\mathrm{d}x + \int_{y_0}^{y} Q(x,y)\mathrm{d}y - u(x_0,y_0)$$

例 11 设 $\mathrm{d}u = (\mathrm{e}^{xy} + xy\mathrm{e}^{xy})\mathrm{d}x + x^2\mathrm{e}^{xy}\mathrm{d}y$,求函数 $u(x,y)$

解:方法一 $P = \mathrm{e}^{xy} + xy\mathrm{e}^{xy}$, $Q = x^2\mathrm{e}^{xy}$,

$$\frac{\partial p}{\partial y} = \frac{\partial Q}{\partial x} = 2x\mathrm{e}^{xy} + x^2 y\mathrm{e}^{xy},$$

即曲线积分与路线无关,取 $(x_0,y_0) = (0,0)$,有

$$u(x,y) = \int_0^x \mathrm{d}x + \int_0^y x^2\mathrm{e}^{xy}\mathrm{d}y + C$$

$$= x + xe^{xy} - x + C$$
$$= xe^{xy} + C.$$

方法二　由 $du = Pdx + Qdy$，可得 $u_x = P = e^{xy} + xye^{xy}$，两边对 x 积分得

$$u = \int (e^{xy} + xye^{xy})dx = \frac{e^{xy}}{y} + \frac{1}{y}\int te^t dt (t = xy)$$

$$= \frac{e^{xy}}{y} + \frac{1}{y}(te^t - \int e^t dt) = \frac{e^{xy}}{y} + \frac{e^{xy}}{y}(xy - 1) + C(y)$$

$$= xe^{xy} + C(y)$$

$$u_y = x^2 e^{xy} + C'(y) = Q = x^2 e^{xy},$$

于是 $C'(y) = 0, C(y) = C_1$，从而有

$$u(x, y) = xe^{xy} + C_1.$$

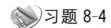 习题 8-4

1. 计算下列对弧长的线积分：

(1) $\int_C \dfrac{1}{x-y} ds$，C 为从点 $(0, -2)$ 到点 $(4, 0)$ 的线段；

(2) $\int_C (x^2 + y^2)^n ds$，C 为圆周 $x^2 + y^2 = a^2$；

(3) $\int_C y^2 ds$，C 为摆线 $x = a(t - \sin t)$，$y = a(1 - \cos t)(0 \leqslant t \leqslant 2\pi)$；

(4) $\int_C z ds$，C 为螺线 $x = t\cos t$，$y = t\sin t$，$z = t$　$(0 \leqslant t \leqslant t_0)$；

(5) $\int_C (x + y) ds$，C 为以 $(0,0)$，$(1,0)$ 和 $(0,1)$ 为顶点的三角形周界；

(6) $\int_C (x^2 + y^2) ds$，C 为 $|x| + |y| = 1$.

2. 计算下列对坐标的线积分：

(1) $\int_C (x^2 - 2xy)dx + (y^2 - 2xy)dy$，$C$ 为抛物线 $y = x^2$ 上对应于由 $x = -1$ 到 $x = 1$ 的那一段；

(2) $\oint_C y dx + \sin x dy$，C 为 $y = \sin x (0 \leqslant x \leqslant \pi)$ 与 x 轴所围的闭曲线，依顺时针方向；

(3) $\oint_C y dx + x dy$，C 为椭圆 $\dfrac{x^2}{a^2} + \dfrac{y^2}{b^2} = 1$ 的正向；

(4)$\int_C x\mathrm{d}x + y\mathrm{d}y + (x+y-1)\mathrm{d}z$，$C$ 为由 $(1,1,1)$ 至 $(1,3,4)$ 的直线段；

(5)$\oint_C (x^2+y^2)\mathrm{d}y$，$C$ 为直线 $x=1, y=1, x=3, y=5$ 构成的矩形的正向周界；

(6)$\oint_C \dfrac{-x\mathrm{d}x + y\mathrm{d}y}{x^2+y^2}$，$C$ 为圆周 $x^2+y^2=a^2$，依逆时针方向.

3. 设坐标平面的每一点 M 上都有作用力 F；其大小等于从 M 到原点的距离，方向朝向原点. 今有一质点 P，在椭圆 $x=a\cot, y=b\sin t$ 上沿正向移动，求：(1) 当 P 点经过位于第一象限的弧段时 F 所做的功；(2) 当 P 点经过全椭圆时 F 所做的功.

4. 求密度 $\mu(x,y,z) = \sqrt{z}$ 的物质曲线 $x = t\cot, y = t\sin t, z = t^2 (0 \leqslant t \leqslant 1)$ 的质量.

5. 应用格林公式求下列曲线积分：

(1)$\oint_C (x-2y)\mathrm{d}x + x\mathrm{d}y$，其中 $C: x^2+y^2=a^2$，方向取正向；

(2)$\oint_C \ln\left(\dfrac{2+y}{1+x^2}\right)\mathrm{d}x + \dfrac{x(y+1)}{2+y}\mathrm{d}y$，其中 C 是四条直线 $x=\pm 1, y=\pm 1$ 围成正方形的边界，方向取正向.

6. 应用格林公式计算星型线 $x = a\cos^3 t, y = b\sin^3 t (0 \leqslant t \leqslant 2\pi)$ 所围成的平面区域面积.

7. 求下列全微分的原函数：

(1)$(2x+3y)\mathrm{d}x + (3x-4y)\mathrm{d}y$；

(2)$(x^2+2xy-y^2)\mathrm{d}x + (x^2-2xy-y^2)\mathrm{d}y$；

(3)$2\sin 2x\sin 3y\mathrm{d}x - 3\cos 3y\cos 2x\mathrm{d}y$.

8. 计算 $\oint_C \dfrac{y\mathrm{d}x - (x-1)\mathrm{d}y}{(x-1)^2+y^2}$ 其中：(1)C 为圆周 $x^2+y^2-2y=0$ 的正向；

(2)C 为椭圆 $4x^2+y^2-8x=0$ 的正向.

9. 验证下列积分与路径无关，并求它们的值：

(1)$\int_{(0,0)}^{(1,1)} (x-y)(\mathrm{d}x - \mathrm{d}y)$；

(2)$\int_{(0,0)}^{(x,y)} (2x\cos y - y^2\sin x)\mathrm{d}x + (2y\cos x - x^2\sin y)\mathrm{d}y$.

8.5　曲面积分

8.5.1　第一型曲面积分

定义 5　设三元函数 $f(x,y,z)$ 在光滑或逐片光滑的曲面块 S 有定义,将曲面 S 任意分成 n 个小曲面:$S_1,S_2,\cdots,S_n$,将此分法表为 T.设第 k 个小曲面 S_k 的面积是 $\Delta\sigma_k$,在第 k 个小曲面 S_k 上任取一点 $P_k(\varepsilon_k,\eta_k,\xi_k)$,作和

$$Q_n = \sum_{k=1}^{n} f(\varepsilon_k,\eta_k,\xi_k)\Delta\sigma_k \tag{1}$$

令 $\delta(T) = \max\{d(S_1),d(S_2),\cdots,d(S_n)\}$.

若当 $\delta(T)\to 0$ 时,三元函数 $f(x,y,z)$ 在曲面 S 的积分和(1)存在极限 L,即

$$\lim_{\delta(T)\to 0} Q_n = \lim_{\delta(T)\to 0} \sum_{k=1}^{n} f(\varepsilon_k,\eta_k,\xi_k)\Delta\sigma_k = L,$$

则称 L 是三元函数 $f(x,y,z)$ 在曲面 S 的第一型曲面积分,记为

$$L = \iint_S f(x,y,z)\mathrm{d}\sigma$$

其中 $\mathrm{d}\sigma$ 是曲面 S 的面积微元.关于第一型曲面积分的存在性及其计算方法有下面的定理:

定理 4　若曲面块 $S:x = x(u,v),y = y(u,v),z = z(u,v),(u,v)\in D$,是光滑或逐片光滑的,其中 D 是有界闭区域.三元函数 $f(x,y,z)$ 在曲面 S 连续,则三元函数 $f(x,y,z)$ 在第一型曲面积分存在,且

$$\iint_S f(x,y,z)\mathrm{d}\sigma = \iint_D f[x(u,v),y(u,v),z(u,v)]\sqrt{EG-F^2}\,\mathrm{d}u\mathrm{d}v \tag{2}$$

其中 $E = x_u'^2 + y_u'^2 + z_u'^2$,$F = x_u'x_v' + y_u'y_v' + z_u'z_v'$,$G = x_v'^2 + y_v'^2 + z_v'^2$

公式(2)指出,求第一型曲面积分可化为二重积分.曲面的面积微元是 $\mathrm{d}\sigma = \sqrt{EG-F^2}\,\mathrm{d}u\mathrm{d}v$.

如果光滑曲面 $S:z = z(x,y),(x,y)\in D$,其中 D 是有界闭区域,则

$$\iint_S f(x,y,z)\mathrm{d}\sigma = \iint_D f[x,y,z(x,y)]\sqrt{1+z_x'^2+z_y'^2}\,\mathrm{d}x\mathrm{d}y \tag{3}$$

例 1　求曲面积分 $\displaystyle\iint_S \frac{\mathrm{d}\sigma}{z}$,其中 S 是球面 $x^2 + y^2 + z^2 = a^2$ 被平面 $z = h(0 < h < a)$ 所截的顶部 $(z \geqslant h)$,如图 8-43.

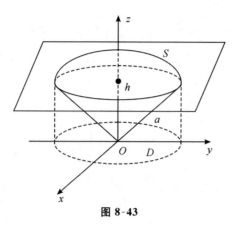

图 8-43

解:曲面 S 的方程是 $z = \sqrt{a^2 - x^2 - y^2}$ 曲面 S 在 xy 平面上的投影区域,D 是 $x^2 + y^2 \leqslant a^2 - h^2$.

$$d\sigma = \sqrt{1 + z_x'^2 + z_y'^2}\,dxdy = \frac{a}{\sqrt{a^2 - x^2 - y^2}}\,dxdy$$

由(3)式,有

$$\iint\limits_S \frac{d\sigma}{z} = \iint\limits_D \frac{a}{a^2 - x^2 - y^2}\,dxdy = a\int_0^{2\pi} d\varphi \int_0^{\sqrt{a^2-h^2}} \frac{r}{a^2 - r^2}\,dr$$

$$= -\pi a\ln(a^2 - r^2)\ \Big|_0^{\sqrt{a^2-h^2}} = 2\pi a\ln\frac{a}{h}.$$

例 2 计算 $\iint\limits_S \left(z + 2x + \dfrac{4}{3}y\right)d\sigma$,其中 S 为平面 $\dfrac{x}{2} + \dfrac{y}{3} + \dfrac{z}{4} = 1$ 位于第一卦限中的部分,如图 8-44.

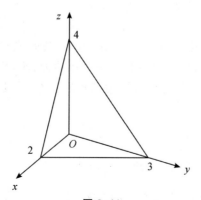

图 8-44

解：$D = \left\{ (x,y) \mid 0 \leqslant y \leqslant 3 - \dfrac{3}{2}x, 0 \leqslant x \leqslant 2 \right\}$

由 $\dfrac{x}{2} + \dfrac{y}{3} + \dfrac{z}{4} = 1$ 得 $z = 4 - 2x - \dfrac{4}{3}y$，所以

$$\sqrt{1 + z_x^2 + z_y^2} = \sqrt{1 + (-2)^2 + \left(-\dfrac{4}{3}\right)^2} = \dfrac{\sqrt{61}}{3},$$

$$\iint\limits_{S}\left(z + 2x + \dfrac{4}{3}y\right)\mathrm{d}S = \iint\limits_{D}\left[\left(4 - 2x - \dfrac{4}{3}y\right) + 2x + \dfrac{4}{3}y\right] \times \dfrac{\sqrt{61}}{3}\mathrm{d}x\mathrm{d}y$$

$$= \iint\limits_{D} 4 \times \dfrac{\sqrt{61}}{3}\mathrm{d}x\mathrm{d}y = 4 \times \dfrac{\sqrt{61}}{3} \times \dfrac{1}{2} \times 2 \times 3 = 4\sqrt{61}.$$

8.5.2　第二型曲面积分

在光滑曲面 S 上任取一点 P_0，过点 P_0 的法线有两个方向，选定一个方向为正向，若点 P 在曲面 S 上连续变动（不越过曲面的边界），则法线也连续变动，当动点 P 从 P_0 出发沿着曲面 S 上任意一条闭曲线又回到点 P_0 时，如果法线正向与出发时的法线正向相同，这种曲面 S 称为双侧曲面，否则称为单侧曲面。通常所遇到的曲面都是双侧曲面，但单侧曲面也是存在的．例如，将长方形的纸条的一端扭转 $180°$，再与另一端粘合起来，就是单侧曲面，如图 8-45，我们只讨论双侧曲面．因为双侧曲面有正向与反向，所以同一块曲面由于方向不同，在坐标面上投影的面积就带有不同的符号．

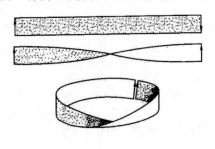

图 8-45

定义 6　设三元函数 $f(x,y,z)$ 在光滑或逐片光滑曲面 S 上有定义，选定曲面 S 的一侧为正，将曲面 S 分成 n 个小曲面：$S_1, S_2, \cdots, S_n$，将此分法表示为 T，平面投影的小区域的面积为 $\Delta x_k \Delta y_k$，在 S_k 上任取一点 $P_k(\varepsilon_k, \eta_k, \xi_k)$，作和

$$R_n = \sum_{k=1}^{n} f(\varepsilon_k, \eta_k, \xi_k)\Delta x_k \Delta y_k$$

令 $\delta(T) = \max\{\mathrm{d}(S_1), \mathrm{d}(S_2), \cdots, \mathrm{d}(S_n)\}$，

如果 $\lim\limits_{\delta(T)\to 0} R_n = \lim\limits_{\delta(T)\to 0} \sum_{k=1}^{n} f(\varepsilon_k, \eta_k, \xi_k)\Delta x_k \Delta y_k = I_{xy}$，

则称 I_{xy} 是 $f(x,y,z)\mathrm{d}x\mathrm{d}y$ 在曲面 S 上的第二型曲面积分，记为

$$I_{xy} = \iint\limits_{S} f(x,y,z)\mathrm{d}x\mathrm{d}y$$

类似地有

$$I_{xz} = \iint\limits_{S} f(x,y,z)\mathrm{d}x\mathrm{d}z = \lim_{\delta(T)\to 0} \sum_{k=1}^{n} f(\varepsilon_k,\eta_k,\xi_k)\Delta x_k\Delta z_k,$$

$$I_{yz} = \iint\limits_{S} f(x,y,z)\mathrm{d}y\mathrm{d}z = \lim_{\delta(T)\to 0} \sum_{k=1}^{n} f(\varepsilon_k,\eta_k,\xi_k)\Delta y_k\Delta z_k.$$

定理 5　若有光滑曲面 $S:z = z(x,y),(x,y) \in D$,其中 D 是有界闭区域,三元函数 $f(x,y,z)$ 在 S 连续,则 $f(x,y,z)\mathrm{d}x\mathrm{d}y$ 在曲面 S 的第二型曲面积分存在,且

$$\iint\limits_{S} f(x,y,z)\mathrm{d}x\mathrm{d}y = \pm\iint\limits_{D} f(x,y,z(x,y))\mathrm{d}x\mathrm{d}y$$

其中符号"$\pm$"由曲面 S 的正侧外法线与 Z 轴正向的夹角余弦的符号决定.

例 3　求曲面积分 $\iint\limits_{S} xyz\mathrm{d}x\mathrm{d}y$,其中曲面 S 是球面 $x^2 + y^2 + z^2 = 1(x \geqslant 0,y \geqslant 0)$ 的四分之一,取球面的外侧为正侧.

解:曲面 S 在 xy 平面的上下两部分的方程分别是

$$S_1:z = \sqrt{1-x^2-y^2} \ 与 \ S_2:z = -\sqrt{1-x^2-y^2}$$

曲面 S_1 外法线与 Z 轴正向是锐角,曲面 S_2 外法线与 Z 轴正向是钝角,而曲面 S_1 和 S_2 在平面上的投影都是扇形区域 $D:x^2 + y^2 \leqslant 1(x \geqslant 0,y \geqslant 0)$,于是

$$\iint\limits_{S} xyz\mathrm{d}x\mathrm{d}y = \iint\limits_{S_1} xyz\mathrm{d}x\mathrm{d}y + \iint\limits_{S_2} xyz\mathrm{d}x\mathrm{d}y$$

$$= \iint\limits_{D} xy\sqrt{1-x^2-y^2}\mathrm{d}x\mathrm{d}y - \iint\limits_{D} xy(-\sqrt{1-x^2-y^2})\mathrm{d}x\mathrm{d}y$$

$$= 2\iint\limits_{D} xy\sqrt{1-x^2-y^2}\mathrm{d}x\mathrm{d}y$$

$$= \int_0^{\frac{\pi}{2}} \sin2\varphi\mathrm{d}\varphi \int_0^1 r^3\sqrt{1-r^2}\mathrm{d}r = \frac{2}{15}$$

例 4　求曲面积分 $\iint\limits_{S} x^3\mathrm{d}y\mathrm{d}z$,其中 S 是椭球面 $\dfrac{x^2}{a^2} + \dfrac{y^2}{b^2} + \dfrac{z^2}{c^2} = 1$ 的 $x \geqslant 0$ 的部分,取椭球面外侧为正侧.

解　当 $x \geqslant 0$ 时,椭球面的方程是

$$x = a\sqrt{1 - \frac{y^2}{b^2} - \frac{z^2}{c^2}}, (y,z) \in D: \frac{y^2}{b^2} + \frac{z^2}{c^2} \leqslant 1$$

于是

$$\iint\limits_{S} x^3 \, \mathrm{d}y\mathrm{d}z = a^3 \iint\limits_{D} \left(1 - \frac{y^2}{b^2} - \frac{z^2}{c^2}\right)^{\frac{3}{2}} \mathrm{d}y\mathrm{d}z$$

$$= a^3 bc \int_0^{2\pi} \mathrm{d}\varphi \int_0^1 (1 - r^2)^{\frac{3}{2}} r \mathrm{d}r$$

$$= \frac{2}{5}\pi a^3 bc$$

(设 $y = br\cos\varphi, z = cr\sin\varphi, 0 \leqslant r \leqslant 1, 0 \leqslant \varphi \leqslant 2\pi$.)

8.5.3　奥－高公式

格林公式给出了平面区域上的二重积分与围成该区域的闭曲线上的曲线积分之间的联系. 奥 - 高公式是格林公式在三维欧氏空间 R^3 的推广, 它给出了三维欧氏空间 R^3 体上的三重积分与围成该体边界的闭曲面积分之间的联系.

定理 6　若三维欧氏空间 R^3 的有界闭体 V 是由光滑或逐片光滑的闭曲面 S 围成. 三元函数 $P(x,y,z), Q(x,y,z), R(x,y,z)$ 及其偏导数在有界闭体 V 连续, 则

$$\oiint\limits_{S} P\mathrm{d}y\mathrm{d}z + Q\mathrm{d}z\mathrm{d}x + R\mathrm{d}x\mathrm{d}y = \iiint\limits_{V} \left(\frac{\partial P}{\partial x} + \frac{\partial Q}{\partial y} + \frac{\partial R}{\partial z}\right)\mathrm{d}x\mathrm{d}y\mathrm{d}z \qquad (4)$$

其中曲面 S 外侧为正侧, 公式(4) 称为**奥 - 高公式**.

特别地, 当 $P = x, Q = y, R = z$ 时, 由(4) 可得

$$\iiint\limits_{V} \mathrm{d}x\mathrm{d}y\mathrm{d}z = \frac{1}{3} \oiint\limits_{S} x\mathrm{d}y\mathrm{d}z + y\mathrm{d}z\mathrm{d}x + z\mathrm{d}x\mathrm{d}y$$

这意味着可以用第二型曲面积分求立体的体积

例 5　求曲面积分 $\displaystyle\oiint\limits_{S} (x^3 - yz)\mathrm{d}y\mathrm{d}z - 2x^2 y\mathrm{d}z\mathrm{d}x + z\mathrm{d}x\mathrm{d}y$

其中 S 是平面 $x = a, y = a, z = a$ 及三个坐标面围成的立方体 V 的表面 $(a > 0)$, 外侧为正.

解　$P = x^3 - yz, Q = -2x^2 y, R = z$

$$\frac{\partial P}{\partial x} = 3x^2, \frac{\partial Q}{\partial y} = -2x^2, \frac{\partial R}{\partial z} = 1$$

由奥－高公式, 有

$$\oiint_{S}(x^3 - yz)\mathrm{d}y\mathrm{d}z - 2x^2 y\mathrm{d}z\mathrm{d}x + z\mathrm{d}x\mathrm{d}y$$

$$= \iiint_{V}(3x^2 - 2x^2 + 1)\mathrm{d}x\mathrm{d}y\mathrm{d}z$$

$$= \int_0^a \mathrm{d}z \int_0^a \mathrm{d}y \int_0^a (x^2 + 1)\mathrm{d}x$$

$$= \frac{a^5}{3} + a^3.$$

例 6　求曲面积分 $\iint_{S} x^2 \mathrm{d}y\mathrm{d}z + y^2 \mathrm{d}z\mathrm{d}x + z^2 \mathrm{d}x\mathrm{d}y.$

其中 S 是锥面 $x^2 + y^2 = z^2 (0 \leqslant z \leqslant h)$,外侧为正(如图 8-46).

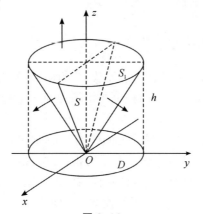

图 8-46

解:作辅助平面 $z = h$,平面 $z = h$ 与锥面 $x^2 + y^2 = z^2$ 围成锥体 V,如图 1-46,设椎体的底面是 S_1,其中 $P = x^2, Q = y^2, R = z^2, \dfrac{\partial p}{\partial x} = 2x, \dfrac{\partial Q}{\partial y} = 2y$,

$\dfrac{\partial R}{\partial z} = 2z$,由奥 - 高公式,有

$$\oiint_{S+S_1} x^2 \mathrm{d}y\mathrm{d}z + y^2 \mathrm{d}z\mathrm{d}x + z^2 \mathrm{d}x\mathrm{d}y = 2\iiint_{v}(x + y + z)\mathrm{d}x\mathrm{d}y\mathrm{d}z$$

作柱面坐标变换 $x = r\cos\varphi, y = r\sin\varphi, z = z$,则有

$$2\iiint_{v}(x + y + z)\mathrm{d}x\mathrm{d}y\mathrm{d}z = 2\int_0^{2\pi}\mathrm{d}\varphi \int_0^h r\mathrm{d}r \int_r^h [r(\cos\varphi + \sin\varphi) + z]\mathrm{d}z$$

$$= 2\int_0^{2\pi}\mathrm{d}\varphi \int_0^h [r^2(\cos\varphi + \sin\varphi) + \frac{rz^2}{2}]\mid_r^h \mathrm{d}r$$

$$= 2 \int_0^{2\pi} \mathrm{d}\varphi \int_0^h \left\{ r^2 (\cos\varphi + \sin\varphi)h + \frac{rh^2}{2} - r^3(\cos\varphi + \sin\varphi) - \frac{r^3}{2} \right\} \mathrm{d}r$$

$$= 2 \int_0^{2\pi} \frac{h^4}{8} \mathrm{d}\varphi = \frac{\pi}{2} h^4.$$

其次　$\iint\limits_{S_1} x^2 \mathrm{d}y\mathrm{d}z + y^2 \mathrm{d}z\mathrm{d}x + z^2 \mathrm{d}x\mathrm{d}y = \iint\limits_D h^2 \mathrm{d}x\mathrm{d}y = \pi h^4,$

因此　$\iint\limits_S x^2 \mathrm{d}y\mathrm{d}z + y^2 \mathrm{d}z\mathrm{d}x + z^2 \mathrm{d}x\mathrm{d}y$

$$= -\iint\limits_{S_1} x^2 \mathrm{d}y\mathrm{d}z + y^2 \mathrm{d}z\mathrm{d}x + z^2 \mathrm{d}x\mathrm{d}y + \frac{\pi}{2} h^4$$

$$= -\pi h^4 + \frac{\pi}{2} h^4 = -\frac{\pi}{2} h^4.$$

8.5.4　斯托克斯公式

奥－高公式是格林公式在三维欧氏 R^3 的推广，而格林公式还可以从另一方面推广，就是将曲面 S 的曲面积分与沿该曲面 S 的边界闭曲线 C 的曲线积分联系起来.

设有光滑曲面块 S，其边界是空间闭曲线 C，取定 S 的一侧为正侧，规定闭曲线 C 的正向按右手法则，即如果右手拇指的方向指向曲面法线的正向，则其余四指所指的方向就是闭曲线 C 的正向，如图 8-47，根据右手法则，由曲面 S 的正侧（或法线的正向）就决定了闭曲线 C 的正向；反之亦然.

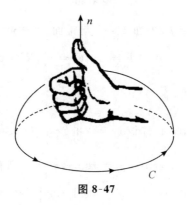

图 8-47

定理 7　若光滑曲面块 S 的边界是光滑或逐段光滑闭曲线 C，三元函数 $P(x,y,z)$，$Q(x,y,z)$，$R(x,y,z)$ 及其偏导数在包含曲面 S 的一个空间区域内连续，则

$$\oint_C P\,\mathrm{d}x + Q\,\mathrm{d}y + R\,\mathrm{d}z$$

$$= \iint_S \left(\frac{\partial R}{\partial y} - \frac{\partial Q}{\partial z}\right)\mathrm{d}y\mathrm{d}z + \left(\frac{\partial p}{\partial z} - \frac{\partial R}{\partial x}\right)\mathrm{d}z\mathrm{d}x + \left(\frac{\partial Q}{\partial x} - \frac{\partial p}{\partial y}\right)\mathrm{d}x\mathrm{d}y \quad (5)$$

其中曲面 S 的正侧与曲线 C 的正向按右手法则,公式(5) 称为斯托克斯公式.

例 7　求曲线积分

$$\int_{C(A,B)} (x^2 - yz)\mathrm{d}x + (y^2 - zx)\mathrm{d}y + (z^2 - xy)\mathrm{d}z$$

其中曲线 $C(A,B)$ 是螺旋线: $x = a\cos\varphi, y = a\sin\varphi, z = \dfrac{h}{2\pi}\varphi, 0 \leqslant \varphi \leqslant 2\pi.$

$A(a,0,0), B(a,0,h).$ 如图 8-48.

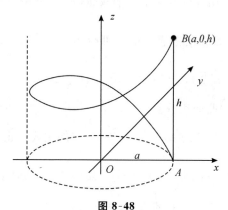

图 8-48

解:曲线 $C(A,B)$ 加上线段 $\overrightarrow{BA}$ 构成逐段光滑闭曲线,其中

$$P = x^2 - yz, Q = y^2 - zx, R = z^2 - xy$$

$$\frac{\partial p}{\partial y} = -z, \frac{\partial Q}{\partial z} = -x, \frac{\partial R}{\partial x} = -y.$$

$$\frac{\partial p}{\partial z} = -y, \frac{\partial Q}{\partial x} = -z, \frac{\partial R}{\partial y} = -x.$$

由斯托克斯公式(5),有(不论取曲线哪个方向为正向)

$$\oint_{C(A,B)+\overrightarrow{BA}} (x^2 - yz)\mathrm{d}x + (y^2 - zx)\mathrm{d}y + (z^2 - xy)\mathrm{d}z = 0$$

或

$$\int_{C(A,B)} = -\int_{\overrightarrow{BA}} = \int_{\overrightarrow{AB}}$$

而

$$\int_{\overrightarrow{AB}} = \int_{(a,0,0)}^{(a,0,h)} (x^2 - yz)\mathrm{d}x + (y^2 - zx)\mathrm{d}y + (z^2 - xy)\mathrm{d}z$$

$$= \int_0^h z^2 \mathrm{d}z = \frac{h^3}{3}.$$

则　$\int_{C(A,B)} (x^2 - yz)\mathrm{d}x + (y^2 - zx)\mathrm{d}y + (z^2 - xy)\mathrm{d}z = \frac{h^3}{3}.$

习题 8-5

1.求下列第一型曲面积分:

(1)$\iint\limits_S (x + y + z)\mathrm{d}\sigma$,其中 S 是上半球面:$x^2 + y^2 + z^2 = a^2, z \geqslant 0$,

(2)$\iint\limits_S z^2 \mathrm{d}\sigma$,其中 S 为圆锥表面的一部分:$x = r\cos\varphi\sin\theta, y = r\sin\varphi\sin\theta, z = r\cos\theta$,这里 $\theta \in (0, \frac{\pi}{2}), 0 \leqslant r \leqslant a, 0 \leqslant \varphi \leqslant 2\pi$.

2.求下列第二型曲面积分:

(1)$\oiint\limits_S z\mathrm{d}x\mathrm{d}y$,其中 S 是 $\frac{x^2}{a^2} + \frac{y^2}{b^2} + \frac{z^2}{c^2} = 1$,外法线是正向.

(2)$\oiint\limits_S yz\mathrm{d}y\mathrm{d}z + zx\mathrm{d}z\mathrm{d}x + xy\mathrm{d}x\mathrm{d}y$,其中 S 是四面体 $x + y + z = a$ $(a > 0), x = 0, y = 0, z = 0$ 的表面,外法线是正向.

3.应用奥－高公式求下列第二型曲面积分:

(1)$\oiint\limits_S x^2\mathrm{d}y\mathrm{d}z + y^2\mathrm{d}z\mathrm{d}x + z^2\mathrm{d}x\mathrm{d}y$,其中 S 是立方体 $0 \leqslant x \leqslant a, 0 \leqslant y \leqslant a,$ $0 \leqslant z \leqslant a$,的表面,外法线是正向.

(2)$\oiint\limits_S xz^2\mathrm{d}y\mathrm{d}z + (x^2 y - z^3)\mathrm{d}z\mathrm{d}x + (2xy + y^2 z)\mathrm{d}x\mathrm{d}y$,其中 S 是 $z = \sqrt{a^2 - x^2 - y^2}$ 和 $z = 0$ 围成体的表面,外法线是正向.

4.应用斯托克斯公式计算下面曲线积分:

(1)$\oint_C (z - y)\mathrm{d}x + (x - z)\mathrm{d}y + (y - x)\mathrm{d}z$,其中 C 为以 $A(a,0,0)$, $B(0,a,0), C(0,0,a)$ 为顶点的三角形沿 $ABCA$ 的方向;

(2)$\oint_C x^2 y^3 \mathrm{d}x + \mathrm{d}y + \mathrm{d}z$,其中 C 为 $y^2 + z^2 = 1, x = y$ 所交的椭圆的正向.

5.计算 $\oint\limits_{C}(y+z+x)\mathrm{d}x+(x-y-z)\mathrm{d}y+(y-x-z)\mathrm{d}z$,其中 C 为平面 $x+y+z=1$ 与坐标平面交线的正向.

第 8 章　　总复习题

1.计算下列各题:

(1)$\iint\limits_{D}\dfrac{x^2}{y^2}\mathrm{d}x\mathrm{d}y$,其中 D 是曲线 $xy=1$,直线 $y=x,x=2$ 所围成;

(2)$\iint\limits_{D}\sqrt{9-x^2-y^2}\mathrm{d}x\mathrm{d}y$,其中 D 是由曲线 $x^2+y^2=3x$ 所围成的闭区域;

(3)$\iint\limits_{D}\dfrac{x}{y+1}\mathrm{d}x\mathrm{d}y$,其中 D 是由抛物线 $y=x^2+1$,直线 $y=2x$ 和 $x=0$ 所围成的闭区域;

(4)$\iiint\limits_{V}\dfrac{\mathrm{d}x\mathrm{d}y\mathrm{d}z}{(1+x+y+z)^3}$,其中 V 是由平面 $x+y+z=1$ 与三个坐标面围成的区域;

(5)$\iiint\limits_{V}y\cos(x+z)\mathrm{d}x\mathrm{d}y\mathrm{d}z$,其中 V 是由 $y=\sqrt{x}$,$y=0$,$z=0$ 及 $x+z=\dfrac{\pi}{2}$ 所围成的区域;

(6)$\int\limits_{L}\dfrac{1}{x-y}\mathrm{d}s$,$L$ 是 $A(0,-2)$ 与 $B(4,0)$ 间的直线段;

(7)$\int\limits_{L}xy\mathrm{d}s$,其中 L 为椭圆 $\dfrac{x^2}{a^2}+\dfrac{y^2}{b^2}=1$ 在第一象限中的部分;

(8)设 L 是以点 $A(1,0),B(0,1),C(-1,0),D(0,-1)$ 为顶点的正方形依逆时针方向的边界,求 $\oint\limits_{L}\dfrac{\mathrm{d}x+\mathrm{d}y}{|x|+|y|}$;

(9)$\int\limits_{L}xy^2\mathrm{d}y-x^2y\mathrm{d}x$,$L$ 为以 a 为半径,圆心在原点的右半圆周从最上面一点 $A(0,a)$ 到最下面一点 $B(0,-a)$ 的弧段.

2.变换下列累次积分的次序:

(1)$\displaystyle\int_{0}^{2}\mathrm{d}y\int_{y^2}^{2y}f(x,y)\mathrm{d}x$; 　　　　　　(2)$\displaystyle\int_{0}^{1}\mathrm{d}y\int_{\sqrt{y}}^{3-2y}f(x,y)\mathrm{d}x$;

(3) $\int_0^1 \mathrm{d}x \int_x^1 \mathrm{e}^{-y^2} \mathrm{d}y$.

3. 把下列累次积分化为极坐标形式,并计算积分值:

(1) $\int_0^{2a} \mathrm{d}x \int_0^x \sqrt{x^2+y^2}\,\mathrm{d}y$; 　　　　　(2) $\int_0^1 \mathrm{d}x \int_{x^2}^x (x^2+y^2)^{-\frac{1}{2}}\,\mathrm{d}y$.

4. 设均匀的平面薄片所占区域 D 是由抛物线 $y=x^2$ 及直线 $y=x$ 所围成,求它的重心.

5. 设均匀薄板(面密谋为常数 1) 所占区域 D 由抛物线 $y^2=\dfrac{9}{2}x$ 与直线 $x=2$ 所围成,求薄板对 x 轴的转动惯量.

6. 计算 $\int_L (2x\cos y - y^2\sin x)\mathrm{d}x + (2y\cos x - x^2\sin y)\mathrm{d}y$,其中 L 是点 $(0,0)$ 经 $y=1-\mathrm{e}^x$ 到点 $(\ln 2,-1)$.

7. 应用格林公式求曲线积分:$\oint_C (x^2-xy^3)\mathrm{d}x + (y^2-2xy)\mathrm{d}y$,其中 C 是正方形区域 $0 \leqslant x \leqslant 2, 0 \leqslant y \leqslant 2$ 的正向边界.

8. 应用格林公式求曲线积分:$\oint_C (2xy-x^2)\mathrm{d}x + (x+y^2)\mathrm{d}y$,其中 C 是由抛物线 $y=x^2$ 和 $x=y^2$ 围成区域的正向边界曲线.

9. 求 $(2x\cos y + y^2\cos x)\mathrm{d}x + (2y\sin x - x^2\sin y)\mathrm{d}y$ 的原函数 $u(x,y)$.

10. 求第一型曲面积分:

(1) $\iint_S z\,\mathrm{d}\sigma$,其中 S 是位于第一卦限的平面 $x+y+z=1$.

(2) $\iint_S \dfrac{\mathrm{d}\sigma}{x^2+y^2+z^2}$,其中 S 是介于 $z=0$ 与 $z=1$ 之间的圆柱面 $x^2+y^2 = R^2$.

(3) $\iint_S (x^2+y^2)\,\mathrm{d}\sigma$,其中 S 是介于 $z=1$ 与 $z=4$ 之间的圆锥面 $z=\sqrt{x^2+y^2}$.

11. 求第二型曲面积分:

(1) $\oiint_S (2x+z)\mathrm{d}y\mathrm{d}z + z\mathrm{d}x\mathrm{d}y$,其中 S 是旋转抛物面 $z=x^2+y^2 (0 \leqslant z \leqslant 1)$ 的上侧.

(2) $\iint_S y\mathrm{d}z\mathrm{d}x + z\mathrm{d}x\mathrm{d}y$,其中 S 是圆柱面 $x^2+y^2 = R^2 (0 \leqslant z \leqslant H)$ 的外侧.

12. 用奥高公式计算曲面积分：

(1) $\oiint\limits_{S} y\,\mathrm{d}y\mathrm{d}z + x\,\mathrm{d}z\mathrm{d}x + \mathrm{e}^{x}\,\mathrm{d}x\mathrm{d}y$，其中 S 是旋转抛物面 $z = x^{2} + y^{2}\,(z \leqslant 1)$ 的下侧.

(2) $\oiint\limits_{S} x^{3}\,\mathrm{d}y\mathrm{d}z + y^{3}\,\mathrm{d}z\mathrm{d}x + z^{3}\,\mathrm{d}x\mathrm{d}y$，其中 S 是球面 $x^{2} + y^{2} + z^{2} = a^{2}$ 的外侧.

第9章　无穷级数

　　无穷级数是高等数学的重要组成部分,它是表示函数、研究函数性质以及进行数值计算的一种工具.本章介绍无穷级数的概念和性质,讨论常数项级数的收敛、发散判别法,以及幂级数的一些最基本的结论和初等函数的幂级数展开.

9.1　常数项级数

9.1.1　级数定义及敛散性

　　给定数列 $u_1,u_2,\cdots,u_n,\cdots$,则式子

$$u_1+u_2+\cdots+u_n+\cdots$$

称为无穷级数,简称为级数,记为 $\sum\limits_{n=1}^{\infty}u_n$.其中 u_1 叫做首项,第 n 项 u_n 叫做级数的一般项或通项.有时也将 $\sum\limits_{n=1}^{\infty}u_n$ 简记为 $\sum u_n$.

　　记级数 $\sum\limits_{n=1}^{\infty}u_n$ 的前 n 项和为 S_n,即

$$S_n=u_1+u_2+\cdots+u_n=\sum_{k=1}^{n}u_k,$$

称 S_n 为级数 $\sum\limits_{n=1}^{\infty}u_n$ 的部分和,当 n 依次为 $1,2,3,\cdots$ 时,便得到一个新的数列

$$S_1=u_1,S_2=u_1+u_2,\cdots,S_n=u_1+u_2+\cdots+u_n,\cdots$$

数列 $\{S_n\}$ 称为级数 $\sum\limits_{n=1}^{\infty}u_n$ 的部分和数列.

　　定义 1　若部分和数列 $\{S_n\}$ 有极限,即

$$\lim_{n \to \infty} S_n = S,$$

则称无穷级数 $\sum\limits_{n=1}^{\infty} u_n$ 收敛，并称极限值 S 为级数的和，记作 $S = \sum\limits_{n=1}^{\infty} u_n$；如果

$\{S_n\}$ 没有极限，则称无穷级数 $\sum\limits_{n=1}^{\infty} u_n$ 发散. 发散级数没有和.

当级数收敛时，级数的和与部分和的差

$$r_n = S - S_n = u_{n+1} + u_{n+2} + \cdots,$$

称为级数 $\sum\limits_{n=1}^{\infty} u_n$ 的余项.

例 1　讨论等比级数

$$\sum_{n=1}^{\infty} aq^{n-1} = a + aq + aq^2 + \cdots + aq^{n-1} + \cdots \quad (a \neq 0)$$

的敛散性（这个级数又称为几何级数）.

解　由等比级数前 n 项和公式，如果 $|q| \neq 1$，则部分和为

$$S_n = a + aq + aq^2 + \cdots + aq^{n-1} = \frac{a(1-q^n)}{1-q}$$

因为当 $|q| < 1$ 时，$\lim\limits_{n \to \infty} q^n = 0$，所以

$$\lim_{n \to \infty} S_n = \frac{a}{1-q},$$

级数收敛；

当 $|q| > 1$ 时，$\lim\limits_{n \to \infty} q^n = \infty$，所以

$$\lim_{n \to \infty} S_n = \infty,$$

级数发散；

当 $q = 1$ 时，$S_n = na$，$\lim\limits_{n \to \infty} S_n = \infty$，级数发散；

当 $q = -1$ 时，这时，级数成为

$$a - a + a - a + \cdots + (-1)^{n-1} a + \cdots,$$

$$S_n = \begin{cases} 0 & n \text{ 为偶数} \\ a & n \text{ 为奇数} \end{cases},$$

所以 $\lim\limits_{n \to \infty} S_n$ 不存在，级数发散.

综上所述，当 $|q| < 1$ 时，等比级数 $\sum\limits_{n=1}^{\infty} aq^{n-1}$ 收敛；当 $|q| \geqslant 1$ 时，等比级数

$\sum\limits_{n=1}^{\infty} aq^{n-1}$ 发散.

例 2 判别级数

$$\sum_{n=1}^{\infty} \frac{1}{n(n+1)} = \frac{1}{1 \cdot 2} + \frac{1}{2 \cdot 3} + \cdots + \frac{1}{n(n+1)} + \cdots$$

的敛散性.

解 由于 $u_n = \dfrac{1}{n(n+1)} = \dfrac{1}{n} - \dfrac{1}{n+1}$,于是

$$S_n = \frac{1}{1 \cdot 2} + \frac{1}{2 \cdot 3} + \cdots + \frac{1}{n(n+1)}$$

$$= \left(1 - \frac{1}{2}\right) + \left(\frac{1}{2} - \frac{1}{3}\right) + \cdots + \left(\frac{1}{n} - \frac{1}{n+1}\right) = 1 - \frac{1}{n+1},$$

因此 $\lim\limits_{n \to \infty} S_n = \lim\limits_{n \to \infty} \left(1 - \dfrac{1}{n+1}\right) = 1$,从而级数 $\sum\limits_{n=1}^{\infty} \dfrac{1}{n(n+1)}$ 收敛且其和为 1.

9.1.2 收敛级数的基本性质

根据级数的收敛及发散的定义可知,级数的敛散性问题实际上就是级数的部分和数列的极限存在与否的问题. 因此,根据数列极限的有关性质,容易得到级数的一系列重要性质.

性质 1 如果级数 $\sum\limits_{n=1}^{\infty} u_n$ 收敛,C 为常数,则级数 $\sum\limits_{n=1}^{\infty} Cu_n$ 收敛且有

$$\sum_{n=1}^{\infty} Cu_n = C \sum_{n=1}^{\infty} u_n$$

性质 2 设级数 $\sum\limits_{n=1}^{\infty} u_n$ 与 $\sum\limits_{n=1}^{\infty} v_n$ 收敛,则 $\sum\limits_{n=1}^{\infty} (u_n \pm v_n)$ 也收敛,且有

$$\sum_{n=1}^{\infty} (u_n \pm v_n) = \sum_{n=1}^{\infty} u_n \pm \sum_{n=1}^{\infty} v_n.$$

性质 2 说明收敛级数可以逐项相加或逐项相减.

性质 3 在级数中加上或去掉有限项,不影响级数的敛散性.

性质 4 若级数 $\sum\limits_{n=1}^{\infty} u_n$ 收敛于 S,则对其各项任意加括号后所得级数仍收敛,且其和不变.

注意:原级数收敛,加括号后所成的新级数也收敛,但反之不然,即如果加括号后级数收敛,则原级数未必收敛. 例如级数

$$(1-1) + (1-1) + \cdots + (1-1) + \cdots$$

收敛于 0,但级数

$$1 - 1 + 1 - 1 + \cdots + (-1)^{n-1} + \cdots$$

是发散的.

性质 5（级数收敛的必要条件）　若级数 $\sum\limits_{n=1}^{\infty} u_n$ 收敛，则 $\lim\limits_{n\to\infty} u_n = 0$.

这一性质告诉我们，如果级数 $\sum\limits_{n=0}^{\infty} u_n$ 的一般项 u_n 不趋于零，则级数一定是发散. 但是，一般项 u_n 趋向于零的级数不一定收敛.

例 3　判别级数

$$\frac{1}{2} - \frac{2}{3} + \frac{3}{4} + \cdots + (-1)^{n-1} \frac{n}{n+1} + \cdots$$

的敛散性.

解　由于 $u_n = (-1)^{n-1} \dfrac{n}{n+1}$，$\lim\limits_{n\to\infty} u_n = \lim\limits_{n\to\infty} \dfrac{(-1)^{n-1} n}{n+1}$ 不存在，即 $n \to \infty$ 时，u_n 不趋向于 0，故级数 $\sum\limits_{n=1}^{\infty} (-1)^{n-1} \dfrac{n}{n+1}$ 发散.

习题 9-1

1. 当级数 $q + \dfrac{q}{1+q} + \dfrac{q}{(1+q)^2} + \cdots + \dfrac{q}{(1+q)^n} + \cdots$ 收敛时，求它的和.

2. 判别下列各级数是收敛的还是发散的：

(1) $\sum\limits_{n=1}^{\infty} \dfrac{1}{2^n}$；　　(2) $\sum\limits_{n=1}^{\infty} \dfrac{1}{\left(1+\dfrac{1}{n}\right)^n}$；　　(3) $\sum\limits_{n=1}^{\infty} n\sin\dfrac{\pi}{n}$；　　(4) $\sum\limits_{n=1}^{\infty} \dfrac{1}{4n}$；

(5) $\sum\limits_{n=1}^{\infty} \dfrac{1}{4+n}$；　　(6) $1 + \dfrac{1}{2} + \dfrac{1}{3} + \cdots + \dfrac{1}{100} + \dfrac{1}{2} + \dfrac{1}{2^2} + \cdots + \dfrac{1}{2^n} + \cdots$；

(7) $1 + \dfrac{1}{2} + \dfrac{1}{2} + \dfrac{1}{2^2} + \dfrac{1}{3} + \dfrac{1}{2^3} + \cdots + \dfrac{1}{n} + \dfrac{1}{2^n} + \cdots$.

3. 根据级数收敛与发散的定义判别下列级数的收敛性：

(1) $\sum\limits_{n=1}^{\infty} (\sqrt{n-1} - \sqrt{n})$；　　　　(2) $\sum\limits_{n=1}^{\infty} \left(\dfrac{1}{5n-1} - \dfrac{1}{5n+4}\right)$；

(3) $\sum\limits_{n=1}^{\infty} \ln\dfrac{n+4}{n+5}$；　　　　　　(4) $\sum\limits_{n=1}^{\infty} \dfrac{1}{n(n+1)(n+2)}$.

$$\left[提示:\frac{1}{n(n+1)(n+2)} = \frac{1}{2}\left(\frac{1}{n} - \frac{1}{n+1}\right) - \frac{1}{2}\left(\frac{1}{n+1} - \frac{1}{n+2}\right) \right]$$

9.2　常数项级数的收敛性判别法

9.2.1　正项级数及其收敛性判别法

若常数项级数 $\sum\limits_{n=1}^{\infty} u_n$ 满足 $u_n \geqslant 0, n = 1, 2, \cdots$，则称级数 $\sum\limits_{n=1}^{\infty} u_n$ 为正项级数.

设正项级数 $\sum\limits_{n=1}^{\infty} u_n$ 的部分和为 S_n，由于 $u_n \geqslant 0, S_{n+1} = S_n + u_n \geqslant S_n$，所以正项级数 $\sum\limits_{n=1}^{\infty} u_n$ 的部分和数列 $\{S_n\}$ 必为单调增加数列，根据单调有界数列必有极限及收敛数列必有界的性质可得到正项级数收敛的充要条件.

定理 1　正项级数 $\sum\limits_{n=1}^{\infty} u_n$ 收敛的充要条件是它的部分和数列 $\{S_n\}$ 有上界.

例 1　判别调和级数 $\sum\limits_{n=1}^{\infty} \dfrac{1}{n}$ 的敛散性.

解：假定该级数收敛，设它的部分和为 S_n，且 $S_n \to S\ (n \to \infty)$，则对 S_{2n}，也有 $S_{2n} \to S$，于是
$$S_{2n} - S_n \to S - S = 0\quad (n \to \infty),$$
但另一方面
$$S_{2n} - S_n = \frac{1}{n+1} + \frac{1}{n+2} + \cdots + \frac{1}{2n} > \frac{1}{2n} + \frac{1}{2n} + \cdots + \frac{1}{2n} = \frac{1}{2}$$
即　$S_{2n} - S_n \longrightarrow\!\!\!\!\!/\ 0(n \to \infty)$，

与前面的结论矛盾，这矛盾说明级数 $\sum\limits_{n=1}^{\infty} \dfrac{1}{n}$ 发散.

这个例子也说明了 $\lim\limits_{n \to \infty} u_n = 0$，但 $\sum\limits_{n=1}^{\infty} u_n$ 不一定收敛.

定理 2（比较判别法）　设 $\sum\limits_{n=1}^{\infty} u_n, \sum\limits_{n=1}^{\infty} v_n$ 均为正项级数，且 $u_n \leqslant v_n (n = 1, 2, \cdots)$，

（1）如果级数 $\sum\limits_{n=1}^{\infty} v_n$ 收敛，则级数 $\sum\limits_{n=1}^{\infty} u_n$ 也收敛；

（2）如果级数 $\sum\limits_{n=1}^{\infty} u_n$ 发散，则级数 $\sum\limits_{n=1}^{\infty} v_n$ 也发散；

由于级数的每一项同乘以一个不为零的常数 k，以及去掉级数的有限项不会影响级数的敛散性，所以可把比较判别法的条件适当放宽，得到如下结论：

推论 设有两个正项级数 $\sum\limits_{n=1}^{\infty} u_n$ 与 $\sum\limits_{n=1}^{\infty} v_n$，满足 $u_n \leqslant k v_n (n > N, N$ 为某一正整数）

（1）如果级数 $\sum\limits_{n=1}^{\infty} v_n$ 收敛，则级数 $\sum\limits_{n=1}^{\infty} u_n$ 也收敛；

（2）如果级数 $\sum\limits_{n=1}^{\infty} u_n$ 发散，则级数 $\sum\limits_{n=1}^{\infty} v_n$ 也发散.

例 2 判别级数 $\sum\limits_{n=1}^{\infty} \dfrac{1}{2n-1}$ 的敛散性.

解：因为 $u_n = \dfrac{1}{2n-1} > \dfrac{1}{2n}$，而调和级数 $\sum\limits_{n=1}^{\infty} \dfrac{1}{n}$ 发散，从而 $\sum\limits_{n=1}^{\infty} \dfrac{1}{2n-1}$ 发散.

例 3 判别级数 $\sum\limits_{n=1}^{\infty} \dfrac{1}{n^2-n+1}$ 的敛散性.

解：$\because n^2 - n + 1 > \dfrac{n^2}{2}$，$\therefore \dfrac{1}{n^2-n+1} < \dfrac{2}{n^2}$，而 $\sum\limits_{n=1}^{\infty} \dfrac{2}{n^2}$ 收敛，故级数 $\sum\limits_{n=1}^{\infty} \dfrac{1}{n^2-n+1}$ 收敛.

例 4 讨论 $p-$ 级数

$$1 + \frac{1}{2^p} + \frac{1}{3^p} + \cdots + \frac{1}{n^p} + \cdots (p > 0)$$

的敛散性.

解：当 $p \leqslant 1$ 时，$\dfrac{1}{n^p} \geqslant \dfrac{1}{n}$，由于调和级数是发散的，根据比较法当 $p \leqslant 1$ 时，级数 $\sum\limits_{n=1}^{\infty} \dfrac{1}{n^p}$ 发散.

当 $p > 1$ 时，设 $p-$ 级数的部分和为 S_n，由于 $S_n < S_{n+1}$，且

$$S_{2n+1} = 1 + \frac{1}{2^p} + \frac{1}{3^p} + \cdots + \frac{1}{(2n)^p} + \frac{1}{(2n+1)^p}$$

$$= 1 + \left[\frac{1}{2^p} + \frac{1}{4^p} + \cdots + \frac{1}{(2n)^p}\right] + \left[\frac{1}{3^p} + \frac{1}{5^p} + \cdots + \frac{1}{(2n+1)^p}\right]$$

$$< 1 + 2\left[\frac{1}{2^p} + \frac{1}{4^p} + \cdots + \frac{1}{(2n)^p}\right]$$

$$= 1 + \frac{1}{2^{p-1}} \Big[1 + \frac{1}{2^p} + \frac{1}{3^p} + \cdots + \frac{1}{n^p} \Big] = 1 + \frac{1}{2^{p-1}} S_n = 1 + 2^{1-p} S_n,$$

于是 $S_n \leqslant S_{2n+1} \leqslant 1 + 2^{1-p} S_n$, 即 $S_n \leqslant \dfrac{1}{1 - 2^{1-p}}$, 因此部分和数列 $\{S_n\}$ 有界, 所以当 $p > 1$ 时, $p -$ 级数收敛.

因此, 当 $p \leqslant 1$ 时, $p -$ 级数发散; 当 $p > 1$ 时, $p -$ 级数收敛.

推论(比较判别法的极限形式)   设 $\sum\limits_{n=1}^{\infty} u_n, \sum\limits_{n=1}^{\infty} v_n$ 是两个正项级数, 并且

$$\lim_{n \to \infty} \frac{u_n}{v_n} = l,$$

则

(i) 当 $0 < l < +\infty$ 时, 级数 $\sum\limits_{n=1}^{\infty} u_n$ 与 $\sum\limits_{n=1}^{\infty} v_n$ 同时收敛或同时发散.

(ii) 当 $l = 0$ 时, 如果级数 $\sum\limits_{n=1}^{\infty} v_n$ 收敛, 则级数 $\sum\limits_{n=1}^{\infty} u_n$ 也收敛;

(iii) 当 $l = +\infty$ 时, 如果级数 $\sum\limits_{n=1}^{\infty} v_n$ 发散, 则级数 $\sum\limits_{n=1}^{\infty} u_n$ 也发散.

例 5   判别级数 $\sum\limits_{n=1}^{\infty} \sin \dfrac{\pi}{2^n}$ 的敛散性.

解: 因为 $\lim\limits_{n \to \infty} \dfrac{\sin \dfrac{\pi}{2^n}}{\dfrac{\pi}{2^n}} = 1$, 而级数 $\sum\limits_{n=1}^{\infty} \dfrac{\pi}{2^n} = \pi \sum\limits_{n=1}^{\infty} \Big(\dfrac{1}{2} \Big)^n$ 收敛, 由比较判别法的

极限形式可知, 级数 $\sum\limits_{n=1}^{\infty} \sin \dfrac{\pi}{2^n}$ 是收敛的.

定理 3(比值判别法)   设 $\sum\limits_{n=1}^{\infty} u_n$ 为正项级数(且当 $n > N$ 时 $u_n > 0$), 如果

$\lim\limits_{n \to \infty} \dfrac{u_{n+1}}{u_n} = \rho$ 则

(1) 当 $\rho < 1$ 时, 级数收敛;

(2) 当 $\rho > 1$(或 $\lim\limits_{n \to \infty} \dfrac{u_{n+1}}{u_n} = +\infty$) 时, 级数发散;

(3) 当 $\rho = 1$ 时, 级数可能收敛也可能发散.

当 $\rho = 1$ 时, 级数可能收敛也可能发散, 例如: 级数 $\sum\limits_{n=1}^{\infty} \dfrac{1}{n^2}$ 满足

$$\lim_{n\to\infty}\frac{u_{n+1}}{u_n}=\lim_{n\to\infty}\frac{\dfrac{1}{(n+1)^2}}{\dfrac{1}{n^2}}=1$$

根据 $p-$ 级数的收敛性知，$\displaystyle\sum_{n=1}^{\infty}\frac{1}{n^2}$ 是收敛的；

又调和级数 $\displaystyle\sum_{n=1}^{\infty}\frac{1}{n}$ 也满足

$$\lim_{n\to\infty}\frac{u_{n+1}}{u_n}=\lim_{n\to\infty}\frac{1}{n+1}\cdot\frac{n}{1}=1,$$

但 $\displaystyle\sum_{n=1}^{\infty}\frac{1}{n}$ 是发散的.

所以当 $\rho=1$ 时，必须另找其他方法进行判别.

例 6　判别级数 $\displaystyle\sum_{n=1}^{\infty}\frac{n}{3^n}$ 的敛散性.

解：因为

$$\lim_{n\to\infty}\frac{u_{n+1}}{u_n}=\lim_{n\to\infty}\frac{n+1}{3^{n+1}}\cdot\frac{3^n}{n}=\frac{1}{3}\lim_{n\to\infty}\frac{n+1}{n}=\frac{1}{3}<1,$$

由比值判别法知，级数 $\displaystyle\sum_{n=1}^{\infty}\frac{n}{3^n}$ 收敛.

例 7　判别级数 $\displaystyle\sum_{n=1}^{\infty}\frac{n^2}{(n-1)!}$ 的敛散性.

解：因为

$$\lim_{n\to\infty}\frac{u_{n+1}}{u_n}=\lim_{n\to\infty}\frac{(n+1)^2}{n!}\cdot\frac{(n-1)!}{n^2}=\lim_{n\to\infty}\frac{(n+1)^2}{n^3}=0<1$$

由比值判别法知，级数 $\displaystyle\sum_{n=1}^{\infty}\frac{n^2}{(n-1)!}$ 收敛.

例 8　判别级数 $\displaystyle\sum_{n=1}^{\infty}\frac{n^n}{n!}$ 的敛散性.

解：因为

$$\lim_{n\to\infty}\frac{u_{n+1}}{u_n}=\lim_{n\to\infty}\frac{(n+1)^{n+1}}{(n+1)!}\cdot\frac{n!}{n^n}=\lim_{n\to\infty}\left(1+\frac{1}{n}\right)^n=\mathrm{e}>1,$$

由比值判别法知，级数 $\displaystyle\sum_{n=1}^{\infty}\frac{n^n}{n!}$ 发散.

与比较判别法相比，比值判别法用起来比较简便，只要根据 $\displaystyle\lim_{n\to\infty}\frac{u_{n+1}}{u_n}$ 的值

就可判定级数的敛散性,但当 $\lim\limits_{n\to\infty}\dfrac{u_{n+1}}{u_n}=1$ 或极限不存在时,比值判别法失效,这时就要改用其他方法来判别级数的敛散性.

例 9　判别级数 $\sum\limits_{n=1}^{\infty}\dfrac{2+(-1)^n}{n^2}$ 的敛散性.

解: 由于

$$\lim_{n\to\infty}\frac{u_{n+1}}{u_n}=\lim_{n\to\infty}\frac{2+(-1)^{n+1}}{2+(-1)^n}\cdot\frac{n^2}{(n+1)^2} \quad \text{不存在,所以比值判别法失效,但}$$

是

$$\frac{2+(-1)^n}{n^2}\leqslant\frac{3}{n^2},$$

而 $\sum\limits_{n=1}^{\infty}\dfrac{3}{n^2}$ 收敛,故由比较判别法知,级数 $\sum\limits_{n=1}^{\infty}\dfrac{2+(-1)^n}{n^2}$ 收敛.

定理 4(根值判别法)　设 $\sum\limits_{n=1}^{\infty}u_n$ 为正项级数,且 $\lim\limits_{n\to\infty}\sqrt[n]{u_n}=\rho$,则

(1) 当 $\rho<1$ 时,级数收敛;

(2) 当 $\rho>1$ 时,级数发散;

当 $\rho=1$ 时,级数可能收敛也可能发散.

例 10　判别级数 $\sum\limits_{n=1}^{\infty}\left(\dfrac{n}{3n+2}\right)^n$ 的敛散性.

解: 因为

$$\lim_{n\to\infty}\sqrt[n]{u_n}=\lim_{n\to\infty}\frac{n}{3n+2}=\frac{1}{3}<1,$$

所以级数 $\sum\limits_{n=1}^{\infty}\left(\dfrac{n}{3n+2}\right)^n$ 收敛.

9.2.2　交错级数及其判别法

设级数的各项是正、负交错的,即

$$u_1-u_2+u_3-u_4+\cdots,$$

或

$$-u_1+u_2-u_3+u_4-\cdots$$

其中 $u_n>0(n=1,2,\cdots)$,这样的级数称为**交错级数**.

关于交错级数有以下判别法

定理 5(莱布尼兹判别法)　如果交错级数 $\sum\limits_{n=1}^{\infty}(-1)^{n-1}u_n(u_n>0,n=1,2,\cdots)$ 满足条件

(1) $u_n \geqslant u_{n+1}(n=1,2,\cdots)$；

(2) $\lim\limits_{n\to\infty} u_n = 0$

则交错级数 $\sum\limits_{n=1}^{\infty}(-1)^{n-1}u_n$ 收敛,且其和 $S \leqslant u_1$,$|r_n| \leqslant u_{n+1}$.

例 11　判别交错级数 $\sum\limits_{n=1}^{\infty} \dfrac{(-1)^{n-1}}{n}$ 的敛散性.

解:因为 $u_n = \dfrac{1}{n} > \dfrac{1}{n+1} = u_{n+1}$,$n=1,2,\cdots$

$$\lim_{n\to\infty} u_n = \lim_{n\to\infty} \frac{1}{n} = 0$$

由交错级数的判别法知,级数收敛.

9.2.3　绝对收敛与条件收敛

如果在级数 $\sum\limits_{n=1}^{\infty} u_n$ 中,$u_n(n=1,2,\cdots)$ 为任意实数,则称 $\sum\limits_{n=1}^{\infty} u_n$ 为任意项级数.

定义 2　对任意项级数 $\sum\limits_{n=1}^{\infty} u_n$,若 $\sum\limits_{n=1}^{\infty}|u_n|$ 收敛,则称级数 $\sum\limits_{n=1}^{\infty} u_n$ 绝对收敛；若 $\sum\limits_{n=1}^{\infty}|u_n|$ 发散,而 $\sum\limits_{n=1}^{\infty} u_n$ 收敛,则称级数 $\sum\limits_{n=1}^{\infty} u_n$ 为条件收敛.

对于绝对收敛级数,有以下重要性质:

定理 6　如果 $\sum\limits_{n=1}^{\infty}|u_n|$ 收敛,则级数 $\sum\limits_{n=1}^{\infty} u_n$ 也收敛.

注意:如果级数 $\sum\limits_{n=1}^{\infty} u_n$ 收敛,级数 $\sum\limits_{n=1}^{\infty}|u_n|$ 不一定收敛.

例如,级数 $\sum\limits_{n=1}^{\infty} \dfrac{(-1)^n}{n}$ 是收敛的,但各项取绝对值所成的级数 $\sum\limits_{n=1}^{\infty} \dfrac{1}{n}$ 是发散的.

例 12　判别级数 $\sum\limits_{n=1}^{\infty} (-1)^n \dfrac{b^n}{n}(b>0)$ 的敛散性.

解:$\lim\limits_{n\to\infty} \left|\dfrac{u_{n+1}}{u_n}\right| = b \lim\limits_{n\to\infty} \dfrac{n+1}{n} = b$,

根据比值判别法,当 $0 < b < 1$ 时,原级数绝对收敛；当 $b > 1$ 时,由于 $\lim\limits_{n\to\infty} (-1)^n \dfrac{b^n}{n} \neq 0$,因此原级数发散；当 $b = 1$ 时,原级数为收敛的交错级数

$\sum\limits_{n=1}^{\infty}(-1)^n \cdot \dfrac{1}{n}$，但 $\sum\limits_{n=1}^{\infty}\dfrac{1}{n}$ 发散，故当 $b=1$ 时原级数条件收敛.

习题 9-2

1.判别下列各级数的敛散性：

(1) $\sum\limits_{n=1}^{\infty}\dfrac{n}{n^2+1}$；

(2) $\sum\limits_{n=1}^{\infty}\dfrac{1}{n^2+1}$；

(3) $\sum\limits_{n=1}^{\infty}\dfrac{1}{\sqrt[3]{n+6}}$；

(4) $\sum\limits_{n=1}^{\infty}\dfrac{n+1}{n}$；

(5) $\sum\limits_{n=1}^{\infty}\dfrac{1}{\sqrt{10n}}$；

(6) $\sum\limits_{n=1}^{\infty}\dfrac{1}{n^2+2n+3}$；

(7) $\sum\limits_{n=1}^{\infty}\dfrac{1+n}{3+n^2}$；

(8) $\sum\limits_{n=1}^{\infty}\dfrac{\sqrt{n+1}}{(n+1)^2-1}$；

(9) $\sum\limits_{n=1}^{\infty}\dfrac{2+(-1)^n}{2^n}$；

(10) $\sum\limits_{n=1}^{\infty}\dfrac{1}{n}\sin\dfrac{1}{n}$；

(11) $\sum\limits_{n=1}^{\infty}(\tan\dfrac{\pi}{n})^2$

(12) $\sum\limits_{n=1}^{\infty}\dfrac{1}{1+a^n}(a>0)$.

2.利用比值或根值判别法判别下列级数的敛散性：

(1) $\sum\limits_{n=1}^{\infty}\dfrac{n}{2^n}$；

(2) $\sum\limits_{n=1}^{\infty}n\tan\dfrac{1}{2^n}$；

(3) $\sum\limits_{n=1}^{\infty}\dfrac{(n!)^2}{(2n)!}$；

(4) $\sum\limits_{n=1}^{\infty}\dfrac{n^2 2^n}{(n+1)!}$；

(5) $\sum\limits_{n=1}^{\infty}\dfrac{3^n n!}{n^n}$；

(6) $\sum\limits_{n=1}^{\infty}\dfrac{1\cdot3\cdot5\cdots(2n-1)}{3^n n!}$；

(7) $\sum\limits_{n=1}^{\infty}\left(\dfrac{n+1}{n}\right)^{n^2}$；

(8) $\sum\limits_{n=2}^{\infty}\dfrac{1}{(\ln n)^n}$；

(9) $\sum\limits_{n=1}^{\infty}\dfrac{1}{3^n}\left(\dfrac{n+1}{n}\right)^{n^2}$；

(10) $\sum\limits_{n=1}^{\infty}\left(\dfrac{2n}{n+1}\right)^n$；

(11) $\sum\limits_{n=1}^{\infty}\left(\dfrac{2n+1}{3n-1}\right)^{\frac{n}{2}}$；

(12) $\sum\limits_{n=1}^{\infty}\left(\dfrac{b}{a_n}\right)^n$，其中 $a_n \to a(n \to \infty) a_n, a, b$ 均为正数.

3. $\displaystyle\sum_{n=1}^{\infty} r^n |\sin nx| \ (r > 0)$ 何时收敛?

4. 确定下列各交错级数的敛散性. 如果收敛,指出是绝对收敛还是条件收敛:

(1) $\displaystyle\sum_{n=1}^{\infty} (-1)^{n-1} \frac{n}{3^{n-1}}$; (2) $\displaystyle\sum_{n=1}^{\infty} (-1)^{n-1} \frac{1}{\sqrt[3]{n}}$;

(3) $\displaystyle\sum_{n=1}^{\infty} (-1)^n \frac{n^3}{2^n}$; (4) $\displaystyle\sum_{n=2}^{\infty} (-1)^{n-1} \frac{1}{\ln n}$.

5. 试就 s(实数) 的值,讨论级数 $\displaystyle\sum_{n=1}^{\infty} \frac{(-1)^{n-1}}{n^s}$ 的收敛性.

6. 要取级数 $\dfrac{1}{2} - \dfrac{1}{2 \cdot 3} + \dfrac{1}{2 \cdot 3 \cdot 4} - \dfrac{1}{2 \cdot 3 \cdot 4 \cdot 5} + \cdots + (-1)^n \dfrac{1}{n!} + \cdots$ 前面的多少项,使这些项的和与级数的和之差不超过 10^{-6}.

7. 如果 $\displaystyle\sum a_n$ 与 $\displaystyle\sum b_n$ 都是发散级数,那么下列结论中正确的是.

(1) $\displaystyle\sum (a_n + b_n)$ 必发散 (2) $\displaystyle\sum (a_n^2 + b_n^2)$ 必发散

(3) $\displaystyle\sum a_n b_n$ 必发散 (4) $\displaystyle\sum (|a_n| + |b_n|)$ 必发散

9.3 幂级数

9.3.1 幂级数及其收敛区间

形如

$$\sum_{n=0}^{\infty} a_n x^n = a_0 + a_1 x + a_2 x^2 + a_3 x^3 + \cdots + a_n x^n + \cdots$$

的级数称为 x 的**幂级数**,其中 $a_0, a_1, \cdots, a_n, \cdots$ 都是常数,称为幂级数的系数.

形如 $\displaystyle\sum_{n=0}^{\infty} a_n (x - x_0)^n = a_0 + a_1 (x - x_0) + a_2 (x - x_0)^2 + a_3 (x - x_0)^3 + \cdots + a_n (x - x_0)^n + \cdots$ 的级数叫做 $x - x_0$ 的幂级数,这是幂级数的一般形式,只要作代换 $t = x - x_0$,就可把它化为 $\displaystyle\sum_{n=0}^{\infty} a_n t^n$,因此,我们着重讨论 x 的幂级数 $\displaystyle\sum_{n=0}^{\infty} a_n x^n$.

对每一实数 x_0,幂级数就成为数项级数

$$\sum_{n=0}^{\infty} a_n x_0^n = a_0 + a_1 x_0 + a_2 x_0^2 + a_3 x_0^3 + \cdots + a_n x_0^n + \cdots.$$

这个级数可能收敛,也可能发散.如果级数 $\sum_{n=0}^{\infty} a_n x_0^n$ 收敛,则称 x_0 为幂级数 $\sum_{n=0}^{\infty} a_n x^n$ 的一个**收敛点**;如果级数 $\sum_{n=0}^{\infty} a_n x_0^n$ 发散,则称 x_0 为幂级数 $\sum_{n=0}^{\infty} a_n x^n$ 的一个**发散点**.幂级数 $\sum_{n=0}^{\infty} a_n x_0^n$ 的收敛点全体称为它的**收敛域**.

幂级数的收敛域有以下特殊的性质:

定理 7 （1）如果幂级数 $\sum_{n=0}^{\infty} a_n x^n$ 在点 $x = x_0(x_0 \neq 0)$ 收敛,则对满足 $|x| < |x_0|$ 的一切 x,幂级数 $\sum_{n=0}^{\infty} a_n x^n$ 绝对收敛;

（2）若幂级数 $\sum_{n=0}^{\infty} a_n x^n$ 在点 $x = x_1$ 发散,则对满足 $|x| > |x_1|$ 的一切 x,幂级数 $\sum_{n=0}^{\infty} a_n x^n$ 发散.

由该定理可知,幂级数 $\sum_{n=0}^{\infty} a_n x^n$ 收敛域只有三种情形:

（i）仅在 $x = 0$ 时收敛,收敛域只有一点 $x = 0$.

（ii）在 $(-\infty, +\infty)$ 内处处绝对收敛,收敛域为 $(-\infty, +\infty)$.

（iii）存在一个正数 R,当 $|x| < R$ 时,绝对收敛;当 $|x| > R$ 时,发散;在 $x = \pm R$ 时,可能收敛也可能发散,从而幂级数的收敛域为 $[-R, +R]$,$(-R, +R]$,$[-R, +R)$,$(-R, +R)$ 之一.

上述（iii）中的正数 R 叫做幂级数的收敛半径.

如果幂级数 $\sum_{n=0}^{\infty} a_n x^n$ 仅在 $x = 0$ 收敛,规定其收敛半径 $R = 0$;若幂级数 $\sum_{n=0}^{\infty} a_n x^n$ 在 $(-\infty, +\infty)$ 收敛,规定其收敛半径 $R = +\infty$.

下面给出求幂级数收敛半径的方法.

定理 8 设幂级数 $\sum_{n=0}^{\infty} a_n x^n$ 满足 $a_n \neq 0 (n \in N)$,且 $\lim_{n \to \infty} \left| \frac{a_{n+1}}{a_n} \right| = l$,则:（1）当 $l \neq 0$ 时,$R = \frac{1}{l}$;

（2）当 $l = 0$ 时,$R = +\infty$;

（3）当 $l = +\infty$ 时，$R = 0$.

例 1　求幂级数 $\displaystyle\sum_{n=0}^{\infty} \frac{x^n}{n}$ 的收敛半径和收敛区间.

解：因为　$a_n = \dfrac{1}{n}$，

$$l = \lim_{n \to \infty}\left|\frac{a_{n+1}}{a_n}\right| = \lim_{n \to \infty} \frac{\dfrac{1}{n+1}}{\dfrac{1}{n}} = \lim_{n \to \infty} \frac{n}{n+1} = 1,$$

故幂级数 $\displaystyle\sum_{n=0}^{\infty} \frac{x^n}{n}$ 的收敛半径 $R = \dfrac{1}{l} = 1$.

当 $x = -1$ 时，幂级数成为交错级数 $\displaystyle\sum_{n=1}^{\infty} \frac{(-1)^n}{n}$ 收敛；

当 $x = 1$ 时，幂级数成为调和级数 $\displaystyle\sum_{n=0}^{\infty} \frac{1}{n}$ 发散.

所以幂级数 $\displaystyle\sum_{n=0}^{\infty} \frac{x^n}{n}$ 的收敛区间为 $[-1, 1)$.

例 2　求幂级数 $\displaystyle\sum_{n=0}^{\infty} \frac{x^n}{n!}$ 的收敛半径和收敛区间.

解：因为 $a_n = \dfrac{1}{n!}$，

$$l = \lim_{n \to \infty}\left|\frac{a_{n+1}}{a_n}\right| = \lim_{n \to \infty} \frac{\dfrac{1}{(n+1)!}}{\dfrac{1}{n!}} = \lim_{n \to \infty} \frac{1}{n+1} = 0,$$

所以幂级数 $\displaystyle\sum_{n=0}^{\infty} \frac{x^n}{n!}$ 的收敛半径 $R = +\infty$，故收敛区间为 $(-\infty, +\infty)$.

例 3　求幂级数 $\displaystyle\sum_{n=1}^{\infty} \frac{(x+1)^n}{n 3^n}$ 的收敛半径及收敛区间.

解：作变换 $x + 1 = t$，所给级数化为 t 的幂级数 $\displaystyle\sum_{n=1}^{\infty} \frac{t^n}{n 3^n}$.

因为　$a_n = \dfrac{1}{n 3^n}$

$$l = \lim_{n \to \infty}\left|\frac{a_{n+1}}{a_n}\right| = \lim_{n \to \infty} \frac{\dfrac{1}{(n+1)3^{n+1}}}{\dfrac{1}{n 3^n}} = \frac{1}{3} \lim_{n \to \infty} \frac{n}{n+1} = \frac{1}{3}$$

所以关于 t 的幂级数的收敛半径 $R = \dfrac{1}{l} = 3$，这时级数收敛半径 $R = 3$.

当 $t = -3$ 时，幂级数成为交错级数 $\displaystyle\sum_{n=1}^{\infty} \dfrac{(-1)^n}{n}$ 收敛；

当 $t = 3$ 时，幂级数成为调和级数 $\displaystyle\sum_{n=1}^{\infty} \dfrac{1}{n}$ 发散.

所以关于 t 的幂级数的收敛域为 $-3 \leqslant t < 3$，从而 $-3 \leqslant x+1 < 3$，即 $-4 \leqslant x < 2$，故原级数的收敛区间为 $[-4, 2)$.

9.3.2　幂级数的运算

设幂级数 $\displaystyle\sum_{n=0}^{\infty} a_n x^n$ 的收敛域为 D，则对任一 $x \in D$，幂级数 $\displaystyle\sum_{n=0}^{\infty} a_n x^n$ 成为一个收敛的常数项级数，因而有确定的和 S，这样，在收敛域内，幂级数的和是 x 的函数，记为 $S(x)$，称为幂级数 $\displaystyle\sum_{n=0}^{\infty} a_n x^n$ 的和函数，即

$$S(x) = \sum_{n=0}^{\infty} a_n x^n \quad x \in D$$

下面介绍幂级数的和函数在收敛区间内的运算性质.

设幂级数 $\displaystyle\sum_{n=0}^{\infty} a_n x^n$ 与 $\displaystyle\sum_{n=0}^{\infty} b_n x^n$ 的和函数分别为 $S_1(x)$，$S_2(x)$，收敛半径分别为 R_1、R_2，并记 $R = \min(R_1, R_2)$，则在 $(-R, +R)$ 内有以下运算性质：

1. 加法运算

$$\sum_{n=0}^{\infty} a_n x^n \pm \sum_{n=0}^{\infty} b_n x^n = \sum_{n=0}^{\infty} (a_n \pm b_n) x^n = S_1(x) \pm S_2(x)$$

2. 乘法运算

$$\left(\sum_{n=0}^{\infty} a_n x^n \right) \left(\sum_{n=0}^{\infty} b_n x^n \right)$$

$$= a_0 b_0 + (a_0 b_1 + a_1 b_0) x + (a_0 b_2 + a_1 b_1 + a_2 b_0) x^2$$

$$+ \cdots + (a_0 b_n + a_1 b_{n-1} + \cdots + a_n b_0) x^n + \cdots = \sum_{n=0}^{\infty} c_n x^n,$$

其中 $c_n = \displaystyle\sum_{k=0}^{n} a_k b_{n-k}$，即在 $(-R, +R)$ 内可以仿照多项式的乘法规则作两个幂级数的乘积.

无穷级数

3. 和函数的连续性

设幂级数 $\sum\limits_{n=1}^{\infty} a_n x^n = S(x)$，收敛半径为 $R \neq 0$，则 $S(x)$ 在 $(-R, +R)$ 内连续.

4. 微分运算

设幂级数 $\sum\limits_{n=1}^{\infty} a_n x^n = S(x)$，收敛半径为 R，则对 $(-R, +R)$ 内的任意一点

x 有 $S'(x) = \left(\sum\limits_{n=0}^{\infty} a_n x^n \right)' = \sum\limits_{n=0}^{\infty} (a_n x^n)' = \sum\limits_{n=0}^{\infty} n a_n x^{n-1}$

即幂级数可以逐项求导，且求导后所得到的幂级数与原级数有相同的收敛半径.

5. 积分运算

设幂级数 $\sum\limits_{n=1}^{\infty} a_n x^n - S(x)$，收敛半径为 R，则对 $(-R, +R)$ 内的任意一点

x 有

$$\int_0^x S(x) \mathrm{d}x = \int_0^x \left(\sum\limits_{n=0}^{\infty} a_n x^n \right) \mathrm{d}x = \sum\limits_{n=0}^{\infty} \int_0^x a_n x^n \mathrm{d}x = \sum\limits_{n=0}^{\infty} \frac{a_n}{n+1} x^{n+1}$$

即幂级数可以逐项积分，且积分后所得到的幂级数与原级数有相同的收敛半径.

注意: 逐项求导与逐项积分运算保持收敛半径不变，但收敛区间端点的敛散性却可能改变.

如，级数 $\dfrac{1}{1-x} = 1 + x + x^2 + \cdots + x^n + \cdots$ 的收敛半径 $R = 1$，收敛区间

为 $(-1, 1)$，逐项积分后得

$$\int_0^x \frac{1}{1-x} \mathrm{d}x = \sum\limits_{n=0}^{\infty} \frac{x^{n+1}}{n+1},$$

该级数的收敛半径还是 $R = 1$，但收敛区间为 $[-1, 1)$，即 $x = -1$ 收敛.

习题 9-3

1. 求级数 $1 + (x-1) + (x^2 - x) + (x^3 - x^2) + \cdots + (x^n - x^{n-1}) + \cdots$ 的收敛域并求出它的和.

2. 确定下列级数的收敛域：

(1) $\sum\limits_{n=0}^{\infty} \dfrac{x^n}{n 2^n}$；

(2) $\sum\limits_{n=0}^{\infty} \dfrac{1}{2^{n-1}} x^n$；

(3) $\sum\limits_{n=0}^{\infty} (-1)^n \dfrac{x^n}{n^2}$；

(4) $\sum\limits_{n=0}^{\infty} \dfrac{x^n}{2 \cdot 4 \cdot 6 \cdots (2n)}$；

(5) $\sum\limits_{n=0}^{\infty} \dfrac{1}{3^n} x^{2n+1}$;　　　　　　(6) $\sum\limits_{n=0}^{\infty} \dfrac{(x-2)^n}{(2n-1)2^n}$.

3.求下列幂级数的收敛半径与收敛区间:

(1) $\dfrac{1}{1\cdot 3} x + \dfrac{1}{2\cdot 3^2} x^2 + \dfrac{1}{3\cdot 3^3} x^3 + \cdots$;

(2) $1 - \dfrac{x^2}{1} + \dfrac{1\cdot 3}{1\cdot 2} x^4 - \dfrac{1\cdot 3\cdot 5}{1\cdot 2\cdot 3} x^6 + \cdots$;

(3) $1 + (x-2) + \dfrac{1}{2^2}(x-2)^2 + \dfrac{1}{3^2}(x-2)^3 + \cdots$;

(4) $(x-1) + \dfrac{1}{2^p}(x-1)^2 + \dfrac{1}{3^p}(x-1)^3 + \cdots$　$(p>0)$.

4.求下列级数的和函数:

(1) $\sum\limits_{n=1}^{\infty} n x^n$;　　　　　　(2) $\sum\limits_{n=1}^{\infty} \dfrac{x^{2n-1}}{2n-1}$.

5.利用逐项求导法证明级数 $x + \dfrac{1}{3} x^3 + \dfrac{1}{5} x^5 + \cdots$ 的和为 $\dfrac{1}{2}\ln\dfrac{1+x}{1-x}$ $(|x|<1)$.

9.4　函数展开成幂级数

上节我们讨论了幂级数的收敛半径、收敛域求法及和函数的求法与性质.从讨论知幂级数在收敛域内具有连续性、逐项可导性、逐项可积性,而很多实际问题是研究给定函数 $f(x)$,考虑是否能找到这样一个幂级数,它在收敛域内以 $f(x)$ 为和函数的问题,这就是把函数展开成幂级数的问题.

定理9　如果函数 $f(x)$ 在 x_0 的某邻域内具有直至 $n+1$ 阶导数,则对此邻域内的任一点 x,有

$$f(x) = f(x_0) + \dfrac{f'(x_0)}{1!}(x-x_0) + \dfrac{f''(x_0)}{2!}(x-x_0)^2 + \cdots$$

$$+ \dfrac{f^{(n)}(x_0)}{n!}(x-x_0)^n + R_n(x), \tag{1}$$

其中 $R_n(x) = \dfrac{f^{(n+1)}(\xi)}{(n+1)!}(x-x_0)^{n+1}$,($\xi$ 介于 x 与 x_0 之间)

(1)式称为 $f(x)$ 的 n 阶**泰勒(Tayler)** 公式,$R_n(x)$ 称为 $f(x)$ 的 n 阶泰勒公式的余项.在 $f(x)$ 的 n 阶泰勒公式中当 $x_0 = 0$ 时,则 ξ 介于 0 与 x 之间,记 $\xi = \theta x, 0 < \theta < 1$,从而泰勒公式变成较简单的形式

$$f(x) = f(0) + \frac{f'(0)}{1!}x + \cdots + \frac{f^{(n)}(0)}{n!}x^n + \frac{f^{(n+1)}(\theta x)}{(n+1)!}x^{n+1}. \tag{2}$$

(2) 式称为 $f(x)$ 的**麦克劳林(Maclaurin)公式**.

当 $R_n(x) \to 0$ 时可得到下面的重要结论:

定理 10 设在 x_0 的某个邻域内,函数 $f(x)$ 具有任意阶导数,则在该邻域内 $f(x)$ 的泰勒级数为

$$f(x) = \sum_{n=0}^{\infty} a_n (x - x_0)^n, 其中 a_n = \frac{f^{(n)}(x_0)}{n!}, n = 0,1,2,\cdots, \tag{3}$$

当 $x_0 = 0$ 时,即得函数 $f(x)$ 的麦克劳林级数为

$$f(x) = f(0) + \frac{f'(0)}{1!}x + \frac{f''(0)}{2!}x^2 + \cdots + \frac{f^{(n)}(0)}{n!}x^n + \cdots \tag{4}$$

例 1 将函数 $f(x) = e^x$ 展开为 x 的幂级数.

解: 因为函数 $f(x) = e^x$ 的各阶导数

$$f^{(n)}(x) = e^x (n = 1,2,\cdots)$$

所以 $\quad f(0) = 1, f^{(n)}(0) = 1 (n = 1,2,\cdots)$,

于是

$$e^x = 1 + x + \frac{x^2}{2!} + \cdots + \frac{x^n}{n!} + \cdots (-\infty < x < +\infty). \tag{5}$$

例 2 将函数 $f(x) = \sin x$ 展开成 x 的幂级数.

解: 因为

$$f^{(n)}(x) = \sin\left(x + n \cdot \frac{\pi}{2}\right) \quad (n = 1,2,\cdots)$$

$f^{(n)}(0)$ 顺序循环地取 $0,1,0,-1\cdots(n = 1,2,3,\cdots)$,

所以

$$\sin x = x - \frac{x^3}{3!} + \frac{x^5}{5!} - \cdots + (-1)^{n-1} \frac{x^{2n-1}}{(2n-1)!} + \cdots \quad (-\infty < x < +\infty) \tag{6}$$

类似地可得 $(1+x)^\alpha$ 的幂级数展开式

$$(1+x)^\alpha = 1 + \alpha x + \frac{\alpha(\alpha-1)}{2!}x^2 + \cdots$$

$$+ \frac{\alpha(\alpha-1)\cdots(\alpha-n+1)}{n!}x^n + \cdots \quad (-1 < x < 1) \tag{7}$$

上述把函数展开为幂级数的方法称为直接法,它是直接按公式 $a_n = \frac{f^{(n)}(0)}{n!}$ 计算幂级数的系数.此外,我们还可以利用一些已知函数的幂级数展开式以及

幂级数的运算(如四则运算,逐项求导,逐项积分),将函数展开成幂级数.

例 3　将函数 $f(x) = \cos x$ 展开为 x 的幂级数.

解: 因为 $\sin x = x - \dfrac{x^3}{3!} \cdots + (-1)^{n-1} \dfrac{x^{2n-1}}{(2n-1)!} + \cdots \quad (-\infty, +\infty)$

上式逐项求导得

$$\cos x = 1 - \frac{x^2}{2!} + \frac{x^4}{4!} - \cdots + (-1)^{n-1} \frac{x^{2n}}{(2n)!} + \cdots \quad (-\infty, +\infty) \quad (8)$$

例 4　将函数 $f(x) = \ln(1+x)$ 展开为 x 的幂级数.

解: 因为 $f'(x) = \dfrac{1}{1+x} = 1 - x + x^2 + \cdots + (-1)^n x^n + \cdots \quad (-1 < x < 1)$

所以,将上式两边从 0 到 x 逐项积分得

$$\ln(1+x) = x - \frac{1}{2}x^2 + \cdots + (-1)^n \frac{x^{n+1}}{(n+1)} + \cdots \quad (-1 < x < 1) \quad (9)$$

例 5　将函数 $f(x) = \dfrac{1}{1+x^2}$ 展开为 x 的幂级数.

解: 因为 $\dfrac{1}{1+x} = 1 - x + x^2 + \cdots + (-1)^n x^n + \cdots \quad (-1 < x < 1)$

将 x 换成 x^2 得

$$\frac{1}{1+x^2} = 1 - x^2 + x^4 + \cdots + (-1)^n x^{2n} + \cdots \quad (-1 < x < 1)$$

例 6　将函数 $f(x) = \dfrac{1}{x^2 + 4x + 3}$ 展开成 $(x-1)$ 的幂级数.

解: 因为

$$f(x) = \frac{1}{x^2 + 4x + 3} = \frac{1}{(x+1)(x+3)} = \frac{1}{2(1+x)} - \frac{1}{2(x+3)}$$

$$= \frac{1}{4\left(1 + \dfrac{x-1}{2}\right)} - \frac{1}{8\left(1 + \dfrac{x-1}{4}\right)},$$

而
$$\frac{1}{4\left(1 + \dfrac{x-1}{2}\right)} = \frac{1}{4} \sum_{n=0}^{\infty} \frac{(-1)^n}{2^n}(x-1)^n, (-1 < x < 3)$$

$$\frac{1}{8\left(1 + \dfrac{x-1}{4}\right)} = \frac{1}{8} \sum_{n=0}^{\infty} \frac{(-1)^n}{4^n}(x-1)^n, (-1 < x < 5)$$

所以

$$f(x) = \frac{1}{x^2 + 4x + 3} = \sum_{n=0}^{\infty} (-1)^n \left(\frac{1}{2^{n+2}} - \frac{1}{2^{n+3}} \right) (x-1)^n. \quad (-1 < x < 3)$$

利用幂级数的性质和已知函数的幂级数展开式可求一些幂级数在收敛域内的和函数.

例 7 求幂级数 $\sum_{n=0}^{\infty} \frac{(-1)^n x^{2n}}{n!}$ 的和函数.

解: 幂级数的收敛区间为 $(-\infty, +\infty)$,因为

$$\sum_{n=0}^{\infty} \frac{(-1)^n x^{2n}}{n!} = \sum_{n=0}^{\infty} \frac{(-x^2)^n}{n!}$$

又

$$\sum_{n=0}^{\infty} \frac{x^n}{n!} = e^x \quad (-\infty, +\infty)$$

所以

$$\sum_{n=0}^{\infty} \frac{(-1)^n x^{2n}}{n!} = \sum_{n=0}^{\infty} \frac{(-x^2)^n}{n!} = e^{-x^2}. \quad (-\infty, +\infty)$$

例 8 求幂级数 $\sum_{n=0}^{\infty} \frac{1}{2n+1} x^{2n+1}$ 在收敛区间 $(-1,1)$ 内的和函数,并求常数项级数 $\sum_{n=0}^{\infty} \frac{1}{2n+1} \left(\frac{1}{2} \right)^{2n}$ 的和.

解: 设所求的幂级数的和函数为 $S(x)$,即

$$S(x) = \sum_{n=0}^{\infty} \frac{1}{2n+1} x^{2n+1},$$

对上式两边求导得

$$S'(x) = \left(\sum_{n=0}^{\infty} \frac{1}{2n+1} x^{2n+1} \right)' = \sum_{n=0}^{\infty} x^{2n}$$

$$= 1 + x^2 + x^4 + \cdots + x^{2n} + \cdots = \frac{1}{1-x^2},$$

上式两边从 0 到 x 的积分得

$$\int_0^x S'(x) \mathrm{d}x = \int_0^x \frac{1}{1-x^2} \mathrm{d}x,$$

即

$$S(x) - S(0) = \frac{1}{2} \ln \frac{1+x}{1-x} \quad (-1 < x < 1).$$

又 $x = \frac{1}{2}$ 在收敛区间内,代入上式得

$$\sum_{n=0}^{\infty} \frac{1}{2n+1} \left(\frac{1}{2} \right)^{2n} = 2 \sum_{n=0}^{\infty} \frac{1}{2n+1} \left(\frac{1}{2} \right)^{2n+1} = 2 \cdot \frac{1}{2} \ln \frac{1 + \frac{1}{2}}{1 - \frac{1}{2}} = \ln 3,$$

所以

$$\sum_{n=0}^{\infty} \frac{1}{2n+1} \left(\frac{1}{2}\right)^{2n} = \ln 3.$$

习题 9-4

1. 求下列各函数在 $a = 0$ 的泰勒展开式:

(1) $f(x) = \dfrac{1}{1+x^2}$;　　　　　　(2) $f(x) = \mathrm{e}^{-x^2}$;

(3) $f(x) = \sin^2 x \left[$ 提示: $\sin^2 x = \dfrac{1}{2}(1 - \cos 2x) \right]$;

(4) $f(x) = \dfrac{x^2}{1+x}$;　　　　　　　(5) $f(x) = x^3 \mathrm{e}^{-x}$;

(6) $f(x) = \dfrac{1}{2-x}$;　　　　　　　(7) $f(x) = \ln \sqrt{\dfrac{1+x}{1-x}}$;

(8) $\displaystyle\int_0^x \dfrac{\sin t}{t} \mathrm{d}t$;　　　　　　(9) $f(x) = \dfrac{1}{(x-1)(x-2)}$;

(10) $\dfrac{\mathrm{d}}{\mathrm{d}x}\left(\dfrac{\mathrm{e}^x - 1}{x}\right)$.

2. 求 $\cos x$ 在 $a = \dfrac{\pi}{4}$ 的泰勒展开式.

$\left\{$ 提示: $\cos x = \cos\left[\dfrac{\pi}{4} + \left(x - \dfrac{\pi}{4}\right)\right] = \dfrac{\sqrt{2}}{2}\left[\cos\left(x - \dfrac{\pi}{4}\right) - \sin\left(x - \dfrac{\pi}{4}\right)\right]\right\}$

3. 将函数 $f(x) = \dfrac{1}{x}$ 展开成 $(x-2)$ 的幂级数.

4. 将函数 $f(x) = \dfrac{1}{x^2 + 4x + 3}$ 展开成 $(x+1)$ 的幂级数.

5. 求函数 $f(x) = \mathrm{e}^x$ 在点 $x_0 = 1$ 展开式,并求其收敛域.

6. 求函数 $f(x) = \ln x$ 在点 $x_0 = 3$ 展开式,并求其收敛域.

9.5　傅立叶(Fourier)级数

在自然界中存在着许多周期现象,其数学描述就是周期函数. 最简单的周期现象,如单摆的摆动、音叉的振动等,都可用正弦函数 $y = a \sin \omega t$ 或余弦函数 $y = a \cos \omega t$ 表示. 但是,复杂的周期函数,如热传导、电磁波以及机械振动等,就不能仅用一个正弦函数或余弦函数表示,需要用很多个甚至无限多个正弦函数和余弦函数的叠加表示.本节讨论将周期函数表示为(展成)无限多个正弦函数与余弦函数之和,即傅立叶级数.

9.5.1   三角级数

函数列

$$1,\cos x,\sin x,\cos 2x,\sin 2x,\cdots,\cos nx,\sin nx,\cdots \tag{1}$$

称为三角函数系,2π 是三角函数系(1)中每个函数的周期.因此,通常选取区间$[-\pi,\pi]$来讨论三角函数系.容易验证三角函数系具有下列性质:对任意非负整数 m 与 n,有

$$\int_{-\pi}^{\pi}\sin mx\sin nx\,\mathrm{d}x=\begin{cases}0,m\neq n,\\\pi,m=n\neq 0,\end{cases}$$

$$\int_{-\pi}^{\pi}\sin mx\cos nx\,\mathrm{d}x=0,$$

$$\int_{-\pi}^{\pi}\cos mx\cos nx\,\mathrm{d}x=\begin{cases}0,m\neq n,\\\pi,m=n\neq 0,\end{cases}$$

即三角函数系(1)中任意两个不同函数之积在$[-\pi,\pi]$的定积分是 0,而每个函数的平方在$[-\pi,\pi]$的定积分为 π.三角函数系(1)的这个性质称为正交性.以三角函数系(1)为基础所作成的函数级数

$$\frac{a_0}{2}+a_1\cos x+b_1\sin x+a_2\cos 2x+b_2\sin 2x+\cdots$$

$$+a_n\cos nx+b_n\sin nx+\cdots$$

简写为

$$\frac{a_0}{2}+\sum_{n=1}^{\infty}(a_n\cos nx+b_n\sin nx), \tag{2}$$

称为**三角级数**,其中 $a_0,a_n,b_n(n=1,2,\cdots)$ 都是常数.

9.5.2   周期为 2π 的周期函数展开成傅立叶级数

定义   三角级数

$$\frac{a_0}{2}+\sum_{n=1}^{\infty}(a_n\cos nx+b_n\sin nx) \tag{3}$$

叫做函数 $f(x)$ 的傅立叶级数.

其中

$$a_n=\frac{1}{\pi}\int_{-\pi}^{\pi}f(x)\cos nx\,\mathrm{d}x(n=1,2,3,\cdots) \tag{4}$$

$$b_n = \frac{1}{\pi} \int_{-\pi}^{\pi} f(x) \sin nx \, dx (n = 1,2,3,\cdots) \tag{5}$$

我们面临着一个基本问题：周期函数 $f(x)$ 满足什么条件时，它的傅立叶级数收敛于 $f(x)$？或者说，周期函数 $f(x)$ 满足什么条件时可以展开成傅立叶级数？

下面，我们不加证明的叙述一个收敛定理.

收敛定理（狄利克雷（Dirichlet）充分条件）设 $f(x)$ 是周期为 2π 的周期函数. 如果它满足条件：在一个周期内连续或只有有限个第一类间断点，并且至多只有有限个极值点，则 $f(x)$ 的傅立叶级数收敛，并且

（ⅰ）当 x 是 $f(x)$ 的连续点时，级数收敛于 $f(x)$；

（ⅱ）当 x 是 $f(x)$ 的间断点时，级数收敛于

$$\frac{f(x-0) + f(x+0)}{2}.$$

例1　设 $f(x)$ 的周期为 2π 的函数，它在 $[-\pi,\pi)$ 上的表达式为

$$f(x) = \begin{cases} -1, & -\pi \leqslant x < 0, \\ 1, & 0 \leqslant x < \pi. \end{cases}$$

将 $f(x)$ 展开成傅立叶级数.

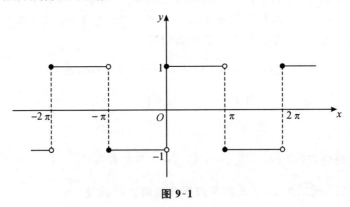

图 9-1

解：所给的函数满足收敛定理的条件，它在点 $x = k\pi(k = 0, k = \pm 1, \pm 2, \cdots)$ 处不连续，在其他点处连续（图 9-1），从而由收敛定理知道对应的傅立叶级数收敛，并且当 $x = k\pi$ 时级数收敛于 $\frac{-1+1}{2} = \frac{1+(-1)}{2} = 0$，当 $x \neq k\pi$ 时级数收敛于 $f(x)$.

计算傅立叶系数如下：

$$a_n = \frac{1}{\pi} \int_{-\pi}^{\pi} f(x) \cos nx \, \mathrm{d}x$$

$$= \frac{1}{\pi} \int_{-\pi}^{0} (-1) \cos nx \, \mathrm{d}x + \frac{1}{\pi} \int_{0}^{\pi} 1 \cdot \cos nx \, \mathrm{d}x$$

$$= 0 \, (n = 0, 1, 2, \cdots);$$

$$b_n = \frac{1}{\pi} \int_{-\pi}^{\pi} f(x) \sin nx \, \mathrm{d}x$$

$$= \frac{1}{\pi} \int_{-\pi}^{0} (-1) \sin nx \, \mathrm{d}x + \frac{1}{\pi} \int_{0}^{\pi} 1 \cdot \sin nx \, \mathrm{d}x$$

$$= \frac{1}{\pi} \left[\frac{\cos nx}{n} \right]_{-\pi}^{0} + \frac{1}{\pi} \left[-\frac{\cos nx}{n} \right]_{0}^{\pi}$$

$$= \frac{1}{n\pi} [1 - \cos n\pi - \cos n\pi + 1]$$

$$= \frac{2}{n\pi} (1 - \cos n\pi) = \frac{2}{n\pi} [1 - (-1)^n]$$

$$= \begin{cases} \dfrac{4}{n\pi}, \text{当 } n = 1, 3, 5, \cdots \text{ 时,} \\ 0, \text{当 } n = 2, 4, 6, \cdots \text{ 时.} \end{cases}$$

将求得的系数代入(3)式,就得到 $f(x)$ 的傅立叶级数展开式

$$f(x) = \frac{4}{\pi} \left[\sin x + \frac{1}{3} \sin 3x + \cdots + \frac{1}{2k-1} \sin(2k-1)x + \cdots \right]$$

$$(-\infty < x < +\infty; x \neq 0, \pm\pi, \pm 2\pi, \cdots). \tag{6}$$

如果把例 1 中的函数理解为矩形波的波形函数(周期 $T = 2\pi$,幅值 $E = 1$,自变量 x 表示时间),那么展开式(6)表明:矩形波是由一系列不同频率的正弦波叠加而成的.

一般说来,把周期为 2π 的函数 $f(x)$ 展开为傅立叶级数,可按下列步骤进行:

(1) 按照(4)与(5)式计算傅立叶系数.

(2) 根据(3)式写出 $f(x)$ 的傅立叶级数展开式,并由收敛定理注明这个展开式成立的范围.

例 2　将函数 $f(x) = \begin{cases} x, -\pi < x \leqslant 0 \\ 0, 0 < x \leqslant \pi \end{cases}$ 展成傅立叶级数.

解:首先求傅立叶系数.

$$a_0 = \frac{1}{\pi} \int_{-\pi}^{\pi} f(x) \, \mathrm{d}x = \frac{1}{\pi} \int_{-\pi}^{0} x \, \mathrm{d}x = -\frac{\pi}{2}.$$

$$a_n = \frac{1}{\pi} \int_{-\pi}^{\pi} f(x) \cos nx \, \mathrm{d}x = \frac{1}{\pi} \int_{-\pi}^{0} x \cos nx \, \mathrm{d}x$$

$$= \frac{1}{\pi}\left[\frac{x\sin nx}{n} + \frac{\cos nx}{n^2}\right]_{-\pi}^{0} = \frac{1}{\pi n^2}(1 - \cos n\pi)$$

$$= \frac{1}{\pi n^2}\left[1 - (-1)^n\right] = \begin{cases} \dfrac{2}{\pi n^2}, n \text{ 是奇数} \\ 0, n \text{ 是偶数.} \end{cases}$$

$$b_n = \frac{1}{\pi}\int_{-\pi}^{\pi} f(x)\sin nx\, \mathrm{d}x = \frac{1}{\pi}\int_{-\pi}^{0} x\sin nx\, \mathrm{d}x$$

$$= \frac{1}{\pi}\left[-\frac{x\cos nx}{n} + \frac{\sin nx}{n^2}\right]_{-\pi}^{0} = -\frac{\cos n\pi}{n} = \frac{(-1)^{n+1}}{n}.$$

将上述系数代入(3)式,有

$$f(x) = -\frac{\pi}{4} + \sum_{n=1}^{\infty}\left\{\frac{1}{\pi n^2}\left[1 - (-1)^n\right]\cos nx + \frac{(-1)^{n+1}}{n}\sin nx\right\}$$

$$= -\frac{\pi}{4} + \left(\frac{2}{\pi}\cos x + \sin x\right) - \frac{1}{2}\sin 2x +$$

$$\left(\frac{2}{\pi 3^2}\cos 3x + \frac{1}{3}\sin 3x\right) - \frac{1}{4}\sin x + \cdots, |x| < \pi.$$

当 $x = \pm\pi$ 时,傅立叶级数收敛于

$$\frac{f(\pi + 0) + f(\pi - 0)}{2} = \frac{-\pi + 0}{2} = -\frac{\pi}{2}.$$

傅立叶级数的和函数是以 2π 为周期的周期函数,它的图像是图 9-2.

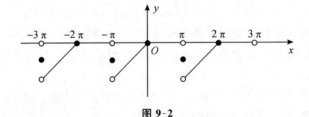

图 9-2

例 3　将函数 $\varphi(x) = \begin{cases} 0, -\pi < x \leqslant 0 \\ 1, 0 < x \leqslant \pi \end{cases}$,展成傅立叶级数.

解：

$$a_0 = \frac{1}{\pi}\int_{-\pi}^{\pi}\varphi(x)\mathrm{d}x = \frac{1}{\pi}\int_{0}^{\pi}\mathrm{d}x = 1.$$

$$a_n = \frac{1}{\pi}\int_{-\pi}^{\pi}\varphi(x)\cos nx\, \mathrm{d}x = \frac{1}{\pi}\int_{0}^{\pi}\cos nx\, \mathrm{d}x = 0.$$

$$b_n = \frac{1}{\pi}\int_{-\pi}^{\pi}\varphi(x)\sin nx\, \mathrm{d}x = \frac{1}{\pi}\int_{0}^{\pi}\sin nx\, \mathrm{d}x$$

$$= \frac{1}{\pi n}(-\cos nx)\Big|_0^\pi = \frac{1}{\pi n}\big[1-(-1)^n\big]$$

$$= \begin{cases} \dfrac{2}{\pi n}, & n \text{ 为奇数} \\[2mm] 0, & n \text{ 是偶数} \end{cases}$$

将上面的傅立叶系数代入(3)式,有

$$\varphi(x) = \frac{1}{2} + \frac{2}{\pi}\left[\sin x + \frac{\sin 3x}{3} + \cdots + \frac{\sin(2n+1)x}{2n+1} + \cdots\right], 0 < |x| < \pi$$

当 $x=0$ 时,傅立叶级数收敛于

$$\frac{\varphi(0+0)+\varphi(0-0)}{2} = \frac{1+0}{2} = \frac{1}{2}.$$

当 $x=\pm\pi$ 时,傅立叶级数收敛于

$$\frac{\varphi(\pm\pi+0)+\varphi(\pm\pi-0)}{2} = \frac{0+1}{2} = \frac{1}{2}.$$

傅立叶级数的和函数是以 2π 为周期的周期函数,它的图像是图 9-3.

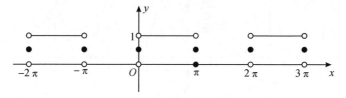

图 9-3

从上面两个例子可以看到,求函数的傅立叶级数展开式时,主要的工作是计算傅立叶系数.但当 $f(x)$ 为奇函数或偶函数时,计算傅立叶系数的工作量可以大为减轻.这是因为:

如果 $f(x)$ 是以 2π 为周期的偶函数,则 $f(x)\cos n\pi$ 也是偶函数,而 $f(x)\sin n\pi$ 是奇函数.于是,函数 $f(x)$ 的傅立叶系数

$$a_n = \frac{1}{\pi}\int_{-\pi}^{\pi} f(x)\cos nx\, dx = \frac{2}{\pi}\int_0^\pi f(x)\cos nx\, dx, \quad n=0,1,2,\cdots,$$

$$b_n = \frac{1}{\pi}\int_{-\pi}^{\pi} f(x)\sin nx\, dx = 0, \quad n=1,2,3,\cdots.$$

因此,偶函数的傅立叶级数只含有余弦函数的项,其形式为

$$\frac{a_0}{2} + \sum_{n=1}^{\infty} a_n\cos nx,$$

称为余弦级数.

如果 $f(x)$ 是以 2π 为周期的奇函数,则 $f(x)\cos n\pi$ 也是奇函数,而

$f(x)\sin nx$ 是偶函数. 于是, 函数 $f(x)$ 的傅立叶系数

$$a_n = \frac{1}{\pi}\int_{-\pi}^{\pi}f(x)\cos nx\,\mathrm{d}x = 0, n = 0,1,2,\cdots,$$

$$b_n = \frac{1}{\pi}\int_{-\pi}^{\pi}f(x)\sin nx\,\mathrm{d}x = \frac{2}{\pi}\int_{0}^{\pi}f(x)\sin nx\,\mathrm{d}x, n = 1,2,3,\cdots.$$

因此, 奇函数的傅立叶级数只含有正弦函数的项, 其形式为

$$\sum_{n=1}^{\infty}b_n\sin nx,$$

称为正弦级数.

于是, 对于奇(偶)函数, 我们只需计算 $b_n(a_n)$ 而不必计算 $a_n(b_n)$ 就可写出 $f(x)$ 的傅立叶级数展开式.

例 4　把周期为 2π 的函数 $f(x) = x^2(-\pi \leqslant x \leqslant \pi)$ 展开成傅立叶级数.

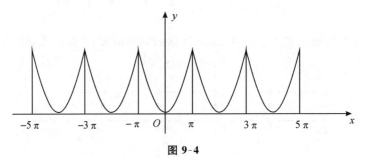

图 9-4

解: 这函数是偶函数(图 9-4). 因此

$$b_n = 0$$

$$a_0 = \frac{2}{\pi}\int_{0}^{\pi}x^2\,\mathrm{d}x = \frac{2\pi^2}{3}$$

$$a_n = \frac{2}{\pi}\int_{0}^{\pi}x^2\cos nx\,\mathrm{d}x = \frac{4\pi\cos n\pi}{\pi n^2} = \frac{(-1)^2 \cdot 4}{n^2}.$$

根据收敛定理, 它对应的傅立叶级数在整个数轴上处处收敛于 $f(x)$.

于是在 $-\infty < x < \infty$, 有

$$f(x) = \frac{\pi^2}{3} - 4\left(\frac{\cos x}{1^2} - \frac{\cos 2x}{2^2} + \frac{\cos 3x}{3^2} - \cdots\right).$$

9.5.3　周期为 $2l$ 的周期函数展开成傅立叶级数

在实际问题中许多周期函数的周期不一定是 2π, 因此, 我们需要讨论如何把周期为 $2l$ 的函数展开成傅立叶级数. 根据前面的讨论结果, 经过自变量

代换,可得下面的定理.

定理 11　设周期为 $2l$ 的周期函数 $f(x)$ 满足收敛定理条件,则它的傅立叶级数的展开式为

$$f(x) = \frac{a_0}{2} + \sum_{n=1}^{\infty} \left(a_n \cos \frac{n\pi x}{l} + b_n \sin \frac{n\pi x}{l} \right), \tag{7}$$

其中系数 a_n, b_n 为

$$a_n = \frac{1}{l} \int_{-l}^{l} f(x) \cos \frac{n\pi x}{l} \mathrm{d}x (n = 0, 1, 2, 3 \cdots),$$

$$\tag{8}$$

$$b_n = \frac{1}{l} \int_{-l}^{l} f(x) \sin \frac{n\pi x}{l} \mathrm{d}x (n = 1, 2, 3 \cdots).$$

注:当 x 为 $f(x)$ 的间断点时,应以 $\frac{1}{2}[f(x-0) + f(x+0)]$ 代替(7)式左边的 $f(x)$.

例 5　设 $f(x)$ 是周期为 4 的函数,它在 $[-2, 2)$ 上的表达式为

$$f(x) = \begin{cases} 0, -2 \leqslant x < 0 \\ M, 0 \leqslant x < 2 \end{cases} (常数 M \neq 0)$$

将 $f(x)$ 展开成傅立叶级数.

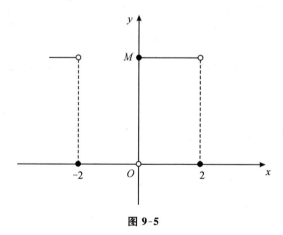

图 9-5

解　函数 $f(x)$ 的图形如图 9-5 所示,函数满足收敛定理的条件,它在点 $x = 2k (k = 0, \pm 1, \pm 2, \cdots)$ 处不连续,因此在这些点处,对应的傅立叶级数不收敛于 $f(x)$.

下面按公式(8)计算傅立叶系数.由于 $l = 2$,因此

$$a_0 = \frac{1}{2}\int_{-2}^{0} 0\mathrm{d}x + \frac{1}{2}\int_{0}^{2} M\mathrm{d}x = M;$$

$$a_n = \frac{1}{2}\int_{0}^{2} M\cos\frac{n\pi x}{2}\mathrm{d}x = \frac{M}{n\pi}\sin\frac{n\pi x}{2}\bigg|_{0}^{2} = 0;$$

$$b_n = \frac{1}{2}\int_{0}^{2} M\sin\frac{n\pi x}{2}\mathrm{d}x = -\frac{M}{n\pi}\cos\frac{n\pi x}{2}\bigg|_{0}^{2}$$

$$= \frac{M}{n\pi}(1 - \cos n\pi) = \frac{M}{n\pi}\big[1 - (-1)^n\big]$$

$$= \begin{cases} \dfrac{2M}{n\pi}, \text{当 } n = 1,3,5\cdots \text{时,} \\ 0, \text{当 } n = 2,4,6\cdots \text{时.} \end{cases}$$

将求得的系数 a_n, b_n 代入(7) 式,得

$$f(x) = \frac{M}{2} + \frac{2M}{\pi}\Big(\sin\frac{\pi x}{2} + \frac{1}{3}\sin\frac{3\pi x}{2} + \frac{1}{5}\sin\frac{5\pi x}{2} + \cdots\Big)$$

例 6　把周期为 $2l$ 的函数 $f(x) = |x| (-l \leqslant x \leqslant l)$ 展开成傅立叶级数.

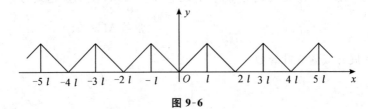

图 9-6

解：由于这是一个偶函数(图 9-6) 我们有 $b_n = 0$. 应用公式(8),

$$a_0 = \frac{2}{l}\int_{0}^{l} x\mathrm{d}x = l$$

$$a_n = \frac{2}{l}\int_{0}^{l} x\cos\frac{n\pi x}{l}\mathrm{d}x = \frac{2l}{\pi^2}\int_{0}^{\pi} x\cos nx\,\mathrm{d}x = \begin{cases} 0, \text{当 } n \text{ 为偶数} \\ -\dfrac{4l}{\pi^2 n^2}, \text{当 } n \text{ 为奇数} \end{cases}$$

所以在 $-\infty < x < \infty$,有

$$f(x) = \frac{l}{2} - \frac{4l}{\pi^2}\Big[\cos\frac{\pi x}{l} + \frac{1}{3^2}\cos\frac{3\pi x}{l}\cdots\Big].$$

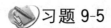习题 9-5

1.把下列函数展开成傅立叶级数：

$(1) f(x) = \mathrm{e}^x, [-\pi, \pi];$　　　　　　　$(2) f(x) = 2\sin\dfrac{x}{3}, [-\pi, \pi];$

$$(3)f(x) = \begin{cases} 0, -\pi \leqslant x < -h \\ 1, -h < x < h \\ 0, h < x < \pi \\ \dfrac{1}{2}, x = \pm h \end{cases} ; \quad (4)f(x) = \begin{cases} 0, -\pi \leqslant x \leqslant -h \\ -1, -h < x < 0 \\ 1, 0 < x < h \\ 0, h \leqslant x \leqslant \pi \\ 0, x = 0 \end{cases} ;$$

$$(5)f(x) = \begin{cases} \pi + x, & -\pi \leqslant x \leqslant 0 \\ \pi - x, & 0 < x < \pi \end{cases} ;$$

$(6)f(x) = \pi^2 - x^2, -\pi \leqslant x \leqslant \pi.$

2.把函数 $f(x) = x^2, -2 \leqslant x \leqslant 2$ 展开成傅立叶级数.

3.把函数 $f(x) = \begin{cases} 1, -1 \leqslant x < 0 \\ x, 0 < x \leqslant 1 \end{cases}$ 展开成傅立叶级数.

第 9 章　　总复习题

1.判定下列各级数的敛散性：

$(1)1 + \sum\limits_{n=1}^{\infty} \dfrac{1}{e^n};$

$(2)\sum\limits_{n=1}^{\infty} \dfrac{2n}{[(2n-1)+2]^3};$

$(3)\sum\limits_{n=1}^{\infty} \dfrac{n!}{9^n};$

$(4)\sum\limits_{n=2}^{\infty} \dfrac{n^2+1}{n^4+1};$

$(5)\sum\limits_{n=1}^{\infty} \dfrac{1}{3^n-2};$

$(6)\sum\limits_{n=1}^{\infty} \dfrac{1 \cdot 2 \cdot 3 \cdots n}{1 \cdot 3 \cdot 5 \cdots (2n-1)}.$

2.当 x 取什么值时，下列各级数收敛？

$(1)\sum\limits_{n=1}^{\infty} \dfrac{x^n}{2^{n-1}(n+1)};$

$(2)\sum\limits_{n=1}^{\infty} n^n(x-2)^n;$

$(3)\sum\limits_{n=0}^{\infty} \dfrac{3^n}{n! x^n};$

$(4)1 + \sum\limits_{n=2}^{\infty} \dfrac{n!}{x^n}.$

3.求下列级数的绝对收敛性与条件收敛性：

$(1)\sum\limits_{n=1}^{\infty} (-1)^n \dfrac{1}{n^p};$

$(2)\sum\limits_{n=1}^{\infty} (-1)^{n+1} \dfrac{\sin \dfrac{\pi}{n+1}}{\pi^{n+1}};$

$(3)\sum\limits_{n=1}^{\infty} (-1)^n \ln \dfrac{n+1}{n};$

$(4)\sum\limits_{n=1}^{\infty} (-1)^n \dfrac{(n+1)!}{n^{n+1}}.$

4.求下列各幂级数的收敛半径，并写出它们的收敛区间.

(1) $\sum_{n=0}^{\infty} \dfrac{x^n}{(n+1)2^n}$;

(2) $\sum_{n=0}^{\infty} \dfrac{(-1)^n (x+1)^n}{n^2+1}$;

(3) $\sum_{n=1}^{\infty} [1-(-2)^n] x^n$

(4) $\sum_{n=1}^{\infty} \dfrac{n!}{n^n} x^n$;

(5) $\sum_{n=1}^{\infty} \dfrac{(n!)^2}{(2n)!} x^n$;

(6) $\sum_{n=1}^{\infty} \dfrac{x^n}{a^n+b^n}$ $(a>0, b>0)$.

5.确定级数 $\sum_{n=0}^{\infty} (1-x) x^n$ 的收敛域,并求出它的和函数.

6.求下列各级数的和函数：

(1) $\sum_{n=0}^{\infty} (-1)^n (n+1) x^n$;

(2) $\sum_{n=1}^{\infty} (-1)^{n-1} \dfrac{x^{2n-1}}{2n-1}$;

(3) $\sum_{n=1}^{\infty} n x^n$.

7.求函数 a^x 的麦克劳林展开式.

8.已知周期函数在一个周期中的定义为：

(1) $f(x)=\sin x, 0 \leqslant x \leqslant \pi$; (2) $f(x)=\cos x, 0<x<\pi$;求它们的傅立叶级数.

第 10 章　　微分方程

在科学技术和经济管理中,有许多实际问题往往通过未知函数与其导数满足的关系式去求未知函数,这种关系式就是微分方程.本章主要讨论微分方程的一些基本概念以及几种常用的和简单的微分方程的解法.

10.1　基本概念

定义 1　含有未知函数的导数(或微分)的方程,叫做微分方程;微分方程中出现的未知函数的最高阶导数的阶数,叫做微分方程的阶.

例如,$x^3 y''' + x^2 y'' + 4xy' = 3x^2$ 是一个三阶微分方程,$y^{(n)} + 1 = 0$ 是一个 n 阶微分方程.一般地,n 阶微分方程可写成

$$F(x, y, y', \cdots, y^{(n)}) = 0 \text{ 或 } y^{(n)} = f(x, y, y', \cdots, y^{(n-1)})$$

定义 2　代入微分方程能使该方程成为恒等式的函数叫做该微分方程的解.确切地说,设函数 $y = \varphi(x)$ 在区间 I 上有 n 阶连续导数,如果在区间 I 上,有

$$F[x, \varphi(x), \varphi'(x), \cdots, \varphi^{(n)}(x)] \equiv 0$$

那么函数 $y = \varphi(x)$ 就叫做微分方程 $F(x, y, y', \cdots, y^{(n)}) = 0$ 在区间 I 上的解.

通解:如果微分方程的解中含有任意常数的个数与微分方程的阶数相同,且任意常数相互独立(即不能合并)的,这样的解叫做微分方程的通解.

初始条件:用于确定通解中任意常数的条件,称为初始条件.如 $x = x_0$ 时,$y = y_0, y' = y_0'$,或写成

$$y|_{x=x_0} = y_0, y'|_{x=x_0} = y_0'.$$

特解:确定了通解中的任意常数以后,就得到微分方程的特解,即不含任意常数的解.

初值问题:求微分方程满足初始条件的解的问题称为初值问题.如求微分方程 $y' = f(x, y)$ 满足初始条件 $y|_{x=x_0} = y_0$ 的解的问题,记为

$$\begin{cases} y' = f(x,y) \\ y\big|_{x=x_0} = y_0 \end{cases}.$$

积分曲线：微分方程的解的图形是一条曲线，叫做微分方程的积分曲线.

对于给定的微分方程，如果其中的未知函数是一元函数，这样的微分方程称为常微分方程，本章只研究常微分方程.

例 1　验证函数 $y = C_1 \cos kx + C_2 \sin kx$ 是微分方程 $\dfrac{d^2 y}{d^2 x} + k^2 y = 0$ ($k \neq 0$) 的通解.

解：求出所给函数的一阶和二阶导数

$$\frac{dy}{dx} = -C_1 k \sin kx + C_2 k \cos kx, \tag{1}$$

$$\frac{d^2 y}{d^2 x} = -k^2 (C_1 \cos kx + C_2 \sin kx) \tag{2}$$

代入微分方程得 $-k^2 (C_1 \cos kx + C_2 \sin kx) + k^2 (C_1 \cos kx + C_2 \sin kx) \equiv 0$，从而知函数 $y = C_1 \cos kx + C_2 \sin kx$ 是微分方程的解，同时，又因其含有两个不能合并的任意常数，故知它是微分方程的通解.

习题 10-1

1.指出下列微分方程的阶数：

(1) $\dfrac{dy}{dx} = y^2 + x^2$；

(2) $\dfrac{d^2 y}{dx^2} = x + \dfrac{d^3}{dx^3} \arcsin x$；

(3) $y^3 \dfrac{d^2 y}{dx^2} + 1 = 0$；

(4) $\left(\dfrac{dx}{dy}\right)^2 = 4$；

(5) $\dfrac{d^4 y}{dx^4} - 2\dfrac{d^3 y}{dx^3} + \dfrac{d^2 y}{dx^2} = 0.$

2.验证给出的函数是否为相应微分方程的解：

(1) $5\dfrac{dy}{dx} = 3x^2 + 5x$，$y = \dfrac{x^3}{5} + \dfrac{x^2}{2} + c$；

(2) $\dfrac{dy}{dx} = p(x)y$，$y = c e^{\int p(x)dx}$，其中 $p(x)$ 是连续函数；

(3) $(x + y)dx + xdy = 0$，$y = \dfrac{c^2 - x^2}{2x}$；

(4) $y'' = x^2 + y^2$，$y = \dfrac{1}{x}.$

3. 试写出以下列函数为通解的微分方程：

(1) $y = cx$；　　　　　　　　　(2) $y = ce^x$；

(3) $y = c_1\cos x + c_2\sin x$；　　　　(4) $y = x + c$.

（提示：通解 $y = f(x,c)$ 两边对 x 求导后，得 $y' = f'(x,c)$，联系两式消去 c，就得到所需的微分方程）

4. 镭的衰变速度它的现存量 R 成正比，资料表明，镭经过 1600 年后，只余原始量 R_0 的一半，试求镭的量 R 与时间 t 的函数关系式.

10.2　一阶微分方程

10.2.1　可分离变量方程

如果一个一阶微分方程能写成 $g(y)\mathrm{d}y = f(x)\mathrm{d}x$（或写成 $y' = \varphi(x)\psi(y)$）的形式，就称为可分离变量的微分方程.

可分离变量的微分方程的解法：

第一步：分离变量，将方程写成 $g(y)\mathrm{d}y = f(x)\mathrm{d}x$ 的形式；

第二步：两端积分 $\int g(y)\mathrm{d}y = \int f(x)\mathrm{d}x$，求出 $G(y) = F(x) + C$.

例 1　求微分方程 $\dfrac{\mathrm{d}y}{\mathrm{d}x} = 2xy$ 的通解.

解：此方程为可分离变量方程，分离变量后得

$$\frac{1}{y}\mathrm{d}y = 2x\mathrm{d}x,$$

两边积分得
$$\int \frac{1}{y}\mathrm{d}y = \int 2x\mathrm{d}x,$$

即
$$\ln|y| = x^2 + C.$$

从而
$$y = \pm\, \mathrm{e}^{x^2 + C_1} = \pm\, \mathrm{e}^{C_1}\, \mathrm{e}^{x^2}.$$

因为 $\pm\, \mathrm{e}^{C_1}$ 仍是任意常数，把它记作 C，得所给方程的通解为
$$y = C\mathrm{e}^{x^2}$$

例 2　已知某厂的纯利润 L 对广告费 x 的变化率 $\dfrac{\mathrm{d}L}{\mathrm{d}x}$ 与常数 A 和纯利润 L 之差成正比，当 $x = 0$ 时 $L = L_0$，试求纯利润 L 与广告费 x 之间的函数关系.

解：由题意列出方程　$\begin{cases} \dfrac{\mathrm{d}L}{\mathrm{d}x} = k(A - L) \\ L\big|_{x=0} = L_0 \end{cases}$　（k 为常数）

分离变量,得
$$\frac{\mathrm{d}L}{A-L} = k\mathrm{d}x,$$

两边积分,得
$$-\ln(A-L) = kx + \ln C_1,$$

$$A - L = Ce^{-kx} \left(\text{其中 } C = \frac{1}{C_1}\right),$$

即
$$L = A - Ce^{-kx}.$$

由初始条件 $L\big|_{x=0} = L_0$,解得 $C = A - L_0$,所以纯利润与广告费的函数关系为

$$L = A - (A - L_0)e^{-kx}.$$

例 3　设跳伞员开始跳伞后所受的空气阻力与其下落速度成正比(比例系数为常数 $k > 0$),起跳时速度为 0.求下落的速度与时间之间的函数关系.

解:设跳伞员下落速度为 $V(t)$.他在下落的过程中同时受到重力和阻力的作用,重力大小为 mg,方向与 V 一致,阻力大小为 kV,方向与 V 相反,从而跳伞员所受外力为

$$F = mg - kV.$$

根据牛顿第二运动定律得

$$F = ma = m\frac{\mathrm{d}V}{\mathrm{d}t}, (a \text{ 为加速度})$$

从而得
$$m\frac{\mathrm{d}V}{\mathrm{d}t} = mg - kV,$$

把上式分离变量得
$$\frac{\mathrm{d}V}{mg-kV} = \frac{1}{m}\mathrm{d}t,$$

两边积分得
$$-\frac{1}{k}\ln(mg-kV) = \frac{t}{m} + C_1,$$

即
$$mg - kV = e^{-\frac{k}{m}t - kC_1}.$$

从而解得
$$V = \frac{mg}{k} - Ce^{-\frac{k}{m}t} \left(C = \frac{1}{k}e^{-kC_1}\right)$$

因为假设起跳时的速度为 0,所以其初始条件为 $V\big|_{t=0} = 0$ 代入上面的解中得

$$C = \frac{mg}{k}.$$

所以所求的跳伞员下落的速度与时间之间的函数关系为

$$V = \frac{mg}{k}(1 - e^{-\frac{k}{m}t}) \quad (0 \leqslant t \leqslant T).$$

10.2.2　齐次方程

形如
$$\frac{\mathrm{d}y}{\mathrm{d}x} = g\left(\frac{y}{x}\right) \tag{3}$$
的方程,称为齐次方程.

在方程(3)中,如果令 $u = \dfrac{y}{x}$,则 $y = ux$,$\dfrac{\mathrm{d}y}{\mathrm{d}x} = u + x\dfrac{\mathrm{d}u}{\mathrm{d}x}$,于是方程(3)变为

$$u + x\frac{\mathrm{d}u}{\mathrm{d}x} = g(u). \tag{4}$$

从而化为可分离变量方程

$$\frac{\mathrm{d}u}{g(u) - u} = \frac{\mathrm{d}x}{x}. \tag{5}$$

例 4　求方程 $y^2\,\mathrm{d}x + (x^2 - xy)\,\mathrm{d}y = 0$ 的通解.

解:原方程可化为

$$\frac{\mathrm{d}y}{\mathrm{d}x} = \frac{y^2}{xy - x^2},$$

上式右边分子分母同除 x^2 得

$$\frac{\mathrm{d}y}{\mathrm{d}x} = \frac{\left(\dfrac{y}{x}\right)^2}{\dfrac{y}{x} - 1},$$

此为齐次方程,因而令 $u = \dfrac{y}{x}$,则 $\dfrac{\mathrm{d}y}{\mathrm{d}x} = u + x\dfrac{\mathrm{d}u}{\mathrm{d}x}$ 代入上式得

$$u + x\frac{\mathrm{d}u}{\mathrm{d}x} = \frac{u^2}{u - 1},$$

分离变量得
$$\frac{\mathrm{d}x}{x} = \frac{u - 1}{u}\mathrm{d}u,$$

两边积分得
$$\ln x = u - \ln u + \ln C,$$

从而有
$$x = c\,\frac{\mathrm{e}^u}{u},$$

用 $u = \dfrac{y}{x}$ 回代即得原方程的通解 $y = C\mathrm{e}^{\frac{y}{x}}$.

10.2.3　线性方程

形如
$$\frac{\mathrm{d}y}{\mathrm{d}x} + P(x)y = Q(x) \tag{6}$$

的方程,称为一阶线性微分方程,简称一阶线性方程.

当 $Q(x) \equiv 0$ 时,称

$$\frac{\mathrm{d}y}{\mathrm{d}x} + P(x)y = 0$$

为齐次线性方程. 若 $Q(x) \neq 0$,方程(6)称为非齐次线性方程.

1. 齐次线性方程的解法:

齐次线性方程 $\dfrac{\mathrm{d}y}{\mathrm{d}x} + P(x)y = 0$ 是可分离变量方程,分离变量后得

$$\frac{\mathrm{d}y}{y} = - P(x)\mathrm{d}x,$$

两边积分,得 $\ln|y| = -\displaystyle\int P(x)\mathrm{d}x + C_1$ 或 $y = C\mathrm{e}^{-\int P(x)\mathrm{d}x} (C = \pm \mathrm{e}^{C_1})$, (7)

这就是齐次线性方程的通解(积分中不再加任意常数).

例 5　求方程 $y' + (\sin x)y = 0$ 的通解.

解:所给方程是一阶线性齐次方程,其中 $P(x) = \sin x$,

从而　　　　　 $-\displaystyle\int p(x)\mathrm{d}x = -\int \sin x \mathrm{d}x = \cos x + C_1$,

由通解公式可得方程的通解为

$$y = C\mathrm{e}^{\cos x} (C \text{ 为任意常数})$$

2. 非齐次线性方程的解法(常数变量法)

将齐次线性方程通解中的常数 C 换成函数 $C(x)$,

$$y = C(x)\mathrm{e}^{-\int P(x)\mathrm{d}x} \tag{8}$$

代入方程(6)得

$$C'(x)\mathrm{e}^{-\int P(x)\mathrm{d}x} - P(x)C(x)\mathrm{e}^{-\int P(x)\mathrm{d}x} + P(x)C(x)\mathrm{e}^{-\int P(x)\mathrm{d}x} = Q(x),$$

即　　　　　　　　 $C'(x)\mathrm{e}^{-\int P(x)\mathrm{d}x} = Q(x)$,

或　　　　　　　　 $C'(x) = Q(x)\mathrm{e}^{\int P(x)\mathrm{d}x}$,

两边求积分得　　 $C(x) = \displaystyle\int Q(x)\mathrm{e}^{\int P(x)\mathrm{d}x}\mathrm{d}x + C$.

将上式代入(8)式得一阶非齐次线性方程的通解的公式

$$y = \mathrm{e}^{-\int P(x)\mathrm{d}x}\left[\int Q(x)\mathrm{e}^{\int P(x)\mathrm{d}x}\mathrm{d}x + C\right], \tag{9}$$

或　　　　 $y = C\mathrm{e}^{-\int P(x)\mathrm{d}x} + \mathrm{e}^{-\int P(x)\mathrm{d}x} \cdot \displaystyle\int Q(x)\mathrm{e}^{\int P(x)\mathrm{d}x}. \tag{10}$

上面的解法,即是把对应的齐次方程的通解中的常数 C 变易为函数 $C(x)$,而

后再去确定 $C(x)$，从而得到非齐次方程的通解. 这种解法顾名思义称为"常数变易法".

上式(10) 右边第一项是对应的齐次线性方程(7) 的通解，第二项是非齐次线性方程式(6) 的一个特解(在(10) 式中令 $C=0$ 便得此特解). 因此可知，一阶非齐次线性方程的通解等于对应的齐次方程的通解加上非齐次方程的一个特解.

例 6　求解微分方程 $y' - \dfrac{2}{x+1}y = (x+1)^3$.

解　先求与原方程对应的齐次线性方程 $y' - \dfrac{2}{x+1}y = 0$ 的通解.

分离变量得
$$\frac{\mathrm{d}y}{y} = \frac{2}{x+1}\mathrm{d}x,$$

两边积分得
$$\ln y = 2\ln(1+x) + \ln C,$$
$$y = C(1+x)^2$$

再由常数变易法可设原方程的解为
$$y = C(x)(1+x)^2,$$

从而
$$y' = C'(x)(1+x)^2 + 2C(x)(1+x),$$

代入原方程得
$$C'(x)(1+x)^2 + 2C(x)(1+x) - \frac{2}{1+x}C(x)(1+x)^2 = (1+x)^3,$$

化简得
$$C'(x) = 1+x,$$

两边积分得
$$C(x) = \frac{1}{2}(1+x)^2 + C,$$

于是原方程的通解为
$$y = (1+x)^2\left[\frac{1}{2}(1+x)^2 + C\right].$$

例 7　有一个电路如图 10-1 所示，其中电源电动势 $E = E_m\sin(\omega t)$(E_m、ω 都是常数)，电阻 R 和电感 L 都是常量，设 $t=0$ 时合上开关，求电流 $i(t)$.

解：以下分两步求 $i(t)$.

(i) 关于函数 $i(t)$ 的微分方程

由电学知道，当电流变化时，电感 L 上有感应电动势 $-L\dfrac{\mathrm{d}i}{\mathrm{d}t}$，由回路电压定律得

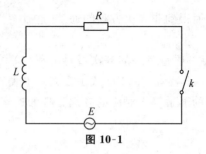

图 10-1

$$E - L\frac{\mathrm{d}i}{\mathrm{d}t} - Ri = 0,$$

即
$$\frac{\mathrm{d}i}{\mathrm{d}t} + \frac{R}{L}i = \frac{E}{L}.$$

把 $E = E_m\sin\omega t$ 代入上式得

$$\frac{\mathrm{d}i}{\mathrm{d}t} + \frac{R}{L}i = \frac{E_m}{L}\sin\omega t, \tag{11}$$

其中函数还应满足初始条件 $i\big|_{t=0} = 0$

(ii) 求解微分方程

方程(11)是一个非齐次线性方程,其中 $P = \dfrac{R}{L}$,$Q = \dfrac{E_m}{L}\sin\omega t$ 代入通解公式得

$$
\begin{aligned}
i(t) &= \mathrm{e}^{-\int\frac{R}{L}\mathrm{d}t}\left[\int \frac{E_m}{L}\sin\omega\,t\,\mathrm{e}^{\int\frac{R}{L}\mathrm{d}t}\mathrm{d}t + C\right] \\
&= \mathrm{e}^{-\frac{R}{L}t}\left[\frac{E_m}{L}\cdot\frac{L}{R^2+\omega^2L^2}\mathrm{e}^{\frac{R}{L}t}(R\sin\omega t - \omega L\cos\omega t) + C\right] \\
&= C\mathrm{e}^{-\frac{R}{L}t} + \frac{E_m}{R^2+\omega^2L^2}(R\sin\omega t - \omega L\cos\omega t).
\end{aligned}
$$

将初始条件 $i\big|_{t=0} = 0$ 代入上式,求得

$$C = \frac{\omega L E_m}{R^2+\omega^2L^2},$$

于是所求函数为

$$i(t) = \frac{\omega L E_m}{R^2+\omega^2L^2}\mathrm{e}^{-\frac{R}{L}t} + \frac{E_m}{R^2+\omega^2L^2}(R\sin\omega t - \omega L\cos\omega t) \tag{12}$$

为了便于说明上式所描绘的物理现象,不妨令

$$\frac{R}{\sqrt{R^2+\omega^2L^2}} = \cos\varphi, \qquad \frac{\omega L}{\sqrt{R^2+\omega^2L^2}} = \sin\varphi.$$

则(12)式可写成

$$i(t) = \frac{\omega L E_m}{R^2 + \omega^2 L^2} \mathrm{e}^{-\frac{R}{L}t} + \frac{E_m}{\sqrt{R^2 + \omega^2 L^2}} \sin(\omega t - \varphi), \text{其中 } \varphi = \arctan \frac{WL}{R}.$$

当 t 增大时,上式右边第一项(称为暂态电流)逐渐减少而趋于零;第二项(称为稳态电流)是正弦函数,它的周期和电动势的周期相同,而相角滞后 φ.

例 8(市场动态均衡价格)　设某商品的市场价格 $P = P(t)$ 随时间 t 变动,其需求函数为

$$D_d = b - ap \quad (a, b > 0)$$

供给函数为

$$D_s = -d + cP \quad (c, d > 0)$$

又设价格随时间的变化率与超额需求 $(D_d - L)$ 成正比,求价格函数 $P = P(t)$.

解:根据题意,价格函数 $P(t)$ 满足微分方程

$$\begin{cases} \dfrac{\mathrm{d}P}{\mathrm{d}t} = A(D_d - D_s) = -A(a+c)P + A(b+d) \\ P\big|_{t=0} = P(0) \end{cases}$$

利用一阶线性方程通解公式可得

$$P(t) = \mathrm{e}^{-\int A(a+c)\,\mathrm{d}t}\left[\int A(b+d)\mathrm{e}^{\int A(a+c)\,\mathrm{d}t}\,\mathrm{d}t + C_1\right] = \frac{b+d}{a+c} + C_1 \mathrm{e}^{-A(a+c)t}.$$

由初始条件 $t = 0, P = P(0)$,得 $C_1 = P(0) - \dfrac{b+d}{a+c}$,代入上式可得

$$P(t) = \left(P(0) - \frac{b+d}{a+c}\right)\mathrm{e}^{-A(a+c)t} + \frac{b+d}{a+c}$$

由价格 $P(t)$ 解的表达式可知,当 $t \to \infty$ 时,$P(t) \to \dfrac{b+d}{a+c}$,称 $\dfrac{b+d}{a+c}$ 为均衡价格,即当 $t \to \infty$ 时,价格将逐步趋向均衡价格.

3. 贝努里(Bernoulli)方程

形如

$$\frac{\mathrm{d}y}{\mathrm{d}x} + p(x)y = Q(x)y^n \quad (n \neq 0, 1) \tag{13}$$

的方程称为贝努里方程.

贝努里方程虽然不是线性方程,但我们可把(13)改写为

$$y^{-n}\frac{\mathrm{d}y}{\mathrm{d}x} + p(x)y^{1-n} = Q(x),$$

从而有

$$\frac{1}{1-n}\frac{d(y^{1-n})}{dx} + p(x)y^{1-n} = Q(x).$$
(14)

于是,只要令 $u = y^{1-n}$,方程(14)就化为线性方程

$$\frac{1}{1-n}\frac{du}{dx} + p(x)u = Q(x)$$

它的通解可由公式(10)给出,再利用变换 $y = u^{\frac{1}{1-n}}$ 就可得方程(13)的通解.

例 9　求解方程　　　　$\dfrac{dy}{dx} = \dfrac{y}{2x} + \dfrac{x^2}{2y}$.

解:原方程可改写为

$$\frac{dy}{dx} - \frac{1}{2x}y = \frac{x^2}{2} \cdot y^{-1}$$
(15)

它是一个贝努里方程,$n = -1$.

作变换 $u = y^2$,则方程(15)变为

$$\frac{du}{dx} - \frac{1}{x}u = x^2$$

根据公式(10)得　　　　$u = c_1 x + \dfrac{x^3}{2},$

因此原方程的通解为　　　$y = \pm\sqrt{c_1 x + \dfrac{x^3}{2}}.$

10.2.4　全微分方程

如果方程

$$M(x,y)dx + N(x,y)dy = 0$$
(16)

的左边是某一个函数的 $u(x,y)$ 的全微分,即

$$du(x,y) = M(x,y)dx + N(x,y)dy,$$
(17)

则称方程(16)是全微分方程(又称恰当方程).

容易验证,方程(16)是全微分方程的充要条件为

$$\frac{\partial M}{\partial y} = \frac{\partial N}{\partial x}$$

其通解为 $u(x,y) = C$.

根据(17)式,函数 $u(x,y)$ 必须满足方程组

$$\frac{\partial u}{\partial x} = M, \frac{\partial u}{\partial y} = N$$
(18)

因此,

$$u(x,y) = \int M(x,y)\mathrm{d}x + \varphi(y) \qquad\qquad (19)$$

再由(18)第二个等式得

$$\frac{\partial}{\partial y}\int M(x,y)\mathrm{d}x + \varphi'(y) = N(x,y)$$

从而

$$\varphi'(y) = N(x,y) - \frac{\partial}{\partial y}\int M(x,y)\mathrm{d}x,$$

两边对 y 积分便可求出 $\varphi(y)$，将其代入(19)就得方程(16)的通解

例 10 求解方程

$$(3x^2 + 2xy^2)\mathrm{d}x + (2x^2 y + y^2)\mathrm{d}y = 0$$

解：$\because M = 3x^2 + 2xy^2, N = 2x^2 y + y^2,$

$$\frac{\partial M}{\partial y} = 4xy, \frac{\partial N}{\partial x} = 4xy.$$

$$\therefore \frac{\partial M}{\partial y} = \frac{\partial N}{\partial x},$$

故方程为全微分方程.

由 $\dfrac{\partial u}{\partial x} = M = 3x^2 + 2xy^2$ 得

$$u = \int (3x^2 + 2xy^2)\mathrm{d}x + \varphi(y) = x^3 + x^2 y^2 + \varphi(y),$$

从而

$$\frac{\partial u}{\partial y} = 2x^2 y + \varphi'(y) = 2x^2 y + y^2,$$

于是 $\varphi'(y) = y^2.$

因此原方程的通解为　$x^3 + x^2 y^2 + \dfrac{y^3}{3} = C.$

习题 10-2

1. 求下列可分离变量方程的通解：

(1) $y\mathrm{d}y = x\mathrm{d}x$；

(2) $\dfrac{\mathrm{d}y}{\mathrm{d}x} = y\ln y$；

(3) $\dfrac{\mathrm{d}y}{\mathrm{d}x} = \mathrm{e}^{x-y}.$

2. 求下列形为 $y' = f\left(\dfrac{x}{y}\right)$ 的方程的解:

(1) $x^2 \dfrac{\mathrm{d}y}{\mathrm{d}x} = xy - y^2$;

(2) $(x + 2y)\mathrm{d}x - x\mathrm{d}y = 0$;

(3) $(x^2 + y^2)\dfrac{\mathrm{d}y}{\mathrm{d}x} = 2xy$;

(4) $xy' - y = (x + y)\ln\dfrac{x + y}{x}$.

3. 求下列线性微分方程的通解:

(1) $\dfrac{\mathrm{d}y}{\mathrm{d}x} + 2xy = 4x$;

(2) $y' - \dfrac{1}{x - 2}y = 2(x - 2)^2$;

(3) $\dfrac{d\rho}{d\theta} + 3\rho = 2$;

(4) $\dfrac{\mathrm{d}i}{\mathrm{d}t} - 6i = 10\sin 2t$;

(5) $xy' - 2y = 2x^4$;

(6) $x(y' - y) = \mathrm{e}^x$.

4. 解下列伯努利方程:

(1) $\dfrac{\mathrm{d}y}{\mathrm{d}x} - y = xy^5$;

(2) $y' + 2xy + xy^4 = 0$;

(3) $y' + \dfrac{y}{3} = \dfrac{1}{3}(1 - 2x)y^4$.

5. 求下列全微分方程的通解:

(1) $2xy\mathrm{d}x + (x^2 - y^2)\mathrm{d}y = 0$;

(2) $\mathrm{e}^{-y}\mathrm{d}x - (2y + x\mathrm{e}^{-y})\mathrm{d}y = 0$;

(3) $2x(1 + \sqrt{x^2 - y})\mathrm{d}x - \sqrt{x^2 - y}\,\mathrm{d}y = 0$;

(4) $\dfrac{y}{x}\mathrm{d}x + (y^3 + \ln x)\mathrm{d}y = 0$.

6. 求一曲线的方程,这曲线通过原点,并且它在点 (x, y) 处的切线斜率等于 $2x + y$.

7. 求解下列方程:

(1) $xy' - y = (x + y)\ln\dfrac{x + y}{x}$;

(2) $xy' = \sqrt{x^2 - y^2} + y$;

(3) $(xy + x^2y^3)y' = 1$;

(4) $3y^2y' - ay^3 = x + 1$;

(5) $(y^2 - 6x)y' + 2y = 0$;

(6) $y' = \dfrac{1}{2x - y^2}$;

(7) $y' = \dfrac{y}{2y\ln x + y - x}$;

(提示:(5)、(6)、(7) 题视 y 为自变量)

(8) $\dfrac{3x^2 + y^2}{y^2}\mathrm{d}x - \dfrac{2x^3 + 5y}{y^3}\mathrm{d}y = 0$;

(9) $(1 + y^2\sin 2x)\mathrm{d}x - y\cos 2x\mathrm{d}y = 0$.

8. 设 $\displaystyle\int_0^x f(t)\,\mathrm{d}t = \mathrm{e}^x - 1 - f(x)$，求 $f(x)$.

9. 求解方程

$$\frac{\mathrm{d}y}{\mathrm{d}x} = f\left(\frac{ax + by + c}{a_1 x + b_1 y + c_1}\right).$$

（提示：若直线 $ax + by + c = 0$ 与 $a_1 x + b_1 y + c_1 = 0$ 有交点 (α, β)，作代换 $x = \xi + \alpha, y = \eta + \beta$. 若这两条直线平行，则作代换 $ax + by = z$）.

10. 求解方程

$$\frac{\mathrm{d}y}{\mathrm{d}x} = \frac{3y - 7x + 7}{3x - 7y - 3}.$$

11. 一物体冷却的速率与物体和周围介质温度之差成正比，其比例系数为 $k = k_0(1 + at)$. 在这种假定之下，设 $t = 0$ 时，物体温度 $\theta = \theta_0$，介质温度 θ_1，试求温度 θ 和时间 t 之间的关系式.

10.3　几类特殊的高阶方程

二阶及二阶以上的微分方程统称为高阶微分方程. 本节仅讨论三类特殊的高阶微分方程.

1. 形如 $y^{(n)} = f(x)$ 的微分方程

微分方程 $y^{(n)} = f(x)$ 是一类最简单的高阶微分方程，它的解法是通过逐次求积分而得其通解.

例 1　求微分方程 $y''' = x\mathrm{e}^x$ 的通解.

解：方程两边求一次积分得

$$y'' = \int x\mathrm{e}^x\,\mathrm{d}x = \int x\,\mathrm{d}\mathrm{e}^x = x\mathrm{e}^x - \int \mathrm{e}^x\,\mathrm{d}x = x\mathrm{e}^x - \mathrm{e}^x + C_1.$$

将上式积分得

$$y' = \int x\mathrm{e}^x\,\mathrm{d}x - \int \mathrm{e}^x\,\mathrm{d}x + \int C_1\,\mathrm{d}x = x\mathrm{e}^x - \mathrm{e}^x + C_2 - \mathrm{e}^x + C_1 x$$

$$= x\mathrm{e}^x - 2\mathrm{e}^x + C_1 x + C_2.$$

再次积分得　$y = \displaystyle\int x\mathrm{e}^x\,\mathrm{d}x - 2\int \mathrm{e}^x\,\mathrm{d}x + C_1 \int x\,\mathrm{d}x + \int C_2\,\mathrm{d}x$

$$= (x\mathrm{e}^x - \mathrm{e}^x + C_3) - 2\mathrm{e}^x + \frac{C_1}{2}x^2 + C_2 x$$

$$= x\mathrm{e}^x - 3\mathrm{e}^x + \frac{C_1}{2}x^2 + C_2 x + C_3.$$

2. 形如 $y'' = f(x, y')$ 的微分方程

这类二阶微分方程的特点是方程中不明显含 y. 解题的基本思想步骤是：

(1) 令 $y' = P(x)$，把原方程化为以 P 为未知函数的一阶方程 $P' = f(x, P)$；

(2) 求解方程得 P 的表示式；

(3) 将 $P(x)$ 的表求式代入式子 $y' = P(x)$，求得原方程通解 $y = \int P \mathrm{d}x$.

例 2　求方程 $(1 + x^2)y'' - 2xy' = 0$ 的通解

解：方程中不显含 y，令 $y' = P(x)$，则 $y'' = P'(x)$，原方程化为

$$\frac{\mathrm{d}P}{P} = \frac{2x}{1 + x^2}\mathrm{d}x$$

它的通解为：

$$P = C(1 + x^2)$$

即

$$y' = C(1 + x^2)$$

两边积分，得原方程的通解

$$y = C_1\left(x + \frac{x^3}{3}\right) + C_2$$

3. 形如 $y'' = f(y, y')$ 的微分方程

这类微分方程的特点是方程中不明显含 x，解题的基本思想步骤是：

(1) 令 $y' = P(y)$，$y'' = \dfrac{\mathrm{d}P}{\mathrm{d}y} \cdot \dfrac{\mathrm{d}y}{\mathrm{d}x} = P\dfrac{\mathrm{d}P}{\mathrm{d}y}$，把原方程化为以 P 为未知函数的一阶方程

$$P \cdot \frac{\mathrm{d}P}{\mathrm{d}y} = f(y, P);$$

(2) 求解上述方程得 P 的表达式；

(3) 将 $P(y)$ 的表示式代入 $y' = P(y)$，求得原方程的通解 $y = \int P \mathrm{d}x$.

例 3　求微分方程 $yy'' - y'^2 = 0$ 的通解.

解：原方程中不明显含 x，故令 $y' = P(y)$，从而 $y'' = P\dfrac{\mathrm{d}P}{\mathrm{d}y}$，代入原方程得

$$yP\frac{\mathrm{d}P}{\mathrm{d}y} - P^2 = 0,$$

分离变量得

$$\frac{\mathrm{d}P}{P} = \frac{\mathrm{d}y}{y},$$

两边积分得

$$P = C_1 y.$$

从而

$$\frac{\mathrm{d}y}{\mathrm{d}x} = C_1 y,$$

再分离变量求得

$$\ln y = C_1 x + \ln C_2$$

即原方程通解为 $\qquad y = C_2 e^{C_1 x}$.

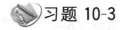 习题 10-3

1. 求下列二阶方程的通解:

(1) $y'' = x + \sin x$;　　　　　(2) $xy'' = y'$;

(3) $y'' = y' + x$;　　　　　　(4) $y'' = \dfrac{y'}{x} + x$;

(5) $xy'' + y' + x = 0$;　　　　(6) $xy'' + y'^2 = y'$;

(7) $y'' = 1 + y'^2$.

2. 求 $y'' = x$ 的经过点 $M(0,1)$ 且在此点与直线 $y = \dfrac{1}{2}x + 1$ 相切的积分曲线.

3. 求下列二阶方程的通解:

(1) $(1 + x^2) y'' + (y')^2 + 1 = 0$;　　(2) $xy'' = y' \ln \dfrac{y'}{x}$;

(3) $2xy'y'' = (y')^2 + 1$;　　　　　　(4) $1 + (y')^2 = 2yy''$;

(5) $(y')^2 + 2yy'' = 0$;　　　　　　(6) $a^2 y'' - y = 0$;

(7) $y'' + \dfrac{2}{1-y}(y')^2 = 0$;　　　(8) $yy'' + (y')^2 = 1$.

4. 一质量为 m 的物体以初速度 v_0 铅直向上抛,空气阻力等于 kv^2. 试建立物体向上抛时的运动方程和落下时的运动方程,并求物体落到地上那一瞬间所具有的速度.

5. 一子弹以速度 $v_0 = 200$ m/s 打进一块厚度为 $h = 10$ cm 的板,然后穿透它,以速度 $v_1 = 80$ m/s 离开板,设板与子弹运动的阻力和运动速度的平方成正比,求子弹穿过板的时间.

10.4　二阶常系数线性微分方程

形如

$$y'' + py' + qy = f(x) \qquad\qquad (20)$$

的微分方程称为二阶常系数线性微分方程,其中 p,q 为常数,$f(x)$ 是 x 的连续函数,称为自由项. 当 $f(x) \not\equiv 0$ 时,方程(20)称为非齐次线性方程;当 $f(x) \equiv 0$ 时,方程

$$y'' + py' + qy = 0 \tag{21}$$

称为齐次线性方程.

10.4.1　二阶常系数齐次线性方程

对于方程(21)的解,具有以下性质:

定理1　设 $y = y_1(x)$ 及 $y = y_2(x)$ 是方程(21)的两个解,则对于任意常数 C_1 与 C_2,$y = C_1 y_1(x) + C_2 y_2(x)$ 还是方程(21)的解.

证:∵ $y_1(x)$、$y_2(x)$ 是方程(21)的解.

∴ $y_1'' + py_1' + qy_1 = 0$,$y_2'' + py_2' + qy_2 = 0$

从而 $(C_1 y_1 + C_2 y_2)'' + p(C_1 y_1 + C_2 y_2)' + q(C_1 y_1 + C_2 y_2)$

$$= C_1(y_1'' + py_1' + qy_1) + C_2(y_2'' + py_2' + qy_2) \equiv 0$$

故 $y = C_1 y_1(x) + C_2 y_2(x)$ 是方程(21)的解

注意到当 $\dfrac{y_1}{y_2} \neq C(C$ 为常数$)$ 时,则 $y = C_1 y_1(x) + C_2 y_2(x)$ 中的两个任意常数 C_1 与 C_2 是不能合并的(即相互独立). 因此 $y = C_1 y_1(x) + C_2 y_2(x)$ 就是方程(21)的通解.

从上面的讨论可知,只要求得方程(21)的两个解 y_1,y_2 且满足 $\dfrac{y_1}{y_2} \neq C$,那么解 $y = C_1 y_1(x) + C_2 y_2(x)$ 即为方程(21)的通解. 下面来解决求 y_1 和 y_2 的问题.

我们知道一阶常系数齐次线性方程 $\dfrac{\mathrm{d}y}{\mathrm{d}x} = ry$ 的通解是 $y = Ce^{rx}$. 因此,可以猜想到到方程(21)有如 $y = e^{rx}$ 形式的解(其中 r 为待定常数).

将 $y' = re^{rx}$,$y'' = r^2 e^{rx}$ 及 $y = e^{rx}$ 代入方程(21)得

$$y = C_1 y_1(x) + C_2 y_2(x).$$

由于 $e^{rx} \neq 0$,所以,只要 r 满足方程

$$r^2 + pr + q = 0, \tag{22}$$

则 $y = e^{rx}$ 就是方程(21)的解. 关于 r 为未知数的方程(22)称为方程(21)的特征方程,特征方程的根称为特征根.

下面讨论特征根的三种情形.

(1)特征方程具有两个不相等的实根 r_1 和 r_2,即 $r_1 \neq r_2$,此时 $y_1 = e^{r_1 x}$ 和 $y_2 = e^{r_2 x}$ 是方程(21)的两个不同的解,且 $\dfrac{y_1}{y_2} = e^{(r_1 - r_2)x} \neq$ 常数,所以方程(21)的通解为

$$y = C_1 e^{r_1 x} + C_2 e^{r_2 x}.$$

（2）特征方程具有两个相等的实根，即 $r_1 = r_2 = -\dfrac{p}{2}$，这时，只得到一个特解 $y_1 = e^{r_1 x}$，还需找另一个特解 y_2 且要求 $\dfrac{y_2}{y_1}$ 不是常数. 为此设 $y_2 = x y_1 = x e^{r_1 x}$，则

$$y_2' = e^{r_1 x}(1 + r_1 x)$$
$$y_2'' = e^{r_1 x}(2 r_1 + r_1^2 x)$$

代入方程（21）得

$$e^{r_1 x}\big[(2 r_1 + r_1^2 x) + p(1 + r_1 x) + q x\big] = e^{r_1 x}\big[(2 r_1 + p) + x(r_1^2 + p r_1 + q)\big]$$

由于 r_1 是特征方程（22）的重根，故 $r_1^2 + p r_1 + q = 0, 2 r_1 + p = 0$，于是有

$$y_2'' + p y_2' + q y_2 = 0$$

由此知 $y_2 = x e^{r_1 x}$ 是方程（21）的一个解.

从而微分方程（21）的通解为

$$y = C_1 e^{r_1 x} + x C_2 e^{r_1 x} = (C_1 + C_2 x) e^{r_1 x}$$

（3）特征方程具有一对共轭复根 $r_1 = \alpha + i\beta$ 与 $r_2 = \alpha - i\beta$. 由此时得两个复函数的解 $y_1 = e^{(\alpha + i\beta)x}$ 及 $y_2 = e^{(\alpha - i\beta)x}$，且 $\dfrac{y_1}{y_2} = e^{2i\beta x} \neq$ 常数，为了便于在实数范围内讨论问题，我们再找出两个实数解.

由欧拉公式 $\qquad e^{ix} = \cos x + i \sin x$

得 $\qquad\qquad y_1 = e^{\alpha x}(\cos\beta x + i \sin\beta x)$
$$y_2 = e^{\alpha x}(\cos\beta x - i \sin\beta x)$$

于是根据本节的定理知

$$Y_1 = \frac{1}{2}(y_1 + y_2) = e^{\alpha x}\cos\beta x,$$

$$Y_2 = \frac{1}{2i}(y_1 - y_2) = e^{\alpha x}\sin\beta x,$$

均为方程（21）的解，且 $\dfrac{Y_1}{Y_2} \neq$ 常数，所以，此时方程（21）的通解为

$$y = e^{\alpha x}(C_1 \cos\beta x + C_2 \sin\beta x).$$

例 1　求解方程 $y'' + 7y' + 12y = 0$.

解：特征方程 $r^2 + 7r + 12 = 0$，解得 $r_1 = -3, r_2 = -4$，因此原方程的通解为

$$y = C_1 e^{-3x} + C_2 e^{-4x}.$$

例 2 求解方程 $y'' - 12y' + 36y = 0$

解:特征方程 $r^2 - 12r + 36 = 0$,解得 $r_1 = r_2 = 6$,因此原方程的通解为

$$y = e^{6x}(C_1 + C_2 x)$$

例 3 求解方程 $y'' + 2y' + 5y = 0$

解:特征方程 $r^2 + 2r + 5 = 0$,解得 $r_1 = -1 - 2i, r_2 = -1 + 2i$,因此原方程的通解为

$$y = e^{-x}(C_1 \cos 2x + C_2 \sin 2x)$$

综上所述知,求解二阶常系数齐次线性方程的基本步骤是:

(1) 写出特征方程,求出特征根;

(2) 根据特征根的不同情况,按照下表,对应地写出微分方程的通解.

特征方程 $r^2 + pr + q = 0$ 的两个根 r_1, r_2	微分方程 $y'' + py' + qy = 0$ 的通解
两个不相等的实根 $r_1 \neq r_2$	$y = C_1 e^{r_1 x} + C_2 e^{r_2 x}$
两个相等的实根 $r_1 = r_2$	$y = (C_1 + C_2 x) e^{r_1 x}$
一对共轭复根 $r_{1,2} = \alpha \pm i\beta$	$y = e^{\alpha x}(C_1 \cos \beta x + C_2 \sin \beta x)$

例 4 弹簧振动问题.

设有一个弹簧上端固定,下端挂着一个质量为 m 的物体,当弹簧处于平衡位置时,物体所受的重力与弹性恢复力大小相等,方向相反.设给物体一个初始位移 x_0 和初始速度 V_0,则物体便在其平衡位置附近上下振动.已知阻力大小与其速度成正比,试求振动过程中位移 x 的变化规律.

解:取平衡位置为原点,取铅直向下为 x 轴的正方向(图 10-2).设在时刻 t,物体的位移为 x,则 $x = x(t)$ 就是所要求的变化规律函数.

物体在振动过程中,受到两个力的作用:

(1) 弹性恢复力 f_1 的作用:根据力学知识可知,当振幅不大时,弹簧使物体回到平衡位置的弹性恢复力 f_1(它不包括在平衡位置时和重力的那一部分的弹性力)和物体的位移 x 成正比 $f_1 = -kx$,(其中 k 为弹性系数,负号表示弹性恢复力与位移 x 的方向相反);

(2) 阻尼介质(如空气、油)的阻力 f_2 的作用:由实验知道,当物体运动的速度不太大时,可设阻力与运动速度成正比 $f_2 = -\mu V$(其中 μ 为比例系数,负

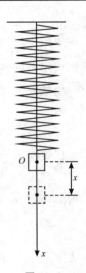

图 10-2

号表示阻力 f_2 与速度 V 的方向相反).

根据上面对物体受力情况的分析,由牛顿第二定律 $F = ma$,知

$ma = - kx - \mu V$(其中 a 为加速度且 $a = \dfrac{d^2 x}{dt^2}$,V 为速度且 $V = \dfrac{dx}{dt}$).

上式可写为

$$m \frac{d^2 x}{dt^2} = - \mu \frac{dx}{dt} - kx.$$

记 $2n = \dfrac{\mu}{m}$,$\omega^2 = \dfrac{k}{m}$,这里 n, ω 均为正常数,则上式方程可表示为

$$\frac{d^2 x}{dt^2} + 2n \frac{dx}{dt} + \omega^2 x = 0. \tag{23}$$

方程(23)称为物体自由振动的微分方程.这是一个关于未知函数 x 的常系数线性齐次方程,它的特征方程为 $r^2 + 2nr + \omega^2 x = 0$,其两根为

$$r_{1,2} = - n \pm \sqrt{n^2 - \omega^2}.$$

根据题意可列出初始条件

$$\begin{cases} x \big|_{t=0} = x_0 \\ \dfrac{dx}{dt} \bigg|_{t=0} = V_0 \end{cases}.$$

于是,上述问题化为初值问题

$$\begin{cases} \dfrac{d^2 x}{dt^2} + 2n \dfrac{dx}{dt} + \omega^2 x = 0 \\ x \big|_{t=0} = x_0, \dfrac{dx}{dt} \bigg|_{t=0} = V_0 \end{cases}$$

以下分三种情况来讨论:

(1) 当 $n > \omega$(称为大阻尼情形)时

此时特征根 $r_1 = - n - \sqrt{n^2 - \omega^2}$,$r_2 = - n + \sqrt{n^2 - \omega^2}$ 是两个不相等的实数根,所以,方程(23)的通解为

$$x = C_1 e^{-(n - \sqrt{n^2 - \omega^2})t} + C_2 e^{-(n + \sqrt{n^2 - \omega^2})t}$$

(2) 当 $n = \omega$(称为临界阻力情形)时

此时,特征根为 $r_1 = r_2 = - n$,所以方程(23)的通解为

$$x = C_1 e^{-(n - \sqrt{n^2 - \omega^2})t} + C_2 e^{-(n + \sqrt{n^2 - \omega^2})t}$$

(3) 当 $n < \omega$(称为小阻尼情形)时

此时,特征根为一对共轭复数 $- n \pm \sqrt{\omega^2 - n^2} i$,所以方程的通解为

$$x = \mathrm{e}^{-nt}(C_1\cos\sqrt{\omega^2 - n^2}\,t + C_2\sin\sqrt{\omega^2 - n^2}\,t)$$

令 $\omega_0 = \sqrt{\omega^2 - n^2}$，$A = \sqrt{C_1^2 + C_2^2}$，$\varphi = \arctan\dfrac{C_1}{C_2}$ 则上式可写为

$$x = A\mathrm{e}^{-nt}\sin(\omega_0 t + \varphi)$$

以上三种情况中的任意常数均可由初始条件确定.

从通解可以看出,对于(1),(2)两种情形,$x(t)$ 都不是振荡型的函数,且当 $t \to \infty$ 时,$x(t) \to 0$ 即物体随时间 t 的增大而趋于平衡位置;对于(3)的情形虽然物体的运动是振荡的,但它也随时间 t 的增大而趋于平衡位置,总之,这一类振动问题均会因阻尼的作用而最终趋于平衡位置.

例 5　供需均衡时的价格函数. 设某商品的需求函数与供给函数分别为

$$q_d = p'' - 4p' - p + 8,$$
$$q_s = 4p'' - p' + 8,$$

初始条件 $p(0) = 5$，$p'(0) = \dfrac{1}{2}$，试求均衡条件下的价格函数 $p(t)$.

解：由 $q_d = q_s$，得

$$3p'' + 3p' + p = 0,$$

特征方程为

$$3r^2 + 3r + 1 = 0,$$

解得

$$r_{1,2} = -\frac{1}{2} \pm \frac{\sqrt{3}}{6}i.$$

于是,原方程的通解为

$$p(t) = \mathrm{e}^{-\frac{1}{2}t}\left(C_1\cos\frac{\sqrt{3}}{6}t + C_2\sin\frac{\sqrt{3}}{6}t\right).$$

代入初始条件得 $C_1 = 5$，$C_2 = 6\sqrt{3}$，故所求的价格函数为

$$p(t) = \mathrm{e}^{-\frac{1}{2}t}\left(5\cos\frac{\sqrt{3}}{6}t + 6\sqrt{3}\sin\frac{\sqrt{3}}{6}t\right).$$

10.4.2　二阶常系数非齐次线性微分方程

下面我们来讨论方程(20)解的结构问题.

定理 2　如果 y^* 是线性非齐次方程(20)的一个特解,Y 是该方程所对应的线性齐次方程(21)的通解,则

$$y = Y + y^*$$

是线性非齐次方程(20)的通解.

定理 3 设 y_1^* 与 y_2^* 分别是方程

$$y'' + py' + qy = f_1(x), \tag{24}$$

和

$$y'' + py' + qy = f_2(x), \tag{25}$$

的特解,则 $y_1^* + y_2^*$ 是方程

$$y'' + py' + qy = f_1(x) + f_2(x). \tag{26}$$

的特解.

根据定理 8.2 知,求方程(20)的通解即先求出方程(21)的通解 Y,而后再求出方程(20)的一个特解 y^*,即得方程(20)的通解 $y = Y + y^*$.

关于齐次方程的通解 Y 的求法,前面已作过介绍.本节仅就自由项 $f(x)$ 取三种特殊形式时,讨论非齐次方程特解 y^* 的求法.

1.自由项 $f(x) = P_n(x)$(其中 $P_n(x)$ 是 x 的 n 次多项式)

此时,方程(20)为

$$y'' + py' + qy = P_n(x). \tag{27}$$

从求导运算的规律看,不难发现:当 $q \neq 0$ 时,方程(27)的特解 y^* 必是一个 n 次多项式,记为 y_n^*;当 $q = 0$ 而 $p \neq 0$ 时,$y_n^{*\prime}$ 应是一个 n 次多项式.亦即 y^* 必是一个 $n+1$ 次多项式记为 y_{n+1}^*,类似地,当 $p = q = 0$ 时,y^* 应是一个 $n+2$ 次多项式 y_{n+2}^*.下面,我们通过具体例子来说明其求法.

例 6 求方程 $y'' - 2y' + y = x^2$ 的一个特解.

解:由于方程中 $q = 1 \neq 0$ 且 $P_2(x) = x^2$,故可设特解为

$$y^* = Ax^2 + Bx + C,$$

则

$$y^{*\prime} = 2Ax + B, y^{*\prime\prime} = 2A.$$

代入原方程有

$$Ax^2 + (-4A + B)x + (2A - 2B + C) = x^2.$$

比较两边同次幂的系数得 $\begin{cases} A = 1 \\ -4A + B = 0 \\ 2A - 2B + C = 0 \end{cases}$,

解得

$$A = 1, B = 4, C = 6,$$

所以,所求的特解为

$$y^* = x^2 + 4x + 6.$$

例 7 求方程 $y'' - 2y' = 3x + 1$ 的一个特解.

解:方程中 $p = -2, q = 0$,且 $f(x) = 3x + 1$ 是一次多项式,故可设

$$y^* = Ax^2 + Bx + C$$

代入原方程得

$$2A + 2(2Ax - B) = 3x + 1$$

即

$$-4Ax + (2A - 2B) = 3x + 1$$

较两边系数得 $\begin{cases} -4A = 3 \\ 2A - 2B = 1 \end{cases}$,从而得 $A = -\dfrac{3}{4}, B = -\dfrac{5}{4}, C$ 可为任意常数.

不妨取 $C = 0$ 则得原方程的一个特解为

$$y^* = -\frac{3}{4}x^2 - \frac{5}{4}x$$

2. 自由项 $f(x) = P_n(x)\mathrm{e}^{\lambda x}$(其中 $P_n(x)$ 是一个 n 次多项式,λ 为常数)

此时方程(20)为

$$y'' + py' + qy = P_n(x)\mathrm{e}^{\lambda x}, \tag{28}$$

与上述讨论相类似,不难得到如下三个结论:

(1) 当 λ 不是特征方程的特征根时,即 $\lambda^2 + p\lambda + q \neq 0, Q_m(x)$ 必是一个 n 次多项式即 $m = n$,此时,可设特解 $y^* = Q_n(x)\mathrm{e}^{\lambda x}$.

(2) 当 λ 是特征方程的单根时,即 $\lambda^2 + p\lambda + q = 0$ 而 $2\lambda + p \neq 0. Q_m(x)$ 应是一个 $n+1$ 次多项式,常数项可以取零. 此时,可设特解 $y^* = xQ_n(x)\mathrm{e}^{\lambda x}$.

(3) 当 λ 是特征方程的重根时,即 $\lambda^2 + p\lambda + q = 0$ 且 $2\lambda + p = 0. Q_m(x)$ 应是一个 $n+2$ 次多项式,一次项系数与常数项均可以为零. 此时,可设特解 $y^* = x^2 Q_n(x)\mathrm{e}^{\lambda x}$.

例 8　求方程 $y'' - 5y' + 6y = x\mathrm{e}^{2x}$ 的一个特解.

解:方程中 $\lambda = 2, P_n(x) = x$ 是一次式.容易验证 $\lambda = 2$ 是特征方程的单根.所以可设

$$y^* = x(Ax + B)\mathrm{e}^{2x},$$

则

$$\begin{aligned} y^{*\,'} &= (Ax + B)\mathrm{e}^{2x} + Ax\mathrm{e}^{2x} + 2x(Ax + B)\mathrm{e}^{2x} \\ &= \mathrm{e}^{2x}[2Ax^2 + (2A + 2B)x + B], \end{aligned}$$

$$\begin{aligned} y^{*\,''} &= 2\mathrm{e}^{2x}[2Ax^2 + (2A + 2B)x + B] + \mathrm{e}^{2x}(4Ax + 2A + 2B) \\ &= \mathrm{e}^{2x}[4Ax^2 + (8A + 4B)x + 2A + 4B] \end{aligned}$$

将 $y^*, y^{*\,'}, y^{*\,''}$ 代入原方程,且约去 e^{2x} 得

$$-2Ax + 2A - B = x$$

比较系数得

$$\begin{cases} -2A = 1 \\ 2A - B = 0 \end{cases},$$

可解得

$$\begin{cases} A = -\dfrac{1}{2} \\ B = -1 \end{cases}.$$

因此,原方程的一个特解为

$$y^* = x\left(-\frac{1}{2}x - 1\right)e^{2x}.$$

例 9　求方程 $y'' - 6y' + 9y = 5xe^{-3x}$ 的通解.

解:分两步求解.

(1)求对应齐次方程的通解.

对应齐次方程　　$y'' - 6y' + 9y = 0$,

特征方程为　　　$r^2 + 6r + 9 = 0$,

解得　　　　　　$r_1 = r_2 = -3$.

于是得到齐次方程 $y'' - 5y' + 9y = 0$ 的通解为

$$Y = (C_1 + C_2 x)e^{-3x}.$$

(2)求原方程的一个特解

因为 $\lambda = -3$ 是特征方程的重根,$P_n(x) = 5x$ 是一次式,所以可设

$$y^* = x^2(Ax + B)e^{-3x},$$

求导得　　$y^{*\,\prime} = e^{-3x}[-3Ax^3 + (3A - 3B)x^2 + 2Bx]$,

$$y^{*\,\prime\prime} = e^{-3x}[9Ax^3 + (-18A + 9B)x^2 + (6A - 12B)x + 2B],$$

代入原方程并约去 e^{-3x} 得

$$6Ax + 2B = 5x,$$

比较等式两边的系数得　$\begin{cases} 6A = 5 \\ 2B = 0 \end{cases}$,

解得　　　　　　$\begin{cases} A = \dfrac{5}{6} \\ B = 0 \end{cases}$.

从而得原方程的一个特解

$$y^* = \frac{5}{6}x^3 e^{-3x}.$$

于是原方程的通解为

$$y = y^* + Y = \left(\frac{5}{6}x^3 + C_2 x + C_1\right)e^{-3x}.$$

3.自由项 $f(x) = e^{\lambda x}(A\cos\omega x + B\sin\omega x)$　（其中 λ、A、B、ω 为常数）

此时,方程(20)为

$$y'' + py' + qy = e^{\lambda x}(A\cos\omega x + B\sin\omega x). \tag{29}$$

由于指数函数的各阶导数仍为指数函数,正弦函数与余弦函数的导数也总是余弦函数与正弦函数,因此可设方程(20)的特解为

$$y^* = x^k e^{\lambda x}(C\cos\omega x + D\sin\omega x), \tag{30}$$

其中 C,D 为待定常数. 当 $\lambda+\omega i$ 不是方程(30)所对应的齐次方程的特征根时,取 $k=0$;是特征根时,取 $k=1$. 证明从略.

例 10　求方程 $y'' + 3y' - y = e^x\cos2x$ 的一个特解.

解:自由项 $f(x) = e^x\cos2x$ 从而 $\lambda+\omega i = 1+2i$,它不是对应齐次方程的特征方程 $r^2 + 3r - 1 = 0$ 的根,故可取解(31)中的 $k=0$,即可设特解为

$$y^* = e^x(C\cos2x + D\sin2x)$$

从而　　$y^{*\prime} = e^x[(C+2D)\cos2x + (D-2C)\sin2x],$

$$y^{*\prime\prime} = e^x[(4D-3C)\cos2x + (-4C-3D)\sin2x],$$

代入原方程并化简得 $(10D-C)\cos2x - (D+10C)\sin2x = \cos2x$

比较上式两边 $\cos2x$ 与 $\sin2x$ 的系数得 $\begin{cases}10D - C = 1 \\ D + 10C = 0\end{cases}$,

解得　　　　　$C = -\dfrac{1}{101}, D = \dfrac{10}{101},$

所以得所求特解为

$$y^* = e^x\left(-\frac{1}{101}\cos2x + \frac{10}{101}\sin2x\right).$$

例 11　价格预期市场模型.

$$p'' + \frac{m}{n}p' - \frac{\beta+\delta}{n}p = -\frac{\alpha+\gamma}{n}, \tag{31}$$

其中 $\alpha,\beta,\delta,\gamma$ 为原来市场模型参数,m,n 为未来市场预期参数,p 为价格函数.

方程(31)为二阶常系数非齐次线性方程且有特解

$$p_0 = \frac{\alpha+\gamma}{\beta+\delta}(均衡价格), \tag{32}$$

其对应的齐次方程的特征方程为

$$\lambda^2 + \frac{m}{n}\lambda - \frac{\beta+\delta}{n} = 0. \tag{33}$$

解:$\Delta = \left(\dfrac{m}{n}\right)^2 + 4\dfrac{\beta+\delta}{n}.$

下面我们分三种情况考虑:

(1)当 $\Delta > 0$ 时,有两个不同的特征根

$$\lambda_{1,2} = \frac{1}{2}\left(-\frac{m}{n} \pm \sqrt{\Delta}\right),$$

于是(31)的通解为

$$p(t) = C_1 e^{\lambda_1 t} + C_2 e^{\lambda_2 t} + p_0;$$

(2) 当 $\Delta = 0$ 时,有两个相同的特征根

$$\lambda_{1,2} = -\frac{m}{2n},$$

于是(31) 的通解为

$$p(t) = (C_1 + C_2 t)\mathrm{e}^{-\frac{m}{2n}t} + p_0.$$

(3) 当 $\Delta < 0$ 时,特征根为一对共轭复数

$$\lambda_{1,2} = -\frac{m}{2n} \pm \frac{\sqrt{-\Delta}}{2}i,$$

于是(31) 的通解为

$$p(t) = \mathrm{e}^{-\frac{m}{2n}t}\left(C_1 \cos \frac{\sqrt{-\Delta}}{2}t + C_2 \sin \frac{\sqrt{-\Delta}}{2}t\right) + p_0.$$

由上述的结果,易知:

(1) 当 $n > 0$ 时,则 $4\dfrac{\beta+\delta}{n} > 0$,且 $\Delta > 0$. 于是,由情况(1),有

$$\Delta = \left(\frac{m}{n}\right)^2 + 4\frac{\beta+\delta}{n} > \left(\frac{m}{n}\right)^2, \sqrt{\Delta} > \left|\frac{m}{n}\right|,$$

此时,有

$$\lambda_1 = \frac{1}{2}\left(\sqrt{\Delta} - \frac{m}{n}\right) > 0, \lambda_2 = -\frac{1}{2}\left(\sqrt{\Delta} + \frac{m}{n}\right) < 0.$$

因此,当 $C_1 = 0$ 时,瞬时均衡是动态稳定的;当 $C_1 \neq 0$ 时,瞬时均衡是不动态稳定的.

(2) 当 $n < 0$ 时,则 $4\dfrac{\beta+\delta}{n} < 0$,且 Δ 可正、可负、可为零,于是,情况(1)、(2)、(3) 均可出现. 只有当 $m < 0$ 时,(3) 中的 $-\dfrac{m}{n}$ 也为负. 此时瞬时均衡是动态稳定的.

习题 10-4

1.求下列方程的通解:

(1) $y'' + y' - 2y = 0$;　　　　　(2) $y'' + y' = 0$;

(3) $4y'' - 20y' + 25y = 0$;　　　(4) $y'' - 2y' - y = 0$;

(5) $4y'' - 8y' - 5y = 0$;　　　　(6) $y'' + y' + y = 0$.

2.求下列方程的特解:

(1) $y'' - 3y' - 4y = 0, y(0) = 0, y'(0) = -5$;

(2) $y'' + 25y = 0, y(0) = 2, y'(0) = 5$;

(3) $4y'' + 4y' + y = 0, y(0) = 2, y'(0) = 0$.

3. 求下列微分方程的通解:

(1) $y'' + 5y' + 4y = 3 - 2x$;　　　　(2) $y'' - 6y' + 9y = (x+1)e^{2x}$;

(3) $y'' + 4y = x\cos x$;　　　　(4) $y'' + y = \cos x + e^x$.

4. 求解下列方程:

(1) $y'' - 2y' + y = 0$;　　　　(2) $\dfrac{d^2 r}{dt^2} + 2\dfrac{dr}{dt} + 10r = 0$;

(3) $y'' - 2y' + y = 2e^{-x} + 3e^x$;　　(4) $y'' - y' = \sin x$;

(5) $y'' + y' - 2y = e^{5x}(x-2) + e^{-x}(x^3 - 2x + 3)$;

(6) $y'' - y = 4x\sin x$;　　　　(7) $y'' + 4y = e^x$;

(8) $y'' + y = x^2 - x + 2$.

第 10 章　　总复习题

1. 求下列微分方程的通解:

(1) $\dfrac{dy}{dx} = e^{x+y}$;　　　　(2) $x^2 dy = (y^2 - xy + x^2)dx$;

(3) $\dfrac{dy}{dx} + y = e^{-x}$;　　　　(4) $x\dfrac{dy}{dx} - 2y = 2x$;

(5) $2y'' + 5y' = \cos^2 x$;　　　　(6) $y'' - 3y' + 3y = e^x(3 - 4x)$.

2. 求下列初值问题的解:

(1) $\dfrac{dy}{dx} = y(y-1), y(0) = 1$;

(2) $(x^2 - 1)y' + 2xy^2 = 0, y(0) = 1$;

(3) $(y^2 + xy^2)dx - (x^2 + yx^2)dy = 0, y(1) = -1$;

(4) $y'' - 7y' + 10y = x^2 e^x, y(0) = 0, y'(0) = 0$;

(5) $y'' - 6y' + 9y = \sin x e^x, y(0) = 0, y'(0) = 1$;

(6) $y'' + y' + y = x\cos x, y(0) = 1, y'(0) = 0$;

(7) $y'' + 9y = 5\sin x, y(0) = 1, y'(0) = 1$.

3. 设 $\displaystyle\int_0^x f\left(\dfrac{t}{3}\right)dt + e^{2x} = f(x)$, 求 $f(x)$.

4. 求以 $y = C_1 e^x + C_2 e^{2x}$ 为通解的微分方程(其中 C_1, C_2 为任意常数).

5.求方程 $y'' - y = 0$ 的积分曲线,使其在点 $(0,0)$ 处与直线 $y = x$ 相切.

6.设曲线 L 上任一点 $M(x,y)$ 处的切线及两个坐标轴,与过切点 M 且平行于 y 轴的直线所围成的梯形面积等于常数 $3a^2$,且该曲线通过点 $(a,2a)(a > 0)$,求该曲线 L 的方程.

7.设有一质量为 m 的质点做直线运动.从速度等于零的时刻起,有一个与运动方向一致、大小与时间成正比(比例系数为 k_1)的力作用于它,此外还受一与速度成正比(比例系数为 k_2)的阻力作用.求质点运动的速度与时间的函数关系式.

附录一:积分表

(一) 含有 $a+bx$ 的积分

$(1)\displaystyle\int \frac{\mathrm{d}x}{a+bx} = \frac{1}{b}\ln(a+bx)+c$

$(2)\displaystyle\int (a+bx)^u\mathrm{d}x = \frac{(a+bx)^{u+1}}{b(u+1)}+c \quad (u\neq -1)$

$(3)\displaystyle\int \frac{x\mathrm{d}x}{a+bx} = \frac{1}{b^2}[a+bx-a\ln(a+bx)]+c$

$(4)\displaystyle\int \frac{x^2\mathrm{d}x}{a+bx} = \frac{1}{b^3}\left[\frac{1}{2}(a+bx)^2-2a(a+bx)+a^2\ln(a+bx)\right]+c$

$(5)\displaystyle\int \frac{\mathrm{d}x}{x(a+bx)} = -\frac{1}{a}\ln\frac{a+bx}{x}+c$

$(6)\displaystyle\int \frac{\mathrm{d}x}{x^2(a+bx)} = -\frac{1}{ax}+\frac{b}{a^2}\ln\frac{a+bx}{x}+c$

$(7)\displaystyle\int \frac{x\mathrm{d}x}{(a+bx)^2} = \frac{1}{b^2}\left[\ln(a+bx)+\frac{a}{a+bx}\right]+c$

$(8)\displaystyle\int \frac{x^2\mathrm{d}x}{(a+bx)^2} = \frac{1}{b^3}\left[a+bx-2a\ln(a+bx)-\frac{a^2}{a+bx}\right]+c$

$(9)\displaystyle\int \frac{\mathrm{d}x}{x(a+bx)^2} = \frac{1}{a(a+bx)}-\frac{1}{a^2}\ln(a+bx)+c$

(二) 含有的 $\sqrt{a+bx}$ 积分

$(10)\displaystyle\int \sqrt{a+bx}\,\mathrm{d}x = \frac{2}{3b}\sqrt{(a+bx)^3}+c$

$(11)\displaystyle\int x\sqrt{a+bx}\,\mathrm{d}x = -\frac{2[2a-3bx\sqrt{(a+bx)^3}]}{15b^2}+c$

$(12)\displaystyle\int x^2\sqrt{ba+x}\,\mathrm{d}x = \frac{2(8a^2-12abx+15b^2x^2)\sqrt{(a+bx)^3}}{105b^2}+c$

$(13)\displaystyle\int \frac{x\mathrm{d}x}{\sqrt{a+bx}}=-\frac{2(2a-bx)}{3b^2}\sqrt{a+bx}+c$

$(14)\displaystyle\int \frac{x^2\mathrm{d}x}{\sqrt{a+bx}}=\frac{2(8a^2-4abx+3b^2x^2)}{15b^3}\sqrt{a+bx}+c$

$(15)\displaystyle\int \frac{\mathrm{d}x}{x\sqrt{a+bx}}=\begin{cases}\dfrac{1}{\sqrt{a}}\ln\dfrac{\sqrt{a+bx}-\sqrt{a}}{\sqrt{a+bx}+\sqrt{a}}+c(a>0)\\[3mm]\dfrac{2}{\sqrt{-a}}\mathrm{arctg}\sqrt{\dfrac{a+bx}{-a}}+c(a<0)\end{cases}$

$(16)\displaystyle\int \frac{\mathrm{d}x}{x^2\sqrt{a+bx}}=-\frac{\sqrt{a+bx}}{ax}-\frac{b}{2a}\int \frac{\mathrm{d}x}{x\sqrt{a+bx}}$

$(17)\displaystyle\int \frac{\sqrt{a+bx}}{x}\mathrm{d}x=2\sqrt{a+bx}+a\int \frac{\mathrm{d}x}{x\sqrt{a+bx}}$

(三) 含有 $a^2\pm x^2$ 的积分

$(18)\displaystyle\int \frac{\mathrm{d}x}{a^2+x^2}=\frac{1}{a}\mathrm{arctg}\frac{x}{a}+c$

$(19)\displaystyle\int \frac{\mathrm{d}x}{(a^2+x^2)^n}=\frac{x}{2(n-1)a^2(a^2+x^2)^{n-1}}+\frac{2n-3}{2(n-1)a^2}\int \frac{\mathrm{d}x}{(a^2+x^2)^{n-1}}$

$(20)\displaystyle\int \frac{\mathrm{d}x}{a^2-x^2}=\frac{1}{2a}\ln\frac{a+x}{a-x}+c(|x|<a)$

$(21)\displaystyle\int \frac{\mathrm{d}x}{x^2-a^2}=\frac{1}{2a}\ln\frac{x-a}{x+a}+c(|x|>a)$

(四) 含有 $a\pm bx^2$ 的积分

$(22)\displaystyle\int \frac{\mathrm{d}x}{a+bx^2}=\frac{1}{\sqrt{ab}}\mathrm{arctg}\sqrt{\frac{a}{b}}x+c(a>0,b>0)$

$(23)\displaystyle\int \frac{\mathrm{d}x}{a-bx^2}=\frac{1}{2\sqrt{ab}}\ln\frac{\sqrt{a}+\sqrt{b}x}{\sqrt{a}-\sqrt{b}x}+c$

$(24)\displaystyle\int \frac{x\mathrm{d}x}{a+bx^2}=\frac{1}{2b}\ln(a+bx^2)+c$

$(25)\displaystyle\int \frac{x^2\mathrm{d}x}{a+bx^2}=\frac{x}{b}-\frac{a}{b}\int \frac{\mathrm{d}x}{a+bx^2}$

$(26)\displaystyle\int \frac{\mathrm{d}x}{x(a+bx^2)}=\frac{1}{2a}\ln\frac{x^2}{a+bx^2}+c$

$(27)\displaystyle\int \frac{\mathrm{d}x}{x(a+bx^2)} = -\frac{1}{ax} - \frac{a}{b}\int \frac{\mathrm{d}x}{a+bx^2}$

$(28)\displaystyle\int \frac{\mathrm{d}x}{(a+bx^2)^2} = \frac{x}{2a(a+bx^2)} + \frac{1}{2a}\int \frac{\mathrm{d}x}{a+bx^2}$

(五) 含有 $\sqrt{x^2+a^2}$ 的积分

$(29)\displaystyle\int \sqrt{x^2+a^2}\,\mathrm{d}x = \frac{x}{2}\sqrt{x^2+a^2} + \frac{a^2}{2}\ln(x+\sqrt{x^2+a^2}) + c$

$(30)\displaystyle\int \sqrt{(x^2+a^2)^3}\,\mathrm{d}x = \frac{x}{8}(2x^2+5a^2)\sqrt{x^2+a^2} + \frac{3a^4}{8}\ln(x+\sqrt{x^2+a^2}) + c$

$(31)\displaystyle\int x\sqrt{x^2+a^2}\,\mathrm{d}x = \frac{\sqrt{(x^2+a^2)^3}}{3} + c$

$(32)\displaystyle\int x^2\sqrt{x^2+a^2}\,\mathrm{d}x = \frac{x}{8}(2x^2+a^2)\sqrt{x^2+a^2} - \frac{a^4}{8}\ln(x+\sqrt{x^2+a^2}) + c$

$(33)\displaystyle\int \frac{\mathrm{d}x}{\sqrt{x^2+a^2}} = \ln(x+\sqrt{x^2+a^2}) + c$

$(34)\displaystyle\int \frac{\mathrm{d}x}{\sqrt{(x^2+a^2)^3}} = \frac{x}{a^2\sqrt{x^2+a^2}} + c$

$(35)\displaystyle\int \frac{x\,\mathrm{d}x}{\sqrt{x^2+a^2}} = \sqrt{x^2+a^2} + c$

$(36)\displaystyle\int \frac{x^2\,\mathrm{d}x}{\sqrt{x^2+a^2}} = \frac{x}{2}\sqrt{x^2+a^2} - \frac{a^2}{2}\ln(x+\sqrt{x^2+a^2}) + c$

$(37)\displaystyle\int \frac{x^2\,\mathrm{d}x}{\sqrt{(x^2+a^2)^3}} = -\frac{x}{\sqrt{x^2+a^2}} + \ln(x+\sqrt{x^2+a^2}) + c$

$(38)\displaystyle\int \frac{\mathrm{d}x}{x\sqrt{x^2+a^2}} = \frac{1}{a}\ln\frac{x}{a+\sqrt{x^2+a^2}} + c$

$(39)\displaystyle\int \frac{\mathrm{d}x}{x^2\sqrt{x^2+a^2}} = -\frac{\sqrt{x^2+a^2}}{a^2 x} + c$

$(40)\displaystyle\int \frac{\sqrt{x^2+a^2}}{x}\,\mathrm{d}x = \sqrt{x^2+a^2} - a\ln\frac{a+\sqrt{x^2+a^2}}{x} + c$

$(41)\displaystyle\int \frac{\sqrt{x^2+a^2}}{x^2}\,\mathrm{d}x = -\frac{\sqrt{x^2+a^2}}{x} + \ln(x+\sqrt{x^2+a^2}) + c$

(六) 含有 $\sqrt{x^2-a^2}$ 的积分

$(42)\displaystyle\int \frac{\mathrm{d}x}{\sqrt{x^2-a^2}} = \ln(x+\sqrt{x^2-a^2}) + c$

$(43) \displaystyle\int \frac{\mathrm{d}x}{\sqrt{(x^2-a^2)^3}} = -\frac{x}{a^2(x^2-a^2)} + c$

$(44) \displaystyle\int \frac{x\mathrm{d}x}{\sqrt{x^2-a^2}} = \sqrt{x^2-a^2} + c$

$(45) \displaystyle\int \sqrt{x^2-a^2}\,\mathrm{d}x = \frac{x}{2}\sqrt{x^2-a^2} - \frac{a^2}{2}\ln(x+\sqrt{x^2-a^2}) + c$

$(46) \displaystyle\int \sqrt{(x^2-a^2)^3}\,\mathrm{d}x = \frac{x}{8}(2x^2-5a^2)\sqrt{x^2-a^2} + \frac{3a^4}{8}\ln(x+\sqrt{x^2-a^2}) + c$

$(47) \displaystyle\int x\sqrt{x^2-a^2}\,\mathrm{d}x = \frac{\sqrt{(x^2-a^2)^3}}{3} + c$

$(48) \displaystyle\int x\sqrt{(x^2-a^2)^3}\,\mathrm{d}x = \frac{\sqrt{(x^2-a^2)^5}}{5} + c$

$(49) \displaystyle\int x^2\sqrt{x^2-a^2}\,\mathrm{d}x = \frac{x}{8}(2x^2-a^2)\sqrt{x^2-a^2} - \frac{a^4}{8}\ln(x+\sqrt{x^2-a^2}) + c$

$(50) \displaystyle\int \frac{x^2\,\mathrm{d}x}{\sqrt{x^2-a^2}} = \frac{x}{2}\sqrt{x^2-a^2} + \frac{a^2}{2}\ln(x+\sqrt{x^2-a^2}) + c$

$(51) \displaystyle\int \frac{x^2\,\mathrm{d}x}{\sqrt{(x^2-a^2)^3}} = -\frac{x}{\sqrt{x^2-a^2}} + \ln(x+\sqrt{x^2-a^2}) + c$

$(52) \displaystyle\int \frac{\mathrm{d}x}{x\sqrt{x^2-a^2}} = \frac{1}{a}\arccos\frac{a}{x} + c$

$(53) \displaystyle\int \frac{\mathrm{d}x}{x^2\sqrt{x^2-a^2}} = \frac{\sqrt{x^2-a^2}}{a^2x} + c$

$(54) \displaystyle\int \frac{\sqrt{x^2-a^2}}{x}\,\mathrm{d}x = \sqrt{x^2-a^2} - a\arccos\frac{a}{x} + c$

$(55) \displaystyle\int \frac{\sqrt{x^2-a^2}}{x^2}\,\mathrm{d}x = -\frac{\sqrt{x^2-a^2}}{x} + \ln(x+\sqrt{x^2-a^2}) + c$

(七) 含有 $\sqrt{a^2-x^2}$ 的积分

$(56) \displaystyle\int \frac{\mathrm{d}x}{\sqrt{a^2-x^2}} = \arcsin\frac{x}{a} + c$

$(57) \displaystyle\int \frac{\mathrm{d}x}{\sqrt{(a^2-x^2)^3}} = \frac{x}{a^2(a^2-x^2)} + c$

$(58) \displaystyle\int \frac{x\mathrm{d}x}{\sqrt{a^2-x^2}} = -\sqrt{a^2-x^2} + c$

$(59)\displaystyle\int\frac{x\,\mathrm{d}x}{\sqrt{(a^2-x^2)^3}}=\frac{1}{\sqrt{a^2-x^2}}+c$

$(60)\displaystyle\int\frac{x^2\,\mathrm{d}x}{\sqrt{a^2-x^2}}=-\frac{x}{2}\sqrt{a^2-x^2}+\frac{a^2}{2}\arcsin\frac{x}{a}+c$

$(61)\displaystyle\int\sqrt{a^2-x^2}\,\mathrm{d}x=\frac{x}{2}\sqrt{a^2-x^2}+\frac{a^2}{2}\arcsin\frac{x}{a}+c$

$(62)\displaystyle\int\sqrt{(a^2-x^2)^3}\,\mathrm{d}x=\frac{x}{8}(5a^2-2x^2)\sqrt{a^2-x^2}+\frac{3a^4}{8}\arcsin\frac{x}{a}+c$

$(63)\displaystyle\int x\sqrt{a^2-x^2}\,\mathrm{d}x=-\frac{\sqrt{(a^2-x^2)^3}}{3}+c$

$(64)\displaystyle\int x\sqrt{(a^2-x^2)^3}\,\mathrm{d}x=-\frac{\sqrt{(a^2-x^2)^5}}{5}+c$

$(65)\displaystyle\int x^2\sqrt{a^2-x^2}\,\mathrm{d}x=\frac{x}{8}(2x^2-a^2)\sqrt{a^2-x^2}+\frac{a^4}{8}\arcsin\frac{x}{a}+c$

$(66)\displaystyle\int\frac{x^2\,\mathrm{d}x}{\sqrt{(a^2-x^2)^3}}=\frac{x}{\sqrt{a^2-x^2}}-\arcsin\frac{x}{a}+c$

$(67)\displaystyle\int\frac{\mathrm{d}x}{x\sqrt{a^2-x^2}}=\frac{1}{a}\ln\frac{x}{a+\sqrt{a^2-x^2}}+c$

$(68)\displaystyle\int\frac{\mathrm{d}x}{x^2\sqrt{a^2-x^2}}=-\frac{\sqrt{a^2-x^2}}{a^2x}+c$

$(69)\displaystyle\int\frac{\sqrt{a^2-x^2}}{x}\mathrm{d}x=\sqrt{a^2-x^2}-a\ln\frac{a+\sqrt{a^2-x^2}}{x}+c$

$(70)\displaystyle\int\frac{\sqrt{a^2-x^2}}{x^2}\mathrm{d}x=-\frac{\sqrt{a^2-x^2}}{x}-\arcsin\frac{x}{a}+c$

(八) 含有 $a+bx\pm cx^2(c>0)$ 的积分

$(71)\displaystyle\int\frac{\mathrm{d}x}{a+bx-cx^2}=\frac{1}{\sqrt{b^2+4ac}}\ln\frac{\sqrt{b^2+4ac}+2cx-b}{\sqrt{b^2+4ac}-2cx+b}+c$

$(72)\displaystyle\int\frac{\mathrm{d}x}{a+bx+cx^2}$

$$=\begin{cases}\dfrac{2}{\sqrt{4ac-b^2}}\mathrm{arctg}\dfrac{2cx+b}{\sqrt{4ac-b^2}}+c\,(b^2<4ac)\\[3mm]\dfrac{1}{\sqrt{b^2-4ac}}\ln\dfrac{2cx+b-\sqrt{b^2-4ac}}{2cx+b+\sqrt{b^2-4ac}}+c\,(b^2>4ac)\end{cases}$$

(九) 含有 $\sqrt{a+bx \pm cx^2}\ (c>0)$ 的积分

(73) $\displaystyle\int x\arcsin\frac{x}{a}dx = \left(\frac{x^2}{2}-\frac{a^2}{4}\right)\arcsin\frac{x}{a}+\frac{x}{4}\sqrt{a^2-x^2}+c$

(74) $\displaystyle\int \sqrt{a+bx+cx^2}\,dx = \frac{2cx+b}{4c}\sqrt{a+bx+cx^2}-$

$\qquad \dfrac{b^2-4ac}{8\sqrt{c^3}}\ln(2cx+b+2\sqrt{a+bx+cx^2})+c$

(75) $\displaystyle\int \frac{x\,dx}{\sqrt{a+bx+cx^2}} = \frac{\sqrt{a+bx+cx^2}}{c}-$

$\qquad \dfrac{b}{2\sqrt{c^3}}\ln(2cx+b+2\sqrt{c}\sqrt{a+bx+cx^2})+c$

(76) $\displaystyle\int \frac{1}{\sqrt{a+bx-cx^2}}dx = \frac{1}{\sqrt{c}}\arcsin\frac{2cx-b}{\sqrt{b^2+4ac}}+c$

(77) $\displaystyle\int \sqrt{a+bx-cx^2}\,dx = \frac{2cx-b}{4c}\sqrt{a+bx-cx^2}+$

$\qquad \dfrac{b^2+4ac}{8\sqrt{c^3}}\arcsin\frac{2cx-b}{\sqrt{b^2+4ac}}+c$

(78) $\displaystyle\int \frac{x\,dx}{\sqrt{a+bx-cx^2}} =-\frac{\sqrt{a+bx-cx^2}}{c}+\frac{b}{2\sqrt{c^3}}\arcsin\frac{2cx-b}{\sqrt{b^2+4ac}}+c$

(十) 含有 $\sqrt{\dfrac{a \pm x}{b \pm x}}$ 的积分、含有 $\sqrt{(x-a)(b-x)}$ 的积分

(79) $\displaystyle\int \sqrt{\frac{a+x}{b+x}}dx = \sqrt{(a+x)(b+x)}+(a-b)\ln(\sqrt{a+x}+\sqrt{b+x})+c$

(80) $\displaystyle\int \sqrt{\frac{a-x}{b+x}}dx = \sqrt{(a-x)(b+x)}+(a+b)\arcsin\sqrt{\frac{x+b}{x+a}}+c$

(81) $\displaystyle\int \sqrt{\frac{a+x}{b-x}}dx =-\sqrt{(a+x)(b-x)}-(a+b)\arcsin\sqrt{\frac{b-x}{a+b}}+c$

(82) $\displaystyle\int \frac{1}{\sqrt{(x-a)(b-x)}} = 2\arcsin\sqrt{\frac{x-a}{b-a}}+c$

(十一) 含有三角函数的积分

(83) $\displaystyle\int \sin x\,dx =-\cos x+c$

$(84)\displaystyle\int\cos x\mathrm{d}x = \sin x + c$

$(85)\displaystyle\int\mathrm{tg}x\mathrm{d}x =- \ln\cos x + c$

$(86)\displaystyle\int\mathrm{ctg}x\mathrm{d}x = \ln\sin x + c$

$(87)\displaystyle\int\sec x\mathrm{d}x = \ln(\sec x + \mathrm{tg}x) + c = \ln\mathrm{tg}\left(\dfrac{\pi}{2} + \dfrac{x}{2}\right) + c$

$(88)\displaystyle\int\csc x\mathrm{d}x = \ln(\csc x - \mathrm{ctg}x) + c = \ln\mathrm{tg}\dfrac{x}{2} + c$

$(89)\displaystyle\int\sec^2 x\mathrm{d}x = \mathrm{tg}x + c$

$(90)\displaystyle\int\csc^2 x\mathrm{d}x =- \mathrm{ctg}x + c$

$(91)\displaystyle\int\sec x\mathrm{tg}x\mathrm{d}x = \sec x + c$

$(92)\displaystyle\int\csc x\mathrm{tg}x\mathrm{d}x =- \csc x + c$

$(93)\displaystyle\int\sin^2 x\mathrm{d}x = \dfrac{x}{2} - \dfrac{1}{4}\sin2x + c$

$(94)\displaystyle\int\cos^2 x\mathrm{d}x = \dfrac{x}{2} + \dfrac{1}{4}\sin2x + c$

$(95)\displaystyle\int\sin^n x\mathrm{d}x =- \dfrac{\sin^{n-1}x\cos x}{n} + \dfrac{n-1}{n}\int\sin^{n-2}x\mathrm{d}x$

$(96)\displaystyle\int\cos^n x\mathrm{d}x = \dfrac{\cos^{n-1}x\sin x}{n} + \dfrac{n-1}{n}\int\cos^{n-2}x\mathrm{d}x$

$(97)\displaystyle\int\dfrac{\mathrm{d}x}{\sin^n x} =- \dfrac{1}{n-1} - \dfrac{\cos x}{\sin^{n-1}x} + \dfrac{n-2}{n-1}\int\dfrac{\mathrm{d}x}{\sin^{n-2}x}$

$(98)\displaystyle\int\dfrac{\mathrm{d}x}{\cos^n x} = \dfrac{1}{n-1} - \dfrac{\sin x}{\cos^{n-1}x} + \dfrac{n-2}{n-1}\int\dfrac{\mathrm{d}x}{\cos^{n-2}x}$

$(99)\displaystyle\int\cos^m x\,\sin^n x\,\mathrm{d}x = \dfrac{\cos^{m-1}x\,\sin^{n+1}x}{m+n} + \dfrac{m-1}{m+n}\int\cos^{m-2}x\,\sin^n x\,\mathrm{d}x$

$\qquad\qquad =- \dfrac{\sin^{n-1}\,\cos^{m+1}x}{m+n} + \dfrac{n-1}{m+n}\int\cos^m x\,\sin^{n-2}x\,\mathrm{d}x$

$(100)\displaystyle\int\sin mx\cos nx\,\mathrm{d}x =- \dfrac{\cos(m+n)x}{2(m+n)} - \dfrac{\cos(m-n)x}{2(m-n)} + c\ m \neq n$

$(101)\displaystyle\int\sin mx\sin nx\,\mathrm{d}x = \dfrac{\sin(m+n)x}{2(m+n)} + \dfrac{\sin(m-n)x}{2(m-n)} + c\ m \neq n$

$(102) \int \cos mx \cos nx \, \mathrm{d}x = -\dfrac{\sin(m+n)x}{2(m+n)} - \dfrac{\sin(m-n)x}{2(m-n)} + c \quad m \neq n$

$(103) \int \dfrac{\mathrm{d}x}{a + b\sin x} = \dfrac{2}{a}\sqrt{\dfrac{a^2}{a^2 - b^2}} \operatorname{arctg}\left[\sqrt{\dfrac{a^2}{a^2 - b^2}}\left(\operatorname{tg}\dfrac{x}{2} + \dfrac{b}{a}\right)\right] + c$

$(104) \int \dfrac{\mathrm{d}x}{a + b\sin x} = \dfrac{1}{a}\sqrt{\dfrac{a^2}{b^2 - a^2}} \ln \dfrac{\operatorname{tg}\dfrac{x}{2} + \dfrac{b}{a} - \sqrt{\dfrac{b^2 - a^2}{a^2}}}{\operatorname{tg}\dfrac{x}{2} + \dfrac{b}{a} + \sqrt{\dfrac{b^2 - a^2}{a^2}}} + c$

$(105) \int \dfrac{\mathrm{d}x}{a + b\cos x} = \dfrac{2}{a-b}\sqrt{\dfrac{a-b}{a+b}} \operatorname{arctg}\left(\sqrt{\dfrac{a-b}{a+b}}\operatorname{tg}\dfrac{x}{2}\right) + c$

$(106) \int \dfrac{\mathrm{d}x}{a + b\cos x} = \dfrac{1}{b-a}\sqrt{\dfrac{b-a}{b+a}} \ln \dfrac{\operatorname{tg}\dfrac{x}{2} + \sqrt{\dfrac{b+a}{b-a}}}{\operatorname{tg}\dfrac{x}{2} - \sqrt{\dfrac{b+a}{b-a}}} + c(a^2 < b^2)$

$(107) \int \dfrac{\mathrm{d}x}{a^2 \cos^2 x + b^2 \sin^2 x} = \dfrac{1}{ab}\operatorname{arctg}\left(\dfrac{b\operatorname{tg}x}{a}\right) + c$

$(108) \int \dfrac{\mathrm{d}x}{a^2 \cos^2 x - b^2 \sin^2 x} = \dfrac{1}{2ab}\ln \dfrac{b\operatorname{tg}x + a}{b\operatorname{tg}x - a} + c$

$(109) \int x\sin ax \, \mathrm{d}x = \dfrac{1}{a^2}\sin ax - \dfrac{1}{a}x\cos ax + c$

$(110) \int x^2 \sin ax \, \mathrm{d}x = -\dfrac{1}{a}x^2 \cos ax + \dfrac{2}{a^2}x\sin ax + \dfrac{2}{a^3}\cos ax + c$

$(111) \int x\cos ax \, \mathrm{d}x = \dfrac{1}{a^2}\cos ax + \dfrac{1}{a}x\sin ax + c$

$(112) \int x^2 \cos ax \, \mathrm{d}x = \dfrac{1}{a}x^2 \sin ax + \dfrac{2}{a}x\cos ax - \dfrac{2}{a^3}\sin ax + c$

(十二) 含有反三角函数的积分

$(113) \int \arcsin \dfrac{x}{a}\mathrm{d}x = x\arcsin \dfrac{x}{a} + \sqrt{a^2 - x^2} + c$

$(114) \int x\arcsin \dfrac{x}{a}\mathrm{d}x = \left(\dfrac{x^2}{2} - \dfrac{a^2}{4}\right)\arcsin \dfrac{x}{a} + \dfrac{x}{4}\sqrt{a^2 - x^2} + c$

$(115) \int x^2 \arcsin \dfrac{x}{a}\mathrm{d}x = \dfrac{x^3}{3}\arcsin \dfrac{x}{a} + \dfrac{1}{9}(x^2 + 2a^2)\sqrt{a^2 - x^2} + c$

$(116) \int \arccos \dfrac{x}{a}\mathrm{d}x = x\arccos \dfrac{x}{a} - \sqrt{a^2 - x^2} + c$

(117) $\int x\arccos\dfrac{x}{a}dx = \left(\dfrac{x^2}{2} - \dfrac{a^2}{4}\right)\arccos\dfrac{x}{a} - \dfrac{x}{4}\sqrt{a^2 - x^2} + c$

(118) $\int x^2\arccos\dfrac{x}{a}dx = \dfrac{x^3}{3}\arccos\dfrac{x}{a} - \dfrac{1}{9}(x^2 + 2a^2)\sqrt{a^2 - x^2} + c$

(119) $\int \text{arctg}\dfrac{x}{a}dx = x\,\text{arctg}\dfrac{x}{a} - \dfrac{a}{2}\ln(a^2 + x^2) + c$

(120) $\int x\,\text{arctg}\dfrac{x}{a}dx = \dfrac{1}{2}(x^2 + a^2)\text{arctg}\dfrac{x}{a} - \dfrac{ax}{2} + c$

(121) $\int x^2\,\text{arctg}\dfrac{x}{a}dx = \dfrac{x^3}{3}\text{arctg}\dfrac{x}{a} - \dfrac{ax^2}{6} + \dfrac{a^3}{6}\ln(x^2 + a^2) + c$

（十三）含有指数函数的积分

(122) $\int a^x dx = \dfrac{a^x}{\ln a} + c$

(123) $\int e^{ax} dx = \dfrac{e^{ax}}{a} + c$

(124) $\int e^{ax}\sin bx\, dx = \dfrac{e^{ax}(a\sin bx - b\cos bx)}{a^2 + b^2} + c$

(125) $\int e^{ax}\cos bx\, dx = \dfrac{e^{ax}(b\sin bx + a\cos bx)}{a^2 + b^2} + c$

(126) $\int xe^{ax} dx = \dfrac{e^{ax}}{a^2}(ax - 1) + c$

(127) $\int x^n e^{ax} dx = \dfrac{x^n e^{ax}}{a} - \dfrac{n}{a}\int x^{n-1}e^{ax} dx$

(128) $\int xa^{mx} dx = \dfrac{xa^{mx}}{m\ln a} - \dfrac{a^{mx}}{(m\ln a)^2} + c$

(129) $\int x^n a^{mx} dx = \dfrac{x^n a^{mx}}{m\ln a} - \dfrac{n}{m\ln a}\int x^{n-1}a^{mx} dx$

(130) $\int e^{ax}\sin^n bx\, dx = \dfrac{e^{ax}\sin^{n-1}bx}{a^2 + b^2 n^2}(a\sin bx - nb\cos bx) +$

$\dfrac{n(n-1)}{a^2 + b^2 n^2}b^2\int e^{ax}\sin^{n-2}bx\, dx$

(131) $\int e^{ax}\cos^n bx\, dx = \dfrac{e^{ax}\cos^{n-1}bx}{a^2 + b^2 n^2}(a\cos bx + nb\sin bx)$

$+ \dfrac{n(n-1)}{a^2 + b^2 n^2}b^2\int e^{ax}\cos^{n-2}bx\, dx$

(十四) 含有对数函数的积分

$(132) \displaystyle\int \ln x \, dx = x \ln x - x + c$

$(133) \displaystyle\int \frac{dx}{x \ln x} = \ln(\ln x) + c$

$(134) \displaystyle\int x^n \ln x \, dx = x^{n+1} \left[\frac{\ln x}{n+1} - \frac{1}{(n+1)^2} \right] + c$

$(135) \displaystyle\int \ln^n dx = x \ln^n x - n \int \ln^{n-1} x \, dx$

$(136) \displaystyle\int x^m \ln^n x \, dx = \frac{x^{m+1}}{m+1} \ln^n x - \frac{n}{m+1} \int x^m \ln^{n-1} x \, dx$

(十五) 含有双曲函数的积分

$(137) \displaystyle\int sh\, x \, dx = ch\, x + c$

$(138) \displaystyle\int ch\, x \, dx = sh\, x + c$

$(139) \displaystyle\int th\, x \, dx = \ln ch\, x + c$

$(140) \displaystyle\int sh^2 x \, dx = -\frac{x}{2} + \frac{1}{4} sh\, 2x + c$

$(141) \displaystyle\int ch^2 x \, dx = \frac{x}{2} + \frac{1}{4} sh\, 2x + c$

(十六) 定积分

$(142) \displaystyle\int_{-\pi}^{\pi} \cos nx \, dx = \int_{-\pi}^{\pi} \sin nx \, dx = 0$

$(143) \displaystyle\int_{-\pi}^{\pi} \cos mx \sin nx \, dx = 0$

$(144) \displaystyle\int_{-\pi}^{\pi} \cos mx \cos nx \, dx = \begin{cases} 0, & m \neq n \\ \pi, & m = n \end{cases}$

$(145) \displaystyle\int_{-\pi}^{\pi} \sin mx \sin nx \, dx = \begin{cases} 0, & m \neq n \\ \pi, & m = n \end{cases}$

$(146) \displaystyle\int_{0}^{\pi} \sin mx \sin nx \, dx = \int_{0}^{\pi} \cos mx \cos nx \, dx = \begin{cases} 0, & m \neq n \\ \dfrac{\pi}{2}, & m = n \end{cases}$

(147) $I_n = \int_0^{\frac{\pi}{2}} \sin^n x\, \mathrm{d}x = \int_0^{\frac{\pi}{2}} \cos^n x\, \mathrm{d}x, I_n = \dfrac{n-1}{n} I_{n-2}\,(n \geqslant 2)$

$$\begin{cases} I_n = \dfrac{n-1}{n} \cdot \dfrac{n-3}{n-2} \cdots \dfrac{4}{5} \cdot \dfrac{2}{3}\,(n\text{ 为正奇数})\,, I_1 = 1 \\[2mm] I_n = \dfrac{n-1}{n} \cdot \dfrac{n-3}{n-2} \cdots \dfrac{3}{4} \cdot \dfrac{1}{2} \cdot \dfrac{\pi}{2}\,(n\text{ 为正偶数})\,, I_0 = \dfrac{\pi}{2} \end{cases}$$

附录二:数学建模

　　数学模型是对现实问题某种现象的数学描述(通常表达为函数或方程),例如人口的数量、产品的销售量、化学反应中物质的浓度、落体的速度、初生儿生命的预期等问题.建立数学模型的目的是理解这些现象,并通过模型对未来的行为作一些预测和推断.

　　图1阐明了数学建模的基本步骤,对于一个实际的问题,第一步是分析和确定自变量和因变量、做一些假设使所研究的现象简化到数学上可以处理的程度,从而建立一个数学模型.通常利用已知的物理知识和数学技巧来得到联系这些变量的方程.遇到没有规律可用的情形,我们需要收集数据(通过图书馆、网络、或者自身经验)并用表格的形式来研究数据,以观察其分布.

　　从函数的数值表达出发,通过将数据描点,就可以得到函数的话图像表示.某些情形下这种图像甚至能够启示一个合适的代数表达.

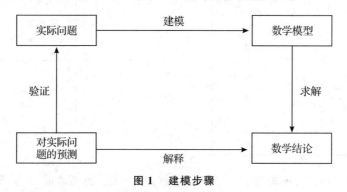

图1　建模步骤

　　第二步是将数学知识和工具(比如本书中将要学习的微积分学)应用到我们已经得到的数学模型,设法给出该数学问题的解答.第三步是将已经得到的数学上的结论,解释为原始的实际问题的信息;依此来说明对象或者预测未来.最后一步是通过新的数据,测试我们的预测结果.如果预测与现实吻合得不好,我们就需要修正模型或者确立一个新的模型,并重新开始这个循环过程.

　　数学模型永远不会是自然界真实问题的精确表现 —— 它永远只是理想化的东西.一个好的数学模型应该将现实问题化到足以允许数学计算,但又精确到足以提供有价值的结论.

　　许多不同类型的函数,都可以用来给现实世界中观察的现象建立模型.下面,我们将讨论这些函数的性态和图像,并给出成功地使用这些函数建模的例子.

　　1.线性模型

　　线性函数的图像是一条直线,所以我们可以用直线方程的斜率 — 截距形式来写出函数如下的公式:

$$y = f(x) = mx + b,$$

其中 m 是直线的斜率,b 是 y 轴截距.

　　线性函数的一个典型特征就是它们以恒定的速度变化.例如,图 2 展示的是线性函数 $f(x) = 3x - 2$ 的图像以及样本值的表格(见表 1).注意到只要 x 增加 0.1,函数值 $f(x)$ 就增加 0.3.故 $f(x)$ 增长的速度是 x 增长的三倍.从而,$f(x) = 3x - 2$ 的图像的斜率,也就是 3,可以认为是 y 关于 x 的变化速度.

表 1

x	$f(x) = 3x - 2$
1.0	0
1.1	1.3
1.2	1.6
1.3	1.9
1.4	2.2
1.5	2.5

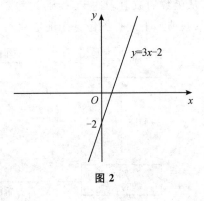

图 2

　　例 1　(a)当干燥的空气上升,会膨胀、冷却.如果地面温度是 20℃ 而 1 km 高度的气温是 10℃,将气温 T(单位:℃)表示为高度 h(单位:km)的函数,假设线性模型适用.

　　(b)画出(a)函数的图像.斜率代表什么?

　　(c)2.5 km 高度的气温是多少?

　　解:(a)因为我们假设 T 是 h 的线性函数,所以有

$$T = mh + b.$$

已知 $h = 0$ 时 $T = 20$,故

$$20 = m \cdot 0 + b = b.$$

再由 $h = 1$ 时 $T = 10$,故

$$10 = m \cdot 1 + 20.$$

从而直线的斜率为 $m = 10 - 20 = -10$,而所求函数为

$$T = -10h + 20.$$

(b) 图像见图 3. 斜率为 $m = -10℃ / \mathrm{km}$,表示温度关于高度的变化速度.

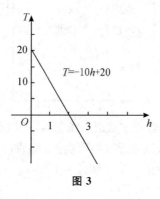

图 3

(c) 在 $h = 2.5\ \mathrm{km}$ 的高度,气温为 $T = -10(2.5) + 20 = -5℃.$

如果没有自然规律或法则来帮助我们建立模型,我们就构造一个经验模型,它完全以已收集到的数据为基础,我们寻找一条直观上能反映这些数据点的基本趋势的曲线来"拟合"这些数据.

例 2　表 2 列出的是从 1980 年到 2000 年在莫纳罗亚气象台测得的大气中二氧化碳的平均水平 (10^{-6}). 利用表 1.2.2 中的数据找到一个二氧化碳水平的模型.

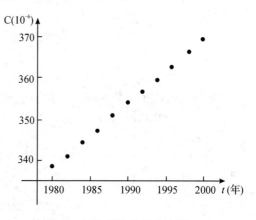

图 4　平均 CO_2 水平分布图

解　我们利用表 2 的数据作出如图 4 的离散图,其中 T 代表时间(单位:年),C 代表 CO_2 水平 (10^{-6}).

表 2

年份	CO_2 水平(10^{-6})
1980	338.7
1982	341.1
1984	344.4
1986	347.2
1988	351.5
1990	354.2
1992	356.4
1994	358.9
1996	362.6
1998	366.6
2000	369.4

注意到数据点的分布看起来接近一条直线,所以在这个案例中很自然地选择线性模型.但是有很多直线接近这些数据点,那我们应该选择哪一条呢?从图像看,有一个可能性是经过第一个和最后一个数据点的直线.这条直线的斜率是

$$\frac{369.4 - 338.7}{2000 - 1980} = \frac{30.7}{20} = 1.535,$$

其方程为

$$C - 338.7 = 1.535(t - 1980),$$

或

$$C = 1.535t - 2700.6. \tag{1}$$

方程 1 给出了二氧化碳水平的一个可能的线性模型,见图 5.

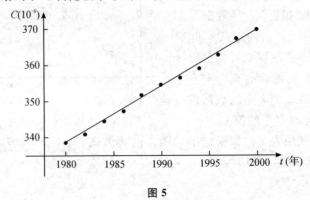

图 5

尽管我们的模型和数据吻合得相当好,它给出的数值还是大部分比实际的 CO_2 水平要高.更好的线性模型可以通过一种叫做线性回归的统计手段得到.通过表 2 中的数据可以给出回归直线的斜率和 y 轴截距如下

$$m = 1.53818, b = -2707.25.$$

故 CO_2 水平的最小二乘模型为

$$C = 1.53818t - 2707.25. \qquad (2)$$

在图 6 中我们画出回归曲线及数据点.与图 5 相比较,我们看到它给出了一个比先前那个更好的线性模型.

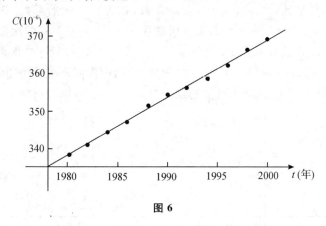

图 6

例 3 利用方程(2)给出的线性模型来估计 1987 年平均 CO_2 水平并给出 2010 年 CO_2 水平的预测.通过这个模型,什么时候 CO_2 的水平将超过 400×10^{-6}?

解: 在方程(2)中令 $t = 1987$,我们估计 1987 年平均 CO_2 水平为

$$C(1987) = 1.53818 \times 1987 - 2707.25 \approx 349.11$$

这是内插法的一个例子,因为我们估计了两个观察到的值之间的值(事实上,莫纳罗亚气象台报告的 1987 年平均 CO_2 水平为 348.93×10^{-6},所以我们的估算还是相当精确的).

当 $t = 2010$,我们有

$$C(2010) = 1.53818 \times 1987 - 2707.25 \approx 384.49$$

所以我们预测 2010 年平均 CO_2 水平将为 384.5×10^{-6}.这是外插法的一个例子,因为我们预测了一个观察范围外的值.因此,我们对于预测准确性的把握就小多了.

利用方程(2),我们看到 CO_2 水平要超过 400×10^{-6},即

$$1.53818t - 2707.25 > 400$$

解这个不等式,我们得到

$$t > \frac{3107.25}{1.53818} \approx 2020.08,$$

由此我们可以预测 CO_2 水平将在 2020 年超过 400×10^{-6}.

2.多项式

多项式一般可表示为

$$P(x) = a_n x^n + a_{n-1} x^{n-1} + \cdots + a_2 x^2 + a_1 x + a_0,$$

其中 n 为非负整数,$a_0, a_1, a_2, \cdots, a_n$ 为常数,称为多项式的系数.任何多项式的定义域都是 $(-\infty, +\infty)$.如果首项系数 $a_n \neq 0$,则多项式的次数就为 n.

一次多项式具有形式 $P(x) = mx + b$,所以是线性函数.二次多项式具有形式 $P(x) = ax^2 + bx + c$,称为二次函数,它的图像都是移动抛物线 $y = ax^2$ 得到的抛物线.如果 $a > 0$,则抛物线开口向上,$a < 0$,则开口向下(见图 7).

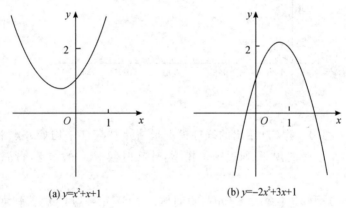

(a) $y=x^2+x+1$　　(b) $y=-2x^2+3x+1$

图 7

三次多项式具有形式

$$P(x) = ax^3 + bx^2 + cx + d,$$

称为三次函数.图 8 的(a)给出了三次函数的图像,(b)和(c)分别是 4 次和 5 次多项式的图像.以后我们可以看到为什么它们的图像有这样的形状.

多项式被普遍的用在自然和社会科学中的变量的建模上.

下面我们用二次函数来建立球下落的模型.

例 4　一个球从电视塔上面离地面 450 m 的观察台上被抛下.球每隔 1 s 离地面的高度 h 记录在表 3 中.找出符合这些数据的模型并由此预测球落地的时间.

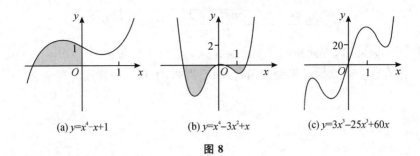

(a) $y=x^4-x+1$　　　　(b) $y=x^4-3x^2+x$　　　　(c) $y=3x^3-25x^3+60x$

图 8

　　解：我们在图 9 中画出数据点的离散图并观察到线性模型是不适合的. 但看起来似乎数据点分布在一条抛物线上, 我们就尝试用二次函数来替代. 利用计算机代数系统(用最小二乘法), 我们得到如下的二次模型.

$$h = 449.36 + 0.96t - 4.90t^2 \tag{3}$$

表 3

时间(s)	高度(m)
0	450
1	445
2	431
3	408
4	375
5	332
6	279
7	216
8	143
9	61

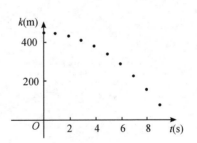

图 9　下落球的离散点

　　在图 10 中我们画出了方程(3)的图像以及数据点, 可以看出二次模型有很好的吻合.

　　当 $h = 0$ 时球落地, 故我们解二次方程

$$-4.90t^2 + 0.96t + 449.36 = 0,$$

由二次方程的求根公式给出

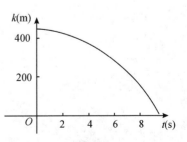

图 10　下落球的第二次曲线

$$t = \frac{-0.96 \pm \sqrt{(0.96)^2 - 4(-4.90)(449.36)}}{2(-4.90)},$$

正根为 $t \approx 9.67$，因此我们预测球将在大约 $9.67s$ 后落地．

还有许多建立数学模型的函数，限于篇幅，不再一一详述．

附录三：**Mathematica 入门**

Mathematica 是由美国 Wolfram 公司研究开发的一个著名的数学软件. 它功能强大，能够完成符号运算、数学图形绘制、甚至动画制作等操作，而其软件本身非常小巧，主要部分用 C 语言开发，易于移植.

一、软件操作简介

1. 安装

放入本软件光盘后运行"setup. exe"进入安装画面，然后按照系统提示安装即可.

2. 启动和退出

安装完毕后就可以使用 Mathematica 软件了. 以 Mathematica 5.0 为例，可以通过"开始"菜单栏的"程序"项启动. 如建立了快捷方式启动. 这时可以通过双击该快捷方式启动. 这时就可以输入指令运行了.

在"File"菜单中选择"Exit"或按 Alt + F4 或单击关闭按钮，就退出了 Mathematica 系统. 在退出 Mathematica 系统前，如果需要将运算的结果保存，可以在"File"菜单中选择"Save"或"Save as…"或 Ctrl+s按，选择好路径并输入文件名，再单击"OK"即可保存. 若要再打开该文件，只要在"File"菜单中选择"Open"即可.

3. 从 Mathematica 中获取帮助信息

Mathematica 提供了多种获取帮助信息的方法. 用户可以在工作区窗口中通

过使用"?"来得到帮助. 用户也可以通过使用"F1"键或"帮助"菜单来得到更多的帮助信息.

二、Mathematica 基本运算操作

Mathematica 使用起来非常简单，一切工作都在工作窗口中进行，只要在工作区窗口中输入希望的计算式,就可以进行运算了.

例 1　计算 $1+2$

解 输入"$1+2$",然后同时按下"Shift"键和"Enter"键,Mathematica 立即显示:$In[1]:=1+2$

$Out[1]=3$

"$In[1]:=$"由系统自动产生,表示第一个输入(Input),$Out[1]$表示第一个输出(Output),"$In[1]=$"后表示输出结果.

例 2　求 π 的 20 位有效数字.

解　在 Mathematica 中函数 $N[expr,n]$ 用来求表达式 π 的近似值,n 为输出结果的长度.

$In[2]:=N[Pi,20]$

$Out[2]=3.1415926535897932385$

例 3　已知 $3y=\sin(\pi x)+3\sqrt{x^2+1}$,求 $x=\dfrac{1}{4}$ 时的函数值.

解　在 Mathematica 中先定义一个函数 $f[x\_]$,再调用该函数,得到所要结果.

$In[3]:=$

$f[x\_]:=Sin[Pi\ x]+3Sqr[X^2+3]$

$f[1/4]$

$Out[3]=\dfrac{21}{4}+\dfrac{1}{\sqrt{2}}$

例 4　解代数方程 $x^3-2x-1=0$

解　在 Mathematica 中解方程的命令为 Solve⊢ 和 FindRoot⊢,输入

$In[4]:=Solve[x\char`^3-2x-1==0,x]$（ * 主要使用"=="而非"="号 * ）

得精确解为

$$Out[4]=\left\{\{x\to-1\},\left\{x\to\frac{1}{2}(1-\sqrt{5})\right\},\left\{x\to\frac{1}{2}(1+\sqrt{5})\right\}\right\}$$

三、函数作图

Mathematica 具有很强的函数作图功能,它的图形功能是融合在强大的符号和数值计算功能之中的,它提供了一大批基本数字函数的图形,利用这些提供的函数,用户可以方便地绘制所学要的、复杂的函数图形.绘图时,用户只需要给出函数表示形式,以及各种图形显示参数,其他问题可完全交给系统来

完成.

常用画图函数有 Plot,ParamaticPlot,Plot3D,ParamaticPlot3D 等,show 函数可显示所画图形.

例 5　作函数 $y = \sin(1/x)$ 的图形.

解　作一元函数的图形使用命令 $Plot[f,\{x,x\min,x\max\}]$.

$In[5]$：$Plot[\mathrm{Sin}[1/x],\{x,-Pi,Pi\}]$,同时按"Shift"键与"Enter"键,立即可得下图 1.

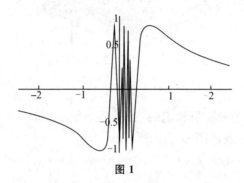

图 1

例 6　在同一坐标系下作函数 $y = x,y = \sin x,y = x + \sin x$ 的图形.

解　用命令 $Plot[\{f_1,f_2,f_3\},\{x,x\min,x\max\}]$ 可作表达式 f_1,f_2,f_3 在从 $x\min$ 变化到 $x\max$,在同一坐标系下的图形.

$In[6]$：$= Plot[\{x,x\mathrm{Sin}[x],x+\mathrm{Sin}[x]\},\{x,-2Pi,2Pi\}]$,可得图形 2.

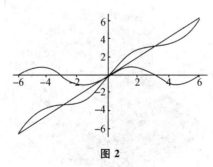

图 2

例 7　作函数 $z = \sin(xy)$ 数的三维图形.

解　作二元函数的图形使用命令

$Plot3D[f,\{x,x\min,x\max\},\{y,y\min,y\max\}]$.

$In[7]$：$= Plot3D[\mathrm{Sin}[xy],\{x,-Pi,Pi\},\{y,-2,2\}]$.可得图 3.

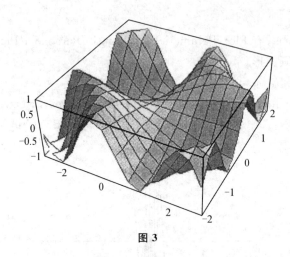

图 3

例 8　作二垂直相交圆柱面的三维图形（参数方程形式）

解　作参数方程的图形使用命令

ParametricPlot3D$[\{f_x,f_y,f_z\},\{t,t\min,t\max\}]$（空间曲线），与

ParametricPlot3D$[\{f_x,f_y,f_z\},\{t,t\min,t\max\},\{u,u\min,u\max\}]$（空间曲线）.

$In[8]:=$ ParametricPlot3D$[\{\{\text{Sin}[t],\text{Cos}[t],u\},\{\text{Sin}[t],u,\text{Cos}[t]\}\},$
$\{t,0,2Pi\},\{u,-2,2\}]$；可得图 4.

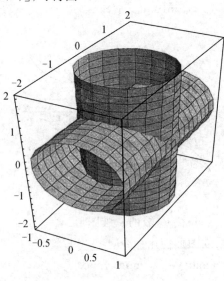

图 4

四、微积分中常用运算

Mathematica 也能求解微积分中的一般问题,下面用几个例题来进行说明.

例 9   求极限 $\lim\limits_{x \to 0} \dfrac{\sin x}{x}$.

解   在 Mathematica 中命令 Limit[expr, $x \to x_0$] 表示求 $x \to x_0$ 表达式 expr 的极限.

$In[9]: = \mathrm{Limit}[\mathrm{Sin}[x]/x, x \longrightarrow 0]$

$Out[9] = 1$

例 10   已知 $y = x\sin x$,求导数 $\dfrac{\mathrm{d}y}{\mathrm{d}x}$.

解   在 Mathematica 中命令 $D[f, x]$ 用来求函数 f 对变量 x 的导数.

$In[10]: = D[x\sin[x], x]$

$Out[10] = x\mathrm{Cos}[x] + \mathrm{Sin}[x]$

例 11   求不定积分 $\displaystyle\int x\mathrm{e}^x \mathrm{d}x$.

解   在 Mathematica 中命令 Integrate[f, x] 用来求函数 f 对变量 x 的不定积分.

$In[11]: = \mathrm{Integrate}[x\mathrm{E}\widehat{\ }x, x]$

$Out[11] = \mathrm{e}^x(-1 + x)$

习题答案与提示

习题 1-2

1. (1) $(-\infty,0) \bigcup (0,\frac{5}{2}]$；　(2) $[-1,1]$；　(3) $(-\infty,0)$；

(4) $x>0,x \neq \frac{n\pi}{2}(n=0,1,2,\cdots)$；　(5) $[0,2]$；　(6) $(-\infty,0)$ 与 $(0,+\infty)$；

(7) $(-\infty,0) \bigcup (0,2)$；　(8) $(1,\infty)$；　(9) $(-\infty,\infty)$；

(10) $\{(x,y) \mid x^2+y^2 < 2\}$；　(11) $\{(x,y) \mid x \in \mathbb{R}, \mid y \mid \leqslant 1\}$；

(12) $\{(x,y) 2k\pi \leqslant x^2+y^2 \leqslant (2k+1)\pi, k=0,1,2,\cdots\})$；

(13) $\{(x,y) \mid x \cdot y \leqslant 4\}$；　(14) $\{(x,y) y > \sqrt{x}, x \geqslant 0\}$.

2. (1) 单调递增　　(2) 单调递减　　(3) 单调递增

3. 不一定无界. 例如:$\mathrm{arctg}x$ 在 $(-\infty,+\infty)$ 为单调递增, 但有界:

$\mid \mathrm{arctg}x \mid < \frac{\pi}{2}$;$\mathrm{tg}x$ 在 $(-\frac{\pi}{2},\frac{\pi}{2})$ 为单调递增,却无界.

4. (1) 奇函数；　　　　(2) 非奇非偶函数,因为定义域不与原点对称；

(3) 非奇非偶函数；　(4) 偶函数；

(5) 奇函数；　　　　(6) 非奇非偶函数,因为定义域不与原点对称.

5. 是周期函数. 最小周期为 π.

6. $f^{-1}(x) = \frac{2x+3}{4x-2}, (-\infty,\frac{1}{2}) \bigcup (\frac{1}{2},+\infty)$.

7. (1) $f[f(x)] = (x^2-x)(x^2-x-1)$；

(2) $f[\varphi(x)] = \sin 2x(\sin 2x-1)$；

(3) $\varphi[f(x)] = \sin 2(x^2-x)$.

8. 由函数 $f(x)$ 与 $\varphi(x) = x^2$ 复合而成. $\varphi[f(x)] = [f(x)]^2, f[\varphi(x)] = f(x^2)$.

9.(1)(2)(3) 是初等函数,(4) 不是初等函数.

10.(1)$0 < y < \dfrac{\sqrt{3}}{2}a, \dfrac{y}{\sqrt{3}} < x < a - \dfrac{y}{\sqrt{3}}$;　(2)$0 \leqslant x \leqslant 1, 0 \leqslant y \leqslant 1 + x$.

11.(1)$f\left(\dfrac{1}{2}, 3\right) = \dfrac{5}{3}; f(1, -1) = -2$.

(2)$f(y, x) = \dfrac{y^2 - x^2}{2xy}; f(-x, -y) = \dfrac{x^2 - y^2}{2xy}$;

$$f\left(\dfrac{1}{x}, \dfrac{1}{y}\right) = \dfrac{y^2 - x^2}{2xy}.$$

12.$f(x, y) = x^2 \dfrac{1 - y}{1 + y}$.

13.$\underbrace{f\{f[\cdots f(x)]\}}_{n} = \dfrac{x}{\sqrt{1 + nx}}$.

16.(1)$y = \sqrt[3]{u}, u = \arcsin v, v = a^x$;

(2)$y = u^3, u = \sin v, v = \ln w, w = \arccos x$;

(3)$y = \ln u, u = \cos v, v = \sqrt[3]{w}, w = \arccos x$;

(4)$y = a^u, u = \sin v, v = 3x^2 - 1$;

(5)$y = \ln u, u = v^2, v = \ln w, w = t^3, t = \ln x$.

习题 1-3

1.总成本 2000 元,平均成本 20 元.

2.$R(x) = -\dfrac{1}{2}x^2 + 4x$.

3.(1)25000 元　　　(2)13000 元　　　(3)1000 件

4.$Q = 10 + 5.2^P$.

5.$R(x) = \begin{cases} 130x, 0 \leqslant x \leqslant 7 \\ 130 \times 700 + 130 \times 0.9 \times (x - 7), 700 < x \leqslant 1000 \end{cases}$.

第 1 章　　总复习题

1.(1) $e^{-1} \leqslant x \leqslant e$;　(2) $x \geqslant 1$;　(3) $2k\pi \leqslant x \leqslant (2k + 1)\pi, k \in Z$;

(4) $-1 \leqslant x \leqslant 1$;　(5) $0 \leqslant x < 1$.

2. $f(10^{-1}) = -\dfrac{\pi}{2}, f(1) = 0, f(10) = \dfrac{\pi}{2}$.

3. $\varphi(1) = 0, \varphi(-2) = 3, \varphi(0) = 0$.

4. $f(x+1) = \begin{cases} x+1, x < -1 \\ x+2, x \geqslant -1 \end{cases}, f(x-1) = \begin{cases} x-1, x < 1 \\ x, x \geqslant 1 \end{cases}$.

5. $(1) y = \sqrt{u}, u = 2 - x^2$;

　　$(2) y = \tan u, u = \mathrm{e}^v, v = 5x$;

　　$(3) y = u^2, u = \sin v, v = 1 + 2x$;

　　$(4) y = u^3, u = \arcsin v, v = 1 - x^2$;

　　$(5) y = \sqrt{u}, u = \ln v, v = \tan w, w = x^2$;

　　$(6) y = \cos u, u = \dfrac{1}{x-1}$.

6. $s = \sqrt{(20t)^2 + (80 - 15t)^2}$.

8. $(A) \, 10^{\ln 100}$;　$(B) 3\ln 10$;　$(C) \, 10^{\ln x}$;　$(D) x\ln 10$.

9. $S = \pi r^2 + \dfrac{2v}{r}$.

10. $R = x^2$.

11. $L = -100 + 248x - 6x^2$.

12. $(1) C = 200 + 10q (0 < q \leqslant 120)$;

　　$(2) R = 15q (0 \leqslant q \leqslant 120)$.

习题 2-1

1. $(1) 4\beta$;　　　　　　$(2) 2m\beta - 2n\alpha$.

2. $(-, +, +); (-, -, +); (+, -, +); (+, +, -); (-, +, -); (-, -, -); (+, -, -)$.

3. $R = 3$.

4. $(-6, 6, -1); |\vec{\alpha}| = 9; \cos\alpha = \dfrac{7}{9}, \cos\beta = -\dfrac{4}{9}, \cos\gamma = \dfrac{4}{9}$.

5. $(1) -7$;　$(2) 14$;　$(3) 38$;　$(4) 24$;　$(5) -221$.

6. $m = -\dfrac{4}{3}$.

7. $25\sqrt{3}$.

8. $\overrightarrow{EF} = 3i + 3j - 5k$

9. (1)5； (2)-3； (3)$-\dfrac{7}{2}$； (4)11.

10. $|\vec{r}| = \sqrt{14}$, $\arccos\dfrac{\sqrt{14}}{14}$, $\arccos\dfrac{2\sqrt{14}}{14}$, $\arccos\dfrac{3\sqrt{14}}{14}$.

习题 2-2

1. (1) 平行于 z 轴；   (2) 垂直 x 轴；   (3) 通过 x 轴.

2. $3(x-0) - 4(y-0) + (z-5) = 0$.

3. $x + 4y - z - 18 = 0$.

4. $\dfrac{5}{6}\sqrt{3}$.

5. (1)$\arccos\dfrac{3\sqrt{7}}{35}$；   (2) $\dfrac{\pi}{4}$.

6. (1)$x = -y = z$；   (2) $\dfrac{x-2}{1} = \dfrac{y+8}{2} = \dfrac{z-3}{-3}$.

7. $z = 18$.

8. (1)$l = \dfrac{7}{9}, m = \dfrac{13}{9}, n = \dfrac{37}{9}$； (2)$l = -4, m = 3$； (3)$l = -\dfrac{1}{7}$.

9. (1)$3x + y - 2z - 5 = 0$； (2)$x - 8y - 13z + 9 = 0$.

10. $\dfrac{x-1}{1} = \dfrac{y}{1} = \dfrac{z+2}{2}$.

11. (1) $\dfrac{x-\dfrac{2}{5}}{\dfrac{3}{5}} = \dfrac{y+\dfrac{9}{5}}{-\dfrac{1}{5}} = z$；   (2) $\dfrac{x-6}{-1} = \dfrac{y-\dfrac{9}{2}}{-\dfrac{3}{4}} = z$.

习题 2-3

1. $x^2 + y^2 + z^2 - 12x - 4y - 6z = 0$.

2. (1) 以 $\begin{cases} x^2 + y^2 = 36 \\ z = 0 \end{cases}$ 为准线、母线平行于 z 轴的圆柱面；

  (2) 以 $\begin{cases} x^2 - z^2 = 16 \\ y = 0 \end{cases}$ 为准线、母线平行于 y 轴的双曲柱面.

3.(1) 以 z 轴为旋转轴的旋转椭球面;

　　(2) 以 z 轴为旋转轴的单叶旋转双曲面;

　　(3) 以 z 轴为旋转轴的旋转抛物面.

4. 方程为 $y^2 + z^2 = 1$.

5. 方程为 $x^2 - 10xy - 25z^2 = 0$.

6.(1) 绕 x 轴旋转得方程: $x^2 + y^2 + z^2 = 1$

　　　　绕 y 轴旋转得方程: $x^2 + y^2 + z^2 = 1$;

　　(2) 绕 z 轴旋转得方程: $2x^2 + 2y^2 - z^2 = 1$

　　　　绕 y 轴旋转得方程: $2y^2 - x^2 - z^2 = 1$.

7. $(x-1)^2 + y^2 + z^2 = \dfrac{9}{4}$.

8.(1) 圆双曲面;　(2) 柱面;　(3) 椭圆抛物面;　(4) 椭圆面.

第2章　总复习题

1.(1)$(5, -3, -4)$;　(2)3;　(3)$(5,1,7)$;　(4)$(10,2,14)$.

2. $\pm \dfrac{\sqrt{17}}{17}(3\vec{i} - 2\vec{j} - 2\vec{k})$.

3.(1) $\sqrt{12}$;　(2) $\dfrac{2\pi}{3}$;　(3)$x - y + z - 2 = 0$.

4. $x - 2y - z + 9 = 0$.

5.(1) $\dfrac{\pi}{4}$ 或 $\dfrac{3\pi}{4}$;　　(2) $\cos^{-1}\dfrac{81}{21}$ 或 $\pi - \cos^{-1}\dfrac{81}{21}$.

6. $\dfrac{x-3}{-4} = \dfrac{y+2}{2} = \dfrac{z-1}{1}$.

7. $\dfrac{x}{-2} = \dfrac{y-2}{3} = \dfrac{z-4}{1}$.

8. $\dfrac{x-1}{2} = \dfrac{y+2}{7} = \dfrac{z-1}{1}$.

9.$(9,12,20)$,$\left(-\dfrac{117}{7}, -\dfrac{6}{7}, -\dfrac{130}{7}\right)$.

10.(1) $\begin{vmatrix} A_1 & D_1 \\ A_2 & D_2 \end{vmatrix} = 0$ 且 A_1, A_2 不全为零;

　　(2)D_1, D_2 不全为零;

　　(3)$A_1 = A_2 = 0$, 且 $D_1 = D_2 = 0$.

11.(1) 以 x 轴为轴的圆锥面; (2) 母线平行于 x 轴的双曲柱面;

(3) 椭圆抛物面; (4) 球心在 $\left(\dfrac{1}{4},0,0\right)$,半径为 $\dfrac{1}{4}$ 的球面;

习题 3-1

1.(1) $\dfrac{1}{2}$; (2)$e^{\frac{1}{2}}$; (3)3; (4)0;

2.(1) -9; (2)0; (3)0; (4)2;

(5) $\dfrac{1}{2}$; (6)0; (7) -1; (8)2;

(9)∞.

3.(1)e^{-1}; (2)e^2; (3)e^2; (4)$e^{-\frac{1}{2}}$;

(5) $\dfrac{3}{5}$; (6)0; (7) $\dfrac{1}{2}$.

4.(1)1; (2)ln2.

5.(1) 同阶; (2) 高阶; (3) 高阶;

(4) 等价; (5) 等价; (6) 同阶.

6.(1) $\dfrac{1}{2}$; (2) $\dfrac{2}{9}$; (3)$\begin{cases} 1 & n=m \\ 0 & n>m. \\ \infty & n<m \end{cases}$

7.(1) $\dfrac{1}{2}$; (2) $\dfrac{2}{\pi}$; (3)cosa; (4)2x;

(5)1; (6)0; (7)e^{2a}; (8)2;

(9) -3.

8.(1) $-\dfrac{1}{4}$(分子有理化); (2)2(分母有理化); (3)0.

习题 3-2

1.(1)$f(x)$ 在 $[0,2]$ 上连续;

(2) $f(x)$ 在 $(-\infty,-1)$ 和 $(-1,+\infty)$ 内连续,在 $x=-1$ 处间断,但右连续.

2.$a=1$.

3.(1)$x = 1$(可去);　　　　　　(2)$x = 0$(第一类).

4.不一定.

5.$\dfrac{1}{2}, -\dfrac{8}{5}, \infty$.

6.(1) $x = 2$(第二类)，$x = 1$(可去)补充定义 $f(1) = -2$，则函数在 $x = 1$ 处连续；

(2) $x = k\pi(k \neq 0)$(第二类)，$x = 0$，$x = k\pi + \dfrac{\pi}{2}$(可去)，令 $f(0) = 1$，

则函数在 $x = 0$ 处连续，令 $f(k\pi + \dfrac{\pi}{2}) = 0$，则函数在 $x = k\pi + \dfrac{\pi}{2}$

处连续.

第3章　总复习题

1.(1)e^{-2};　　　　(2)$\dfrac{1}{4}$;　　　　(3)0;　　　　(4)3;

　(5)$\dfrac{1}{5}$;　　　　(6)$\dfrac{2}{5}$;　　　　(7)e^{-2};　　　　(8)e;

　(9)e　　　　(10)$\cos a$　　　　(11)$-\dfrac{\pi}{4}$.

2.$a = \dfrac{3}{2}$

3.(1) 同阶;　　　　(2) 等价.

4.$f(x)$ 在 $x = 0$ 处的连续.

5.$x = 0$(第二类)；$x = 1$(第一类).

习题 4-2

1.是；只与 x 有关，与 Δx 无关；x 是常量，Δx 是变量.

2.(1)$v_0 - gt$,　　　　(2)$\dfrac{v_0}{gt}$,　　　　(3)$-v_0$.

3.(1)$2\pi r$,　　　　(2)2π,　　　　(3)$\dfrac{1}{\sqrt{\pi}}$.

4.$f'(x_0)$ 是曲线 $f(x)$ 在 $P(x_0, f(x_0))$ 点处切线的斜率，$[f(x_0)]' = 0$，

$f'(x)|_{x = x_0} = f'(x_0)$.

5.(1) 切线方程 $x + y = 2$,法线方程 $x + y = 2$;

　(2) 切线方程 $12x - y = 16$,法线方程 $x + 12y = 98$.

6.在 $x = 1$ 的导数为 $\dfrac{2}{3}$,在 $x = 0$ 的右导数为 $+\infty$.

7.(1) 存在,等于 $f'(x_0)$;(2) 存在,等于 $f'(x_0)$;(3) 存在,等于 $2f'(x_0)$.

8.连续;可导.

9.$a = 2, b = -1$.

10.$f'(0) = 2g(0)$.

习题 4-3

1.(1)$4x + \dfrac{3}{x^4} + 5$; 　　　　　　　(2)$x(2\sin x + x\cos x)$;

(3)$\dfrac{\sin x - 1}{(x + \cos x)^2}$; 　　　　　(4)$1 + \ln x + \dfrac{1}{x^2}(1 - \ln x)$;

(5)$2^x \ln 2 + 8x^7$; 　　　　　　(6)$2\mathrm{e}^x \sin x$;

(7)$-[\sin x + \ln x(\sin x + x\cos x)]$;　(8)$\dfrac{1}{2\sqrt{x}(1 - x)}$

(9)$-\dfrac{1}{1 + x^2}$; 　　(10)$\dfrac{2x^2}{1 - x^6}\left(\dfrac{1 + x^3}{1 - x^3}\right)^{\frac{1}{3}}$; 　　(11)$-(1 + x^2)^{-\frac{3}{2}}$;

(12)$ax^{a-1} + a^x \ln a$; 　　　　(13)$n \sin^{n-1} x \cos(n+1)x$;

(14)$\cos u \cos(\sin u)\cos[\sin(\sin u)]$;　(15)$2\csc^2 t$;

(16)$-16\cot 2x \csc^2 2x$; 　　　　(17)$\sqrt{a^2 - x^2}$;

(18)$\dfrac{2^\theta \ln 2}{1 + 4^\theta} - \dfrac{2\theta}{1 + \theta^4}$; 　　　　(19)$-\dfrac{2}{\arccos 2x \cdot \sqrt{1 - 4x^2}}$;

(20)$\mathrm{e}^{-x}\left[\dfrac{\sqrt{x^2}}{x^2 \sqrt{x^2 - 1}} - \arccos \dfrac{1}{x}\right]$;　(21)$\mathrm{e}^{\cos x}(2x\cos x^2 - \sin x \sin x^2)$.

2.(1)$\dfrac{4}{9}$; 　　　　(2)-2; 　　　　　　(3)$-\dfrac{2}{\pi^2 + 6}$.

3.(1)$-\dfrac{3x}{4y}$; 　　(2)$\dfrac{\cos(x+y)}{\mathrm{e}^y - \cos(x+y)}$; 　　(3)$\dfrac{\sin y}{1 - x\cos y}$;

(4)$\dfrac{\cot y + y\sin(xy)}{x[\csc^2 y - \sin(xy)]}$; 　　(5)$\dfrac{\mathrm{e}^y}{1 - x\mathrm{e}^y}$.

4.1.

5.(1) $\dfrac{y}{2}\left(\dfrac{3}{3x-2}+\dfrac{2}{5-2x}-\dfrac{1}{x-1}\right)$;

　(2) $y\left[1+\cot x+\dfrac{1}{3x}+\dfrac{2x}{3(x^2-1)}-\dfrac{4x}{3(x^2-4)}\right]$;

　(3) $y[\cos x\cot x-\sin x\ln(\sin x)]$.

6.(1) $-\dfrac{2t}{t+1}$; 　　　　　　(2) $-\dfrac{b}{a}$.

7.(1) $4x-3y-5=0$; 　　　　　　(2) $x=0$.

8.(1) $z_x=y+\dfrac{1}{y}$, $z_y=x-\dfrac{x}{y^2}$;

　(2) $z_x=\dfrac{2x^2-y}{2x^3+xy}$, $z_y=\dfrac{1}{2x^2+y}$;

　(3) $z_x=\dfrac{y^2}{(x^2+y^2)^{\frac{3}{2}}}$, $z_y=-\dfrac{xy}{(x^2+y^2)^{\frac{3}{2}}}$;

　(4) $\theta_x=ae^{-t}$, $\theta_t=b-axe^{-t}$;

　(5) $z_x=\sqrt{y}-\dfrac{y}{3\cdot\sqrt[3]{x^4}}$, $z_y=\dfrac{x}{2\sqrt{y}}+\dfrac{1}{\sqrt[3]{x}}$;

　(6) $z_x=\dfrac{1}{1+(x-y^2)^2}$, $z_y=-\dfrac{2y}{1+(x-y^2)^2}$;

　(7) $u_x=2x\cos(x^2+y^2+z^2)$, $u_y=2y\cos(x^2+y^2+z^2)$,

　　　$u_z=2z\cos(x^2+y^2+z^2)$.

　(8) $z_x=-y(1-x)^{y-1}+\dfrac{y}{\sqrt{1-x^2y^2}}$,

　　　$z_y=(1-x)^y\ln(1-x)+\dfrac{x}{\sqrt{1-x^2y^2}}$.

9.1.

10. $\dfrac{\mathrm{d}u}{\mathrm{d}t}=f_x x+f_y y+f_t$.

11. $u_s=f_x x_s+f_y y_s$, $u_t=f_x x_t+f_y y_t+f_t$.

12.(1) $z_x=\dfrac{1}{x^2y}e^{\frac{x^2+y^2}{xy}}(x^4-y^4+2x^3y)$,

　　　$z_y=\dfrac{1}{xy^2}e^{\frac{x^2+y^2}{xy}}(-x^4+y^4+2xy^3)$;

　(2) $z_x=\dfrac{y^2}{(x+y)^2}\operatorname{arctg}(x+y+xy)+\dfrac{xy(1+y)}{(x+y)[1+(x+y+xy)^2]}$,

$$z_y = \frac{x^2}{(x+y)^2}\operatorname{arctg}(x+y+xy) + \frac{xy(1+x)}{(x+y)[1+(x+y+xy)^2]}.$$

13. (1) $z_x = \dfrac{3}{2}x^2\sin 2y(\cos y - \sin y)$,

$z_y = x^3(\cos y + \sin y)(\cos^2 y + \sin^2 y - 3\sin x\cos y)$;

(2) $z_u = \dfrac{2v^2}{u^2(2u-3v)} - \dfrac{2v^2}{u^3}\ln(3v-2u)$,

$z_v = \dfrac{3v^2}{u^2(3v-2u)} + \dfrac{2v}{u^2}\ln(3v-2u)$;

(3) $z_x = \dfrac{2y^2}{x^3}\left[\dfrac{x^2}{x^2+y^2} - \ln(x^2+y^2)\right]$,

$z_y = \dfrac{2y}{x^2}\left[\dfrac{y^2}{x^2+y^2} + \ln(x^2+y^2)\right]$;

(4) $z_x = \dfrac{xv-yu}{x^2+y^2}\mathrm{e}^w$, $z_y = \dfrac{xu+yv}{x^2+y^2}\mathrm{e}^w$.

14. $\dfrac{\mathrm{d}y}{\mathrm{d}x} = \dfrac{y+x}{y-x}$

15. $\dfrac{2y\mathrm{e}^{2x} - \mathrm{e}^{2y}}{2x\mathrm{e}^{2y} - \mathrm{e}^{2x}}$.

16. (1) $\dfrac{x-1}{1} = \dfrac{y-2}{4} = \dfrac{z-1}{2}$, $x+4y+2z-11=0$;

(2) $\dfrac{x-\dfrac{3}{\sqrt{2}}}{-\dfrac{3}{\sqrt{2}}} = \dfrac{y-\dfrac{3}{\sqrt{2}}}{\dfrac{3}{\sqrt{2}}} = \dfrac{z-\pi}{4}$, $-\sqrt{2}\,x+\sqrt{2}\,y+\dfrac{8}{3}z-\dfrac{8}{3}\pi=0$;

(3) $\dfrac{x-1}{0} = \dfrac{y}{1} = \dfrac{z-1}{0}$, $y=0$.

17. $(-1,1,-1)$, $\left(-\dfrac{1}{3},\dfrac{1}{9},\dfrac{-1}{27}\right)$.

18. (1) 切平面方程：$3x+4y-5z=0$，法线方程：$\dfrac{x-3}{3} = \dfrac{y-4}{4} = \dfrac{z-5}{-5}$;

(2) 切平面方程：$x+11y+5z-18=0$，

法线方程：$x-1 = \dfrac{y-2}{11} = \dfrac{z+1}{5}$.

19. $\left(x \mp \sqrt{\dfrac{2}{11}}\right) - \left(y \pm \dfrac{1}{\sqrt{22}}\right) + 2\left(z \mp 2\sqrt{\dfrac{2}{11}}\right) = 0.$

20. $\dfrac{x-4}{1} = \dfrac{y-2}{2} = \dfrac{z+3}{-2}, x+2y-2z-14 = 0$

21. $(1)2x\sin x\,(1+x^2)^{\sin x-1} + (1+x^2)^{\sin x}\cos x\ln(1+x^2)$；

   $(2)\sec x \cdot x^{\sec x-1} + x^{\sec x}\sec x\tan x\ln x$； $(3)2\theta - 6\tan(\tan 3\theta)\,\sec^2 3\theta$；

   $(4)\sqrt{x^2+a^2}$ ； $(5)\sin\ln|x|$ ； $(6)\dfrac{1}{b^2\cos^2 ax - c^2\sin^2 ax}$.

22. $a = d = 1, b = c = 0$.

23. 1.

24. $(1)1$； $(2)\ln 2 - 1$.

习题 4-4

1. $-89100\,(1-3x)^{98} - \dfrac{3}{x^2\ln 2} - 4\sin 2x$.

2. $20(19x^2 - 38x + 23)\,(x^2 - 2x + 5)^8$.

3. $(1) -(a^2\sin ax + b^2\cos bx)$； $(2)\dfrac{1}{4x}(\mathrm{e}^{\sqrt{x}} + \mathrm{e}^{-\sqrt{x}}) - \dfrac{1}{4\sqrt{x^3}}(\mathrm{e}^{\sqrt{x}} - \mathrm{e}^{-\sqrt{x}})$；

   $(3)2\mathrm{e}^{-x^2}(2x^3 - 3x)$； $(4)\dfrac{2}{(1+x^2)^2}$.

4. $(1)y^{(n)} = 2^n\sin\left(2x + \dfrac{n\pi}{2}\right)$； $(2)y^{(n)} = (x+n)\mathrm{e}^x$；

   $(3)y^{(n)} = \alpha(\alpha-1)(\alpha-2)\cdots(\alpha-n+1)\,(1+x)^{\alpha-n}$；

   $(4)y^{(n)} = (-1)^{n-1}(n-1)!\,(1+x)^{-n}$.

5. $(1)\ z_{xx} = 2a^2\cos 2(ax+by), z_{yy} = 2b^2\cos 2(ax+by)$，

   $z_{xy} = z_{yx} = 2ab\cos 2(ax+by)$；

   $(2)z_{xx} = \dfrac{-2x}{(1+x^2)^2}, z_{xy} = 0, z_{yy} = \dfrac{-2y}{(1+y^2)^2}$；

   $(3)z_{xx} = \dfrac{4y^2(3x^2-y^2)}{(x^2+y^2)^3}; z_{xy} = \dfrac{-8xy(x^2-y^2)}{(x^2+y^2)^3}; z_{yy} = \dfrac{4x^2(3y^2-x^2)}{(x^2+y^2)^3}$；

   $(4)\ z_{xx} = 2\operatorname{arccot}\dfrac{y}{x} - \dfrac{2xy}{x^2+y^2}; z_{xy} = -\dfrac{x^2-y^2}{x^2+y^2}$；

   $z_{yy} = -2\operatorname{arccot}\dfrac{x}{y} + \dfrac{2xy}{x^2+y^2}$.

6. $\dfrac{\partial^3 u}{\partial x^2\partial y} = yz(2z + xyz^2)\mathrm{e}^{xyz}, \dfrac{\partial^3 u}{\partial x\partial y\partial z} = (1 + 3xyz + x^2y^2z^2)\mathrm{e}^{xyz}$.

7. $\dfrac{\mathrm{d}y}{\mathrm{d}x} = \dfrac{-1}{2+\sin y}, \dfrac{d^2 y}{\mathrm{d}x^2} = \dfrac{-\cos y}{(2+\sin y)^3}$.

8. (1) $\dfrac{1}{2}\mathrm{e}^{-3t}$; \qquad\qquad (2) $\dfrac{-1}{4a\sin^4\dfrac{t}{2}}$.

9. (1) $\dfrac{2\mathrm{e}^{2y}-x\mathrm{e}^{3y}}{(1-x\mathrm{e}^y)^3}$, \qquad\qquad (2) $\dfrac{-y}{[1+\sin(x+y)]^3}$.

10. $z_{xy} = x\mathrm{e}^{2y}f_{uu} + \mathrm{e}^y f_{uy} + x\mathrm{e}^y f_{xu} + f_{xy} + \mathrm{e}^y f_u$.

11. (1) $\dfrac{\partial^2 u}{\partial s^2} = \dfrac{\partial^2 f}{\partial x^2} + 2t\dfrac{\partial^2 f}{\partial x\partial y} + t^2\dfrac{\partial^2 f}{\partial y^2}$,

$\dfrac{\partial^2 u}{\partial s\partial t} = \dfrac{\partial^2 f}{\partial x^2} + (s+t)\dfrac{\partial^2 f}{\partial x\partial y} + st\dfrac{\partial^2 f}{\partial y^2} + \dfrac{\partial f}{\partial y}$,

$\dfrac{\partial^2 u}{\partial t^2} = \dfrac{\partial^2 f}{\partial x^2} + 2s\dfrac{\partial^2 f}{\partial x\partial y} + s^2\dfrac{\partial^2 f}{\partial y^2}$.

(2) $\dfrac{\partial^2 u}{\partial s^2} = t^2\dfrac{\partial^2 f}{\partial x^2} + 2\dfrac{\partial^2 f}{\partial x\partial y} + \dfrac{1}{t^2}\dfrac{\partial^2 f}{\partial y^2}$,

$\dfrac{\partial^2 u}{\partial s\partial t} = st\dfrac{\partial^2 f}{\partial x^2} - \dfrac{s}{t^3}\dfrac{\partial^2 f}{\partial y^2} + \dfrac{\partial f}{\partial x} - \dfrac{1}{t^2}\dfrac{\partial f}{\partial y}$,

$\dfrac{\partial^2 u}{\partial t^2} = s^2\dfrac{\partial^2 f}{\partial x^2} - 2\dfrac{s^2}{t^2}\dfrac{\partial^2 f}{\partial x\partial y} + \dfrac{s^2}{t^4}\dfrac{\partial^2 f}{\partial y^2} + \dfrac{2s}{t^3}\dfrac{\partial f}{\partial y}$.

12. $f''_{xx}(0,0) = f''_{xy}(0,0) = 0$.

习题 4-5

1. (1) $\mathrm{d}y = (5x^4 + 6x^2 - 7)\mathrm{d}x$; \qquad (2) $\mathrm{d}y = \dfrac{-2x}{1-x^2}\mathrm{d}x$;

(3) $\mathrm{d}y = -2\arccos x\dfrac{1}{\sqrt{1-x^2}}\mathrm{d}x$; \qquad (4) $\mathrm{d}y = x^{-\frac{3}{2}}\left(1 - \dfrac{1}{2}\ln x\right)\mathrm{d}x$;

(5) $\mathrm{d}\rho = (a^3\sin 2ax - b^3\sin 2bx)\mathrm{d}x$.

2. (1) x^3; (2) $\arctan x$; (3) $\sin 2x$; (4) $\sec x$; (5) $\dfrac{2}{3}(a+x)^{\frac{3}{2}}$;

(6) $\dfrac{1}{2}(\ln x)^2$; (7) $-\ln\cos x$; (8) $-\dfrac{3}{4}\mathrm{e}^{-2x^2}$; (9) $\ln|x-1|$.

3. 0.998.

4. $\mathrm{d}y = 2x\mathrm{d}x, \mathrm{d}y\big|_{x=1} = 2\mathrm{d}x, \mathrm{d}y\big|_{x=0} = 0$.

5. (1) $\Delta y = \Delta x + \Delta x^2, \mathrm{d}y = \mathrm{d}x$;

$(2)\Delta y = 10\Delta x + 6 \, (\Delta x)^2 + (\Delta x)^3 , \mathrm{d}y = 10\mathrm{d}x.$

6. $(1)\mathrm{d}z = \dfrac{x}{\sqrt{x^2 + y^2}}\mathrm{d}x + \dfrac{y}{\sqrt{x^2 + y^2}}\mathrm{d}y; (2)\mathrm{d}z = \mathrm{e}^x\cos y\mathrm{d}x - \mathrm{e}^x\sin y\mathrm{d}y;$

$(3)\mathrm{d}u = \dfrac{t\mathrm{d}s - s\mathrm{d}t}{t\sqrt{t^2 - s^2}}; \qquad (4)\mathrm{d}u = \dfrac{2}{x^2 + y^2 + z^2}(x\mathrm{d}x + y\mathrm{d}y + z\mathrm{d}z);$

$(5)\mathrm{d}u = (xy)^z\left[\dfrac{z}{x}\mathrm{d}x + \dfrac{z}{y}\mathrm{d}y + \ln(xy)\mathrm{d}z\right]; (6)\dfrac{1}{x^2 + y^2}(y\mathrm{d}x - x\mathrm{d}y);$

$(7)\mathrm{d}z = \dfrac{2}{(x - y)^2}(x\mathrm{d}y - y\mathrm{d}x).$

7. $-0.125.$

8. $(1)\mathrm{d}y = f'(2x + 1)\mathrm{d}x; \qquad\qquad (2)\mathrm{d}y = 2f'(x^2 - 1)\mathrm{d}x;$

$(3)\mathrm{d}y = f'(\sin x)\cos x\mathrm{d}x; \qquad\qquad (4)\mathrm{d}y = f'(\mathrm{e}^x)\mathrm{e}^x\mathrm{d}x.$

9. $(1)\mathrm{d}z = -\dfrac{2x\mathrm{d}x + z\mathrm{d}y}{y + 1};$

$(2)\mathrm{d}z = \dfrac{z}{y(1 + x^2 z^2) - x}\mathrm{d}x - \dfrac{z(1 + x^2 z^2)}{y(1 + x^2 z^2) - x}\mathrm{d}y;$

$(3)\mathrm{d}z = \dfrac{yz}{\mathrm{e}^z - xy}\mathrm{d}x + \dfrac{xz}{\mathrm{e}^z - xy}\mathrm{d}y; \qquad\qquad (4)z = -\mathrm{d}x - \mathrm{d}y.$

10. $(1)\mathrm{d}u = \dfrac{f'(\sqrt{x^2 + y^2})}{\sqrt{x^2 + y^2}}(x\mathrm{d}x + y\mathrm{d}y);$

$(2)\mathrm{d}u = \varphi'(xy)(y\mathrm{d}x + x\mathrm{d}y) + \phi'\left(\dfrac{x}{y}\right)\dfrac{y\mathrm{d}x - x\mathrm{d}y}{y^2}.$

11. $\Delta v \approx -94.3 \text{ cm}^3.$

第4章　总复习题

1. $(1)8 \, (2x + 3)^3; \quad (2) -2\mathrm{e}^{2x}; \quad (3) -3\cos^2 x\sin x; \quad (4) -\cot(1 - x);$
$(5)\pi^x\ln\pi + \pi x^{\pi - 1} + x^x(1 + \ln x).$

2. $(1)\dfrac{1}{2} + \mathrm{e}; \quad (2) -2; \quad (3)1; \quad (4)\dfrac{1}{2}.$

3. $(1)\mathrm{e}^x(\ln x + \dfrac{1}{x}); \qquad (2)\dfrac{x\ln x}{(x^2 - 1)^{\frac{3}{2}}}\mathrm{d}x.$

4. $y = (1 + \mathrm{e})x - 1.$

5. $\dfrac{2xy}{\cos y + 2\mathrm{e}^{2y} - x^2}.$

6. $y' = t, y'' = -\dfrac{t^3}{1+2\ln t}.$

7. $(1) m \geqslant 1;$ $(2) m \geqslant 2.$

8. $(1)(\sin^2 x - \cos x) e^{\cos x};$ $(2) 6x - \csc^2 x;$ $(3) 2\varphi(0).$

9. (1) $\dfrac{\partial z}{\partial x} = -\dfrac{1}{x} + (e^{xy} + 2x)y, \dfrac{\partial z}{\partial y} = \dfrac{1}{y} + (e^{xy} + x)x;$

(2) $\dfrac{\partial z}{\partial x} = \dfrac{yx^{x-1}}{2\sqrt{x^y}(1+x^y)}, \dfrac{\partial z}{\partial y} = \dfrac{x^y \ln x}{2\sqrt{x^y}(1+x^y)};$

(3) $\dfrac{\partial z}{\partial x} = \dfrac{3y^2}{3x^3 - 2x^2 y} - \dfrac{2y^2 \ln(3x - 2y)}{x^3},$

$\dfrac{\partial z}{\partial y} = \dfrac{2y\ln(3x-2y)}{x^2} - \dfrac{2y^2}{3x^3 - 2x^2 y};$

(4) $\dfrac{\partial z}{\partial x} = e^x \sin y f_u + \dfrac{1}{x+y} f_v, \dfrac{\partial z}{\partial y} = e^x \cos y f_u + \dfrac{1}{x+y} f_v;$

(5) $\dfrac{\mathrm{d}z}{\mathrm{d}x} = \dfrac{1}{\sqrt{\sin^2 x + e^{2x}}}(\sin x \cos x + e^{2x}).$

10. $(1)\mathrm{d}z = -\dfrac{y}{x^2 + y^2}\mathrm{d}x + \dfrac{x}{x^2 + y^2}\mathrm{d}y,$ $(2)\mathrm{d}z = x^{\ln y}\left(\dfrac{\ln y}{x}\mathrm{d}x + \dfrac{\ln x}{y}\mathrm{d}y\right),$

$(3)\mathrm{d}z = [2x + y^2 + y\cos(xy)]\mathrm{d}x + [2xy + x\cos(xy)]\mathrm{d}y,$

$(4)\mathrm{d}z = \dfrac{\cos y}{2\sqrt{x}}\mathrm{d}x - \sqrt{x}\sin y \mathrm{d}y.$

11. $\dfrac{x-1}{1} = \dfrac{y-1}{-2} = \dfrac{z+1}{1}, x - 2y + z + 2 = 0.$

12. $(-3, -1, 3), \dfrac{x+3}{1} = \dfrac{y+1}{3} = \dfrac{z-3}{1}.$

13. $x + 2y - 4 = 0, x - 2 = \dfrac{y-1}{2} = \dfrac{z}{0}.$

14. $a = 2, b = 1.$

15. $-1.$

16. $2.$

17. $f'(0) = 1.$

18. (1) $\dfrac{1}{x^4} f''\left(\dfrac{1}{x}\right) + \dfrac{2}{x^3} f'\left(\dfrac{1}{x}\right);$

(2) $\dfrac{\mathrm{d}z}{\mathrm{d}x} = e^y(1 + x\varphi'(x));$

(3) $-\dfrac{1}{x^2}f(xy)+\dfrac{y}{x}f'(xy)-y\varphi'+y(x+y)$,

$\qquad f'(xy)+\varphi(x+y)+\varphi'(x+y)$.

19. $-\dfrac{2x\mathrm{d}x+z\mathrm{d}y}{y+1}$

20. $\dfrac{x-1}{-1}=\dfrac{y-1}{1}=\dfrac{z}{1}$.

习题 5-1

1. 有三个实根 x_1,x_2,x_3；分别在区间$(1,2),(2,3),(3,4)$ 内.

习题 5-2

1.(1) 1;　(2) $-\dfrac{1}{3}$;　(3) $+\infty$;　(4) $-\dfrac{1}{6}$;　(5) $\dfrac{1}{2}$;

(6) 1;　(7) 1;　(8) $\mathrm{e}^{\frac{1}{6}}$;　(9) $-\dfrac{\mathrm{e}}{2}$;　(10) 0.

2. $a=-3, b=\dfrac{9}{2}$.

3. $c=\ln 2$.

习题 5-3

1.(1) 单调减区间 $\left(\dfrac{3}{4},+\infty\right)$,单调增区间 $\left(-\infty,\dfrac{3}{4}\right)$;

(2) 单调减区间$(-\infty,-1)$ 和$(1,+\infty)$,单调增区间$(-1,1)$;

(3) 单调减区间$(-\infty,0)$ 和$(2,+\infty)$,单调增区间$(0,2)$;

(4) 单调减区间$(0,\mathrm{e})$,单调增区间$(\mathrm{e},+\infty)$.

2.(1) 极大值 $f(-1)=5$,极小值 $f(1)=-3$;

(2) 极小值 $f\left(\dfrac{1}{\mathrm{e}}\right)=-\dfrac{1}{\mathrm{e}}$;　(3) 极小值 $f\left(\dfrac{1}{2}\right)=\dfrac{1}{2}+\ln 2$,

(4) 极大值 $f\left(\dfrac{3}{4}\right)=\dfrac{5}{4}$.

3.(1) 最小值 $y(1)=5$,最大值 $y(-1)=13$,

(2) 最小值 $y(-\ln 2) = 4$，最大值 $y(1) = 4\mathrm{e} + \dfrac{1}{\mathrm{e}}$，

(3) 最小值 $y\left(-\dfrac{1}{\sqrt{2}}\right) = -\dfrac{1}{\sqrt{2\mathrm{e}}}$，最大值 $y\left(\dfrac{1}{\sqrt{2}}\right) = \dfrac{1}{\sqrt{2\mathrm{e}}}$，

(4) 最小值 $y(1) = 2$，最大值 $y\left(\dfrac{1}{2}\right) = y(2) = \dfrac{5}{2}$.

4. (1) $(-\infty, 0)$ 凸，$\left(0, \dfrac{1}{2}\right)$ 凹，$\left(\dfrac{1}{2}, +\infty\right)$ 凸，拐点 $x = 0, x = \dfrac{1}{2}$.

(2) $(0, 1)$ 凹，$(1, \mathrm{e}^2)$ 凸，$(\mathrm{e}^2, +\infty)$ 凹，拐点 $x = \mathrm{e}^2$.

(3) $\left(-\infty, -\dfrac{\sqrt{3}}{3}\right)$ 凹，$\left(-\dfrac{\sqrt{3}}{3}, 0\right)$ 凸，$\left(0, \dfrac{\sqrt{3}}{3}\right)$ 凹，$\left(\dfrac{\sqrt{3}}{3}, +\infty\right)$ 凸，

拐点 $x = -\sqrt{3}, x = 0, x = \sqrt{3}$.

(4) $(-\infty, 2-\sqrt{2})$ 凹，$(2-\sqrt{2}, 2+\sqrt{2})$ 凸，$(2+\sqrt{2}, +\infty)$ 凹，

拐点 $x = 2-\sqrt{2}, x = 2+\sqrt{2}$.

5. (1) $y = 0, x = 1, x = 2$；　　　　(2) $y = \dfrac{x}{2} + \dfrac{\pi}{2}, y = \dfrac{x}{2} - \dfrac{\pi}{2}$；

(3) $y = 0, x = -1$，　　　　(4) $y = x - 1, y = -x + 1$.

6. 桶高 = 桶底的直径；桶高 = 桶底的半径.

7. 底半径 $r = R/\sqrt{2}$；高 $h = \sqrt{2}R$.

9. 当 $R = r$ 时，P 有最大值 $E^2/4r$.

10. 极大值 $f(1) = 14$，极小值 $f(2) = 13$.

12. 一条边长为 $\dfrac{a}{2}$，另一条边长为 $\dfrac{a}{4}$.

13. $\alpha = \dfrac{2\sqrt{6}}{3}\pi, V = \dfrac{2\sqrt{3}}{27}\pi R^3$.

习题 5-4

1. 6.

2. 255；17；14.

3. 50 元；0 元；-50 元.

4. (1) $\eta(p) = \dfrac{p}{24 - p}$；　　(2) $\dfrac{1}{3}$；　　(3) 增加 0.67%.

5.(1) $-\dfrac{D}{b}\ln\dfrac{D}{b}$, $-\dfrac{1}{b}\ln\dfrac{D}{a}$, $-\dfrac{1}{b}\left(\ln\dfrac{D}{a}+1\right)$;　　(2)$bp$.

6.$\varepsilon(p)=\dfrac{3p}{2+3p}$;0.8.

7.250 台.

8.产量:400 单位,价格:160 元 / 单位,最大利润 30000 元.

9.$p=\dfrac{1}{e}$.

10.$\dfrac{C(q)}{q}$

11.(1)3;　　(2)6.

12.5 批.

13.$300t$,10 批.

14.当边际收入等于边际成本时,获得最大利润.

习题 5-5

1.(1) 极小值为 $f\left(\dfrac{1}{\sqrt[3]{3}},\dfrac{1}{\sqrt[3]{3}}\right)=3^{\frac{4}{3}}$,　　(2) 极小值为 $f(1,1)=-5$,

 (3) 极大值为 $f(1,-1)=1$,　　(4) 极小值为 $f(1,1)=2$.

2.(1) 最大值为 4,最小值为 0;　　(2) 最大值为 -2,最小值为 -5.

3.当长、宽、高都为$\sqrt[3]{2}$ 时,所用材料最省.

4.当长、宽都为$\sqrt{\dfrac{m}{3}}$,而高为$\dfrac{1}{2}\sqrt{\dfrac{m}{3}}$ 时,盒子容积最大.

5.当 $\alpha=60°$,$x=\dfrac{l}{3}$ 时,断面的面积最大.

6.$\left(\dfrac{1}{3},\dfrac{1}{3}\right)$.

7.最大值为 $f\left(\dfrac{2\pi}{3},\dfrac{2\pi}{3}\right)=\dfrac{3\sqrt{3}}{2}$,最小值为 0,在边界取到.

8.$\dfrac{a}{3}$,$\dfrac{a}{3}$,$\dfrac{a}{3}$.

9.$\dfrac{2}{\sqrt{3}}a$,$\dfrac{2}{\sqrt{3}}a$,$\dfrac{a}{\sqrt{3}}$.

10.两边折起 8 厘米,角度为$60°$ 时面积最大.

习题 5-6

1. (1) 极大值 $z\left(\dfrac{\sqrt{3}}{3}, \pm\dfrac{\sqrt{6}}{3}\right) = \dfrac{2\sqrt{3}}{9}$，极小值 $z\left(-\dfrac{\sqrt{3}}{3}, \pm\dfrac{\sqrt{6}}{3}\right) = -\dfrac{2\sqrt{3}}{9}$；

   (2) 极小值 $z(1,1) = 1$；   (3) 极小值 $z(2,2) = 4$.

2. $d = \dfrac{|Aa + Bb + Cc + D|}{\sqrt{A^2 + B^2 + C^2}}$.

3. $\left(\dfrac{21}{13}, 2, \dfrac{63}{26}\right)$.

4. 当两直角边都是 $\dfrac{l}{\sqrt{2}}$ 时，周长最长.

5. $\dfrac{1}{a^2 b^2 (a^2 + b^2)}$.

6. $d_{\max} = \sqrt{9 + 5\sqrt{3}}$，$d_{\min} = \sqrt{9 - 5\sqrt{3}}$.

7. $z\left(\dfrac{\pi}{3}, \dfrac{\pi}{3}\right) = \dfrac{3\sqrt{3}}{2}$.

8. 极小值 $u\left(-\dfrac{1}{3}, \dfrac{2}{3}, -\dfrac{2}{3}\right) = -3$，极大值 $u\left(\dfrac{1}{3}, -\dfrac{2}{3}, \dfrac{2}{3}\right) = 3$.

10. $\dfrac{P}{3}$ 与 $\dfrac{2P}{3}$.

第 5 章　　总复习题

1. (1) 0；　(2) $e^{-\frac{\pi}{2}}$；　(3) 2；　(4) $\dfrac{1}{2}$；　(5) -1；　(6) $\dfrac{1}{2}$；　(7) 1.

2. (1) 单调递增区间为 $(-\infty, 0)$ 和 $(1, +\infty)$，单调递减区间为 $(0, 1)$.

   (2) 最大值 $f(0) = 2$，最小值 $f(-1) = 0$.

   (3) 凹区间为 $(-1, 1)$，凸区间为 $(-\infty, 1)$ 和 $(1, +\infty)$，拐点为 -1, 和 1.

   (4) $x = -\dfrac{1}{2}$

4. (1) 在 $\left(-\infty, \dfrac{1}{2}\right]$ 内单调减少，在 $\left[\dfrac{1}{2}, +\infty\right)$ 内单调增加；

   (2) 在 $[0, n]$ 上单调增加，在 $[n, +\infty]$ 内单调减少.

5.(1) 极小值 $f\left(\dfrac{1}{\sqrt{e}}\right)=-\dfrac{1}{2e}$; (2) 极大值 $f(2)=\sqrt{5}$.

6.(1) 最大值 $y(-1)=e$,最小值 $y(0)=0$;

(2) 最小值 $y(-3)=27$,没有最大值.

7.单调增区间为 $(0,1)$,单调减区间为 $(1,\sqrt{3})$,$(\sqrt{3},+\infty)$;凹区间为

$(\sqrt{3},+\infty)$,凸区间为 $(0,1)$,$(1,\sqrt{3})$;极大值 $\dfrac{1}{2}$;当 $x<0$ 时,$y<0$;当

$x>0,y>0$;$y=0$ 为曲线的水平渐进线.

8.(1) 极大值 $z(2,-2)=8$; (2) 无极值.

9.$(3,4,-1)$.

10.极小值 $z(2,2)=3$.

12.$a=1,b=-3,c=-24,d=16$.

14.9.

15.(1) 最大值 $z(4,1)=7$,最小值 $z\left(\dfrac{4}{3}+\dfrac{\sqrt{22}}{3},-1\right)\approx-11.67$;

(2) 最大值 $z\left(-\dfrac{\sqrt{2}}{2},-\dfrac{\sqrt{2}}{2}\right)=1+\sqrt{2}$,最小值 $z\left(\dfrac{1}{2},\dfrac{1}{2}\right)=-\dfrac{1}{2}$.

习题 6-1

1.略

2.$y=-\cos x+6$

3.(1)e^x+c; (2)$-\dfrac{1}{x}+c$; (3)$-\sin x+c$; (4)x^2+3x+c.

习题 6-2

1.(1)$x^4-\dfrac{2}{3}x^3+\dfrac{3}{2}x^2+x+c$; (2)$\ln|x|-3\arcsin x+C$;

(3)$\dfrac{2}{5}x^{\frac{5}{2}}+x+C$; (4)$\operatorname{arctg}x-\dfrac{1}{x}+C$;

(5)$\dfrac{(3e)^x}{1+\ln 3}+C$; (6)$-\dfrac{1}{4}(\cot\theta+\operatorname{tg}\theta)+C$;

(7)$\dfrac{1}{4}x^2+2\ln|x|+c$; (8)$\dfrac{1}{2}x+\dfrac{1}{2}\sin x-2\ln|x|-\cot x+C$;

$(9) 5\arcsin x + \ln\left|\dfrac{x-1}{x+1}\right| + c;$　　　$(10) -\csc x + \sec x - 5e^{-x} + c.$

$(11) 2x^{\frac{1}{2}} - \dfrac{4}{3}x^{\frac{3}{2}} + \dfrac{2}{5}x^{\frac{5}{2}} + C;$　　　$(12)\sin x - \cos x + c.$

习题 6-3

1. $(1) -\dfrac{1}{16\,(2x+3)^8} + C;$　　　　　　　$(2) -2e^{-\frac{x}{2}} + C;$

$(3) \dfrac{1}{2}\cot\left(\dfrac{\pi}{4} - 2x\right) + C;$　　　　　　$(4) -\dfrac{1}{4}\cos^4\theta + c.$

2. $(1)\ln|x^2 - 3x + 8| + C;$　　　　　　　$(2) \dfrac{3}{8}(1+x^2)^{\frac{4}{3}} + C;$

$(3) 2\sin\sqrt{x} + C;$　　　　　　　　　　$(4) \dfrac{2}{3}(\ln x)^{\frac{3}{2}} + c.$

3. $(1) -\dfrac{2}{375}(4+15x)(2-5x)^{\frac{3}{2}} + C;$　　$(2) \dfrac{1}{\sqrt{3}}\arcsin\sqrt{\dfrac{3}{2}x} + C;$

$(3) \sqrt{1 + 2\operatorname{tg}x} + C;$　　　　　　　　$(4)\arcsin\left(\dfrac{x-1}{\sqrt{2}}\right) + c.$

4. $(1) \dfrac{1}{5}(1+x^2)^{\frac{5}{2}} - \dfrac{1}{3}(1+x^2)^{\frac{3}{2}} + c;$

$(2) \sqrt{x^2 - a^2} - a\arctan\dfrac{\sqrt{x^2 - a^2}}{a} + c;$

$(3) 2\sqrt{1+t} - 2\ln(1 + \sqrt{1+t}) + c;$

$(4) \sqrt{1 - e^{2x}} + \dfrac{1}{2}\ln\left|\dfrac{\sqrt{1 - e^{2x}} - 1}{\sqrt{1 - e^{2x}} + 1}\right| + c.$

5. $(1) -6\left[\dfrac{1}{7}(x+1)^{\frac{7}{6}} - \dfrac{1}{5}(x+1)^{\frac{5}{6}} - \dfrac{1}{4}(x+1)^{\frac{2}{3}} + \dfrac{1}{3}\sqrt{x+1} + \right.$

$\left. \dfrac{1}{2}\sqrt[3]{x+1} - \sqrt[6]{x+1} - \dfrac{1}{2}\ln(\sqrt[3]{x+1} + 1) + \operatorname{arctg}\sqrt[6]{x+1}\right] + C;$

$(2) \dfrac{2}{3}(1 + \ln x)^{\frac{3}{2}} + c;$　　　　　　$(3) -\ln(e^{-x} + \sqrt{e^{-2x} + 1}) + c;$

$(4)\arcsin(\ln x) + c;$　　　　　　　　$(5) \dfrac{1}{2}\arcsin^2 x + c;$

$(6)\ln|\ln(\ln x)| + c;$　　　　　　　　$(7)\ln\dfrac{1}{|\cos\sqrt{1+x^2}|} + c;$

(8) $\dfrac{3}{4}(\sin x-\cos x)^{\frac{4}{3}}+c$; 　　(9) $\dfrac{4(\cos x-2)}{(1-\cos x)^{\frac{1}{2}}}+c$;

(10) $-\dfrac{1}{4a}\ln\left|\dfrac{a+bx^4}{x^4}\right|+c$; 　　(11) $\ln\left|\dfrac{x}{1+\sqrt{1-x^2}}\right|+c$;

(12) $\dfrac{1}{a^2-b^2}\sqrt{a^2\sin^2x+b^2\cos^2x}+c$.

习题 6-4

1. (1) $x(\ln x-1)+C$; 　　　　　　　(2) $x\arccos x-\sqrt{1-x^2}+C$;

(3) $\dfrac{e^x}{10}[5-(\cos2x+2\sin2x)]+C$; 　(4) $-\dfrac{\ln x}{x}-\dfrac{1}{x}+C$;

(5) $-e^{-x}(x^2+2x+2)+C$;

(6) $\sqrt{1+x^2}\operatorname{arctg}x-\ln(x+\sqrt{1+x^2})+C$.

2. $I_1=\dfrac{x}{2}[\sin(\ln x)-\cos(\ln x)]+C$, $I_2=\dfrac{x}{2}[\sin(\ln x)+\cos(\ln x)]+C$.

3. (1) $2(\sin\sqrt{\theta}-\sqrt{\theta}\cos\sqrt{\theta})+c$; 　　(2) $x+\dfrac{x^2-1}{2}\ln\left(\dfrac{1+x}{1-x}\right)+C$;

(3) $-\dfrac{1}{2}x+\dfrac{1}{2}\arcsin x+x\ln(\sqrt{1-x}+\sqrt{1+x})+C$;

(4) $2e^{\sqrt{x}}(x\sqrt{x}-3x+6\sqrt{x}-6)+C$;

(5) $-\dfrac{x}{2(a^2+x^2)}+\dfrac{1}{2a}\arctan\dfrac{x}{a}+C$;

(6) $\left(\dfrac{2}{a^3}-\dfrac{x^2}{a}\right)\cos(ax)+\dfrac{2x}{a^2}\sin(ax)+C$;

(7) $-\dfrac{1}{x}\arcsin x+\ln\left|\dfrac{x}{1+\sqrt{1-x^2}}\right|+c$;

(8) $-\cos x\ln(\tan x)+\ln(\tan\dfrac{x}{2})+C$;

(9) $2x-2\sqrt{1+x^2}\ln(x+\sqrt{1+x^2})+x\ln^2(x+\sqrt{1+x^2})+c$.

习题 6-5

1. (1) $2\ln|x+2|-\dfrac{1}{2}\ln|x+1|-\dfrac{3}{2}|x+3|+C$;

(2)$\ln |x| - \frac{1}{2}\ln |x+1| - \frac{1}{4}\ln(x^2+1) - \frac{1}{2}\arctan x + C$;

(3)$\ln \left(\frac{x-1}{x-2}\right)^4 - \frac{4}{x-2} - \frac{1}{x-1} + C$;

(4)$\frac{1}{2}\operatorname{arctg} x^2 - \frac{1}{4}\ln(1+x^4) + C$.

2. (1)$2(\csc x - \cot x) - x + C$;　　　(2)$\frac{2}{\sqrt{5}}\operatorname{arctg}\left(\frac{1}{\sqrt{5}}\operatorname{tg}\frac{x}{2}\right) + C$;

(3)$\frac{1}{2}\cos^2 x - \ln |\cos x| + C$;　　　(4)$\ln \left|\tan \frac{x}{2}\right| + \frac{1}{\cos x} + \frac{1}{3\cos^3 x} + C$.

3. (1)$2\sqrt{x} - 2\ln(1+\sqrt{x}) + C$;　　　(2)$\frac{2}{3}(x+1)^{\frac{3}{2}} - (x+1) + C$;

(3)$\frac{3}{2}(x+1)^{\frac{2}{3}} - 3(x+1)^{\frac{1}{3}} + 3\ln |1+\sqrt[3]{x+1}| + c$;

(4)$\frac{x^2}{2} - \frac{x}{2}\sqrt{x^2-1} + \frac{1}{2}\ln |x+\sqrt{x^2-1}| + C$.

4. (1)$\ln \frac{x^2+4}{(x+1)^2} + \frac{1}{2}\arctan \frac{x}{2} + c$;

(2)$\frac{2x-1}{2(x^2+2x+2)} + \arctan(x+1) + c$;

(3)$-\frac{1}{2}\operatorname{ctg}^2 x + 3\ln |\operatorname{tg} x| + \frac{3}{2}\operatorname{tg}^2 x + \frac{1}{4}\operatorname{tg}^4 x + c$;

(4)$-\frac{1}{x} + \frac{1}{(1-x)^2} + 3\ln |x| - 4\ln |1-x| + c$;

(5)$-\frac{1}{2}\operatorname{ctg}^2 x - \frac{1}{2}\operatorname{tg}^2 x + c$;

(6)$\frac{3}{2}\ln \left|\operatorname{tg}\frac{x}{2}\right| + \frac{1}{4}\operatorname{ctg}^2 \frac{x}{2} - \ln\left(1+\operatorname{tg}^2 \frac{x}{2}\right) + c$;

(7)$\frac{1}{3}(1+x^2)^{\frac{3}{2}} - (1+x^2)^{\frac{1}{2}} + c$;

(8)$\frac{1}{5}(x+2)(3x+1)^{\frac{2}{3}} + c$;

(9)$\frac{3}{2}x - \frac{3}{2}\operatorname{arctg} x - \frac{x}{2}\left[x\operatorname{arctg} x + \ln(1+x^2)\right] +$

　　$\frac{1}{2}(1+x^2)\operatorname{arctg} x \cdot \ln(1+x^2) + c$;

(10)$-\frac{\sqrt{1-x^2}}{x}\arcsin x + \frac{1}{2}(\arcsin x)^2 + \ln |x| + c$.

第 6 章　总复习题

1. (1) $\ln|x| + 4^x \, (\ln 4)^{-1} + C$;　　　　　(2) $\dfrac{1}{2} \ln \dfrac{|e^x - 1|}{e^x + 1} + C$;

(3) $\dfrac{1}{2(1-x)^2} - \dfrac{1}{1-x} + C$;　(4) $2x + \arctan x + C$;　(5) $\dfrac{1}{3}(x^2 + 3)^{\frac{3}{2}} + C$;

(6) $-\dfrac{1}{3} \ln|2 - 3e^x| + C$;　　　　　(7) $\dfrac{1}{3} \arcsin \dfrac{3}{2}x + C$;

(8) $\dfrac{2}{3}(x+2)^{\frac{3}{2}} - 4(x+2)^{\frac{1}{2}} + C$;　(9) $-\dfrac{1}{4\sin\theta} + C$;

(10) $\dfrac{1}{3}e^{3x}(3\cos 2x + 2\sin 2x) + C$;　　(11) $e^x \ln x + C$;

(12) $x\ln(x^2 + 1) + 2\arctan x - 2x + C$;

(13) $-\dfrac{1}{5}e^{-x}(\sin 2x + 2\cos 2x)$;　(14) $2\sqrt{x}(\ln x - 2)$;　(15) $\sin x - \cos x + C$;

(16) $-\dfrac{1}{3}\cos(x^2 + 3x) + C$;

(17) $2\sqrt{x+1}\sin\sqrt{x+1} + 2\cos\sqrt{x+1} + C$;

(18) $\dfrac{1}{5}\sqrt{(1+x^2)^5} - \dfrac{1}{3}\sqrt{(1+x^2)^3} + C$;

(19) $\dfrac{1}{2}x[\sin(\ln x) - \cos(\ln x)] + C$;

(20) $\dfrac{1}{3}x^3 \arctan x - \dfrac{x^2}{6} + \dfrac{1}{6}\ln(1+x^2) + C$.

2. $x\ln|x| + C$.

3. $Q(P) = -1000 \times \left(\dfrac{1}{3}\right)^P + 2000$.

习题 7-1

1. (a) $\displaystyle\int_{-\frac{\pi}{2}}^{\frac{\pi}{2}} \cos x \, dx$;　　　(b) $\displaystyle\int_{1}^{2} \dfrac{x^2}{4} \, dx$;　　　(c) $\displaystyle\int_{e}^{e+2} \ln x \, dx$.

2. 略

3. $\displaystyle\int_{-1}^{2} (x^2 + 1) \, dx$.

4. (1)0;　　　(2)0;　　　(3)π;　　　(4)1.

5. $\dfrac{3}{2}$.

习题 7-2

1. (1) $-\dfrac{3}{4} \leqslant \displaystyle\int_1^4 (x^2 - 3x + 2)\,dx \leqslant 18$;

(2) $\dfrac{2}{e} \leqslant \displaystyle\int_{-1}^1 e^{-x^2}\,dx \leqslant 2$;

(3) $0 \leqslant \displaystyle\int_0^2 xe^x\,dx \leqslant 4e^2$;

(4) $\dfrac{\pi}{16} \leqslant \displaystyle\int_0^{\frac{\pi}{2}} \dfrac{1}{5 + 3\cos^2 x}\,dx \leqslant \dfrac{\pi}{10}$.

2. (1) $\displaystyle\int_0^1 x^2\,dx \geqslant \int_0^1 x^3\,dx$;　　　　　　(2) $\displaystyle\int_0^1 x^2\,dx \leqslant \int_0^1 \sqrt{x}\,dx$;

(3) $\displaystyle\int_0^{\frac{\pi}{2}} x\,dx \geqslant \int_0^{\frac{\pi}{2}} \sin x\,dx$;　　　　(4) $\displaystyle\int_0^1 x\,dx \geqslant \int_0^1 \ln(1+x)\,dx$.

习题 7-3

1. (1) $f'(x) = \dfrac{1 - x + x^2}{1 + x + x^2}, f'(1) = \dfrac{1}{3}$;

(2) $f'(1) = -\sqrt{2}$;

(3) $f'(x) = (1 - 4x)\ln x, f'\left(\dfrac{1}{2}\right) = \ln 2$;

(4) $f'(x) = \dfrac{\sin x}{x}$.

2. $x = 0$ 时, 函数 $v(x)$ 取极小值.

3. (1) $\dfrac{45}{4}$;　　　(2) $\dfrac{\pi}{12}$;　　　(3) $e - 1$;　　　(4) $\dfrac{19}{6}$;

(5) $1 - \dfrac{\sqrt{2}}{2} + \dfrac{\pi}{4}$;　　(6) $\dfrac{2\sqrt{3}}{3} - \dfrac{\pi}{6}$;　　(7) $\dfrac{29}{6}$;　　(8) 1;

(9) $\dfrac{3}{2}$;　　(10) $2\sqrt{2} - 1$;　　(11) 1;　　(12) $\dfrac{3}{4} + \dfrac{e^2 - 1}{e^3}$.

4.(1)1;　　　　(2)$-\dfrac{1}{2\mathrm{e}}$.

5.(1)$\dfrac{\pi}{4}$;　　　　(2)ln2.

习题 7-4

1.(1)$10\dfrac{2}{3}$;　　(2)$\sqrt{3}-\dfrac{\pi}{3}$;　　(3)$\dfrac{1}{858}$;　　(4)$\dfrac{\pi}{16}$;

(5)1;　　(6)$2-\dfrac{\pi}{4}$;　　(7)$\dfrac{3\pi}{16}$;　　(8)$\dfrac{2}{\sqrt{15}}\arctan\dfrac{1}{\sqrt{5}}$;

(9)$\ln\dfrac{2\mathrm{e}}{1+\mathrm{e}}$;　　(10)$2(\sqrt{3}-1)$;　　(11)$4-\pi$;　　(12)$\dfrac{7\pi^2}{144}$;

(13)$(\sqrt{3}-1)a$;　　(14)$\dfrac{29}{270}$.

2.不能.

3.(1)0;　　(2)$\dfrac{4}{3}$;　　(3)0;　　(4)$\dfrac{2\sqrt{3}}{3}\pi-2\ln2$.

4.1.

5.略.

习题 7-5

1.(1)$\dfrac{1}{5}(\mathrm{e}^{\pi}-2)$;　　(2)$\dfrac{\pi}{4}-\dfrac{1}{2}$;　　(3)$\dfrac{16}{15}$;　　(4)$\dfrac{4}{3}$;

(5)$\dfrac{35}{128}\pi$;　　(6)$4(2\ln2-1)$;　　(7)$2\ln(2+\sqrt{5})-\sqrt{5}+1$;

(8)$1-\dfrac{\sqrt{3}}{6}\pi$;　　(9)$\dfrac{\pi^3}{6}-\dfrac{\pi}{4}$;　　(10)$\dfrac{3}{5}(\mathrm{e}^{\pi}-1)$;

(11)$\dfrac{1}{2}(\mathrm{e}\sin1-\mathrm{e}\cos1+1)$;　　(12)$\dfrac{2^{2n}(n!)^2}{(2n+1)!}$;

(13)$(-1)^n\dfrac{n!}{(m+1)^{n+1}}$;　　(14)$\begin{cases}\dfrac{(m-1)!!}{m!!}\cdot\dfrac{\pi^2}{2},m\text{ 为偶数};\\[2mm]\dfrac{(m-1)!!}{m!!}\cdot\pi,m\text{ 为奇数}.\end{cases}$

习题 7-6

1.(1) $\dfrac{\pi}{2}$; (2)$1-\ln2$; (3) $\dfrac{1}{2}$; (4) $\dfrac{\pi}{4}$;

(5)π; (6) $\dfrac{a}{a^2+b^2}$; (7)1; (8) 发散;

(9) 发散; (10)$2\dfrac{2}{3}$; (11) 发散; (12)π.

2.$k\geqslant1$ 时发散,$0<k<1$ 时收敛.

3.$n!$

4.$k=\dfrac{2}{\pi}$.

5.$c=\dfrac{5}{2}$.

习题 7-7

1.(1)$8\dfrac{1}{3}$; (2) $\dfrac{1}{3}$; (3)12; (4) $\dfrac{a^2}{6}$;

(5)$\ln2-\dfrac{1}{2}$; (6)$42\dfrac{2}{3}$; (7) $\dfrac{5}{4}\pi$; (8) $\dfrac{5}{8}\pi a^2$.

2.$\dfrac{500}{3}\sqrt{3}$.

3.256.

4.(1)π; (2)2π; (3) $\dfrac{10\pi}{3}$; (4)$6\pi^3a^3$.

5.$\dfrac{1}{4}(e^2+1)$.

6.$2\pi^2a$.

7.$6a$.

8.$\dfrac{2kmM}{\pi R^2}$.

9.略.

10.取对称轴为 x 轴,$\bar{x}=\dfrac{4R}{3\pi}$,$\bar{y}=0$.

11. $C(x) = 0.4x^2 + 42 + 50$.

12. $R(x) = 200x - \dfrac{1}{4}x^2$,　17500 元,　175 元.

13. $S(t) = -50e^{-0.08t} + 50$,　3.18.

14. 8.97 元.

15. (1)40 kg　　(2)5200 美元,　130 美元/kg,　4200 美元,　1000 美元.

16. 16.09,　71.72.

17. $C(x) = 2x^2 + 15x + 200$,　$L(x) = 44x - 2x^2 - 200$,　11 单位,　12 百元.

第 7 章　　总复习题

1. (1)$3\ln 2 - 1$;　　　(2)$\dfrac{3}{2}$;　　　(3)$\ln 2e - \ln(1+e)$;

(4)$\dfrac{2}{9}e^{\frac{3}{2}} + \dfrac{4}{9}$;　　　(5)$\dfrac{\pi}{6} - \dfrac{\sqrt{3}}{2} + 1$;　　(6)$\dfrac{1}{3}\ln 2$;

(7)$\sqrt{2} - 1$;　　　(8)$\ln(1+e) - \ln 2$;　　(9)$2(\sqrt{2} - 1)$;

(10)$\dfrac{5}{3}$;　　　(11)$1 - \ln(2e+1) + \ln 3$;　　(12)$\dfrac{\pi}{3\sqrt{3}}$;

(13)$-66\dfrac{6}{7}$;　　　(14)$\dfrac{1}{4} + \ln 2$;　　(15)$2\sqrt{2}$;

(16)$\dfrac{1}{5}(e^{\pi} - 2)$.

2. $\dfrac{7}{3} - \dfrac{1}{e}$.

3. $2x\sin x^2 - \sin x$.

4. (1) 发散;　　(2) 收敛;　　(3) 收敛;　　(4) 发散;

(5) 发散;　　(6) 发散.

5. $a = 1$ 时,$S = \dfrac{4}{3}$ 为最小值.

6. $\dfrac{4}{3}$.

7. (1)$\dfrac{4}{3}$;　　(2)$\dfrac{16}{15}\pi$;　　(3)$\dfrac{\pi}{2}$;　　(4)$\sqrt{5} + \dfrac{1}{2}\ln(2+\sqrt{5})$.

8. $\dfrac{8\pi}{3}$.

9. $\sqrt{6} + \ln(\sqrt{2} + \sqrt{3})$.

10. 可用近似计算得 $\mu \approx 0.04$.

习题 8-1

1. (1) 高为 k 的平顶柱体的体积等于底面积 S 乘 k；

(2) 以原点为心，半径为 R 的半球体的体积等于 $\frac{2}{3}\pi R^3$.

2. (1) $(e-1)^2$；　　　(2) $\frac{\pi}{12}$；　　　(3) $\frac{1}{6}a^2b^2(a-b)$；　　　(4) $-\frac{\pi}{16}$.

3. (1) $\displaystyle\int_0^1 dx \int_0^{\sqrt{1-x^2}} f(x,y)dy, \int_0^1 dy \int_0^{\sqrt{1-y^2}} f(x,y)dx$；

(2) $\displaystyle\int_{-a}^a dx \int_{-\frac{b}{a}\sqrt{a^2-x^2}}^{\frac{b}{a}\sqrt{a^2-x^2}} f(x,y)dy, \int_{-b}^b dy \int_{-\frac{a}{b}\sqrt{b^2-y^2}}^{\frac{a}{b}\sqrt{b^2-y^2}} f(x,y)dx$；

(3) $\displaystyle\int_{-\sqrt{2}}^{\sqrt{2}} dx \int_{x^2}^{4-x^2} f(x,y)dy,$

$\displaystyle\int_0^2 dy \int_{-\sqrt{y}}^{\sqrt{y}} f(x,y)dx + \int_2^4 dy \int_{-\sqrt{4-y}}^{\sqrt{4-y}} f(x,y)dx.$

4. (1) $\displaystyle\int_0^1 dx \int_{x^2}^x f(x,y)dy$；　　　(2) $\displaystyle\int_0^a dy \int_{-y}^{\sqrt{y}} f(x,y)dx$；

(3) $\displaystyle\int_{-\frac{1}{4}}^0 dy \int_{-\frac{1}{2}-\sqrt{y+\frac{1}{4}}}^{-\frac{1}{2}+\sqrt{y+\frac{1}{4}}} f(x,y)dx + \int_0^2 dy \int_{y-1}^{-\frac{1}{2}+\sqrt{y+\frac{1}{4}}} f(x,y)dx.$

5. (1) $\frac{1}{3}\left(\frac{\pi}{3}+\frac{\sqrt{3}}{2}\right)$；　　　(2) $\frac{1}{40}$；　　　(3) -2；　　　(4) $6\frac{1}{4}$.

6. (1) $\frac{2}{3}a^2$；　　　(2) $\frac{4}{3}a^3$.

7. (1) $\frac{\pi}{2}\displaystyle\int_0^R f(\rho)\rho d\rho$；　　　(2) $\displaystyle\int_0^{\frac{\pi}{2}} d\theta \int_0^{2R\sin\theta} f(\rho\cos\theta, \rho\sin\theta)\rho d\rho$.

8. (1) $\pi\left(1-\frac{1}{e}\right)$；　　　(2) $-6\pi^2$；　　　(3) $\frac{a^3}{18}(3\pi-4)$.

9. (1) $\frac{8}{3}$；　　　(2) 2π.

10. $\frac{8}{3}e - \frac{1}{2}\sqrt{e}$.

11. (1) $\displaystyle\int_0^\pi \int_0^{2\sin\theta} f(r\cos\theta, r\sin\theta)r dr d\theta$；

(2) $\int_0^{\frac{\pi}{4}} \int_{\sec\theta}^{\sec\theta\tan\theta} f(r\cos\theta, r\sin\theta) r \mathrm{d}r \mathrm{d}\theta.$

习题 8-2

1. $\int_{-\frac{1}{2}}^{\frac{1}{2}} \mathrm{d}x \int_{-\sqrt{1-4x^2}}^{\sqrt{1-4x^2}} \mathrm{d}y \int_{3x^2+y^2}^{1-x^2} f(x,y,z)\mathrm{d}z.$

2. (1) $\dfrac{a^9}{36}$; 　　　　　　　　(2) $\dfrac{1}{2}\left(\ln2 - \dfrac{5}{8}\right).$

3. (1) $\dfrac{abc}{6}$; 　　　　　　　　(2) $8\dfrac{1}{10}.$

4. (1) $\dfrac{1}{8}$; 　　　　　　　　(2) $\dfrac{1}{48}.$

5. (1) $\dfrac{16}{3}\pi$; 　　　　　　　(2) $\dfrac{1}{4}abc\pi^2.$

6. (1) $\dfrac{\pi}{6}a^2$; 　　　　　　　(2) $\dfrac{\pi}{2}R^4.$

7. (1) $\dfrac{8}{9}a^2$; 　　　　　　　(2) $\dfrac{4}{15}(b^5-a^5)\pi.$

8. (1) $\dfrac{1}{12}$; 　　　　　　　(2) $\dfrac{3}{35}.$

9. $\int_{-\frac{a}{\sqrt{2}}}^{\frac{a}{\sqrt{2}}} \mathrm{d}x \int_{-\sqrt{\frac{a^2}{2}-x^2}}^{\sqrt{\frac{a^2}{2}-x^2}} \mathrm{d}y \int_{x^2+y^2}^{\sqrt{a^2-x^2-y^2}} f(x,y,z)\mathrm{d}z;$

$\int_0^{2\pi} \mathrm{d}\theta \int_0^{\frac{a}{\sqrt{2}}} \mathrm{d}r \int_{r^2}^{\sqrt{a^2-r^2}} f(r\cos\theta, r\sin\theta, z) r \mathrm{d}z;$

$\int_0^{2\pi} \mathrm{d}\theta \int_0^{\frac{\pi}{4}} \mathrm{d}\varphi \int_0^a f(r\sin\varphi\cos\theta, r\sin\varphi\sin\theta, r\cos\varphi) r^2 \sin\varphi \mathrm{d}r.$

习题 8-3

1. $\dfrac{1}{6}.$

2. (1) $2a^2$; 　　　　　(2) $4a^2.$

3. $\dfrac{2}{3}\pi h R^2.$

4. $\dfrac{16}{3}a^3$,　　$16a^2$.

5. $\dfrac{1}{4}\pi aR^2 - \dfrac{2}{3}R^3$ 与 $\dfrac{a^3}{6} + \dfrac{2}{3}R^3 - \dfrac{1}{4}\pi aR^2$.

6. $\dfrac{\pi}{6}$.

7. $\dfrac{\pi a^3}{4\sqrt{2}}$.

8. $\dfrac{2}{3}\pi(2\sqrt{2}-1)a^2$.

9. $\sqrt{2}\,\pi$.

10. $(\dfrac{a}{5}, \dfrac{a}{5}, 0)$.

11. $(0, 0, \dfrac{3}{8}c)$.

12. $(0, 0, \dfrac{3}{4}c)$.

13. $\dfrac{5}{4}\pi \rho R^2$ (设面密度为 ρ).

14. $\dfrac{1}{30}\mu$, 其中 μ 为体密度.

15. $\dfrac{1}{3}m(a^2 + b^2)$, 其中 m 为长方体的质量, a 与 b 为不作为旋转轴的两条棱.

习题 8-4

1. (1) $\sqrt{5}\ln 2$;　　(2) $2\pi a^{2n+1}$;　　(3) $\dfrac{256}{15}a^3$;

(4) $\dfrac{1}{3}\left[(2+t_0)^{\frac{3}{2}} - 2^{\frac{3}{2}}\right]$;　(5) $1+\sqrt{2}$;　　(6) $\dfrac{8}{3}\sqrt{2}$.

2. (1) $-\dfrac{14}{15}$;　　(2) 2;　　(3) 0;

(4) 10;　　(5) 32;　　(6) 0.

3. (1) $\dfrac{1}{2}(a^2 - b^2)$;　　(2) 0.

4. $\dfrac{1}{15}(6\sqrt{6} - 1)$.

5.$(1)3\pi a^2$, $\qquad$ (3) $\dfrac{1}{8}\pi ma^2$.

6. $\dfrac{3}{8}\pi ab$.

7.$(1)x^2+3xy-y^2+c$; $\qquad$ (2) $\dfrac{1}{3}x^3+x^2y-xy^2-\dfrac{1}{3}y^3+c$;

$\quad$ (3) $-\cos 2x\sin 3y+c$.

8.$(1)0$; $\qquad\qquad$ (2) -2π .

9.$(1)0$; $\qquad\qquad$ (2) $y^2\cos x+x^2\cos y$.

习题 8-5

1.$(1)\pi a^3$, $\qquad$ (2) $\dfrac{\pi a^4}{2}\sin\alpha\cos^2\alpha$.

2.$(1)\dfrac{4}{3}\pi abc$, $\qquad$ (2)0.

3.$(1)3a^4$, $\qquad\qquad$ (2) $\dfrac{2}{5}\pi a^5$.

4.$(1)3a^2$, $\qquad\qquad$ (2)0.

5.2.

第8章　总复习题

1.$(1)1\dfrac{9}{4}$; $\qquad$ (2)9π ; $\qquad$ (3) $\dfrac{9}{8}\ln 3-\ln 2-\dfrac{1}{2}$;

$\quad$ (4) $\dfrac{1}{2}(\ln 2-\dfrac{5}{8})$; $\qquad$ (5) $\dfrac{\pi^2}{16}-\dfrac{1}{2}$; $\qquad$ (6)$\sqrt{5}\ln 2$;

$\quad$ (7) $\dfrac{ab(a^2+ab+b^2)}{3(a+b)}$; $\qquad$ (8)0; $\qquad$ (9) $-\dfrac{\pi}{4}a^4$.

2.(1) $\displaystyle\int_0^4 \mathrm{d}x\int_{\frac{\pi}{2}}^{\sqrt{x}} f(x,y)\mathrm{d}y$;

$\quad$ (2) $\displaystyle\int_0^4 \mathrm{d}x\int_0^{x^2} f(x,y)\mathrm{d}y+\int_1^3 \mathrm{d}x\int_0^{\frac{1}{2}(3-x)} f(x,y)\mathrm{d}y$;

$\quad$ (3) $\displaystyle\int_0^1\int_0^y \mathrm{e}^{-y^2}\mathrm{d}x$.

3.(1) $\dfrac{1}{6}a^3[\sqrt{2}+\ln(1+\sqrt{2})]$; $\qquad$ (2)$\sqrt{2}-1$.

4. $\left(\dfrac{1}{2}, \dfrac{2}{5}\right)$.

5. $\dfrac{72}{5}$.

6. $\cos(\ln 2) + (\ln^2 2)\cos 1$.

7. 8.

8. $\dfrac{1}{30}$.

9. $x^2\cos y + y^2\sin x + c$.

10. (1) $\dfrac{\sqrt{3}}{6}$,　　　　(2) $2\pi\arctan\dfrac{1}{R}$.　　　(3) $\dfrac{15\sqrt{2}}{2}\pi$.

11. (1) $-\dfrac{\pi}{2}$;　　　(2) $\pi R^2 H$

12. (1) $(1-e)\pi$;　(2) $\dfrac{12}{5}\pi a^5$.

习题 9-1

1. $S = \begin{cases} 1+q, & \text{当 } q > 0 \text{ 或 } q < -2 \\ 0, & \text{当 } q = 0 \end{cases}$.

2. (1) 收敛;　　(2) 发散;　　(3) 发散;　　(4) 发散;
   (5) 发散;　　(6) 收敛;　　(7) 发散.

3. (1) 发散;　　(2) 收敛;　　(3) 发散;　　(4) 收敛.

习题 9-2

1. (1) 发散;　　　(2) 收敛;　　　(3) 发散;　　　(4) 发散;
   (5) 发散;　　　(6) 收敛;　　　(7) 发散;　　　(8) 收敛;
   (9) 收敛;　　　(10) 发散;　　　(11) 收敛;
   (12) 当 $a > 1$ 时收敛,当 $0 < a \leqslant 1$ 时发散.

2. (1) 收敛;　　　(2) 收敛;　　　(3) 收敛;　　　(4) 收敛;
   (5) 发散;　　　(6) 收敛;　　　(7) 发散;　　　(8) 收敛;
   (9) 收敛;　　　(10) 发散;　　　(11) 收敛;
   (12) 当 $b < a$ 时收敛,当 $b > a$ 时发散;当 $b = a$ 时不能确定.

3. $r < 1, x$ 为任何实数；或 $x = k\pi$.

4.(1) 绝对收敛；   (2) 条件收敛；   (3) 发散；   (4) 条件收敛.

5. $s > 1$ 时，绝对收敛；$0 < s \leqslant 1$ 时，条件收敛；$s \leqslant 0$ 时，发散.

6. $n = 10$.

7. 正确的是(4).

习题 9-3

1. $-1 < x \leqslant 1$; $s(x) = \begin{cases} 0, -1 < x < 1 \\ 1, x = 1 \end{cases}$.

2.(1) $[-2, 2]$;   (2) $(-2, 2)$;   (3) $[-1, 1]$;

(4) $(-\infty, +\infty)$;   (5) $(-\sqrt{3}, +\sqrt{3})$;   (6) $[0, 4)$.

3.(1) $R = 3$, $-3 < x < 3$; $x = 3$ 发散，$x = -3$ 收敛.

(2) $R = \dfrac{1}{\sqrt{2}}$, $-\dfrac{1}{\sqrt{2}} < x < \dfrac{1}{\sqrt{2}}$; $x = \pm\dfrac{1}{\sqrt{2}}$ 收敛.

(3) $R = 1$; $1 < x < 3$; $x = 3$ 收敛，$x = 1$ 收敛.

(4) $R = 1$; $0 < x < 2$; 当 $0 < p \leqslant 1$ 时，$x = 0$ 收敛，$x = 2$ 发散.
   当 $p > 1$ 时，$x = 0$ 收敛，$x = 2$ 收敛.

4.(1) $\dfrac{x}{(1-x)^2}$, $(-1, 1)$;   (2) $\dfrac{1}{2}\ln\dfrac{1+x}{1-x}$, $(-1, 1)$.

习题 9-4

1.(1) $1 - x^2 + x^4 - x^6 + x^8 - \cdots$, $|x| < 1$;

(2) $1 - x^2 + \dfrac{x^4}{2!} - \dfrac{x^6}{3!} + \cdots$, $-\infty < x < +\infty$;

(3) $\dfrac{1}{2} - \dfrac{1}{2}\left[1 - \dfrac{2^2}{2!}x^2 + \dfrac{2^4}{4!}x^4 + \cdots + (-1)^n \dfrac{2^{2n}}{(2n)!}x^{2n} + \cdots\right]$,
   $-\infty < x < +\infty$.

(4) $\displaystyle\sum_{n=0}^{\infty} (-1)^n x^{n+2}$, $(-1, 1)$;

(5) $\displaystyle\sum_{n=0}^{\infty} \dfrac{(-1)^n}{n!} x^{n+3}$, $-\infty < x < +\infty$;

(6) $\displaystyle\sum_{n=0}^{\infty} \frac{x^n}{2^{n+1}}, -2 < x < 2$;

(7) $\displaystyle\sum_{n=0}^{\infty} \frac{x^{2n+1}}{2^{n+1}}, -1 < x < 1$;

(8) $\displaystyle\sum_{n=0}^{\infty} (-1)^{n+1} \frac{x^{2n+1}}{(2n+1)(2n+1)!}, -\infty < x < +\infty$;

(9) $\displaystyle\sum_{n=0}^{\infty} (1 - \frac{1}{2^{n+1}})x^n, -1 < x < 1$;

(10) $\displaystyle\sum_{n=0}^{\infty} \frac{nx^{n-1}}{(n+1)!}, -\infty < x < +\infty$.

2. $\dfrac{\sqrt{2}}{2}\left[1 - \left(x - \dfrac{\pi}{4}\right) - \dfrac{1}{2!}\left(x - \dfrac{\pi}{4}\right)^2 + \dfrac{1}{3!}\left(x - \dfrac{\pi}{2}\right)^3 + \dfrac{1}{4!}\left(x - \dfrac{\pi}{4}\right)^4 - \cdots\right]$

或 $\displaystyle\sum_{n=0}^{\infty} \frac{\cos\left(\dfrac{n\pi}{2} + \dfrac{\pi}{4}\right)}{n!}\left(x - \dfrac{\pi}{4}\right)^n, -\infty < x < +\infty$.

3. $f(x) = \dfrac{1}{x} = \dfrac{1}{2}\displaystyle\sum_{n=0}^{\infty} (-1)^n \frac{(x-2)^n}{2}, 0 < x < 4$.

4. $f(x) = \dfrac{1}{x^2 + 4x + 3} = \displaystyle\sum_{n=0}^{\infty} (-1)^n \frac{(x+1)^{n-1}}{2^{n+1}}, -3 < x < 1$.

5. $f(x) = \mathrm{e}^x = \displaystyle\sum_{n=0}^{\infty} \frac{\mathrm{e}}{n!}(x-1)^n, -\infty < x < +\infty$.

6. $f(x) = \ln x = \ln 3 + \displaystyle\sum_{n=0}^{\infty} \frac{(-1)^{n-1}}{3^n n}(x-3)^n, 0 < x < 6$.

习题 9-5

1. (1) $\mathrm{e}^x = \dfrac{\mathrm{e}^\pi - \mathrm{e}^{-\pi}}{\pi}\left[\dfrac{1}{2} + \displaystyle\sum_{n=1}^{\infty} \frac{(-1)^n}{n^2+1}(\cos nx - n\sin nx)\right], -\pi < x < \pi$;

(2) $2\sin\dfrac{x}{3} = \dfrac{18\sqrt{3}}{\pi}\displaystyle\sum_{n=1}^{\infty} (-1)^{n-1} \frac{n}{9n^2-1}\sin nx, -\pi < x < \pi$;

(3) $f(x) = \dfrac{h}{\pi} + \dfrac{2}{\pi}\displaystyle\sum_{n=1}^{\infty} \frac{\sin nh}{n}\cos nx, -\pi \leqslant x < \pi$;

(4) $f(x) = \dfrac{2}{\pi}\displaystyle\sum_{n=1}^{\infty} \frac{1 - \cos nh}{n}\sin nx, -\pi \leqslant x \leqslant \pi \quad (x \neq \pm h)$;

$(5) f(x) = \dfrac{\pi}{2} + \dfrac{4}{\pi} \sum\limits_{n=1}^{\infty} \dfrac{\cos(2n-1)x}{(2n-1)^2}$;

$(6) f(x) = \dfrac{2}{3}\pi^2 + 4 \sum\limits_{n=1}^{\infty} (-1)^{n+1} \dfrac{\cos nx}{n^2}$.

2. $x^2 - x = \dfrac{4}{3} + \sum\limits_{n=1}^{\infty} (-1)^n \left(\dfrac{16}{n^2\pi^2} \cos \dfrac{n\pi x}{2} + \dfrac{4}{n\pi} \sin \dfrac{n\pi x}{2} \right), -2 < \pi < 2$.

3. $f(x) = \dfrac{3}{4} - \dfrac{1}{\pi^2} \sum\limits_{n=1}^{\infty} \left\{ \dfrac{1}{n^2}[1-(-1)^n]\cos n\pi x + \dfrac{\pi}{n}\sin n\pi x \right\}$,

　　$-1 \leqslant x \leqslant 1 \quad (x \neq 0)$.

第9章　总复习题

1. (1) 收敛；　(2) 收敛；　(3) 发散；　(4) 收敛；　(5) 收敛；　(6) 收敛.

2. (1) $-2 \leqslant x < 2$；　　(2) $x=2$；　　(3) $x \neq 2$；　　(4) 没有值.

3. (1) $p > 1$ 时绝对收敛，$0 < p \leqslant 1$ 时条件收敛，$p \leqslant 0$ 时发散；

　(2) 绝对收敛；　　(3) 条件收敛；　　(4) 绝对收敛.

4. (1) $R=2$；$-2 < x < 2$；$x=-2$ 收敛；$x=2$ 发散；

　(2) $R=1$；$-2 < x < 0$；$x=-2, x=0$ 收敛；

　(3) $R=\dfrac{1}{2}$；$-\dfrac{1}{2} < x < \dfrac{1}{2}$；$x=\pm\dfrac{1}{2}$ 收敛.

　(4) $R=\text{e}$；$-\text{e} < x < \text{e}$；$x=\pm\text{e}$ 发散；

　(5) $R=4$；$-4 < x < 4$；$x=\pm 4$ 发散；

　(6) $R=\max(a,b)$.

5. $-1 < x \leqslant 1$，$s(x) = \begin{cases} 0, x=1 \\ 1, -1 < x < 1 \end{cases}$.

6. (1) $\dfrac{1}{(1-x)^2}, |x| < 1$；　　　　　　(2) $\arctan x, |x| \leqslant 1$；

　(3) $\dfrac{x}{(1-x)^2}, \quad |x| < 1$.

7. $1 + x\ln a + \dfrac{x^2}{2!}(\ln a)^2 + \dfrac{x^3}{3!}(\ln a)^3 + \cdots \quad -\infty < x < +\infty$

8. (1) $f(x) = \dfrac{2}{\pi} - \dfrac{4}{\pi}\left(\dfrac{\cos 2x}{1\cdot 3} + \dfrac{\cos 4x}{3\cdot 5} + \dfrac{\cos 6x}{5\cdot 7} + \cdots \right) \quad -\infty < x < +\infty$；

　(2) $f(x) = \dfrac{4}{\pi}\left(\dfrac{2\sin 2x}{1\cdot 3} + \dfrac{4\sin 4x}{3\cdot 5} + \dfrac{6\sin 6x}{5\cdot 7} + \cdots \right) \quad 0 < x < \pi$.

习题 10-1

1. (1)1 阶；　　(2)2 阶；　　(3)2 阶；　　(4)1 阶；　　(5)4 阶；

2. 略

3. (1)$y' = \dfrac{y}{x}$；　(2)$y' = y$；　(3)$y'' + y = 0$；　(4)$y' = 1$.

4. $R = R_0 e^{-0.000433t}$（时间以年为单位）.

习题 10-2

1. (1)$y = \pm \sqrt{x^2 + C}$；　　　　　(2)$\ln y = Ce^x$；　　　　　(3)$e^y = C + e^x$；

2. (1)$y = \dfrac{x}{\ln|x| + C}$；

　(2)$y = C^2 x - x$ 及 $x = 0$；

　(3)$Cy = y^2 - x^2$ 及 $y = 0$；

　(4)$\ln \dfrac{x+y}{x} = Cx$.

3. (1)$y = 2 + Ce^{x^2}$；　　　　　(2)$y = (x^2 - 4x + C)(x - 2)$；

　(3)$3\rho = 2 + Ce^{-3\theta}$；　　　　　(4)$i = -\dfrac{1}{2}(3\sin 2t + \cos 2t) + Ce^{6t}$；

　(5)$y = Cx^2 + x^4$；　　　　　(6)$y = (\ln|x| + C)e^x$.

4. (1)$\dfrac{1}{y^4} = -x + \dfrac{1}{4} + Ce^{-4x}$ 及 $y = 0$；

　(2)$\dfrac{1}{y^3} = -\dfrac{1}{2} + Ce^{3x^2}$ 及 $y = 0$；

　(3)$\dfrac{1}{y^3} = Ce^x - (1 + 2x)$ 及 $y = 0$.

5. (1)$3x^2 y - y^3 = C$；　　　　　(2)$xe^{-y} - y^2 = C$；

　(3)$x^2 + \dfrac{2}{3}(x^2 - y)^{\frac{3}{2}} = C$；　(4)$4y\ln|x| + y^4 = C$.

6. $y = 2(e^x - x - 1)$.

7. (1)$\ln \dfrac{x+y}{x} = Cx$；

　(2)$\arcsin \dfrac{y}{x} = \ln|Cx| \ (C \neq 0)$ 及 $y = \pm x$；

(3)$x = Cy^3 + \dfrac{1}{2}y^2$;

(4)$x = Ce^{2y} + \dfrac{1}{2}y^2 + \dfrac{y}{2} + \dfrac{1}{4}$;

(5)$x = y\ln y + \dfrac{C}{y}$;

(6)$x = \dfrac{1}{Ce^{-\frac{1}{2}y^2} - y^2 + 2}$;

(7)$y^3 = Ce^{ax} - \dfrac{1}{a}(x+1) - \dfrac{1}{a^2}$;

(8)$\dfrac{x^3}{y^2} + x + \dfrac{5}{y} = C$;

(9)$2x - y^2\cos 2x = C$.

8. $f(x) = \dfrac{1}{2}(e^x - e^{-x})$.

9. 略.

10. $(y-2)^2 + 2(x-1)(y-2) - (x-1)^2 = C$.

11. $\theta = \theta_1 + (\theta_0 - \theta_1)e^{-k_0\left(t + \frac{a}{2}t^2\right)}$.

习题 10-3

1. (1)$y = \dfrac{1}{6}x^3 - \sin x + C_1 x + C_2$;　　(2)$y = C_1\dfrac{x^2}{2} + C_2$;

(3)$y = C_1 e^x - \dfrac{1}{2}x^2 - x + C_2$;　　(4)$y = \dfrac{1}{3}x^2 + \dfrac{1}{2}C_1 x^3 + C_2$;

(5)$y = C_1\ln|x| - \dfrac{1}{4}x^2 + C_2$;　　(6)$y - C_1\ln|x| = x + C_2$;

(7)$y = -\ln|\cos(x + C_1)| + C_2$.

2. $y = \dfrac{1}{6}x^3 + \dfrac{1}{2}x + 1$.

3. (1)$y = (1 + C_1^2)\ln|x + C_1| - C_1 x + C_2$;　(2)$y = (C_1 x - C_1^2)e^{\frac{x}{C_1}+1} + C_2$;

(3)$y = \pm\dfrac{2}{3C_1}\sqrt{(C_1 x - 1)^3} + C_2$;　　(4)$y = \dfrac{C_1}{4}(C_2 + x)^2 + \dfrac{1}{C_1}$;

(5)$y = C_1(C_2 + x)^{\frac{2}{3}}$;　　(6)$y = C_1 e^{\frac{x}{a}} + C_2 e^{-\frac{x}{a}}$;

(7)$y = \dfrac{x + C_1}{x + C_2}$;　　(8)$y^2 = x^2 + C_1 x + C_2$.

4. 若取向上的方向为 y 轴的正向, 则上抛和下落的运动方程及落地时的速度
   分别为

$$m\frac{d^2y}{dt^2} = -mg - kv^2, m\frac{d^2y}{dt^2} = -mg + kv^2, v = \sqrt{\frac{mgv_0^2}{mg + kv_0^2}}.$$

5. 0.00082 秒.

习题 10-4

1. (1) $y = C_1 e^x + C_2 e^{-2x}$;　　　　(2) $y = C_1 e^{-x} + C_2$;

   (3) $y = (C_1 + C_2 x)e^{\frac{5}{2}x}$;　　　　(4) $y = C_1 e^{(1+\sqrt{2})x} + C_2 e^{(1-\sqrt{2})x}$;

   (5) $y = C_1 e^{-\frac{1}{2}x} + C_2 e^{\frac{5}{2}x}$;　　　　(6) $y = e^{-\frac{1}{2}x}\left(C_1 \cos\frac{\sqrt{3}}{2}x + C_2 \sin\frac{\sqrt{3}}{2}x\right)$.

2. (1) $y = e^{-x} - e^{4x}$;　　　　(2) $\cos 5x + \sin 5x$;

   (3) $y = (2+x)e^{-\frac{1}{2}x}$.

3. (1) $y = C_1 e^{-x} + C_2 e^{-4x} + \frac{11}{8} - \frac{1}{2}x$;

   (2) $y = C_1 + C_2 x e^{3x} + \frac{x^2}{2}\left(\frac{1}{3}x + 1\right)e^{3x}$;

   (3) $y = C_1 \cos 2x + C_2 \sin 2x + \frac{1}{3}x\cos x + \frac{2}{9}\sin x$;

   (4) $y = C_1 \cos x + C_2 \sin x + \frac{e^x}{3} + \frac{x}{2}\sin x$.

4. (1) $y = (C_1 + C_2 x)e^x$;　　　　(2) $r = e^{-x}(C_1 \cos 3t + C_2 \sin 3t)$;

   (3) $y = (C_1 + C_2 x)e^x + \frac{1}{2}e^{-x} + \frac{3}{2}x^2 e^x$;

   (4) $y = C_1 + C_2 e^x + C_3 e^{-x} + \frac{1}{2}\cos x$;

   (5) $y = C_1 e^{2x} + C_2 e^{-x} +$
   $$\left(\frac{1}{28}x - \frac{67}{784}\right)e^{5x} + \left(-\frac{1}{2}x^3 + \frac{3}{4}x^2 - \frac{5}{4}x - \frac{1}{8}\right)e^{-x};$$

   (6) $y = C_1 e^x + C_2 e^{-x} - 2\cos x - 2x\sin x$;

   (7) $y = C_1 \cos 2x + C_2 \sin 2x + \frac{e^x}{5}$;

   (8) $y = C_1 \cos x + C_2 \sin x + x^2 - x$.

第 10 章　　总复习题

1. (1) $e^x + e^{-y} = C$; 　　　　(2) $(x-y)\ln|Cx| = x$;

　　(3) $y = e^{-x}(x+C)$; 　　　　(4) $y = Cx^2 - 2x$;

　　(5) $y = C_1 + C_2 e^{-\frac{5}{2}x} + \dfrac{x}{10} + \dfrac{5}{164}\sin 2x - \dfrac{1}{41}\cos 2x$;

　　(6) $y = C_1 e^x + C_2 e^{-2x} + (2x^2 + x)e^x$.

2. (1) $y = 1$;

　　(2) $y = \dfrac{1}{\ln|x^2-1|+1}$;

　　(3) $\dfrac{x}{y} = -e^{-2}e^{\frac{1}{x}-\frac{1}{y}}$;

　　(4) $y = -\dfrac{2}{3}e^{2x} + \dfrac{1}{96}e^{5x} + \left(\dfrac{1}{4}x^2 + \dfrac{5}{8}x + \dfrac{21}{32}\right)e^x$;

　　(5) $y = -\dfrac{4}{25}e^{3x} + \dfrac{34}{25}xe^{3x} + \dfrac{4}{25}\cos x + \dfrac{3}{25}\sin x$;

　　(6) $y = \dfrac{4\sqrt{3}}{3}e^{-\frac{1}{2}x}\sin\dfrac{\sqrt{3}}{2}x + \cos x + (x-2)\sin x$;

　　(7) $y = \cos 3x + \dfrac{1}{8}\sin 3x + \dfrac{5}{8}\sin x$.

3. $f(x) = e^{3x}(-2e^{-x} + 3)$.

4. $y'' - 3y' + 2y = 0$.

5. $y = \dfrac{1}{2}(e^x + e^{-x})$.

6. $xy = 2a^2$.

7. $v = \dfrac{k_1}{k_2}t - \dfrac{k_1}{k_2}m\left(1 - e^{-\frac{k_2}{m}t}\right)$.

参考文献

1. 刘玉琏,傅沛仁等. 数学分析讲义(第四版). 北京:高等教育出版社,2003
2. 徐荣聪主编. 高等数学. 厦门:厦门大学出版社,2005
3. 同济大学应用数学系. 高等数学(第五版). 北京:高等教育出版社,2004
4. 蔡光兴,李德宜. 微积分. 北京:科学出版社,2004
5. James Stewart(白峰杉译). 北京:微积分. 北京:高等教育出版社,2004
6. 张武军主编. 高等数学. 北京:光明日报出版社,2003

图书在版编目（CIP）数据

高等数学 / 邱淦俤编著. -- 4 版. -- 厦门：厦门
大学出版社，2018.8(2024.8 重印)
ISBN 978-7-5615-5628-3

Ⅰ. ①高… Ⅱ. ①邱… Ⅲ. ①高等数学 Ⅳ. ①O13

中国版本图书馆CIP数据核字(2015)第156726号

责任编辑	陈进才
电脑制作	张雨秋
技术编辑	许克华

出版发行 厦门大学出版社

社　　址	厦门市软件园二期望海路 39 号
邮政编码	361008
总　　机	0592-2181111　0592-2181406(传真)
营销中心	0592-2184458　0592-2181365
网　　址	http://www.xmupress.com
邮　　箱	xmup@xmupress.com
印　　刷	厦门市明亮彩印有限公司

开本	720 mm×1 020 mm　1/16
印张	26.25
字数	458 千字
版次	2007 年 2 月第 1 版　2018 年 8 月第 4 版
印次	2024 年 8 月第 5 次印刷
定价	48.00 元

本书如有印装质量问题请直接寄承印厂调换

厦门大学出版社
微信二维码

厦门大学出版社
微博二维码